Springer-Lehrbuch

Gert Böhme

Analysis 2

Anwendungsorientierte Mathematik

Integralrechnung, Reihen,
Differentialgleichungen

6. Auflage

Mit 97 Abbildungen

Springer-Verlag Berlin Heidelberg New York
London Paris Tokyo Hong Kong Barcelona

Professor Dr. GERT BÖHME
Fachhochschule Furtwangen/Schwarzwald
Fachbereich Allgemeine Informatik

Die 5., verbesserte Auflage erschien 1990 in der Reihe
»Anwendungsorientierte Mathematik« als Band 3

ISBN-13: 978-3-540-53652-9   e-ISBN-13: 978-3-642-85586-3
DOI: 10.1007/978-3-642-85586-3

CIP-Titelaufnahme der Deutschen Bibliothek
Anwendungsorientierte Mathematik Integralrechnung, Reihen, Differentialgleichungen
6 Aufl – 1991
Berlin , Heidelberg ; New York , London ; Paris ; Tokyo , Hong Kong , Barcelona Springer
Früher u. d. T.. Böhme, Gert: Mathematik. NE. Bohme, Gert [Hrsg.]
(Springer-Lehrbuch)
ISBN-13: 978-3-540-53652-9

60/3020-543210 – Gedruckt auf säurefreiem Papier

Vorwort zur sechsten Auflage

Nachdem die fünfte Auflage samt mehrerer Nachdrucke in kurzer Zeit vergriffen war, liegt nun die sechste Auflage mit dem leicht geänderten Titel "Analysis 2" in der für die Reihe der Springer-Lehrbücher charakteristischen Darstellung vor. Inhalt und Umfang des Buches blieben unverändert, lediglich einige Korrekturen und Ergänzungen wurden vorgenommen. Auch dieser Band der "Anwendungsorientierten Mathematik" will in erster Linie dem Studienanfänger helfen, den Übergang von der Schul- zur Hochschulmathematik mit Erfolg zu bewältigen. Frau Dipl. Math. Ingeborg Kettern hat in dankenswerter Weise auch diese Auflage durchgesehen und wichtige Hinweise gegeben. Dem Springer-Verlag bin ich für die zügige Abwicklung bei der Herausgabe der sechsten Auflage ein weiteres Mal sehr verbunden.

Furtwangen, im März 1991   Gert Böhme

Vorwort zur fünften Auflage

Der Text der vierten Auflage wurde einer sorgfältigen Durchsicht unterzogen, wobei neben fachlichen Korrekturen vorallem eine größere Anzahl verständlichkeitsfordernder Überarbeitungen vorgenommen wurde. Für viele Verbesserungsvorschläge bin ich ein letztes Mal meinem hochverehrten Kollegen Professor Dr. Franz Pelz+ zu großem Dank verpflichtet. Er hat mit großem Sachverstand und viel persönlichem Engagement das Buch von der ersten Auflage an begleitet und immer wieder wertvolle Anregungen zur fachlichen und didaktischen Gestaltung gegeben. Danken möchte ich auch Frau Dipl. Math. Ingeborg Kettern für ihre wichtigen Hinweise. Schließlich bin ich dem Springer-Verlag und im besonderen Herrn Dr. W. Ludwig für die gute Zusammenarbeit und das verständnisvolle Eingehen auf meine Wünsche herzlich verbunden.

Furtwangen, im Januar 1990   Gert Böhme

Vorwort zur vierten Auflage

Die anwendungsorientierte Konzeption von Analysis und die damit verbundene Betonung des Exemplarischen hat unter den Benutzern des Buches weitgehend Zustimmung erfahren. Der Verzicht auf ausführliche Beweise zugunsten einer Vielzahl von Beispielen, Aufgaben und Lösungen kommt der Art und Weise, wie Ingenieure oder Wirtschaftswissenschaftler Mathematik lernen und benötigen, optimal entgegen. Deshalb wurde an dieser Grundkonzeption auch bei Teil 2 der Analysis festgehalten.

Im Hinblick auf die zunehmende Bedeutung der harmonischen Analyse im Bereich der Ingenieurwissenschaften wurde das Kapitel über Fourier-Reihen neu und wesentlich ausführlicher geschrieben und um einen Abschnitt über das Fourier-Integral erweitert. Dabei wurde besonderer Wert auch auf die komplexe Darstellung der Formeln gelegt. Ferner wurde neu aufgenommen ein Kapitel über Laplace-Transformationen und deren Anwendung auf die Lösung linearer Differentialgleichungen unter bestimmten Anfangsbedingungen. Das Laplace-Integral und seine Umkehrung wird aus dem Fourier-Integral hergeleitet, die praktische Handhabung bei der Transformation und Rücktransformation erfolgt jedoch mit Hilfe einer Tafel der wichtigsten Korrespondenzen.

Herzlich zu danken habe ich Herrn Professor Dr. Franz Pelz für die großzügige Überlassung von Manuskripten und viele Anregungen zur didaktischen Gestaltung des Lehrstoffes. Herrn Dipl.-Ing. Peter Gembala, der mit viel Aufwand praktische Beispiele für Fourier- und Laplace-Transformationen bereitgestellt hat, bin ich sehr verbunden. Schließlich danke ich dem Springer-Verlag für die gute Zusammenarbeit.

Furtwangen, im November 1984   Gert Böhme

Inhaltsverzeichnis

Inhaltsübersicht der weiteren Bände

1 Integralrechnung

1.1 Das unbestimmte Integral

1.1.1 Begriff des unbestimmten Integrals

Die Aufgabe der Differentialrechnung bestand im wesentlichen darin, von einer gegebenen (differenzierbaren) Funktion $y = f(x)$[1] die Ableitung $y' = f'(x)$ zu ermitteln. Die Aufgabe der Integralrechnung ist die umgekehrte: Zu einer gegebenen (stetigen) Ableitungsfunktion $f(x) = F'(x)$ soll die ursprüngliche Stammfunktion $F(x)$, aus der die gegebene Funktion also durch Ableiten hervorgegangen ist, ermittelt werden. In den einfachsten Fällen kann man $F(x)$ sofort anschreiben, wenn $F'(x)$ gegeben ist:

$F'(x)$ gegeben	$F(x)$ gesucht
e^x	e^x
$2x$	x^2
$\sin x + \cos x$	$-\cos x + \sin x$
$1/x$	$\ln x$
a	$a\,x$

Im allgemeinen indes wird die Bestimmung von Stammfunktionen nicht so einfach sein. Hat man $F(x)$ gefunden, so ist damit auch $F(x) + C$, worin C eine beliebige Konstante ist, eine Stammfunktion, denn beim Ableiten fällt diese wieder heraus

$$[F(x) + C]' = F'(x) + C' = F'(x).$$

---

[1] Zum Funktionsbegriff vergleiche man Band I, Abschnitt 1.3.1 und Band II, Abschnitt 1.2.1 (im folgenden mit I, 1.3.1 und II, 1.2.1 abgekürzt). Diese Schreibweisen sind Abkürzungen, die zweckmäßig und in der technischen Literatur üblich sind.

Definition

Jede differenzierbare Funktion $F(x)$, deren Ableitung $F'(x)$ gleich einer gegebenen stetigen Funktion $f(x)$ ist, heißt eine Stamm- oder Integralfunktion von $f(x)$ und man schreibt

$$\boxed{F'(x) = f(x) \Leftrightarrow F(x) = \int f(x)\,dx}$$

Die Menge aller Integralfunktionen von $f(x)$ ist

$$\boxed{\{F(x) + C \mid C \in \mathbb{R}\}}$$

und heißt das unbestimmte Integral von $f(x)$. C wird Integrationskonstante genannt.

Hierzu noch folgende <u>Erläuterungen</u>:

1. Die beiden Schreibweisen $F'(x) = f(x)$ und $F(x) = \int f(x)\,dx$ beinhalten äquivalente Aussagen. Das Integralzeichen $\int$ ist ein langgezogenes, stilisiertes S und wird "Integral über $f(x)\,dx$" gelesen. $f(x)$ heißt auch der Integrand; die Rechenoperation wird Integrieren genannt.

2. Differenzieren und Integrieren sind umgekehrte Aufgabenstellungen. Wird eine Funktion $f(x)$ zuerst integriert,

$$\int f(x)\,dx = F(x),$$

und das Ergebnis, nämlich die Integralfunktion $F(x)$, anschließend wieder differenziert, so erhält man mit

$$F'(x) = f(x)$$

wieder die ursprüngliche Funktion. Dies macht man sich als Probe beim Integrieren zunutze.

3. Schreibt man die Ableitung $F'(x)$ als Differentialquotient

$$\frac{dF(x)}{dx} = f(x),$$

so folgt bei Multiplikation mit dx

$$dF(x) = f(x)\,dx.$$

Beiderseitige Integration ergibt dann

$$\int dF(x) = \int f(x)dx.$$

Andererseits war aber auch

$$F(x) = \int f(x)dx,$$

so daß sich für das Integral- und Differentialzeichen die Identität

$$\boxed{\int dF(x) \equiv F(x)}$$

ergibt. Man beachte, daß sich Integral- und Differentialzeichen jedoch nur dann aufheben, wenn der gesamte Integrand die Struktur eines Differentials einer Funktion besitzt. Es ist also etwa

$$\int dx = x, \quad \int d\sin x = \sin x, \quad \int d\ln x = \ln x.$$

Kann man den Integranden als Differential einer Funktion $F(x)$ schreiben, so hat man damit also die Integralfunktion bereits gefunden.

4. Der Gesamtheit der Funktionen des unbestimmten Integrals $F(x) + C$ entspricht geometrisch eine Menge von Bildkurven (Integralkurven). Dabei wird jedem speziellen C-Wert eineindeutig eine Integralkurve zugeordnet. Da sich zwei Kurven

$$F(x) + C_1 \quad \text{und} \quad F(x) + C_2$$

durch Parallelverschiebung in y-Achsen-Richtung zur Deckung bringen lassen, stellt das unbestimmte Integral demnach geometrisch eine Schar unendlich vieler untereinander kongruenter Integralkurven dar.

Beispiel

Vorgelegt sei die lineare Funktion

$$f(x) = 2x.$$

Man erläutere analytisch und geometrisch ihr unbestimmtes Integral!

Lösung: Wir suchen alle Funktionen $F(x)$ mit der Eigenschaft

$$F'(x) = 2x \quad \text{bzw.} \quad F(x) = \int 2x\, dx.$$

Dies sind die quadratischen Funktionen

$$F(x) = x^2 + C,$$

geometrisch also eine Schar von Normalparabeln, deren Scheitel sämtlich auf der y-Achse liegen (Abb. 1). Jeder Normalparabel ist ein Wert von C zugeordent: Zu C = 3 gehört beispielsweise die Normalparabel mit der Gleichung $y = x^2 + 3$; die durch den Punkt $P(x_1; y_1)$ verlaufende Normalparabel besitzt wegen

$$y = x^2 + C$$
$$y_1 = x_1^2 + C \Rightarrow C = y_1 - x_1^2$$

die Integrationskonstante $C = y_1 - x_1^2$. Die Schar der Parabeln überdeckt die gesamte Ebene lückenlos, ohne daß zwei Parabeln einander schneiden.

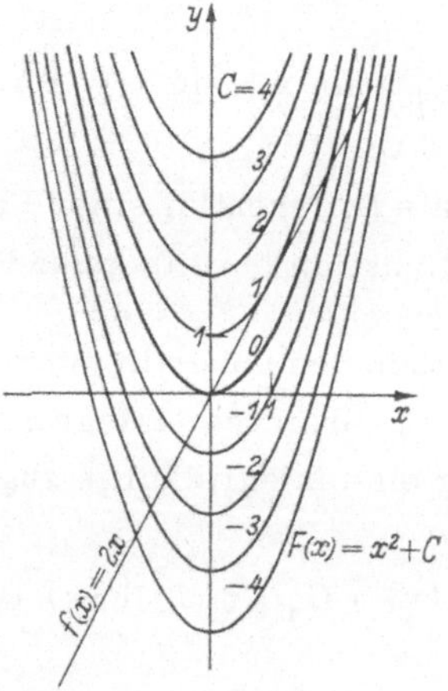

Abb. 1

1.1.2 Zwei Integrationsregeln

Satz (Faktorregel)

Ein konstanter Faktor $a \in \mathbb{R}$ kann beliebig vor oder hinter das Integral gesetzt werden:

$$\int af(x)\,dx = a \int f(x)\,dx$$

Beweis: Wir setzen

$$F'(x) = a\,f(x) \Rightarrow F(x) = \int a\,f(x)\,dx$$

und erhalten mit der Faktorregel der Differentialrechnung (vgl. II, 3.3.1)

$$\frac{1}{a}\,F'(x) = \left[\frac{1}{a}\,F(x)\right]' = f(x) = \frac{1}{a}\,F(x) = \int f(x)\,dx$$

$$\Rightarrow F(x) = a\int f(x)\,dx = \int a\,f(x)\,dx.$$

Satz (Summenregel)

Eine Summe von Funktionen kann man gliedweise integrieren, bzw. das Integral einer Summe ist gleich der Summe der Integrale

$$\int [f(x) + g(x)]\,dx = \int f(x)\,dx + \int g(x)\,dx$$

Beweis: Setzt man hier

$$F'(x) = f(x) \Rightarrow F(x) = \int f(x)\,dx$$

$$G'(x) = g(x) \Rightarrow G(x) = \int g(x)\,dx,$$

so ergibt sich mit der Summenregel der Ableitungsrechnung (vgl. II, 3.3.1)

$$F'(x) + G'(x) = [F(x) + G(x)]' = f(x) + g(x)$$

$$\Rightarrow F(x) + G(x) = \int [f(x) + g(x)]\,dx$$

$$\Rightarrow \int f(x)\,dx + \int g(x)\,dx = \int [f(x) + g(x)]\,dx.$$

Diese beiden Sätze sind eine unmittelbare Folge der entsprechenden Ableitungsregeln, also, im Grunde genommen, gar keine neuen Aussagen.

1.1.3 Die Grundintegrale

Die in II, 3.4.3 zusammengestellten Differentiationsformeln ergeben durch einfaches Umschreiben die grundlegenden Integrationsformeln. Man nennt sie Grundintegrale, weil man beim formalen Integrieren letztlich auf sie zurückgeführt wird. Ihre Richtigkeit kann unmittelbar (d.h. ohne schriftliche Rechnung) durch Bilden der Ableitung bestätigt werden. Der Studierende präge sich die Grundintegrale deshalb besonders gut ein.

$$\int x^n dx = \frac{x^{n+1}}{n+1} + C \qquad (n \neq -1)$$

$$\int \frac{dx}{x} = \ln|x| + C \qquad (x \neq 0)$$

$$\int \sin x \, dx = -\cos x + C$$

$$\int \cos x \, dx = \sin x + C$$

$$\int \frac{dx}{\cos^2 x} = \tan x + C \qquad \left(x \neq \pm \frac{\pi}{2} , \pm \frac{3\pi}{2} , \ldots \right)$$

$$\int \frac{dx}{\sin^2 x} = -\cot x + C \qquad (x \neq 0, \pm \pi, \pm 2\pi, \ldots)$$

$$\int e^x dx = e^x + C$$

$$\int a^x dx = \frac{a^x}{\ln a} + C \qquad (a \neq 1, a > 0)$$

$$\int \frac{dx}{\sqrt{1 - x^2}} = \text{Arc} \sin x + C = -\text{Arc} \cos x + K \qquad (|x| < 1)$$

$$\int \frac{dx}{1 + x^2} = \text{Arc} \tan x + C = -\text{Arc} \cot x + K$$

$$\int \sinh x \, dx = \cosh x + C$$

$$\int \cosh x \, dx = \sinh x + C$$

$$\int \frac{dx}{\cosh^2 x} = \tanh x + C$$

$$\int \frac{dx}{\sinh^2 x} = -\coth x + C \qquad (x \neq 0)$$

$$\int \frac{dx}{\sqrt{x^2 + 1}} = \text{ar} \sinh x + C$$

$$= \ln\left(x + \sqrt{x^2 + 1} \right) + C$$

$$\int \frac{dx}{\sqrt{x^2 - 1}} = \text{ar} \cosh x + C \qquad (x > 1)$$

$$= \ln|x + \sqrt{x^2 - 1}| + C \qquad (|x| > 1)$$

$$\left. \begin{aligned} \int \frac{dx}{1 - x^2} &= \text{ar} \tanh x + C \\ &= \frac{1}{2} \ln \frac{1 + x}{1 - x} + C \end{aligned} \right\} \qquad (|x| < 1)$$

$$\left. \begin{aligned} \int \frac{dx}{1 - x^2} &= \text{ar} \coth x + C \\ &= \frac{1}{2} \ln \frac{x + 1}{x - 1} + C \end{aligned} \right\} \qquad (|x| > 1)$$

Beispiele

1. $\int \left(x^3 + 4x + \dfrac{1}{x^2} - 3 \right) dx = \int x^3 dx + 4 \int x\, dx + \int \dfrac{dx}{x^2} - 3 \int dx$

$= \dfrac{1}{4} x^4 + 2x^2 - \dfrac{1}{x} - 3x + C$

2. $\int \left(\sqrt{x} - \sqrt[3]{x} - \dfrac{1}{\sqrt[4]{x}} + \sqrt[5]{\dfrac{1}{x^3}} \right) dx = \int x^{1/2} dx - \int x^{1/3} dx - \int x^{-1/4} dx +$

$+ \int x^{-3/5} dx = \dfrac{2}{3} x^{3/2} - \dfrac{3}{4} x^{4/3} - \dfrac{4}{3} x^{3/4} + \dfrac{5}{2} x^{2/5} + C = \dfrac{2}{3} x \sqrt{x} -$

$- \dfrac{3}{4} x \sqrt[3]{x} - \dfrac{4}{3} \sqrt[4]{x^3} + \dfrac{5}{2} \sqrt[5]{x^2} + C$

3. $\int \dfrac{\cos \alpha}{1 + t^2} \, dt = \cos \alpha \int \dfrac{dt}{1 + t^2} = \cos \alpha \, \text{Arc} \tan t + C$

4. $\int \dfrac{1 - x\, e^{\alpha + x}}{x} \, dx = \int \dfrac{dx}{x} - \int e^{\alpha + x} dx = \ln |x| - e^{\alpha} \int e^x dx = \ln |x|$

$- e^{\alpha} e^x + C = \ln |x| - e^{\alpha + x} + C$

Man beachte dazu: Es ist

$$\int \dfrac{dx}{x} = \ln x + C \quad \text{für} \quad x > 0$$

$$\int \dfrac{dx}{x} = \ln(-x) + C \quad \text{für} \quad x < 0$$

Beide Formeln faßt man in

$$\int \dfrac{dx}{x} = \ln |x| + C \quad \text{für} \quad x \neq 0$$

zusammen.

5. $\int \tan^2 x \, dx = \int \dfrac{\sin^2 x}{\cos^2 x} \, dx = \int \dfrac{1 - \cos^2 x}{\cos^2 x} \, dx = \int \dfrac{dx}{\cos^2 x} - \int dx = \tan x - x + C$

Aufgaben zu 1.1

1. Die folgenden unbestimmten Integrale sind unmittelbar (d.h. ohne zusätzliche
Integrationsmethoden) mit der Liste der Grundintegrale zu ermitteln:

a) $\int (3x - 5)^2 dx$

b) $\int \dfrac{3x^2 - 5x + 10}{4x^3} \, dx$

c) $\displaystyle\int \frac{10x^2 - 7x - 12}{2x - 3}\, dx$

d) $\displaystyle\int \sin(x - a)\, dx$

e) $\displaystyle\int \frac{dx}{1 + \cos^2 x - \sin^2 x}$

f) $\displaystyle\int \frac{\cosh^2 x}{\sinh^2 x}\, dx$

2. Welche Integralfunktion von $y = \dfrac{1}{\sqrt{3x}}$ verläuft durch den Punkt $P_1(3;\,-2)$?

3. Welche Funktion hat $y = \dfrac{1}{x^2 - 1}$ zur Ableitung und enthält den Punkt $P_1(0;\,1)$?

4. Es gilt einerseits

$$\int \sin x \cos x \ dx = \frac{1}{2} \int d\sin^2 x = \frac{1}{2}\sin^2 x + C$$

und andererseits

$$\int \sin x \cos x \ dx = -\frac{1}{2} \int d\cos^2 x = -\frac{1}{2}\cos^2 x + C,$$

aber offensichtlich

$$\frac{1}{2}\sin^2 x + C \neq -\frac{1}{2}\cos^2 x + C.$$

Wie erklärt sich dieser (scheinbare) Widerspruch?

1.2 Formale Integrationsmethoden

<u>Vorbemerkung:</u> Von der Ableitungsrechnung her sind wir gewöhnt, jede differen-
zierbare und in geschlossener Form vorliegende Funktion $y = f(x)$ mit Hilfe der
Ableitungsformeln und -regeln auch differenzieren zu können und das Ergebnis $y' = f'(x)$ wieder in geschlossener Form anzuschreiben. Dieser Sachverhalt findet in
der Integralrechnung keine Entsprechung! Das heißt, n i c h t   j e d e   s t e t i g e (und
damit integrierbare[1]) F u n k t i o n   k a n n   a u c h   f o r m a l   n a c h   d e n   I n t e g r a -
t i o n s r e g e l n   i n t e g r i e r t   u n d   d i e   I n t e g r a l f u n k t i o n   i n   g e s c h l o s s e -
n e r   F o r m   a n g e s c h r i e b e n   w e r d e n. Anders ausgedrückt: Die Integralfunk-

---

[1] Siehe dazu III, 1.3.4

tion ist mitunter eine neuartige Funktion, die nicht in geschlossener Form durch die bekannten elementaren Funktionen dargestellt werden kann. Damit ist die formale Integralrechnung wesentlich schwieriger als die formale Ableitungsrechnung.

Im folgenden betrachten wir die wichtigsten formalen Integrationsmethoden. Diese fuhren jeweils fur bestimmte Typen von Funktionen zum Ziele. Der Studierende merke sich diese Typen. Führt keine dieser Methoden zum Ziel, so muß man die in Abschnitt 1.4 erläuterten Näherungsmethoden einsetzen.

<u>Vorbemerkung</u>: Im ganzen Abschnitt 1.2 werden der Einfachheit halber bestimmte Bedingungen stillschweigend vorausgesetzt, z.B. $a \geq o$ für $\sqrt{a^2} = a$ oder $-\pi/2 < t < \pi/2$ für die Auflosung $x = a \sin t \Rightarrow t = \text{Arc} \sin \frac{x}{a}$, ferner sollen im Nenner eines Bruches stehende Großen stets $\neq o$ sein. Anderenfalls sind aufwendige Fallunterscheidungen erforderlich.

1.2.1 Die Substitutionsmethode

<u>Prinzip</u>: In vielen Fallen kann ein gegebenes Integral

$$\int f(x)\,dx$$

auf ein einfacheres oder sogar ein bekanntes Integral (im gunstigsten Fall auf ein Grundintegral) zurückgeführt werden, wenn man statt der ursprünglichen Integrationsveränderlichen x mittels der S u b s t i t u t i o n s g l e i c h u n g

$$\boxed{\begin{aligned} x &= \varphi(t) \\ \Rightarrow dx &= \varphi'(t)\,dt \end{aligned}}$$

eine neue Variable t einführt. Es wird dann

$$\int f(x)\,dx = \int f[\varphi(t)]\varphi'(t)\,dt = \int g(t)\,dt \text{ mit } g(t) = f[\varphi(t)]\varphi'(t) \,.$$

Hat man das auf t transformierte Integral formal gelost, so daß also etwa

$$\int g(t)\,dt = G(t) + C$$

ist, so muß man anschließend wieder von t auf x r e s u b s t i t u i e r e n [1]. Dies geschieht anhand der Substitutionsgleichung, die nach t aufzulosen ist

$$x = \varphi(t) \Longleftrightarrow t = \psi(x) \Rightarrow \int f(x)\,dx = \int g(t)\,dt = G[\psi(x)] + C\,.$$

---

[1] Bei bestimmten Integralen kann man statt der Resubstitution die Integrationsgrenzen auf die neue Variable transformieren. Siehe dazu Abschnitt 1.3.1 in diesem Buche.

Man darf also nur solche Funktionen $t \mapsto \varphi(t)$ substituieren, welche eine auch formal herstellbare Umkehrfunktion besitzen.

1. Typus: $\int f(ax + b)\,dx$

$$\boxed{\begin{aligned} \text{Substitution: } ax + b &= t \\ \Rightarrow dx &= \tfrac{1}{a}\,dt \end{aligned}}$$

Damit ergibt sich

$$\int f(ax + b)\,dx = \frac{1}{a}\int f(t)\,dt,$$

was in der Regel leichter zu behandeln ist. Ist speziell $\int f(t)\,dt$ ein Grundintegral, so ist damit die Aufgabe bereits gelöst.

Beispiele

1. $\displaystyle \int (5x - 7)^4\,dx = \frac{1}{5}\int t^4\,dt = \frac{1}{25}\,t^5 + C = \frac{1}{25}\,(5x - 7)^5 + C$

$$\text{Substitution: } 5x - 7 = t$$
$$dx = \frac{1}{5}\,dt$$

2. $\displaystyle \int \frac{dx}{\sqrt[3]{1 - 2x}} = -\frac{1}{2}\int t^{-1/3}\,dt = -\frac{3}{4}\,t^{2/3} + C = -\frac{3}{4}\sqrt[3]{(1 - 2x)^2} + C$

$$\text{Substitution: } 1 - 2x = t$$
$$dx = -\frac{1}{2}\,dt$$

3. $\displaystyle \int \cos(a\varphi - \varphi_0)\,d\varphi = \frac{1}{a}\int \cos t\,dt = \frac{1}{a}\sin t + C = \frac{1}{a}\sin(a\varphi - \varphi_0) + C$

$$\text{Substitution: } a\varphi - \varphi_0 = t$$
$$d\varphi = \frac{1}{a}\,dt$$

4. $\displaystyle \int \frac{3\alpha\pi}{2 - \frac{1}{3}u}\,du = -9\alpha\pi\int \frac{dt}{t} = -9\alpha\pi \ln|t| + C = -9\alpha\pi \ln\left|2 - \frac{1}{3}u\right| + C$

$$\text{Substitution: } 2 - \frac{1}{3}u = t$$
$$du = -3\,dt$$

5. $\displaystyle\int \frac{dy}{\sinh^2 \frac{y}{2}} = 2 \int \frac{dt}{\sinh^2 t} = -2\coth t + C = -2\coth \frac{y}{2} + C$

$$\text{Substitution: } \frac{y}{2} = t$$

$$dy = 2\,dt.$$

Aufgaben zum 1. Typus (mit Substitution)

1. $\displaystyle\int \frac{dx}{(1-x)^4}$

2. $\displaystyle\int (e^{4-3y})^5\,dy$

3. $\displaystyle\int \sqrt[3]{p^{2q-1}}\,dq$

4. $\displaystyle\int \sqrt[3]{p^{2q-1}}\,dp$

5. $\displaystyle\int \sin\frac{\alpha-1}{4} \cos\frac{\alpha-1}{4}\,d\alpha$

Man kann sich in diesen und einer Reihe weiteren Fallen die Substitution ersparen, falls man sich der Methode der Differentialtransformation (vgl. II, 3.4.3) bedient. Liegen Integrale vom Typus

$$\int f(ax+b)\,dx$$

vor, so transformiert man das Differential dx auf das Differential der linearen Funktion $x \mapsto ax + b$, indem man zugleich durch die Ableitung $(ax+b)' = a$ dividiert:

$$\boxed{\begin{array}{c} \text{Differential-Transformation:} \\[4pt] \displaystyle\int f(ax+b)\,dx = \frac{1}{a}\int f(ax+b)\,d(ax+b) \end{array}}$$

Auf diesem Wege sind die folgende Beispiele behandelt; der Leser wende die Methode aber auch auf die obigen Beispiele 1 bis 5 an.

Beispiele

1. $\displaystyle\int 4e^{2x-3}\,dx = 4 \cdot \frac{1}{2}\int e^{2x-3}\,d(2x-3) = 2e^{2x-3} + C$

2. $\displaystyle\int \sqrt[n]{(1-x)^m}\,dx = -\int (1-x)^{m/n}\,d(1-x) = -\frac{n}{m+n}\sqrt[n]{(1-x)^{m+n}} + C$

3. $\int \sin \frac{\alpha}{3}\, d\alpha = 3 \int \sin \frac{\alpha}{3}\, d\frac{\alpha}{3} = -\,3 \cos \frac{\alpha}{3} + C$

4. $\int \frac{3\, dt}{4t - 5} = \frac{3}{4} \int \frac{d(4t - 5)}{4t - 5} = \frac{3}{4} \ln |4t - 5| + C$

5. $\int \frac{d\varphi}{\cos^2 2\varphi} = \frac{1}{2} \int \frac{d\, 2\varphi}{\cos^2 2\varphi} = \frac{1}{2} \tan 2\varphi + C.$

<u>Aufgaben zum 1. Typus (mit Differentialtransformation)</u>

1. $\int \frac{3e^{x-2}}{4e^{2x+1}}\, dx$

2. $\int (\sin \alpha - \cos 2\alpha)\, d\frac{\alpha}{2}$

3. $\int \frac{5x^3 - 6x^2 - 12x - 41}{x - 3}\, dx$

4. $\int 2^{2-\frac{x}{2}}\, dx$

5. $\int \frac{dp}{\sqrt{a^2 - p}}$

2. Typus: $\int f[\varphi(x)]\varphi'(x)\, dx$

Der Integrand besteht hier aus einer mittelbaren Funktion,
multipliziert mit der Ableitung ihrer inneren Funktion. Letztere
wird als neue Integrationsveränderliche eingeführt:

$$\boxed{\begin{array}{c} \text{Substitution:} \quad \varphi(x) = t \\[4pt] \Rightarrow \varphi'(x)\, dx = dt \end{array}}$$

Damit ergibt sich für das Integral

$$\int f[\varphi(x)]\varphi'(x)\, dx = \int f(t)\, dt.$$

Noch schneller führt die Transformation des Differentials dx auf das Differential
$d\varphi(x)$ zum Ziel; hierbei kürzt sich der Faktor $\varphi'(x)$ heraus und man erhält

$$\boxed{\begin{array}{c} \text{Differential-Transformation:} \\[4pt] \int f[\varphi(x)]\varphi'(x)\, dx = \int f[\varphi(x)]\, d\varphi(x) \end{array}}$$

Beispiele (mit Substitution)

1. $\int \sin x \cos x \, dx = \int t \, dt = \frac{1}{2} t^2 + C = \frac{1}{2} \sin^2 x + C$

$$\text{Substitution:} \quad \sin x = t$$
$$\cos x \, dx = dt$$

2. $\int \cos^5 x \sin x \, dx = -\int t^5 \, dt = -\frac{1}{6} t^6 + C = -\frac{1}{6} \cos^6 x + C$

$$\text{Substitution:} \quad \cos x = t$$
$$- \sin x \, dx = dt$$

3. $\int \frac{\sqrt{\ln x}}{x} \, dx = \int \sqrt{t} \, dt = \int t^{1/2} \, dt = \frac{2}{3} t \sqrt{t} + C = \frac{2}{3} \ln x \sqrt{\ln x} + C$

$$\text{Substitution:} \quad \ln x = t$$
$$\frac{dx}{x} = dt$$

4. $\int \frac{(\text{Arc tan } x)^2}{1 + x^2} \, dx = \int t^2 \, dt = \frac{1}{3} t^3 + C = \frac{1}{3} (\text{Arc tan } x)^3 + C$

$$\text{Substitution:} \quad \text{Arc tan } x = t$$
$$\frac{dx}{1 + x^2} = dt$$

5. $\int \frac{dx}{\cos^4 x} = \int (1 + \tan^2 x) \frac{1}{\cos^2 x} \, dx = \int (1 + t^2) \, dt = t + \frac{1}{3} t^3 + C$

$$= \tan x + \frac{1}{3} \tan^3 x + C$$

$$\text{Substitution:} \quad \tan x = t$$
$$\frac{dx}{\cos^2 x} = dt.$$

<u>Aufgaben zum 2. Typus (mit Substitution)</u>

1. $\int (4x^3 - 24x + 5)^7 \cdot (x^2 - 2) \, dx$

2. $\int x \sqrt{5 + x^2} \, dx$

3. $\displaystyle\int \frac{dx}{\sinh^4 x}$

4. $\displaystyle\int \frac{1}{\cos^2 x\ \sqrt{\tan x}}\, dx$

5. $\displaystyle\int \frac{dx}{x \cdot \ln x}$

Beispiele (mit Differential-Transformation)

1. $\displaystyle\int \sinh^5 x\, \cosh x\, dx = \int \sinh^5 x\, d\,\sinh x = \frac{1}{6}\sinh^6 x + C$

2. $\displaystyle\int 6x\, e^{-x^2}\, dx = -\,3\int e^{-x^2} d(-x^2) = -\,3e^{-x^2} + C$

3. $\displaystyle\int \frac{\sin(\ln x)}{x}\, dx = \int \sin(\ln x)\, d\,\ln x = -\cos(\ln x) + C$

4. $\displaystyle\int \frac{\tan^3 x - 4\sqrt{\tan x} + \cot x - 2\sqrt[3]{\cot x}}{\cos^2 x}\, dx = \int (\tan^3 x - 4\tan^{1/2} x$

$\displaystyle\qquad + \tan^{-1} x - 2\tan^{-1/3} x)\, d\,\tan x = \frac{1}{4}\tan^4 x - \frac{8}{3}\tan x\, \sqrt{\tan x}$

$\displaystyle\qquad + \ln|\tan x| - 3\sqrt[3]{\tan^2 x} + C$

5. $\displaystyle\int \tan x\, dx = \int \frac{\sin x}{\cos x}\, dx = -\int \frac{d\,\cos x}{\cos x} = -\ln|\cos x| + C.$

<u>Aufgaben zum 2. Typus</u> (mit Differential-Transformation)

1. $\displaystyle\int \frac{(\text{Arc}\,\sin x)^2}{\sqrt{1-x^2}}\, dx$

2. $\displaystyle\int \sin 2x \cdot e^{\sin^2 x}\, dx$

3. $\displaystyle\int x[\cos(x^2) - \sin(x^2)]\, dx$

4. $\displaystyle\int x^2 \sqrt{x^3 + 1}\, dx$

5. $\displaystyle\int \frac{\cot x}{\sqrt[3]{(\ln \sin x)^2}}\, dx$

3. Typus: $\displaystyle\int \frac{f'(x)}{f(x)}\, dx$

$$\boxed{\int \frac{f'(x)}{f(x)}\, dx = \ln|f(x)| + C}$$

Ist die zu integrierende Funktion ein Bruch, dessen Zähler gleich der Ableitung des Nenners ist, so ist der Logarithmus des Nenners eine Integralfunktion.

Zum Beweis beachte man lediglich

$$\int \frac{f'(x)}{f(x)}\, dx = \int \frac{df(x)}{f(x)} = \ln|f(x)| + C.$$

Beispiele

1. $\displaystyle\int \cot x\, dx = \int \frac{\cos x}{\sin x}\, dx = \ln|\sin x| + C$

2. $\displaystyle\int \frac{2x}{x^2 + 1}\, dx = \ln(x^2 + 1) + C$

3. $\displaystyle\int \frac{dx}{x \ln x} = \int \frac{\frac{1}{x}\, dx}{\ln x} = \ln|\ln x| + C$

4. $\displaystyle\int \frac{2x^3 + x}{x^4 + x^2 + 1}\, dx = \frac{1}{2}\int \frac{4x^3 + 2x}{x^4 + x^2 + 1}\, dx = \frac{1}{2}\ln(x^4 + x^2 + 1) + C$

5. $\displaystyle\int \frac{dx}{\sinh x} = \frac{1}{2}\int \frac{dx}{\sinh \frac{x}{2} \cosh \frac{x}{2}}$

$$= \frac{1}{2}\int \frac{\frac{1}{\cosh^2 \frac{x}{2}}\, dx}{\tanh \frac{x}{2}} = 2 \cdot \frac{1}{2}\int \frac{\frac{1}{\cosh^2 \frac{x}{2}}\, d\frac{x}{2}}{\tanh \frac{x}{2}}$$

$$= \ln\left|\tanh \frac{x}{2}\right| + C$$

<u>Aufgaben zum 3. Typus</u>

1. $\displaystyle\int \frac{\sin x - \cos x}{\sin x + \cos x}\, dx$

2. $\displaystyle\int \tanh x\, dx$

3. $\displaystyle\int \frac{4 \sin 2x}{5 - 3 \sin^2 x}\, dx$

4. $\displaystyle\int \frac{dx}{\sin x}$

5. $\displaystyle\int \frac{4x - 7}{1 - x^2}\, dx$

4. Typus: $\displaystyle\int \sin^2 x\, dx, \quad \int \cos^2 x\, dx, \quad \int \sinh^2 x\, dx, \quad \int \cosh^2 x\, dx$

$$\int \sin^2 x\, dx = \tfrac{1}{2}\,(x - \sin x \cos x) + C$$

$$\int \cos^2 x\, dx = \tfrac{1}{2}\,(x + \sin x \cos x) + C$$

$$\int \sinh^2 x\, dx = \tfrac{1}{2}\,(\sinh x \cosh x - x) + C$$

$$\int \cosh^2 x\, dx = \tfrac{1}{2}\,(\sinh x \cosh x + x) + C$$

Beweis:

1. Wir benutzen die Identität

$$\sin^2 x = \tfrac{1}{2}\,(1 - \cos 2x)$$

und können damit das Integral wie folgt aufspalten

$$\int \sin^2 x\, dx = \tfrac{1}{2} \int (1 - \cos 2x)\, dx = \tfrac{1}{2} \int dx - \tfrac{1}{4} \int \cos 2x\, d\,2x$$

$$= \tfrac{1}{2} x - \tfrac{1}{4} \sin 2x + C.$$

Beachtet man noch

$$\sin 2x = 2 \sin x \cos x,$$

so kann man dem Ergebnis die Form geben

$$\int \sin^2 x\, dx = \tfrac{1}{2}\,(x - \sin x \cos x) + C.$$

2. Für das zweite Integral verwenden wir lediglich

$$\cos^2 x = 1 - \sin^2 x$$

und erhalten damit

$$\int \cos^2 x\, dx = \int (1 - \sin^2 x)\, dx = x - \tfrac{1}{2}\,(x - \sin x \cos x) + C$$

$$= \tfrac{1}{2}\,(x + \sin x \cos x) + C.$$

3. Für Hyperbelfunktionen gilt nach II, 1.8

$$\cosh^2 x - \sinh^2 x = 1$$

$$\cosh^2 x + \sinh^2 x = \cosh 2x, [1]$$

woraus durch Subtraktion der ersten von der zweiten Gleichung folgt

$$\sinh^2 x = \frac{1}{2}(\cosh 2x - 1)$$

$$\Rightarrow \int \sinh^2 x \, dx = \frac{1}{2} \int \cosh 2x \, dx - \frac{1}{2} \int dx = \frac{1}{4} \sinh 2x - \frac{1}{2} x + C$$

und bei Beachtung der Identität[1]

$$\sinh 2x = 2 \sinh x \cosh x$$

$$\int \sinh^2 x \, dx = \frac{1}{2}(\sinh x \cosh x - x) + C.$$

4. In Analogie zum zweiten Integral dieser Gruppe folgt hier mit

$$\cosh^2 x = 1 + \sinh^2 x$$

$$\int \cosh^2 x \, dx = \int (1 + \sinh^2 x) dx = x + \frac{1}{2}(\sinh x \cosh x - x) + C$$

$$= \frac{1}{2}(\sinh x \cosh x + x) + C.$$

<u>Aufgaben zum 4. Typus</u>

1. $\displaystyle\int \sin^2 \frac{x}{3} \, dx$

2. $\displaystyle\int \cosh^2 (ap + b) \, dp$

3. $\displaystyle\int \sin^3 z \, dz$

4. $\displaystyle\int \cos^4 t \, dt$

5. $\displaystyle\int \tan^3 \varphi \, d\varphi$

---

[1] Die Formeln für $\sinh 2x = 2 \sinh x \cosh x$ und $\cosh 2x = \cosh^2 x + \sinh^2 x$ ergeben sich unmittelbar aus den in II, 1.8 angeführten Additionstheoremen für $\sinh(x_1 + x_2)$ bzw. $\cosh(x_1 + x_2)$, wenn man darin $x_1 = x_2 = x$ setzt.

5. Typus: $\int \sqrt{a^2 - x^2}\, dx, \quad \int \dfrac{dx}{\sqrt{a^2 - x^2}}$

$$\boxed{\begin{aligned} \text{Substitution:} \quad x &= a \sin t \\ \Rightarrow dx &= a \cos t \, dt \\ \Rightarrow t &= \text{Arc} \sin \frac{x}{a} \end{aligned}}$$

1. Mit diesem Ansatz[1] erhält man für das Integral

$$\int \sqrt{a^2 - x^2}\, dx = \int \sqrt{a^2 - a^2 \sin^2 t}\; a \cos t \, dt = a^2 \int \cos^2 t \, dt$$

$$= \frac{a^2}{2} \, (t + \sin t \cos t) + C.$$

Resubstituiert man wieder auf x, so ist

$$\cos t = \sqrt{1 - \sin^2 t} = \sqrt{1 - \frac{x^2}{a^2}} = \frac{1}{a} \sqrt{a^2 - x^2},$$

damit ergibt sich

$$\int \sqrt{a^2 - x^2}\, dx = \frac{a^2}{2} \left(\text{Arc} \sin \frac{x}{a} + \frac{x}{a^2} \sqrt{a^2 - x^2} \right) + C.$$

2. Mit der gleichen Substitution folgt für das zweite Integral

$$\int \frac{dx}{\sqrt{a^2 - x^2}} = \int \frac{a \cos t \, dt}{a \cos t} = \int dt = t + C = \text{Arc} \sin \frac{x}{a} + C.$$

Man beachte, daß man dieses Ergebnis auch unmittelbar über das Grundintegral bekommt, falls man rechnet:

$$\int \frac{dx}{\sqrt{a^2 - x^2}} = \frac{1}{a} \int \frac{dx}{\sqrt{1 - \left(\frac{x}{a}\right)^2}} = \int \frac{d \frac{x}{a}}{\sqrt{1 - \left(\frac{x}{a}\right)^2}}$$

$$= \text{Arc} \sin \frac{x}{a} + C = - \text{Arc} \cos \frac{x}{a} + C_1.[2]$$

---

[1] Zum gleichen Ergebnis führt der Ansatz $x = a \cos t$, da $a^2 - x^2 = a^2 - a^2 \cos^2 t = a^2 \sin^2 t$ ebenfalls ein vollständiges Quadrat wird, welches die Wurzel beseitigt. Dazu werde neben $a > o$ noch $|x| < a$ vorausgesetzt. Im übrigen beachte der Leser noch einmal die generelle Vorbemerkung auf Seite 9.

[2] Wegen $\text{Arc} \sin x + \text{Arc} \cos x = \pi/2$ besteht zwischen C und C_1 hier der Zusammenhang $C_1 - C = \pi/2$.

Beispiele

1. Man ermittle das unbestimmte Integral

$$I = \int 3x \sqrt{5 - x^2}\, dx.$$

Lösung: Mit der oben angegebenen Substitution[1]

$$x = \sqrt{5}\, \sin t$$

$$dx = \sqrt{5}\, \cos t\, dt$$

ergibt sich

$$I = 3 \int \sqrt{5}\, \sin t \sqrt{5 - 5 \sin^2 t}\, \sqrt{5}\, \cos t\, dt = 15 \sqrt{5} \int \cos^2 t\, \sin t\, dt$$

$$= - 15 \sqrt{5} \int \cos^2 t\, d \cos t = - 5 \sqrt{5}\, \cos^3 t + C.$$

Für die Resubstitution beachte man

$$\cos^3 t = \cos t (1 - \sin^2 t) = \sqrt{1 - \sin^2 t}\, (1 - \sin^2 t)$$

$$\Rightarrow I = - 5 \sqrt{5} \sqrt{1 - \frac{x^2}{5}} \left(1 - \frac{x^2}{5} \right) + C = - \sqrt{5 - x^2}\, (5 - x^2) + C.$$

2. Man ermittle das Integral

$$I = \int \sqrt{- 4x^2 + 12x + 7}\, dx.$$

Lösung: Zunächst forme man den Radikanden wie folgt um

$$- 4x^2 + 12x + 7 = - (2x - 3)^2 + 16;$$

dann ergibt sich wie im 1. Beispiel die Form

$$\int \sqrt{- 4x^2 + 12x + 7}\, dx = \int \sqrt{4^2 - (2x - 3)^2}\, dx = \frac{1}{2} \int \sqrt{4^2 - t^2}\, dt,$$

falls man

$$2x - 3 = t$$

$$dx = \frac{1}{2}\, dt$$

---

[1] Das Integral ist zugleich vom "2. Typus" und kann deshalb auch mit der Substitution $5 - x^2 = z$ gelöst werden.

setzt. Nun wird substituiert

$$t = 4 \sin \varphi$$
$$\Rightarrow dt = 4 \cos \varphi \, d\varphi$$
$$\Rightarrow \varphi = \text{Arc} \sin \frac{t}{4} \, ,$$

und es folgt

$$I = \frac{1}{2} \int \sqrt{4^2 - 4^2 \sin^2 \varphi} \cdot 4 \cos \varphi \, d\varphi = 8 \int \cos^2 \varphi \, d\varphi$$
$$= 4(\varphi + \sin \varphi \cos \varphi) + C \qquad (\text{nach Typus 4}).$$

Resubstitution auf t ergibt

$$I = 4 \left(\text{Arc} \sin \frac{t}{4} + \frac{t}{4} \sqrt{1 - \frac{t^2}{16}} \right) + C = 4 \, \text{Arc} \sin \frac{t}{4} + \frac{t}{4} \sqrt{16 - t^2} + C.$$

Resubstitution auf x ergibt schließlich

$$I = 4 \, \text{Arc} \sin \frac{2x - 3}{4} + \frac{2x - 3}{4} \sqrt{-4x^2 + 12x + 7} + C.$$

3. Für das unbestimmte Integral

$$I = \int \frac{dx}{x^2 \sqrt{1 - 3x^2}}$$

machen wir die Substitution

$$\sqrt{3} \, x = \sin t$$
$$dx = \frac{1}{\sqrt{3}} \cos t \, dt,$$

denn so wird der Radikand zu einem vollständigen Quadrat und beseitigt die Wurzel:

$$I = \frac{3}{\sqrt{3}} \int \frac{\cos t \, dt}{\sin^2 t \sqrt{1 - \sin^2 t}} = \sqrt{3} \int \frac{dt}{\sin^2 t} = -\sqrt{3} \cot t + C$$
$$= -\sqrt{3} \cot(\text{Arc} \sin \sqrt{3} x) + C = -\frac{1}{x} \sqrt{1 - 3x^2} + C,$$

wobei verwendet wurde[1]

$$\cot(\text{Arc sin } \sqrt{3}\,x) = \frac{\cos(\text{Arc sin } \sqrt{3}\,x)}{\sin(\text{Arc sin } \sqrt{3}\,x)} = \frac{\sqrt{1 - [\sin(\text{Arc sin } \sqrt{3}\,x)]^2}}{\sqrt{3}\,x}$$

$$= \frac{\sqrt{1 - 3x^2}}{\sqrt{3}\,x} \; .$$

Aufgaben zum 5. Typus

1. $\displaystyle \int \sqrt{\frac{a + x}{a - x}}\; dx$

2. $\displaystyle \int \frac{x}{\sqrt{-x^2 + 10x - 13}}\; dx$

3. $\displaystyle \int \frac{dx}{\sqrt{(9 - x^2)^3}}$

6. Typus: $\displaystyle \int \sqrt{x^2 - a^2}\; dx, \quad \int \frac{dx}{\sqrt{x^2 - a^2}}$

$$\boxed{\begin{array}{l} \text{Substitution}^2\text{: } x = a \cosh t \\[4pt] \Rightarrow dx = a \sinh t \; dt \\[4pt] \Rightarrow \;\; t = \text{ar cosh } \dfrac{x}{a} \end{array}}$$

Wie die trigonometrische Substitution beim 5. Typus, so wird hier die Substitution
einer hyperbolischen Funktion deshalb vorgenommen, um den Radikanden in ein vollständiges Quadrat zu verwandeln und damit die Wurzel zu beseitigen:

$$\sqrt{x^2 - a^2} = \sqrt{a^2 \cosh^2 t - a^2} = a \sqrt{\cosh^2 t - 1} = a \sqrt{\sinh^2 t} = a \sinh t,$$

denn es gilt nach II, 1.8 die fundamentale Identität

$$\cosh^2 t - \sinh^2 t = 1$$

$$(\Rightarrow \cosh^2 t - 1 = \sinh^2 t).$$

---

[1] Oder man rechnet $\cot t = \dfrac{\cos t}{\sin t} = \dfrac{\sqrt{1 - \sin^2 t}}{\sin t} = \dfrac{\sqrt{1 - 3x^2}}{\sqrt{3}\,x}$, also $- \sqrt{3}\cot t$

$= -\dfrac{1}{x}\sqrt{1 - 3x^2}$.

[2] Dazu werde neben $a > 0$ auch $x > a$ vorausgesetzt.

1. Für das erste Integral ergibt sich damit

$$\int \sqrt{x^2 - a^2}\, dx = \int a \sinh t \, a \sinh t \, dt = a^2 \int \sinh^2 t \, dt$$

$$= \frac{a^2}{2} (\sinh t \cosh t - t) + C$$

und nach Resubstitution von t auf x

$$\int \sqrt{x^2 - a^2}\, dx = \frac{a^2}{2} \left(\sqrt{\frac{x^2}{a^2} - 1} \, \frac{x}{a} - \operatorname{ar} \cosh \frac{x}{a} \right) + C$$

$$= \frac{a^2}{2} \left(\frac{x}{a^2} \sqrt{x^2 - a^2} - \operatorname{ar} \cosh \frac{x}{a} \right) + C$$

Beachtet man noch die Darstellung der Areafunktionen als Logarithmusfunktionen, hier

$$\operatorname{ar} \cosh \frac{x}{a} = \ln \left| \frac{x}{a} + \frac{1}{a} \sqrt{x^2 - a^2} \right| ,$$

so ergibt sich

$$\int \sqrt{x^2 - a^2}\, dx = \frac{x}{2} \sqrt{x^2 - a^2} - \frac{a^2}{2} \ln \left| \frac{x}{a} + \frac{1}{a} \sqrt{x^2 - a^2} \right| + C$$

$$= \frac{x}{2} \sqrt{x^2 - a^2} - \frac{a^2}{2} \ln \left| x + \sqrt{x^2 - a^2} \right| + C_1$$

$$\text{mit } C_1 := C + \frac{a^2}{2} \ln a.$$

2. Mit der gleichen Substitution folgt für das zweite Integral

$$\int \frac{dx}{\sqrt{x^2 - a^2}} = \int \frac{a \sinh t \, dt}{\sqrt{a^2 \cosh^2 t - a^2}} = \int dt = t + C = \operatorname{ar} \cosh \frac{x}{a} + C$$

$$\int \frac{dx}{\sqrt{x^2 - a^2}} = \ln \left| x + \sqrt{x^2 - a^2} \right| + C_1 \qquad (\text{mit } C_1 := C - \ln |a|).$$

Schneller noch gelangt man zum Ziel, wenn man auf das entsprechende Grund-integral umformt:

$$\int \frac{dx}{\sqrt{x^2 - a^2}} = \int \frac{d\left(\frac{x}{a}\right)}{\sqrt{\left(\frac{x}{a}\right)^2 - 1}} = \operatorname{ar} \cosh \frac{x}{a} + C$$

Beispiele

1. $\displaystyle \int \frac{x^2 dx}{\sqrt{x^2 - a^2}} = \int \frac{a^2 \cosh^2 t \; a \sinh t \; dt}{\sqrt{a^2 \cosh^2 t - a^2}} = a^2 \int \cosh^2 t \; dt$

$\displaystyle \qquad = \frac{a^2}{2} (\sinh t \cosh t + t) + C = \frac{a^2}{2} \left(\frac{x}{a} \sqrt{\frac{x^2}{a^2} - 1} + \text{ar} \cosh \frac{x}{a} \right) + C$

$\displaystyle \qquad = \frac{a^2}{2} \left(\frac{x}{a^2} \sqrt{x^2 - a^2} + \ln \left| x + \sqrt{x^2 - a^2} \right| \right) + C_1$

2. $\displaystyle \int \sqrt{x^2 - 6x + 4} \; dx = \int \sqrt{(x - 3)^2 - 5} \; dx = \int \sqrt{t^2 - (\sqrt{5})^2} \; dt$

$$\text{mit} \quad x - 3 = t, \quad dx = dt.$$

Mit der Substitution

$$t = \sqrt{5} \cosh \varphi$$

$$\Rightarrow dt = \sqrt{5} \sinh \varphi \, d\varphi$$

ergibt sich das Integral

$\displaystyle \int \sqrt{5 \cosh^2 \varphi - 5} \; \sqrt{5} \sinh \varphi \, d\varphi = 5 \int \sinh^2 \varphi \, d\varphi$

$\displaystyle \qquad = \frac{5}{2} (\sinh \varphi \cosh \varphi - \varphi) + C = \frac{5}{2} \left(\frac{t}{\sqrt{5}} \sqrt{\frac{t^2}{5} - 1} - \text{ar} \cosh \frac{t}{\sqrt{5}} \right) + C$

$\displaystyle \qquad = \frac{t}{2} \sqrt{t^2 - 5} - \frac{5}{2} \ln \left| t + \sqrt{t^2 - 5} \right| + C_1$

$\displaystyle \qquad = \frac{x - 3}{2} \sqrt{x^2 - 6x + 4} - \frac{5}{2} \ln \left| x - 3 + \sqrt{x^2 - 6x + 4} \right| + C_1$

3. $\displaystyle \int \frac{3x}{\sqrt{x^2 - 8}} \; dx = 3 \int \frac{2x}{2\sqrt{x^2 - 8}} \; dx = 3 \int d\sqrt{x^2 - 8} = 3 \sqrt{x^2 - 8} + C.$

In diesem Falle ist also die Substitution überflüssig, da der Integrand unmittelbar als Differential der im Nenner stehenden Wurzel geschrieben werden kann (vgl. II, 3.3.5; Ableitung einer Quadratwurzel-Funktion).

<u>Aufgaben zum 6. Typus</u>

1. $\displaystyle \int \frac{6x - 7}{\sqrt{4x^2 - 12x + 5}} \; dx$

$$2.\ \int (x-5)\sqrt{(x^2-10x+21)^5}\,dx$$

$$3.\ \int \frac{dx}{(\sqrt{x^2+6x-4})^3}$$

7. Typus: $\displaystyle\int \sqrt{x^2+a^2}\,dx,\ \int \frac{dx}{\sqrt{x^2+a^2}}$

$$\boxed{\begin{aligned}\text{Substitution: } &x = a\sinh t\\ \Rightarrow\ &dx = a\cosh t\,dt\\ \Rightarrow\ &t = \operatorname{ar\,sinh}\frac{x}{a}\end{aligned}}$$

Damit ergibt sich für den Radikanden

$$x^2 + a^2 = a^2\sinh^2 t + a^2 = a^2(\sinh^2 t + 1) = a^2\cosh^2 t,$$

also ein vollständiges Quadrat, welches die Wurzel beseitigt:

$$\sqrt{x^2 + a^2} = a\cosh t.$$

1. Für das erste Integral folgt damit

$$\int \sqrt{x^2+a^2}\,dx = \int a\cosh t\, a\cosh t\,dt = a^2\int \cosh^2 t\,dt$$

$$= \frac{a^2}{2}(\sinh t\cosh t + t) + C$$

$$= \frac{a^2}{2}\left(\frac{x}{a}\sqrt{\frac{x^2}{a^2}+1} + \operatorname{ar\,sinh}\frac{x}{a}\right) + C$$

$$= \frac{a^2}{2}\left(\frac{x}{a^2}\sqrt{x^2+a^2} + \operatorname{ar\,sinh}\frac{x}{a}\right) + C$$

oder bei Verwendung der logarithmischen Darstellung

$$\int \sqrt{x^2+a^2}\,dx = \frac{a^2}{2}\left(\frac{x}{a^2}\sqrt{x^2+a^2} + \ln\left(x + \sqrt{x^2+a^2}\right)\right) + C_1.$$

2. Für das zweite Integral folgt ebenso

$$\int \frac{dx}{\sqrt{x^2+a^2}} = \int \frac{a\cosh t\,dt}{a\cosh t} = \int dt = t + C = \operatorname{ar\,sinh}\frac{x}{a} + C$$

oder durch Zurückgehen auf das zugehörige Grundintegral

$$\int \frac{dx}{\sqrt{x^2 + a^2}} = \int \frac{d\left(\frac{x}{a}\right)}{\sqrt{\left(\frac{x}{a}\right)^2 + 1}} = \text{ar sinh} \frac{x}{a} + C.$$

Beispiele

1. Für das Integral

$$I = \int \frac{dx}{x^2 \sqrt{x^2 + 2}}$$

erhält man mit der Substitution

$$x = \sqrt{2} \sinh t$$

$$\Rightarrow dx = \sqrt{2} \cosh t \, dt$$

$$\Rightarrow x^2 + 2 = 2 \sinh^2 t + 2 = 2 \cosh^2 t$$

$$I = \int \frac{\sqrt{2} \cosh t \, dt}{2 \sinh^2 t \sqrt{2 \cosh^2 t}} = \frac{1}{2} \int \frac{dt}{\sinh^2 t} = -\frac{1}{2} \coth t + C$$

$$= -\frac{1}{2} \frac{\sqrt{\sinh^2 t + 1}}{\sinh t} + C = -\frac{1}{2} \frac{\sqrt{\frac{x^2}{2} + 1}}{\frac{x}{\sqrt{2}}} + C = -\frac{1}{2} \frac{\sqrt{x^2 + 2}}{x} + C.$$

2. Zur Lösung des Integrals

$$I = \int \sqrt{9x^2 - 6x + 10} \, dx$$

wird man zunächst den Radikanden gemäß

$$9x^2 - 6x + 10 = (3x - 1)^2 + 9$$

umformen und substituieren

$$3x - 1 = t$$

$$dx = \frac{1}{3} dt.$$

Damit nimmt das Integral die Form

$$I = \frac{1}{3} \int \sqrt{t^2 + 9} \, dt$$

an und kann nun mit der Substitution

$$t = 3 \sinh \varphi$$

$$dt = 3 \cosh \varphi \, d\varphi$$

weiter behandelt werden:

$$I = \frac{1}{3} \int 3 \cosh \varphi \cdot 3 \cosh \varphi \, d\varphi = \frac{3}{2} \left(\sinh \varphi \cosh \varphi + \varphi \right) + C$$

$$\Rightarrow \int \sqrt{9x^2 - 6x + 10} \, dx = \frac{3x - 1}{6} \sqrt{9x^2 - 6x + 10} + \frac{3}{2} \text{ ar sinh } \frac{3x - 1}{3} + C$$

bzw. bei logarithmischer Darstellung

$$\int \sqrt{9x^2 - 6x + 10} \, dx = \frac{3x - 1}{6} \sqrt{9x^2 - 6x + 10} +$$

$$+ \frac{3}{2} \ln \left(3x - 1 + \sqrt{9x^2 - 6x + 10} \right) + C_1.$$

Mit diesen Typen ist die Menge der Integrale, welche sich mit der Substitutions-methode behandeln lassen, bei weitem noch nicht erschöpft. Vielmehr ist gerade diese Methode auf Grund ihrer Flexibilität die am häufigsten angewandte und am weitesten reichende formale Integrationsmethode.

Aufgaben zum 7. Typus

1. $\int \sqrt{49x^2 - 56x + 27} \, dx$

2. $\int \dfrac{x^2}{\sqrt{x^2 - 4x + 13}} \, dx$

1.2.2 Die Methode der Produktintegration

Diese Integrationsregel[1] ist eine unmittelbare Folge der Ableitungsregel für ein Pro-dukt zweier Funktionen $u = u(x)$ und $v = v(x)$ (sog. Produktregel); in Differentialen geschrieben lautet diese (vgl. II, 3.4.3)

$$d(uv) = v \, du + u \, dv.$$

---

[1] Andere Bezeichnungen sind Teilintegration oder partielle Integration.

Beiderseitige Integration ergibt

$$\int d(u\,v) = u\,v = \int v\,du + \int u\,dv$$

$$\boxed{\int u\,dv = uv - \int v\,du}$$

Dies ist die Formel der **Produktintegration**. Mit ihr kann man das Integral

$$\int u\,dv = \int u(x)v'(x)dx$$

zurückführen auf die Bestimmung des Integrals

$$\int v\,du = \int v(x)u'(x)dx\,,$$

falls die Funktionen $u(x)$ und $v(x)$ differenzierbar sind und die Funktion $v' = v'(x)$ geschlossen integriert werden kann. Man wird diese Regel immer dann anwenden, wenn man von dem zweiten Integral eine einfachere Lösung erwarten kann.

Eine allgemeine Regel für die Aufteilung des Integranden in u und dv gibt es nicht. Tritt eine Potenzfunktion als Faktor auf, so wird man diese im allgemeinen gleich u setzen, damit beim Differenzieren der Exponent um 1 erniedrigt wird. Sofern das verbleibende Integral noch nicht lösbar ist, wird man dies weiter behandeln müssen und dabei gegebenenfalls wieder die Methode der Produktintegration heranziehen. Erst durch eine größere Anzahl von Beispielen kann der Studierende hier zu einer hinreichenden Sicherheit im Integrieren gelangen.

Beispiele

1. Gesucht ist $\int x \cos x\,dx$.

Lösung: Man setze

$$\left.\begin{array}{l} u = x \\ dv = \cos x\,dx \end{array}\right\} \Rightarrow \begin{array}{l} du = dx \\ v = \sin x \end{array}$$

und erhält nach der Formel der Produktintegration

$$\int x \cos x\,dx = x \sin x - \int \sin x\,dx = x \sin x + \cos x + C\,.$$

2. Gesucht ist $\int (3x - 7)e^{-x}dx$.

<u>Lösung:</u> Man setze

$$u = 3x - 7 \quad\Big|\quad du = 3dx$$
$$dv = e^{-x}dx \quad\Big|\Rightarrow\quad v = -e^{-x}$$

und bekommt

$$\int (3x-7)e^{-x}dx = -(3x-7)e^{-x} + \int 3e^{-x}dx = -(3x-7)e^{-x} - 3e^{-x} + C$$
$$= -(3x-4)e^{-x} + C.$$

3. $\int \sin^2 x \, dx = ?$

<u>Lösung:</u> Wir schreiben $\int \sin^2 x \, dx = \int \sin x \sin x \, dx$ und setzen

$$u = \sin x \quad\Big|\quad du = \cos x \, dx$$
$$dv = \sin x \, dx \quad\Big|\Rightarrow\quad v = -\cos x \, ;$$

damit folgt

$$\int \sin^2 x \, dx = -\sin x \cos x + \int \cos^2 x \, dx = -\sin x \cos x + \int dx - \int \sin^2 x \, dx$$
$$\Rightarrow 2 \int \sin^2 x \, dx = -\sin x \cos x + x + C$$
$$\int \sin^2 x \, dx = \frac{1}{2}(x - \sin x \cos x) + C_1$$

4. $\int e^{mx}\cos nx \, dx = ?$

<u>Lösung:</u> Wir setzen

$$u = e^{mx} \quad\Big|\quad du = m \, e^{mx}dx$$
$$dv = \cos nx \, dx \quad\Big|\Rightarrow\quad v = \frac{1}{n}\sin nx$$

und erhalten zunächst

$$\int e^{mx}\cos nx \, dx = \frac{1}{n}e^{mx}\sin nx - \int \frac{m}{n}e^{mx}\sin nx \, dx.$$

Das verbleibende Integral hat eine ähnliche Struktur wie das gegebene, wir behandeln es deshalb auch mit der Methode der Produktintegration, indem wir setzen

                                29

$$u = e^{mx} \left.\right\} \Rightarrow \quad du = m\,e^{mx}\,dx$$
$$dv = \sin nx\,dx \qquad v = -\frac{1}{n}\cos nx$$

$$\Rightarrow \int e^{mx}\sin nx\,dx = -\frac{1}{n}\,e^{mx}\cos nx + \int \frac{m}{n}\,e^{mx}\cos nx\,dx$$

$$\Rightarrow -\frac{m}{n}\int e^{mx}\sin nx\,dx = \frac{m}{n^2}\,e^{mx}\cos nx - \frac{m^2}{n^2}\int e^{mx}\cos nx\,dx\,.$$

Das nunmehr entstandene Integral ist gleich dem gegebenen Integral und wird mit diesem auf der linken Seite zusammengefaßt:

$$\left(1 + \frac{m^2}{n^2}\right)\int e^{mx}\cos nx\,dx = \frac{1}{n}\,e^{mx}\sin nx + \frac{m}{n^2}\,e^{mx}\cos nx + C$$

$$\Rightarrow \int e^{mx}\cos nx\,dx = e^{mx}\,\frac{m\cos nx + n\sin nx}{m^2 + n^2} + C_1\,.$$

5. $\int x^3\cosh x\,dx = ?$

<u>Losung:</u> Um die Potenz x^3 zu erniedrigen, setzen wir

$$u = x^3 \left.\right\} \Rightarrow \quad du = 3x^2\,dx$$
$$dv = \cosh x\,dx \qquad v = \sinh x$$

und erhalten

$$I := \int x^3\cosh x\,dx = x^3\sinh x - 3\int x^2\sinh x\,dx\,.$$

In der gleichen Weise bekommen wir für das verbleibende Integral mit

$$u = x^2 \left.\right\} \Rightarrow \quad du = 2x\,dx$$
$$dv = \sinh x\,dx \qquad v = \cosh x$$
$$I_1 := \int x^2\sinh x\,dx = x^2\cosh x - 2\int x\cosh x\,dx$$

und schließlich nochmals mit

$$u = x \left.\right\} \Rightarrow \quad du = dx$$
$$dv = \cosh x\,dx \qquad v = \sinh x$$
$$I_2 := \int x\cosh x\,dx = x\sinh x - \int \sinh x\,dx = x\sinh x - \cosh x + C\,.$$

Damit ergibt sich für das vorgelegte Integral I

$$I = x^3 \sinh x - 3I_1 = x^3 \sinh x - 3x^2 \cosh x + 6I_2$$

$$I = x^3 \sinh x - 3x^2 \cosh x + 6x \sinh x - 6 \cosh x + C_1 \, .$$

6. $\int \mathrm{Arc} \tan x \, dx = ?$

Lösung: Der Integrand ist hier als das Produkt der Funktion $u(x) = \mathrm{Arc} \tan x$ und des Differentials $dx = dv$ aufzufassen:

$$\left. \begin{aligned} u &= \mathrm{Arc} \tan x \\[1em] dv &= dx \end{aligned} \right\} \Rightarrow \quad \begin{aligned} du &= \frac{1}{1+x^2} \, dx \\[1em] v &= x \end{aligned}$$

$$\Rightarrow \int \mathrm{Arc} \tan x \, dx = x \, \mathrm{Arc} \tan x - \int \frac{x}{1+x^2} \, dx$$

$$\int \mathrm{Arc} \tan x \, dx = x \, \mathrm{Arc} \tan x - \frac{1}{2} \int \frac{2x}{1+x^2} \, dx$$

$$\int \mathrm{Arc} \tan x \, dx = x \, \mathrm{Arc} \tan x - \frac{1}{2} \ln(1+x^2) + C \, .$$

7. $\int \mathrm{Arc} \sin x \, dx = ?$

Lösung: Wir setzen analog zum vorigen Beispiel

$$\left. \begin{aligned} u &= \mathrm{Arc} \sin x \\[1em] dv &= dx \end{aligned} \right\} \Rightarrow \quad \begin{aligned} du &= \frac{dx}{\sqrt{1-x^2}} \\[1em] v &= x \end{aligned}$$

$$\Rightarrow \int \mathrm{Arc} \sin x \, dx = x \, \mathrm{Arc} \sin x - \int \frac{x \, dx}{\sqrt{1-x^2}}$$

$$\int \mathrm{Arc} \sin x \, dx = x \, \mathrm{Arc} \sin x + \int d\sqrt{1-x^2}$$

$$\int \mathrm{Arc} \sin x \, dx = x \, \mathrm{Arc} \sin x + \sqrt{1-x^2} + C \, .$$

8. $\int \ln x \, dx = ?$

Lösung: Auch hier wird gesetzt

$$\left. \begin{aligned} u &= \ln x \\[1em] dv &= dx \end{aligned} \right\} \Rightarrow \quad \begin{aligned} du &= \frac{1}{x} \, dx \\[1em] v &= x \end{aligned}$$

und es folgt

$$\int \ln x \, dx = x \ln x - \int x \cdot \frac{1}{x} \, dx = x(\ln x - 1) + C \qquad (x > 0)$$

<u>Aufgaben zu 1.2.2</u>

1. $\int \sqrt{x} \, \ln x \, dx$

2. $\int x^3 \cdot e^x \, dx$

3. $\int \sin(\ln x) \, dx$

4. $\int \cos(mx) \cdot \cos(nx) \, dx, \quad m \in \mathbb{N}, \ n \in \mathbb{N}$

    Hinweis: Man unterscheide die Fälle $m = n$ und $m \neq n$

5. $\int (x - 1) \dfrac{e^x}{x^2} \, dx$

    Anleitung: <u>nicht</u> aufspalten, da das Integral

$$\int \frac{e^x}{x} \, dx$$

    nicht formal geschlossen behandelt werden kann!

6. $\int \text{Arc cot } x \, dx$

7. $\int x \, \text{Arc sin } x \, dx$

1.2.3 Integration durch Rekursion

Ist der Integrand eine Potenzfunktion von einer Funktion mit ganzzahligem Exponenten, wie etwa

$$\int \sin^n x \, dx, \quad \int \cosh^n x \, dx, \quad \int (\ln x)^n \, dx,$$

so gestattet die Methode der Produktintegration eine Zurückführung (Rekursion) auf jeweils ein Integral g l e i c h e r S t r u k t u r , jedoch mit erniedrigtem Exponenten. Behandelt man dieses in der gleichen Weise und fährt so fort, so kommt man nach endlich vielen Rekursionsschritten schließlich auf ein Grundintegral bzw. ein bekanntes Integral zurück, das man sofort anschreiben kann.

Beispiel

1. Man gebe für das Integral

$$\int (\ln x)^n \, dx, \quad (n > 0,\ \text{ganz})$$

eine Rekursionsformel an!

<u>Lösung:</u> Wir setzen

$$
\left.
\begin{array}{l}
u = (\ln x)^n \\[2mm]
dv = dx
\end{array}
\right\} \ \Rightarrow \quad
\begin{array}{l}
du = n(\ln x)^{n-1} \dfrac{1}{x}\, dx \\[2mm]
v = x
\end{array}
$$

und bekommen damit

$$\int (\ln x)^n \, dx = x(\ln x)^n - n \int (\ln x)^{n-1}\, dx \ .$$

Die Struktur dieser Rekursionsformel ist, wenn man

$$I_n = \int (\ln x)^n \, dx$$

setzt

$$\boxed{\ I_n = x(\ln x)^n - n\, I_{n-1} \qquad (n > 0,\ \text{ganz})\ }$$

Die Anwendung der eingerahmten Rekursionsformel für ein konkretes Integral dieser Art, also für eine gegebene Belegung von $n \in \mathbb{N}$, kann man am Ablaufplan der Abb. 2 verfolgen. Nehmen wir einmal $n = 4$ an. Dann ist

$$I_4 := \int (\ln x)^4 \, dx$$

gesucht. Als bekannt setzen wir (III, 1.2.2)

$$I_1 := \int \ln x \, dx = x(\ln x - 1) + C$$

voraus. Der obere Teil des Ablaufplanes stellt eine Schleife dar, in der, angefangen hier mit $k = 4$, das Integral I_4 Schritt für Schritt auf I_1 zurückgeführt (rekurriert) wird:

$$1. \text{ Durchlauf } (k=4) \; : \; I_4 = x(\ln x)^4 - 4I_3 \, ,$$

$$2. \text{ Durchlauf } (k=3) \; : \; I_3 = x(\ln x)^3 - 3I_2 \, ,$$

$$3. \text{ Durchlauf } (k=2) \; : \; I_2 = x(\ln x)^2 - 2I_1 \, .$$

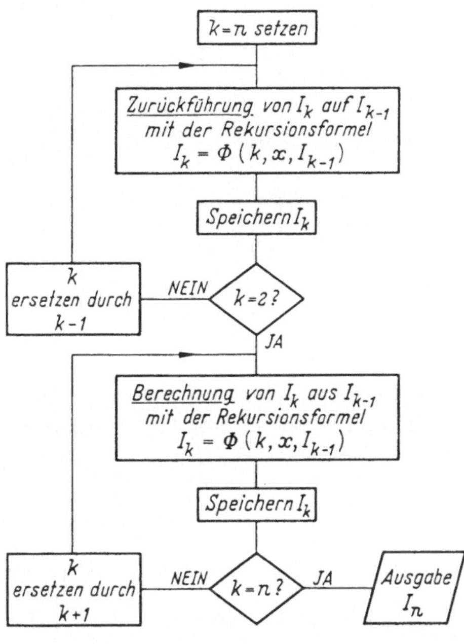

Abb. 2

Damit ist die Bedingung $k = 2$ erfüllt, und es erfolgt nun der Eintritt in die untere Schleife. Jetzt wird I_4 Schritt für Schritt aus den I_k, beginnend mit I_2, berechnet, indem man die obige Rekursion in der umgekehrten Reihenfolge (mit aufsteigendem "Rekursionsindex" k) durchläuft:

$$1. \text{ Durchlauf } (k=2) \; : \; I_2 = x(\ln x)^2 - 2x\ln x + 2x$$

$$2. \text{ Durchlauf } (k=3) \; : \; I_3 = x(\ln x)^3 - 3x(\ln x)^2 + 6x\ln x - 6x$$

$$3. \text{ Durchlauf } (k=4) \; : \; I_4 = x(\ln x)^4 - 4x(\ln x)^3 + 12x(\ln x)^2$$

$$- 24x\ln x + 24x$$

Nach dieser Berechnung wird auch die untere Schleife verlassen, denn das gesuchte Integral ist ermittelt:

$$\int (\ln x)^4\, dx = x(\ln x)^4 - 4x(\ln x)^3 + 12x(\ln x)^2 - 24x \cdot \ln x + 24x + C$$

Wir weisen noch darauf hin, daß man in diesem Beispiel die Rekursion sogar bis $k = 1$ hätte führen können, da sich auch I_1 mit der Rekursionsformel Φ aus I_0 ergibt

$$I_1 = x \ln x - I_0, \qquad I_0 = \int (\ln x)^0 dx = \int dx = x$$

$$\Rightarrow I_1 = x \cdot \ln x - x$$

2. Man stelle eine Rekursionsformel für

$$\int \cosh^n x\, dx$$

   auf! Hierbei sei n eine positive ganze Zahl.

<u>Lösung:</u> Wir schreiben zunächst

$$\int \cosh^n x\, dx = \int \cosh^{n-1} x \, \cosh x\, dx$$

und setzen

$$u = \cosh^{n-1} x \Rightarrow du = (n-1)\cosh^{n-2} x \sinh x\, dx$$

$$dv = \cosh x \quad \Rightarrow \quad v = \sinh x\,.$$

Damit ergibt sich

$$\int \cosh^n x\, dx = \sinh x \cosh^{n-1} x - (n-1) \int \cosh^{n-2} x \sinh^2 x\, dx$$

Unter Heranziehung des "hyperbolischen Pythagoras"

$$\cosh^2 x - \sinh^2 x = 1$$

$$\Rightarrow \sinh^2 x = \cosh^2 x - 1$$

erhalten wir für das verbleibende Integral

$$\int \cosh^{n-2} x(\cosh^2 x - 1)dx = \int \cosh^n x\, dx - \int \cosh^{n-2} x\, dx$$

und damit für das gegebene Integral

$$\int \cosh^n x \, dx = \sinh x \cosh^{n-1} x - (n-1) \int \cosh^n x \, dx + (n-1) \int \cosh^{n-2} x \, dx$$

$$\boxed{\int \cosh^n x \, dx = \frac{1}{n} \sinh x \cosh^{n-1} x + \frac{n-1}{n} \int \cosh^{n-2} x \, dx}$$

Bezeichnet man das gegebene Integral mit I_n, wobei der Index für den Exponenten von $\cosh x$ steht, so ist das verbleibende Integral mit I_{n-2} zu bezeichnen und die Rekursionsformel hat die Gestalt

$$\boxed{I_n = \frac{1}{n} \sinh x \cosh^{n-1} x + \frac{n-1}{n} I_{n-2} \quad (n > 0, \text{ ganz})}$$

Die Struktur dieser Rekursionsformel unterscheidet sich von derjenigen in Beispiel 1 darin, daß der Rekursionsindex um 2 Einheiten springt:

$$I_k = \Phi(k, x, I_{k-2}) \, .$$

Bei geradem n wird man damit auf

$$I_2 = \frac{1}{2} \sinh x \cosh x + \frac{1}{2} I_0 \, ,$$

$$I_0 = \int (\cosh x)^0 dx = \int dx = x \, ,$$

bei ungeradem n auf

$$I_1 = \sinh x (\cosh x)^0 + 0 \cdot I_{-1} = \sinh x$$

zurückgeführt. Entsprechend ist der Ablaufplan der Abb.2 für dieses Beispiel zu modifizieren. Für $n = 5$ verläuft die Rekursion wie folgt:

$$\text{gesucht: } I_5 := \int \cosh^5 x \, dx$$

$$k = 5: \quad I_5 = \frac{1}{5} \sinh x \cosh^4 x + \frac{4}{5} I_3$$

$$k = 3: \quad I_3 = \frac{1}{3} \sinh x \cosh^2 x + \frac{2}{3} I_1$$

$$k = 1: \quad I_1 = \sinh x$$

$$\Rightarrow \quad I_3 = \frac{1}{3} \sinh x \cosh^2 x + \frac{2}{3} \sinh x$$

$$\Rightarrow \quad I_5 = \frac{1}{5} \sinh x \cosh^4 x + \frac{4}{15} \sinh x \cosh^2 x + \frac{8}{15} \sinh x + C \, .$$

<u>Aufgaben zu 1.2.3</u>

1. Wie lautet die Rekursionsformel für

$$I_n := \int x^n \sin x \, dx \, ?$$

   Berechnen Sie damit I_4.
2. Ermitteln Sie rekursiv

$$\int x^5 \cdot e^x dx \, .$$

3. Stellen Sie in Anlehnung an Beispiel 2 die Rekursionsformel für

$$\int \sin^n x \, dx \quad (n \in \mathbb{N})$$

   auf!

1.2.4 Integration durch Partialbruchzerlegung

Diese Integrationsmethode kommt stets dann zum Einsatz, wenn der Integrand eine rationale Funktion, also ein Quotient zweier Polynome (Polynombruch) ist:

$$I = \int \frac{P(x)}{Q(x)} \, dx$$

$$P(x) = \sum_{i=0}^{m} a_i x^i \, , \qquad Q(x) = \sum_{i=0}^{n} b_i x^i \, .$$

Handelt es sich um eine unecht gebrochen-rationale Funktion, bei welcher also der Grad des Zählerpolynoms größer oder gleich dem Grad des Nennerpolynoms ist,

$$\operatorname{Grad} P(x) \geq \operatorname{Grad} Q(x) \, ,$$

so wird der Polynombruch durch Ausdividieren zunächst in ein Polynom und eine echt gebrochen-rationale Funktion zerlegt (vgl. II, 1.3.1), also

$$\frac{P(x)}{Q(x)} = S(x) + \frac{R(x)}{Q(x)} \, ,$$

worin $S(x)$ und $R(x)$ Polynome sind und

$$\operatorname{Grad} R(x) < \operatorname{Grad} Q(x)$$

gilt. Die Integration eines Polynoms bereitet keine Schwierigkeiten, wir wenden uns deshalb der Integration echter Polynombrüche zu.

Prinzip:

> Der (echte) Polynombruch wird in eine Summe von Partialbrüchen zerlegt und jeder Partialbruch einzeln integriert.

Die Aufspaltung in Partialbrüche erfordert zunächst die Bestimmung der Nullstellen des Nennerpolynoms. Je nachdem diese reell oder komplex einerseits, sämtlich einfach oder zum Teil auch mehrfach sind, fällt der Ansatz für die Partialbruchzerlegung verschieden aus. Wir haben deshalb aus methodischen Grunden für das Folgende eine Fallunterscheidung vorzunehmen.

1. Fall: <u>Das Nennerpolynom hat lauter einfache reelle Nullstellen</u>

$$
\text{Vorgelegt:}\quad \int \frac{P(x)}{Q(x)}\,dx \quad \text{mit} \quad \text{Grad } P(x) < \text{Grad } Q(x)
$$

$$
Q(x) = (x - x_1)(x - x_2) \cdot \ldots \cdot (x - x_n)^{1}
$$

$$
\text{Ansatz:}\quad \frac{P(x)}{Q(x)} \equiv \frac{A_1}{x - x_1} + \frac{A_2}{x - x_2} + \ldots + \frac{A_n}{x - x_n}
$$

Die Koeffizienten $A_1, A_2, \ldots, A_n$ werden in diesem Fall am leichtesten dadurch bestimmt, daß man die Ansatzgleichung mit dem Hauptnenner durchmultipliziert und dann für x nacheinander die Nullstellen $x_1, x_2, \ldots, x_n$ einsetzt (vgl. II, 1.4.2). Sind die A_i bestimmt, so lautet das Ergebnis

$$
\int \frac{P(x)}{Q(x)}\,dx = \int \frac{A_1}{x - x_1}\,dx + \int \frac{A_2}{x - x_2}\,dx + \ldots + \int \frac{A_n}{x - x_n}\,dx
$$

$$
= A_1 \ln|x - x_1| + A_2 \ln|x - x_2| + \ldots + A_n \ln|x - x_n| + C
$$

Beispiele

1. Man ermittle das unbestimmte Integral

$$
\int \frac{4x - 9}{x^2 - 8x + 15}\,dx\ !
$$

---

[1] Das Nennerpolynom $Q(x)$ wird in "normierter Form" (Koeffizient der höchsten x-Potenz gleich 1) vorausgesetzt. Dies ist keine Einschränkung der Allgemeinheit, da sich durch Ausklammern des ersten Koeffizienten und Herausrücken desselben vor das Integral diese Form stets herstellen läßt. Bezüglich der Produktform eines Polynoms vergleiche man II, 1.3.3.

<u>Lösung:</u> Der Integrand ist bereits ein echter Polynombruch.

<u>1. Schritt:</u> Nullstellenbestimmung des Nennerpolynoms:

$$x^2 - 8x + 15 = 0 \Rightarrow x_1 = 5, \quad x_2 = 3$$

$$\Rightarrow x^2 - 8x + 15 = (x-5)(x-3).$$

<u>2. Schritt:</u> Ansatz für die Partialbruchzerlegung

$$\frac{4x - 9}{x^2 - 8x + 15} \equiv \frac{A_1}{x - 5} + \frac{A_2}{x - 3}$$

und Koeffizientenbestimmung

$$4x - 9 \equiv A_1(x - 3) + A_2(x - 5)$$

$$x = 5: \quad 11 = 2A_1 \Rightarrow A_1 = \frac{11}{2}$$

$$x = 3: \quad 3 = -2A_2 \Rightarrow A_2 = -\frac{3}{2}$$

$$\Rightarrow \frac{4x - 9}{x^2 - 8x + 15} = \frac{11}{2} \frac{1}{x - 5} - \frac{3}{2} \frac{1}{x - 3}.$$

<u>3. Schritt:</u> Integration der Partialbrüche

$$\int \frac{4x - 9}{x^2 - 8x + 15}\, dx = \frac{11}{2} \int \frac{dx}{x - 5} - \frac{3}{2} \int \frac{dx}{x - 3}$$

$$= \frac{11}{2} \ln|x - 5| - \frac{3}{2} \ln|x - 3| + C.$$

$2. \displaystyle\int \frac{2x^4 - x^2 - 5x + 1}{x^3 - x^2 - 2x}\, dx = ?$

<u>Lösung:</u> Der Integrand ist unecht-gebrochen rational, muß also zunächst aufgespalten werden. Deshalb

<u>1. Schritt:</u> Ausführung der Division:

$$(2x^4 - x^2 - 5x + 1):(x^3 - x^2 - 2x) = 2x + 2 + \frac{5x^2 - x + 1}{x^3 - x^2 - 2x}.$$

<u>2. Schritt:</u> Nullstellenbestimmung:

$$x^3 - x^2 - 2x = 0 \Rightarrow x_1 = 0, \quad x_2 = 2, \quad x_3 = -1$$

$$x^3 - x^2 - 2x = x(x - 2)(x + 1).$$

3. Schritt: Ansatz für Partialbruchzerlegung:

$$\frac{5x^2 - x + 1}{x^3 - x^2 - 2x} \equiv \frac{A_1}{x} + \frac{A_2}{x - 2} + \frac{A_3}{x + 1}$$

und Koeffizientenbestimmung

$$5x^2 - x + 1 \equiv A_1(x - 2)(x + 1) + A_2 x(x + 1) + A_3 x(x - 2)$$

$$x = 0: \quad 1 = -2A_1 \Rightarrow A_1 = -\frac{1}{2}$$

$$x = 2: \quad 19 = 6A_2 \Rightarrow A_2 = \frac{19}{6}$$

$$x = -1: \quad 7 = 3A_3 \Rightarrow A_3 = \frac{7}{3}$$

$$\Rightarrow \frac{5x^2 - x + 1}{x^3 - x^2 - 2x} = -\frac{1}{2x} + \frac{19}{6(x - 2)} + \frac{7}{3(x + 1)} \;.$$

4. Schritt: Integration

$$\int \frac{2x^4 - x^2 - 5x + 1}{x^3 - x^2 - 2x}\, dx = \int (2x + 2)dx - \int \frac{1}{2x}\, dx + \int \frac{19\, dx}{6(x - 2)} + \int \frac{7 dx}{3(x + 1)}$$

$$= x^2 + 2x - \frac{1}{2} \ln|x| + \frac{19}{6} \ln|x - 2| + \frac{7}{3} \ln|x + 1| + C \,.$$

2. Fall: <u>Das Nennerpolynom hat lauter reelle Nullstellen, die auch mehrfach auftreten</u>

$$\boxed{\begin{array}{l}
\text{Vorgelegt:} \quad \int \frac{P(x)}{Q(x)}\, dx \quad \text{mit} \quad \text{Grad } P(x) < \text{Grad } Q(x) \\[2mm]
\qquad Q(x) = (x - x_1)^{k_1}(x - x_2)^{k_2} \cdot \,\ldots\, \cdot (x - x_r)^{k_r} \\[2mm]
\qquad (k_1 + k_2 + \ldots + k_r = \text{Grad } Q(x)) \\[2mm]
\text{Ansatz:} \;\; \frac{P(x)}{Q(x)} = \frac{A_{11}}{x - x_1} + \frac{A_{12}}{(x - x_1)^2} + \ldots + \frac{A_{1k_1}}{(x - x_1)^{k_1}} + \\[3mm]
\qquad\qquad + \frac{A_{21}}{x - x_2} + \frac{A_{22}}{(x - x_2)^2} + \ldots + \frac{A_{2k_2}}{(x - x_2)^{k_2}} + \\[2mm]
\qquad\qquad \;\; \vdots \qquad\qquad \vdots \qquad\qquad\qquad \vdots \\[2mm]
\qquad\qquad + \frac{A_{r1}}{x - x_r} + \frac{A_{r2}}{(x - x_r)^2} + \ldots + \frac{A_{rk_r}}{(x - x_r)^{k_r}}
\end{array}}$$

Der erste Index bei A_{ik} gibt den Index der Nullstelle, der zweite den Exponenten des Nennerbinoms an; zu A_{ik} gehört also der Nenner $(x - x_i)^k$. Die Bestimmung der A_{ik} ist hier nicht ganz so einfach wie im ersten Fall. Man multipliziert die Ansatzgleichung wieder mit dem Hauptnenner durch, setzt nacheinander für x die Nullstellen und außerdem noch so viele weitere x-Werte ein, als zur vollständigen Bestimmung sämtlicher Koeffizienten nötig sind. Man erhält zunächst eine Anzahl von Koeffizienten unmittelbar und dann ein lineares Gleichungssystem zur Bestimmung der übrigen.

Beispiele

1. $\displaystyle \int \frac{2x + 3}{(x - 1)^2 (x + 1)}\, dx = ?$

<u>Lösung</u>: Das Nennerpolynom hat die Nullstelle $x_1 = 1$ doppelt und die Nullstelle $x_2 = -1$ einfach. Der Ansatz lautet demnach

$$\frac{2x + 3}{(x - 1)^2 (x + 1)} \equiv \frac{A_{11}}{x - 1} + \frac{A_{12}}{(x - 1)^2} + \frac{A_{21}}{x + 1}$$

$$\Rightarrow 2x + 3 \equiv A_{11}(x - 1)(x + 1) + A_{12}(x + 1) + A_{21}(x - 1)^2$$

$$x = x_1 = 1: \quad 5 = 2A_{12} \Rightarrow A_{12} = \frac{5}{2}$$

$$x = x_2 = -1: \quad 1 = 4A_{21} \Rightarrow A_{21} = \frac{1}{4}$$

$$x = 0\,(\text{bel.}): \quad 3 = -A_{11} + A_{12} + A_{21} \Rightarrow A_{11} = -\frac{1}{4}$$

$$\Rightarrow \frac{2x + 3}{(x - 1)^2 (x + 1)} = -\frac{1}{4} \cdot \frac{1}{x - 1} + \frac{5}{2} \cdot \frac{1}{(x - 1)^2} + \frac{1}{4} \cdot \frac{1}{x + 1}$$

$$\Rightarrow \int \frac{(2x + 3)\,dx}{(x - 1)^2 (x + 1)} = -\frac{1}{4} \ln|x - 1| - \frac{5}{2} \cdot \frac{1}{x - 1} + \frac{1}{4} \ln|x + 1| + C\,.$$

2. $\displaystyle \int \frac{x^3 - 2x^2 + x - 4}{x^4 - 8x^3 + 24x^2 - 32x + 16}\, dx = ?$

<u>Lösung</u>: Das Nennerpolynom kann als Binompotenz in der Form

$$x^4 - 8x^3 + 24x^2 - 32x + 16 = (x - 2)^4$$

geschrieben werden. Demzufolge machen wir den Ansatz

$$\frac{x^3 - 2x^2 + x - 4}{(x - 2)^4} \equiv \frac{A_{11}}{x - 2} + \frac{A_{12}}{(x - 2)^2} + \frac{A_{13}}{(x - 2)^3} + \frac{A_{14}}{(x - 2)^4}$$

$$\Rightarrow x^3 - 2x^2 + x - 4 \equiv A_{11}(x - 2)^3 + A_{12}(x - 2)^2 + A_{13}(x - 2) + A_{14}\,.$$

Macht man sich die geringfügige Mehrarbeit, rechterseits nach Potenzen von x zu ordnen, so folgt aus der Identität beider Polynome

$$x^3 - 2x^2 + x - 4 \equiv A_{11}x^3 + (-6A_{11} + A_{12})x^2 + (12A_{11} - 4A_{12} + A_{13})x + $$
$$+ (-8A_{11} + 4A_{12} - 2A_{13} + A_{14})$$

durch Koeffizientenvergleich das "gestaffelte" lineare System

$$A_{11} = 1$$
$$-6A_{11} + A_{12} = -2$$
$$12A_{11} - 4A_{12} + A_{13} = 1$$
$$-8A_{11} + 4A_{12} - 2A_{13} + A_{14} = -4 \, ,$$

aus dem die Koeffizienten nacheinander, beginnend bei der ersten, dann der zweiten Gleichung usw. folgen:

$$A_{11} = 1, \quad A_{12} = 4, \quad A_{13} = 5, \quad A_{14} = -2$$

$$\int \frac{x^3 - 2x^3 + x - 4}{x^4 - 8x^3 + 24x^2 - 32x + 16} \, dx = \int \frac{dx}{x-2} + 4 \int \frac{dx}{(x-2)^2} + 5 \int \frac{dx}{(x-2)^3}$$

$$- 2 \int \frac{dx}{(x-2)^4} = \ln|x-2| - \frac{4}{x-2} - \frac{5}{2(x-2)^2} + \frac{2}{3(x-2)^3} + C \, .$$

3. Fall: <u>Das Nennerpolynom besitzt lauter einfache komplexe Nullstellen</u>

In diesem Fall werden je zwei zueinander konjugiert komplexe Nullstellen zu einem quadratischen Faktor zusammengefaßt

$$\left. \begin{array}{l} x_1 = \alpha_1 + j\beta_1 \\[2mm] x_2 = \alpha_1 - j\beta_1 =: \bar{x}_1 \end{array} \right\} \quad (\alpha_1, \beta_1 \in \mathbb{R} ; \; j^2 = -1)$$

$$(x - x_1)(x - x_2) = (x - \alpha_1 - j\beta_1)(x - \alpha_1 + j\beta_1) = (x - \alpha_1)^2 + \beta_1^2$$

und Teilbrüche mit solchen quadratischen Nennerpolynomen abgespalten.

$$\text{Vorgelegt: } \int \frac{P(x)}{Q(x)} \, dx \quad \text{mit} \quad \text{Grad } P(x) < \text{Grad } Q(x)$$

$$Q(x) = \left[(x - \alpha_1)^2 + \beta_1^2 \right]\left[(x - \alpha_2)^2 + \beta_2^2 \right] \cdot \ldots \cdot \left[(x - \alpha_p)^2 + \beta_p^2 \right]$$

$$\text{Ansatz: } \frac{P(x)}{Q(x)} \equiv \frac{A_1 x + B_1}{(x - \alpha_1)^2 + \beta_1^2} + \frac{A_2 x + B_2}{(x - \alpha_2)^2 + \beta_2^2} + \ldots + \frac{A_p x + B_p}{(x - \alpha_p)^2 + \beta_p^2}$$

Das Ergebnis ist dann

$$\int \frac{P(x)}{Q(x)} \, dx = \int \frac{A_1 x + B_1}{(x - \alpha_1)^2 + \beta_1^2} \, dx + \int \frac{A_2 x + B_2}{(x - \alpha_2)^2 + \beta_2^2} \, dx + \ldots + \int \frac{A_p x + B_p}{(x - \alpha_p)^2 + \beta_p^2} \, dx \; .$$

Hierbei hat jedes einzelne Integral die gleiche Struktur und wird wie folgt behandelt:
Zunächst wird der Zähler so umgeformt, daß die Ableitung des Nenners
mit im Zähler erscheint und dann aufgespalten:

$$\frac{Ax + B}{(x - \alpha)^2 + \beta^2} \equiv \frac{2C(x - \alpha) + D}{(x - \alpha)^2 + \beta^2} = C \, \frac{2(x - \alpha)}{(x - \alpha)^2 + \beta^2} + \frac{D}{(x - \alpha)^2 + \beta^2} \, . \qquad (*)$$

Die Konstanten C und D bestimmen sich eindeutig aus

$$Ax + B \equiv 2C(x - \alpha) + D$$

$$\Rightarrow Ax + B \equiv 2Cx + (-2C\alpha + D)$$

durch Koeffizientenvergleich zu

$$\boxed{\begin{aligned} C &= \frac{1}{2} A \\ D &= \alpha A + B \end{aligned}}$$

Formt man den zweiten Bruch noch wie folgt um

$$\frac{D}{(x - \alpha)^2 + \beta^2} = \frac{D}{\beta^2} \, \frac{1}{\left(\dfrac{x - \alpha}{\beta}\right)^2 + 1} \, ,$$

so sieht man, daß die Integration des ersten Bruches in (*) auf einen Logarithmus
(Typus 3 in III, 1.2.1), die des zweiten Bruches auf einen Arkustangens (Grundintegral!), führt:

$$\int \frac{Ax + B}{(x - \alpha)^2 + \beta^2}\, dx = C \int \frac{2(x - \alpha)dx}{(x - \alpha)^2 + \beta^2} + \frac{D}{\beta^2} \int \frac{dx}{\left(\frac{x - \alpha}{\beta}\right)^2 + 1}$$

$$= C \ln[(x - \alpha)^2 + \beta^2] + \frac{D}{\beta} \operatorname{Arc\,tan} \frac{x - \alpha}{\beta} + K$$

oder nach Einsetzen von $C = \frac{1}{2} A$ und $D = \alpha A + B$

$$\boxed{\int \frac{Ax + B}{(x - \alpha)^2 + \beta^2}\, dx = \frac{1}{2} A \ln[(x - \alpha)^2 + \beta^2] + \frac{\alpha A + B}{\beta} \operatorname{Arc\,tan} \frac{x - \alpha}{\beta} + K}$$

Die Koeffizienten A_i, B_i der einzelnen Teilbrüche können wieder durch Multiplikation der Ansatzgleichung mit dem Hauptnenner und nachfolgendes Einsetzen spezieller x-Werte oder, nach vorangegangenem Ordnen nach Potenzen von x, durch Koeffizientenvergleich gewonnen werden.

Beispiele

1. $\int \dfrac{6x - 11}{x^2 - 8x + 25}\, dx = ?$

<u>Losung:</u> Durch Bilden der quadratischen Ergänzung beim Nennerpolynom erhält man

$$x^2 - 8x + 25 = (x - 4)^2 + 9,$$

also eine Summe zweier Quadrate, was gleichbedeutend mit konjugiert komplexen Nullstellen ist (diese selbst interessieren nicht, sondern nur obige Zerlegung!). Eine Partialbruchzerlegung entfällt demnach, der Integrand wird lediglich vom Zähler her so in zwei (gleichnamige) Brüche aufgespalten, daß beim ersten Bruch der Zähler die Ableitung des Nenners wird:

$$\frac{6x - 11}{(x - 4)^2 + 9} = 3\, \frac{2(x - 4)}{(x - 4)^2 + 9} + \frac{13}{(x - 4)^2 + 9}$$

$$\Rightarrow \int \frac{(6x - 11)dx}{(x - 4)^2 + 9} = 3 \int \frac{2(x - 4)dx}{(x - 4)^2 + 9} + \frac{13}{3} \int \frac{d\left(\frac{x - 4}{3}\right)}{\left(\frac{x - 4}{3}\right)^2 + 1}$$

$$\int \frac{(6x - 11)dx}{(x - 4)^2 + 9} = 3 \ln(x^2 - 8x + 25) + \frac{13}{3} \operatorname{Arc\,tan} \frac{x - 4}{3} + K\,.$$

Selbstverständlich kann man auch unmittelbar mit

$$A = 6, \quad B = -11, \quad \alpha = 4, \quad \beta = 3$$

in die oben eingerahmte Formel eingehen und damit das Ergebnis ohne Zwischen-
rechnung erhalten.

$$2. \int \frac{(2x - 7)\,dx}{(x^2 + 1)(x^2 - 2x + 4)} = ?$$

<u>Lösung:</u> Das Nennerpolynom hat wegen

$$(x^2 + 1)(x^2 - 2x + 4) = (x^2 + 1)[(x - 1)^2 + 3]$$

ausschließlich komplexe einfache Nullstellen. Der Ansatz für die Partialbruchzerlegung lautet deshalb

$$\frac{2x - 7}{(x^2 + 1)[(x - 1)^2 + 3]} \equiv \frac{A_1 x + B_1}{x^2 + 1} + \frac{A_2 x + B_2}{(x - 1)^2 + 3}.$$

Für die Koeffizienten erhält man mit

$$2x - 7 \equiv (A_1 + A_2)x^3 + (-2A_1 + B_1 + B_2)x^2 + (4A_1 + A_2 - 2B_1)x + (4B_1 + B_2)$$

durch Vergleich

$$A_1 = -\frac{8}{13}, \quad A_2 = \frac{8}{13}, \quad B_1 = -\frac{25}{13}, \quad B_2 = \frac{9}{13}$$

$$\Rightarrow \int \frac{(2x - 7)\,dx}{(x^2 + 1)(x^2 - 2x + 4)} = -\frac{1}{13} \int \frac{8x + 25}{x^2 + 1}\,dx + \frac{1}{13} \int \frac{8x + 9}{(x - 1)^2 + 3}\,dx.$$

Die rechts stehenden Integrale werden wie im ersten Beispiel behandelt:

$$\frac{1}{13} \int \frac{8x + 25}{x^2 + 1}\,dx = \frac{4}{13} \int \frac{2x}{x^2 + 1}\,dx + \frac{25}{13} \int \frac{dx}{x^2 + 1}$$

$$= \frac{4}{13} \ln(x^2 + 1) + \frac{25}{13} \text{Arc tan } x$$

$$\frac{1}{13} \int \frac{8x + 9}{(x - 1)^2 + 3}\,dx = \frac{4}{13} \int \frac{2(x - 1)\,dx}{(x - 1)^2 + 3} + \frac{17}{13} \int \frac{dx}{(x - 1)^2 + 3}$$

$$= \frac{4}{13} \ln(x^2 - 2x + 4) + \frac{17}{13\sqrt{3}} \text{Arc tan } \frac{x - 1}{\sqrt{3}}$$

$$\Rightarrow \int \frac{(2x - 7)\,dx}{(x^2 + 1)(x^2 - 2x + 4)} = \frac{4}{13} \ln \frac{x^2 - 2x + 4}{x^2 + 1}$$

$$- \frac{25}{13} \text{Arc tan } x + \frac{17}{13\sqrt{3}} \text{Arc tan } \frac{x - 1}{\sqrt{3}} + K.$$

4. Fall: <u>Das Nennerpolynom besitzt mehrfache komplexe Nullstellen</u>

Wir wollen voraussetzen, daß das Nennerpolynom lediglich die konjugiert komplexen
Nullstellen

$$x = \alpha + \beta j, \quad \bar{x} = \alpha - \beta j$$

k-fach hat (und sonst keine weiteren Nullstellen), damit also in der Form

$$Q(x) = [(x - \alpha)^2 + \beta^2]^k$$

geschrieben werden kann:

Vorgelegt: $\displaystyle\int \frac{P(x)}{Q(x)}\, dx \quad$ mit $\quad$ Grad $P(x) <$ Grad $Q(x)$

$$Q(x) = [(x - \alpha)^2 + \beta^2]^k$$

Ansatz: $\displaystyle \frac{P(x)}{[(x - \alpha)^2 + \beta^2]^k}$

$$\equiv \frac{A_1 x + B_1}{(x - \alpha)^2 + \beta^2} + \frac{A_2 x + B_2}{[(x - \alpha)^2 + \beta^2]^2} + \ldots + \frac{A_k x + B_k}{[(x - \alpha)^2 + \beta^2]^k}$$

Bei der Integration wird man auf Integrale der Form

$$\int \frac{A_k x + B_k}{[(x - \alpha)^2 + \beta^2]^k}\, dx \qquad (k = 2, 3, \ldots)$$

gefuhrt, die wir uns zunächst einmal ansehen wollen. Zuerst wird das Integral wie
folgt aufgespalten[1]

$$\int \frac{(Ax + B)dx}{[(x - \alpha)^2 + \beta^2]^k} \equiv \frac{A}{2} \int \frac{2(x - \alpha)dx}{[(x - \alpha)^2 + \beta^2]^k} + (B + \alpha A) \int \frac{dx}{[(x - \alpha)^2 + \beta^2]^k}$$

$$=: \frac{A}{2} I_1 + (B + \alpha A) I_2 .$$

---

[1] Im folgenden wird $A_k = A$, $B_k = B$ gesetzt.

Das erste Integral I_1 läßt sich leicht durch Substitution lösen:

$$I_1 = \int \frac{2(x - \alpha)dx}{[(x - \alpha)^2 + \beta^2]^k}$$

Substitution: $(x - \alpha)^2 + \beta^2 = t$

$$\Rightarrow 2(x - \alpha)dx = dt$$

$$\Rightarrow I_1 = \int \frac{dt}{t^k} = - \frac{1}{k - 1} t^{1-k} = - \frac{1}{(k - 1)[(x - \alpha)^2 + \beta^2]^{k-1}} \; .$$

Das zweite Integral I_2 läßt sich (für $k > 1$) nicht in geschlossener Form lösen, wohl aber kann man eine Rekursionsformel angeben, mit der sich der Exponent k sukzessive erniedrigen läßt. Zu diesem Zweck schreiben wir

$$I_2 = \int \frac{dx}{[(x - \alpha)^2 + \beta^2]^k} = \frac{1}{\beta^{2k}} \int \frac{dx}{\left[\left(\frac{x - \alpha}{\beta}\right)^2 + 1\right]^k}$$

Substitution: $\frac{x - \alpha}{\beta} = s$

$$\Rightarrow dx = \beta \, ds$$

$$\Rightarrow I_2 = \frac{1}{\beta^{2k-1}} \int \frac{ds}{(1 + s^2)^k} = \frac{1}{\beta^{2k-1}} \left[\int \frac{(1 + s^2)ds}{(1 + s^2)^k} - \int \frac{s^2 ds}{(1 + s^2)^k}\right]$$

$$= \frac{1}{\beta^{2k-1}} \left[\int \frac{ds}{(1 + s^2)^{k-1}} - \int \frac{s^2 ds}{(1 + s^2)^k}\right] \; .$$

Das erste Integral ist bereits auf den Exponenten k - 1 im Nenner erniedrigt; für das zweite wenden wir die Regel der Produktintegration (III, 1.2.2) an, indem wir

$$\left. \begin{array}{l} u = \frac{1}{2} s \\[2em] dv = \frac{2s}{(1 + s^2)^k} \end{array} \right\} \Rightarrow \begin{array}{l} du = \frac{1}{2} ds \\[2em] v = - \frac{1}{(k - 1)(1 + s^2)^{k-1}} \end{array} \qquad \text{(vgl. } I_1 \text{!)}$$

ansetzen. Es ergibt sich

$$\int \frac{s^2 ds}{(1 + s^2)^k} = \frac{-s}{2(k - 1)(1 + s^2)^{k-1}} + \frac{1}{2(k - 1)} \int \frac{ds}{(1 + s^2)^{k-1}} \; ,$$

d.h. man wird auf ein Integral derselben Struktur aber mit einem um 1 erniedrigten Exponenten geführt. Insgesamt ergibt sich für I_2

$$I_2 = \frac{1}{\beta^{2k-1}} \left[\frac{s}{2(k - 1)(1 + s^2)^{k-1}} + \frac{2k - 3}{2(k - 1)} \int \frac{ds}{(1 + s^2)^{k-1}}\right] \; .$$

Nach endlich vielen (nämlich $k - 1$) Rekursionsschritten kommt man also bei I_2 auf ein Grundintegral zurück. Zusammengefaßt gilt für jedes ganze $k > 1$ und $\beta \neq 0$

$$\int \frac{Ax + B}{[(x - \alpha)^2 + \beta^2]^k}\, dx = \frac{A}{2} I_1 + (B + \alpha A) I_2$$

$$\text{mit } I_1 = -\frac{1}{(k - 1)[(x - \alpha)^2 + \beta^2]^{k-1}}$$

$$I_2 = \frac{1}{\beta^{2k-1}}\left[\frac{s}{2(k - 1)(1 + s^2)^{k-1}} + \frac{2k - 3}{2k - 2} \int \frac{ds}{(1 + s^2)^{k-1}}\right]$$

$$\wedge \quad s = \frac{x - \alpha}{\beta}$$

Beispiel

Man ermittle

$$I = \int \frac{x^3 - 2x + 1}{[(x - 1)^2 + 5]^2}\, dx \; !$$

Lösung: Der Ansatz für die Partialbruchzerlegung lautet

$$\frac{x^3 - 2x + 1}{[(x - 1)^2 + 5]^2} \equiv \frac{A_1 x + B_1}{(x - 1)^2 + 5} + \frac{A_2 x + B_2}{[(x - 1)^2 + 5]^2}$$

$$x^3 - 2x + 1 \equiv A_1 x^3 + (-2A_1 + B_1)x^2 + (6A_1 - 2B_1 + A_2)x + (6B_1 + B_2)$$

$$\Rightarrow A_1 = 1, \quad B_1 = 2, \quad A_2 = -4, \quad B_2 = -11$$

$$\Rightarrow \int \frac{x^3 - 2x + 1}{[(x - 1)^2 + 5]^2}\, dx = \int \frac{x + 2}{(x - 1)^2 + 5}\, dx - \int \frac{4x + 11}{[(x - 1)^2 + 5]^2}\, dx \; .$$

Das erste Integral gehört zum "3. Fall" und ergibt

$$\int \frac{x + 2}{(x - 1)^2 + 5}\, dx = \frac{1}{2} \int \frac{2(x - 1)}{(x - 1)^2 + 5}\, dx + 3 \int \frac{dx}{(x - 1)^2 + 5}$$

$$= \frac{1}{2} \ln(x^2 - 2x + 6) + \frac{3}{\sqrt{5}} \operatorname{Arc\,tan} \frac{x - 1}{\sqrt{5}} \; .$$

Für das zweite Integral folgt nach der soeben beschriebenen Methode

$$\int \frac{4x + 11}{[(x - 1)^2 + 5]^2}\, dx = 2 \int \frac{2(x - 1)dx}{[(x - 1)^2 + 5]^2} + 15 \int \frac{dx}{[(x - 1)^2 + 5]^2} =: 2I_1 + 15I_2$$

$$\Rightarrow I_1 = - \frac{1}{(x - 1)^2 + 5}$$

$$\Rightarrow I_2 = \frac{1}{10} \frac{x - 1}{(x - 1)^2 + 5} + \frac{\sqrt{5}}{50} \operatorname{Arc tan} \frac{x - 1}{\sqrt{5}}$$

$$\Rightarrow \int \frac{4x + 11}{[(x - 1)^2 + 5]^2}\, dx = - \frac{\frac{1}{2}(3x - 7)}{(x - 1)^2 + 5} + \frac{3\sqrt{5}}{10} \operatorname{Arc tan} \frac{x - 1}{\sqrt{5}} \ .$$

Insgesamt ergibt sich also für das gegebene Integral

$$\int \frac{x^3 - 2x + 1}{[(x - 1)^2 + 5]^2}\, dx = \frac{1}{2} \ln(x^2 - 2x + 6) - \frac{3x - 7}{2[(x - 1)^2 + 5]} +$$

$$+ \frac{3}{2\sqrt{5}} \operatorname{Arc tan} \frac{x - 1}{\sqrt{5}} + C \ .$$

Im allgemeinen wird das Nennerpolynom reelle und komplexe Nullstellen zum Teil einfach und zum Teil mehrfach enthalten. Dann ist für jede Nullstelle der in den obigen
Fällen vorgeschriebene Ansatz zu machen. Die Arbeit kann dabei gegebenenfalls recht
umfangreich werden, doch führt das Verfahren der Partialbruchzerlegung dafür bei
jeder echt gebrochen-rationalen Funktion zu einer geschlossenen Lösung. Hat man diesen Vorzug nicht im Auge, so führen Näherungsmethoden (vgl. III, 1.4) unter Um-
ständen schneller zum Ziel.

Aufgaben zu 1.2.4

1. a) $\displaystyle\int \frac{- 3x + 23}{x^2 + x - 12}\, dx$

   b) $\displaystyle\int \frac{dx}{9x^2 - 6x - 8}$

   c) $\displaystyle\int \frac{- 3x + 1}{3x^2 - 2x - 8}\, dx$

   d) $\displaystyle\int \frac{x^2 + 4}{x^3 - x}\, dx$

   e) $\displaystyle\int \frac{x^5 - x^4 - 41x^3 + 86x^2 - 125x + 41}{x^2 + x - 42}\, dx$

2. a) $\displaystyle\int \frac{x^2 - 6x + 3}{x^3 - 15x^2 + 75x - 125}\, dx$

   b) $\displaystyle\int \frac{16x^3 - 52x^2 + 34x + 13}{(2x - 3)^4}\, dx$

c) $\int \dfrac{x^2 + x + 6}{x^3 + x^2 - x - 1}\, dx$

d) $\int \dfrac{-x^2 - 14x - 9}{(x^2 - 1)^2}\, dx$

3. a) $\int \dfrac{dx}{x^2 - 10x + 41}$

  b) $\int \dfrac{dx}{x^2 + 7x + 15}$

  c) $\int \dfrac{18x - 13}{x^2 + 14x + 58}\, dx$

  d) $\int \dfrac{-x^2 + x - 19}{(x - 3)(x^2 + 4)}\, dx$

  e) $\int \dfrac{11x^3 - 91x^2 + 429x - 5}{(x^2 - 12x + 52)(x^2 + 2x + 5)}\, dx$

4. $\int \dfrac{6x^3 + 19x^2 + 54x - 35}{(x^2 + 4x + 13)^2}\, dx$

1.3 Das bestimmte Integral

1.3.1 Definition des bestimmten Integrals

Das unbestimmte Integral einer Funktion $y = f(x)$ war durch die Gleichung

$$\int f(x)dx = F(x) + C$$

erklärt, falls für die Funktion $x \mapsto F(x)$ die damit gleichwertige Beziehung

$$F'(x) = f(x)$$

besteht. Die unbestimmte Integrationskonstante C, die dem Integral den Namen gibt, fällt heraus, wenn man nacheinander für x zwei reelle Werte, etwa a und b, einsetzt und anschließend subtrahiert:

$$x = a: \ \int f(x)dx\Big|_{x=a} = F(a) + C$$

$$x = b: \ \int f(x)dx\Big|_{x=b} = F(b) + C$$

$$\overline{\rule{0pt}{0pt}\hspace{7cm}}$$

$$\int f(x)dx\Big|_{x=b} - \int f(x)dx\Big|_{x=a} = F(b) - F(a)$$

Man erhält auf diese Weise einen eindeutigen Zahlenwert, wobei für die links stehende Integraldifferenz abkürzend

$$\int f(x)dx\Big|_{x=b} - \int f(x)dx\Big|_{x=a} = \int_a^b f(x)dx$$

und für die rechts stehende Funktionsdifferenz abkürzend

$$F(b) - F(a) = [F(x)]_a^b$$

geschrieben wird.

Definition

> Der eindeutige Ausdruck
>
> $$\boxed{\int_a^b f(x)dx = [F(x)]_a^b = F(b) - F(a)}$$
>
> wird das bestimmte Integral der Funktion $x \mapsto f(x)$ genannt; a heißt die untere, b die obere Integrationsgrenze $(a, b \in \mathbb{R})$.

Beispiele

1. $\displaystyle\int_1^2 (3x^2 + 1)dx = [x^3 + x]_1^2 = (8 + 2) - (1 + 1) = 8$

2. $\displaystyle\int_0^\pi \cos x \, dx = [\sin x]_0^\pi = \sin \pi - \sin 0 = 0$

3. $\displaystyle\int_{-1}^{+1} e^{-2x}dx = -\frac{1}{2}[e^{-2x}]_{-1}^{+1} = -\frac{1}{2}(e^{-2} - e^2) = 3,627$

4. $\displaystyle\int_a^b \frac{1}{\sqrt{x}} \, dx = 2[\sqrt{x}]_a^b = 2(\sqrt{b} - \sqrt{a})$ (a, b positiv)

5. $\displaystyle\int_{-3}^{-1} \frac{dx}{2x + 7} = \frac{1}{2}\int_{-3}^{-1} \frac{d(2x + 7)}{2x + 7} = \frac{1}{2}[\ln|2x + 7|]_{-3}^{-1} = \frac{1}{2}\ln 5 = 0,8047$

6. $\displaystyle\int_{-1}^1 \frac{dx}{x^2}$

kann auf diese Weise **nicht** behandelt werden, da der Integrand $f(x) = 1/x^2$ im Intervall $-1 \leqslant x \leqslant +1$ nicht durchweg stetig ist (bei $x = 0$ liegt eine Unendlichkeitsstelle!)

<u>Sätze über Integrationsgrenzen:</u> Für die Grenzen des bestimmten Integrals gelten einige wichtige Sätze, die im folgenden erläutert seien. Sie werden insbesondere bei der Flächenberechnung (III, 1.3.2) Bedeutung erlangen.

Satz

Vertauscht man die Integrationsgrenzen, so ändert der Integralwert sein Vorzeichen:

$$\int_a^b f(x)\,dx = -\int_b^a f(x)\,dx$$

<u>Beweis:</u> Ist

$$\int_a^b f(x)\,dx = F(b) - F(a),$$

so ergibt sich fur

$$\int_b^a f(x)\,dx = F(a) - F(b) = -[F(b) - F(a)] = -\int_a^b f(x)\,dx.$$

Schreibt man beide Integrale auf eine Seite, so kann die Gleichung

$$\int_a^b f(x)\,dx + \int_b^a f(x)\,dx = 0$$

wie folgt verstanden werden:

Integriert man zuerst von a nach b und anschließend von b nach a, also auf der x-Achse die Strecke $\overline{ab}$ einmal hin und zurück, so ist für diesen geschlossenen Integrationsweg der Wert des Integrals gleich Null (Abb.3).

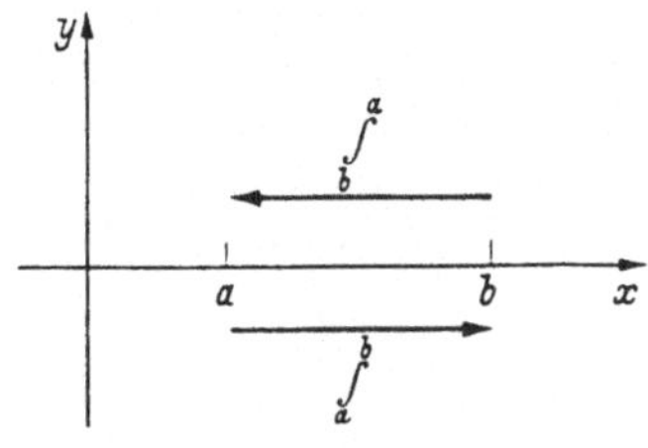

Abb.3

Satz

> Man kann den Integrationsweg in beliebig endlich viele Teil-
> wege aufspalten und über jeden Teilweg einzeln integrieren,
> ohne daß sich dadurch der Wert des Integrals ändert

$$\int_a^b f(x)\,dx = \int_a^c f(x)\,dx + \int_c^b f(x)\,dx$$

Beweis: Gilt für die linke Seite

$$\int_a^b f(x)\,dx = F(b) - F(a) \, ,$$

so folgt für die rechte Seite

$$\int_a^c f(x)\,dx + \int_c^b f(x)\,dx = F(c) - F(a) + F(b) - F(c) = F(b) - F(a) \, ,$$

womit die Übereinstimmung bereits gezeigt ist (Abb.4). Übrigens darf c auch außer-
halb der Strecke $\overline{ab}$ liegen. Setzt man c = a, so folgt hieraus speziell

$$\int_a^b f(x)\,dx = \int_a^a f(x)\,dx + \int_a^b f(x)\,dx$$

$$\Rightarrow \int_a^a f(x)\,dx \equiv 0 \, ,$$

d.h. ein Integral ist identisch gleich Null, wenn die obere Integrationsgrenze gleich
der unteren ist (Integrationsweg gleich Null!).

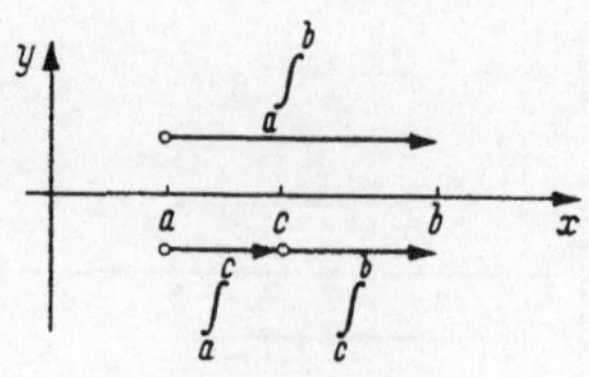

Abb.4

Satz

> Wird bei einem bestimmten Integral die Veränderliche x auf
> Grund der Substitution
>
> $$x = \varphi(t) \Leftrightarrow t = \Phi(x)$$
>
> auf die Veränderliche t transformiert, so gilt
>
> $$\int_{x=a}^{x=b} f(x)\,dx = \int_{t=\Phi(a)}^{t=\Phi(b)} f[\varphi(t)]\,\varphi'(t)\,dt$$

Beweis: Die Funktion $x = \varphi(t)$ stellt zusammen mit $t = \Phi(x)$ eine umkehrbar eindeutige Zuordnung von x- und t-Werten dar, d.h. $\Phi = \varphi^{-1}$ ist die Umkehrfunktion zu φ. (II, 1.2.5 und I, 1.3.3) Zu $x = a$ und $x = b$ gehören deshalb eindeutig bestimmte t-Werte, die sich aus $t = \Phi(x)$ mittels

$$x = a \Rightarrow t = \Phi(a)$$

$$x = b \Rightarrow t = \Phi(b)$$

berechnen lassen. Auf diese Weise werden also die zunächst auf x bezogenen Integrationsgrenzen ebenfalls auf t mittransformiert, und eine Resubstitution auf x entfällt.

Aufgaben zu 1.3.1

1. Die folgenden bestimmten Integrale sind zu berechnen. Sofern man mit Substitutionen arbeitet, sollte man (zur Übung) das Ergebnis auf zwei Wegen herleiten: 1. durch Mittransformieren der Integralgrenzen, 2. durch Resubstitution. Man vergleiche beide Rechnungen hinsichtlich des Arbeitsaufwandes!

a) $\displaystyle\int_{0}^{\pi/2} \frac{\cos x}{1 + \sin^2 x}\,dx$

b) $\displaystyle\int_{0}^{\pi/2} \frac{\cos x}{1 + \sin x}\,dx$

c) $\displaystyle\int_{0}^{3} \frac{dx}{4x^2 + 9}$

d) $\displaystyle\int_0^1 \frac{dx}{4x^2 - 9}$

e) $\displaystyle\int_0^{\pi/4} \frac{\tan x}{\cos^2 x}\, dx$

f) $\displaystyle\int_{-3}^1 \frac{dx}{\sqrt{3 - 2x - x^2}}$

g) $\displaystyle\int_1^2 x \cdot \ln x\, dx$

2. Ist F eine Stammfunktion der in einem Intervall $I \subset \mathbb{R}$ stetigen Funktion f, so läßt sich die Beziehung

$$F'(x) = f(x) \;\Leftrightarrow\; \int f(x)dx = F(x) + C$$

auch durch die Formel

$$F(x) = \int_a^x f(t)dt \qquad (a \in I)$$

zum Ausdruck bringen. Geben Sie auf diese Weise F als Funktion der oberen Integralgrenze an:

   a) für den natürlichen Logarithmus
   b) für den Arkustangens
   c) für den Area-sinus-hyperbolicus

3. Man zeige die Gültigkeit der Rekursionsformel

$$I_n = \frac{n - 1}{n}\, I_{n-2} \qquad (n \in \mathbb{N}\setminus\{1\})\,,$$

wenn I_n das bestimmte Integral

$$I_n = \int_0^{\pi/2} \cos^n x\, dx$$

bedeutet.

1.3.2 Der Hauptsatz der Integralrechnung. Flächenbestimmungen

Das klassische geometrische Problem, welches zum Begriff des bestimmten Integrals führte, ist das sogenannte Flächenproblem. Darunter versteht man die Aufgabe, den Inhalt einer beliebig begrenzten Fläche zu bestimmen. Für geradlinig begrenzte Flächen war dies bereits den alten Griechen gelungen, indem sie etwa eine Zerlegung in Dreiecksflächen vornahmen. Bei krummlinig begrenzten Flächenstücken kommt man indes ohne den Begriff des Grenzwertes nicht aus.

Um die Flächenbestimmung einer leichten Berechnung zugängig zu machen, betrachten wir zunächst nur solche Flächen, die von einem Kurvenstück, zwei zur x-Achse senkrechten Geraden und der x-Achse begrenzt werden (Abb.5). Für sie gilt der

Satz (Hauptsatz der Integralrechnung)

Ist $y = f(x)$ eine in $a \leqslant x \leqslant b$ stetige Funktion, die in diesem Intervall nicht negativ wird, so wird der von der Bildkurve, den Ordinaten $f(a) > 0$ und $f(b) > 0$ sowie der x-Achse eingeschlossene Flächeninhalt I durch das bestimmte Integral

$$I = \int_a^b f(x)\,dx$$

angegeben.

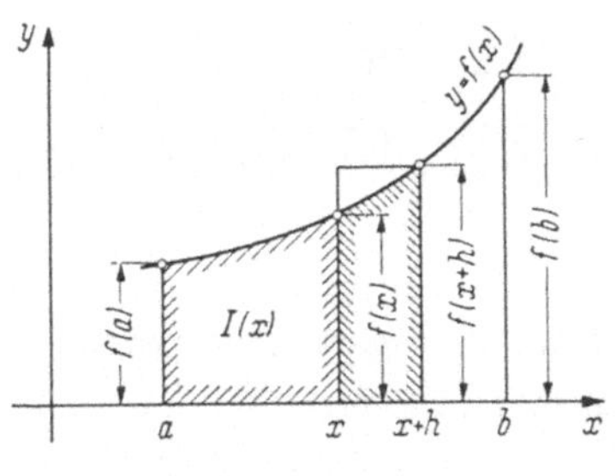

Abb.5

Beweis: Wir nehmen an, daß $y = f(x)$ in $a \leqslant x \leqslant b$ monoton steigend ist. Zunächst betrachten wir die zwischen den senkrechten Geraden $x = a$ und $x = x$ liegende Fläche. Denkt man sich a fest und x variabel, so ist der Inhalt offenbar eine Funktion von x und kann mit $I(x)$ bezeichnet werden (sog. Inhaltsfunktion). Für $x = a$ ist dann $I(x) = I(a) = 0$, für $x = b$ wird $I(x)$ gleich der gesuchten Fläche $I(b) = I$.

Wir wollen jetzt den analytischen Zusammenhang zwischen der "Kurvenfunktion" $x \mapsto f(x)$ und der "Inhaltsfunktion" $x \mapsto I(x)$ herstellen. Zu diesem Zwecke entnehmen wir aus Abb.5 die Ungleichung

$$h\,f(x) < I(x + h) - I(x) < h\,f(x + h)\,.$$

Anschaulich besagt diese, daß der zwischen x und x + h liegende (schraffierte) Flächenstreifen zwischen dem einbeschriebenen Rechteck der Höhe f(x) und dem umbeschriebenen Rechteck der Höhe f(x + h) liegt. Dividiert man die Ungleichung auf allen Seiten durch das Inkrement h, so wird

$$f(x) < \frac{I(x + h) - I(x)}{h} < f(x + h) \, .$$

In der Mitte steht jetzt der Differenzenquotient der Inhaltsfunktion I(x). Läßt man h gegen Null streben, so gilt auf Grund der Stetigkeit von f(x)

$$\lim_{h \to 0} f(x) = f(x)$$

$$\lim_{h \to 0} f(x + h) = f(x)$$

und mit

$$\lim_{h \to 0} \frac{I(x + h) - I(x)}{h} = I'(x)$$

also

$$I'(x) = f(x)$$

$$I(x) = \int f(x)dx = F(x) + C \, .$$

Die Integrationskonstante C ist in diesem Fall jedoch eindeutig bestimmbar, denn es handelt sich um eine konkrete Fläche:

$$x = a: I(a) = 0 = F(a) + C \Rightarrow C = -F(a)$$

$$x = b: I(b) = I = F(b) + C = F(b) - F(a)$$

d.h. es ist

$$I = \int_{a}^{b} f(x)dx \, .$$

Bemerkungen und Ergänzungen

1. Der Beweis kann auf beliebige, in $a \leqslant x \leqslant b$ stetige Funktionen erweitert werden, sofern f(x) dort keine reellen Nullstellen hat.

2. Nimmt man $a < b$ an, so ergibt sich der Flächeninhalt I p o s i t i v , wenn die Bildkurve in $a \leqslant x \leqslant b$ ganz über der x-Achse liegt und negativ, wenn die Bildkurve in
$a \leqslant x \leqslant b$ ganz unter der x-Achse liegt. Im letzteren Fall ist der absolute Flächeninhalt[1]

$$I_{abs} = \left| \int_a^b f(x)dx \right|$$

3. Liegt die Bildkurve der Funktion $y = f(x)$ im Innern des Integrationsweges t e i l s
ü b e r u n d t e i l s u n t e r der x-Achse, und will man die Summe der Flächen
zwischen Kurve und x-Achse haben, so hat man zunächst sämtliche in $a < x < b$
gelegenen reellen Nullstellen von $f(x)$ zu bestimmen und dann über jede zwischen
diesen liegende Teilfläche einzeln zu integrieren. Für die in Abb.6 schraffierte
Fläche I ist I_1 und I_3 negativ, I_2 und I_4 positiv, also

$$I = -I_1 + I_2 + -I_3 + I_4$$

$$I = \left| \int_a^{x_1} f(x)dx \right| + \int_{x_1}^{x_2} f(x)dx + \left| \int_{x_2}^{x_3} f(x)dx \right| + \int_{x_3}^{b} f(x)dx$$

zu setzen, falls x_1, x_2, x_3 die drei zwischen a und b liegenden reellen Nullstellen von $f(x)$ sind.

4. Wird eine zwischen $x = a$ und $x = b$ gelegene Fläche von den Bildkurven der
Funktionen $y = f_1(x)$ und $y = f_2(x)$ begrenzt (Abb.7), so gilt für deren Inhalt

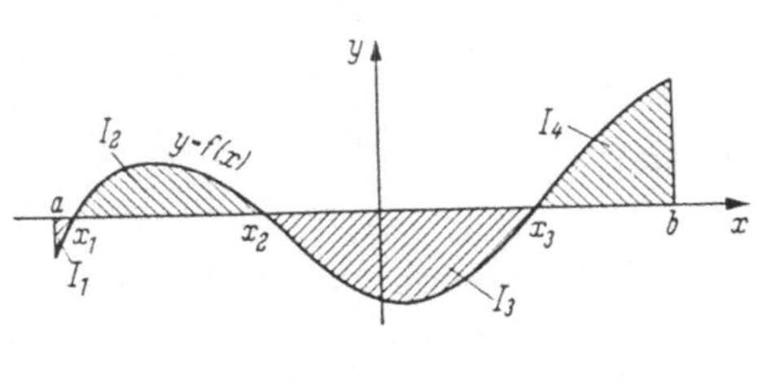

Abb.6

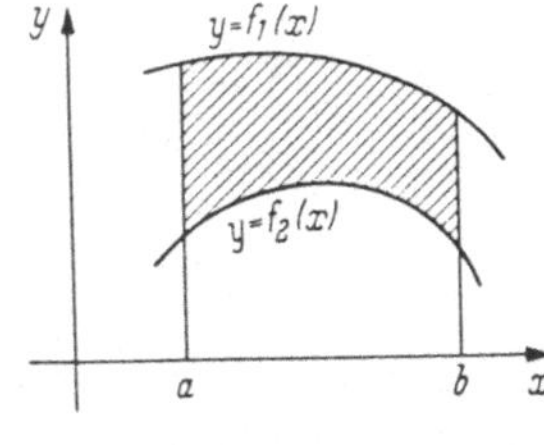

Abb.7

---

[1] Es sei jedoch darauf hingewiesen, daß es bei manchen Anwendungen, in denen die
Fläche eine physikalische Bedeutung hat, sinnvoll ist, das Vorzeichen zu belassen.

$$\boxed{I = \int_a^b [f_1(x) - f_2(x)]dx}$$

unabhängig davon, ob die zwei Kurven teilweise oder ganz über oder unter der x-Achse liegen[1]. Wird eine gesuchte Fläche nur von zwei Kurvenbögen begrenzt (Abb.8), so sind die Schnittpunktsabszissen $\bar{x}_1$ und $\bar{x}_2$ zu ermitteln und als Integrationsgrenzen zu nehmen

$$I = \int_{\bar{x}_1}^{\bar{x}_2} [f_1(x) - f_2(x)]dx.$$

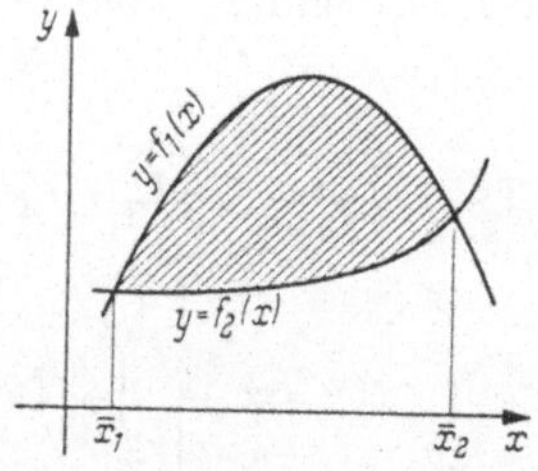

Abb.8

5. Ist die Kurvenfunktion in einer P a r a m e t e r d a r s t e l l u n g

$$\left.\begin{array}{l} x = x(t) \\ y = y(t) \end{array}\right\}$$

gegeben, so ist zunächst

$$f(x)dx = y(t)\,\dot{x}(t)dt,$$

und für die Integrationsgrenzen a und b sind jetzt diejenigen Werte t_1 bzw. t_2 zu setzen, für welche (Abb.9)

$$x(t_1) = a, \quad x(t_2) = b$$

---

[1] Die Kurven dürfen sich jedoch in $a < x < b$ nicht schneiden.

gilt. Demnach lautet die Formel

$$I = \int_{t_1}^{t_2} y(t)\dot{x}(t)\,dt$$

6. Liegt die Kurvenfunktion explizit in P o l a r k o o r d i n a t e n

$$r = r(\varphi)$$

vor, so kann die Sektorfläche $\Pi P_1 P_2$ (Abb.10) mit Hilfe des Integrals

$$S = \frac{1}{2} \int_{\varphi_1}^{\varphi_2} r^2\,d\varphi$$

bestimmt werden. Für die "Sektorflächenfunktion" $S(\varphi)$ gilt nämlich die Unglei-chung

$$\frac{1}{2} r^2 \Delta\varphi < S(\varphi + \Delta\varphi) - S(\varphi) < \frac{1}{2}(r + \Delta r)^2 \Delta\varphi$$

$$\frac{1}{2} r^2 < \frac{S(\varphi + \Delta\varphi) - S(\varphi)}{\Delta\varphi} < \frac{1}{2}(r + \Delta r)^2,$$

aus welcher beim Grenzübergang $\Delta\varphi \to 0$ im Falle der Stetigkeit von $r(\varphi)$ folgt

$$S'(\varphi) = \frac{dS}{d\varphi} = \frac{1}{2} r^2$$

$$\Rightarrow S = \frac{1}{2} \int_{\varphi_1}^{\varphi_2} r^2\,d\varphi.$$

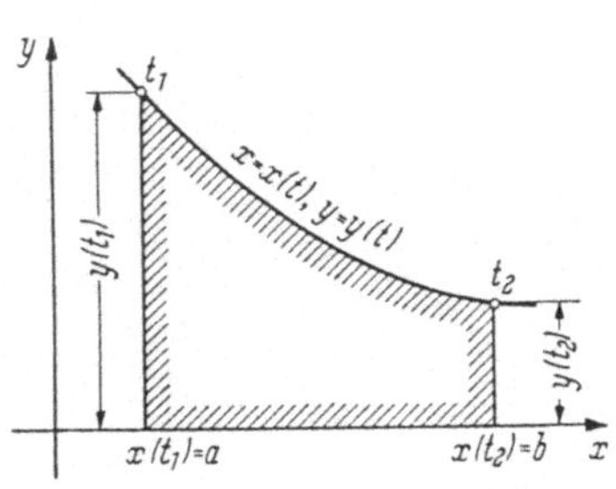

Abb. 9

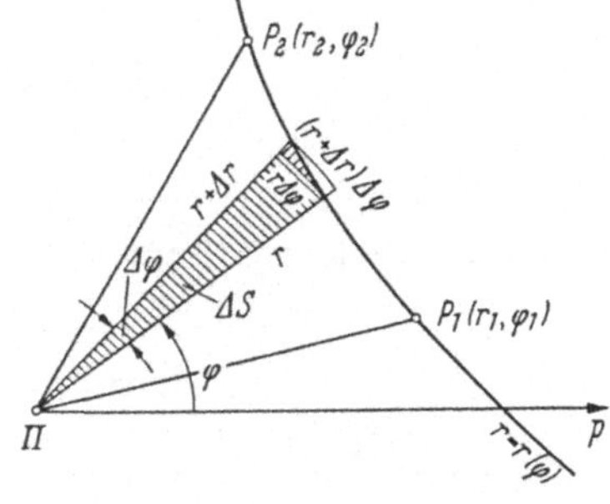

Abb. 10

Rechnet man die Formel mittels

$$x = r \cos \varphi$$

$$y = r \sin \varphi$$

$$\Rightarrow \begin{cases} dx = dr \cos \varphi - r \sin \varphi \, d\varphi \\ dy = dr \sin \varphi + r \cos \varphi \, d\varphi \end{cases}$$

in kartesische Koordinaten um, so ergibt sich

$$y \, dx - x \, dy = -r^2 d\varphi$$

und mit

$$r_1 \cos \varphi_1 = x_1 = b, \quad r_2 \cos \varphi_2 = x_2 = a$$

$$2S = \int_{\varphi_1}^{\varphi_2} r^2 d\varphi = - \int_{\varphi_2}^{\varphi_1} r^2 d\varphi = \int_a^b (y \, dx - x \, dy) \, .$$

Ist die Kurve schließlich in einer kartesischen Parameterform gegeben, so wird

$$y \, dx = y \, \dot{x} \, dt, \quad x \, dy = x \, \dot{y} \, dt$$

und damit

$$\boxed{ S = \frac{1}{2} \int_a^b (y \, dx - x \, dy) = \frac{1}{2} \int_{t_1}^{t_2} (x \dot{y} - y \dot{x}) \, dt }$$

Leibnizsche Sektorformel

Man beachte hierbei, daß jetzt

$$t_1 \leftrightarrow P_1, \quad \text{also} \quad x_1 = x(t_1) = b$$

$$t_2 \leftrightarrow P_2, \quad \text{also} \quad x_2 = x(t_2) = a$$

gesetzt wurde und deshalb

$$\int\limits_{a}^{b} (y\,dx - x\,dy) = \int\limits_{t_2}^{t_1} (y\dot{x} - x\dot{y})dt = \int\limits_{t_1}^{t_2} (x\dot{y} - y\dot{x})dt$$

zu schreiben ist.

Beispiele

1. Das von der Normalparabel und der x-Achse zwischen $x = 0$ und $x = a > 0$ eingeschlossene Flächenstück A (Abb.11) ergibt sich zu

$$A = \int\limits_{0}^{a} y\,dx = \int\limits_{0}^{a} x^2 dx = \left[\frac{x^3}{3}\right]_0^a = \frac{a^3}{3}\,.$$

Andererseits hat das Rechteck OPQR den Inhalt $a \cdot a^2 = a^3$. Also wird das Rechteck von der Parabel im Verhältnis 1:2 geteilt[1].

2. Welche Fläche schließt die Kosinuslinie zwischen $x = 0$ und $x = 3\pi/2$ mit der x-Achse ein?

<u>Lösung</u> (Abb.12): Auf Grund der Symmetrie ist die gesuchte Fläche

$$A = 3 \int\limits_{0}^{\pi/2} \cos x\,dx = 3[\sin x]_0^{\pi/2} = 3\,.$$

Grobe Nachprüfung an der Zeichnung!

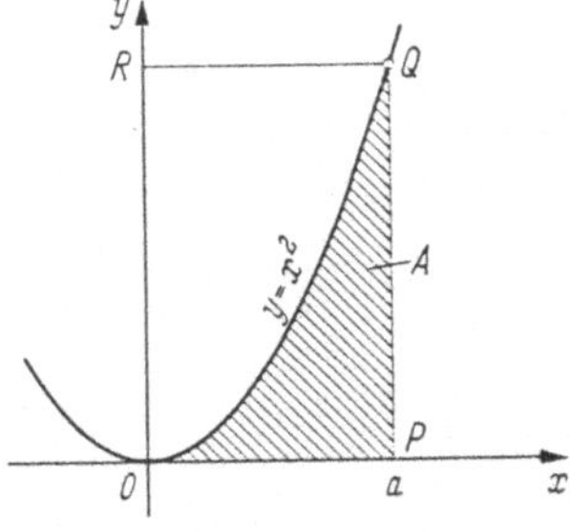

Abb.11

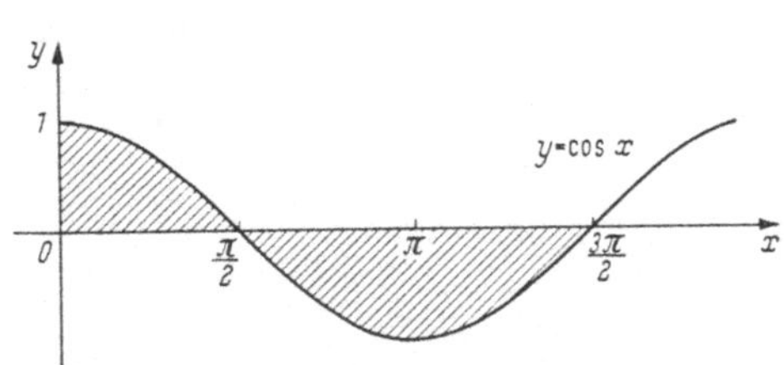

Abb.12

---

[1] Das Ergebnis $A = a^3/3$ macht deutlich, daß Variable und Konstante als dimensionslose Größen zu verstehen sind. Bei dimensionsgerechter Behandlung müßte schon die Kurvengleichung mit $y = \frac{1}{c}x^2$ notiert werden, für die Fläche erhielte man damit $A = \frac{1}{3c}a^3$, wobei c die Dimension einer Länge hat.

3. Welche Fläche wird von der Wurzelfunktion

$$y = \sqrt[3]{10(x+2)} - 2$$

zwischen $x = -2$ und $x = 3$ mit der x-Achse eingeschlossen?

<u>Lösung</u> (Abb.13): Man bestimme zuerst die Nullstelle der Funktion:

$$\sqrt[3]{10x + 20} - 2 = 0 \Rightarrow x = -1,2$$

Damit ergibt sich für die gesuchte Fläche A

$$A = \left| \int_{-2}^{-1,2} \left(\sqrt[3]{10(x+2)} - 2 \right) dx \right| + \int_{-1,2}^{3} \left(\sqrt[3]{10(x+2)} - 2 \right) dx$$

$$= \left| \left[\frac{3}{40} (10x+20)^{4/3} - 2x \right]_{-2}^{-1,2} \right| + \left[\frac{3}{40} (10x+20)^{4/3} - 2x \right]_{-1,2}^{3}$$

$$= 0,40 + 4,215 \Rightarrow A = 4,615 \approx 4,6.$$

4. Gesucht ist der **Flächeninhalt der Ellipse** mit den Halbachsen a und b.

<u>Lösung</u> (Abb.14): Wir benutzen die Parameterdarstellung

$$\left. \begin{array}{l} x = a \cos \varphi \\ y = b \sin \varphi \end{array} \right\}$$

und bekommen auf Grund der Symmetrie der Ellipse

$$\frac{1}{4} A = \int_{0}^{\pi/2} a b \sin^2 \varphi \, d\varphi = \frac{ab}{2} [\varphi - \sin \varphi \cos \varphi]_{0}^{\pi/2}$$

$$\Rightarrow A = ab\pi.$$

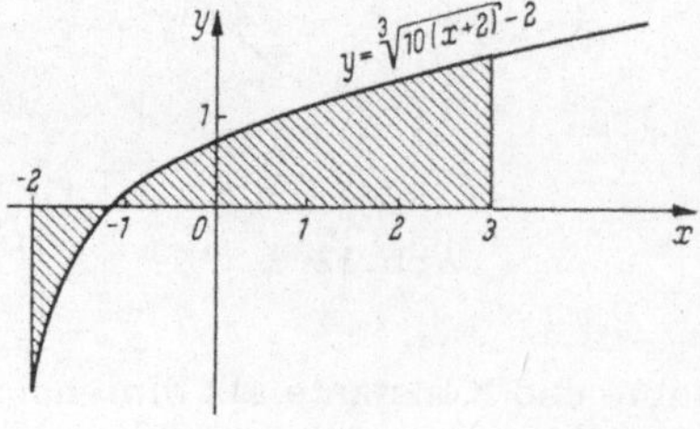

Abb.13

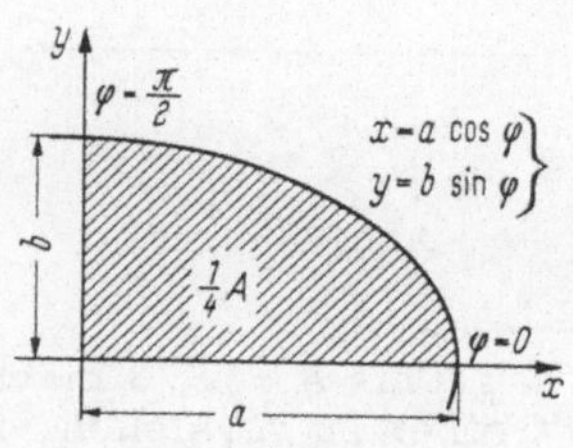

Abb.14

5. Den Flächeninhalt eines Kreises vom Radius R kann man durch Spezialisierung des Ellipseninhaltes

$$a = b = R \Rightarrow A = R^2 \pi$$

erhalten. Unabhängig von der Ellipse kommt man am schnellsten zu diesem Ergebnis, wenn man den Kreis um 0 mit Radius R in Polarkoordinaten anschreibt und dann die Sektorflächenformel heranzieht (Abb.15)

$$r = R, \quad A = \frac{1}{2} \int_0^{2\pi} R^2 d\varphi = \frac{1}{2} R^2 [\varphi]_0^{2\pi} = R^2 \pi.$$

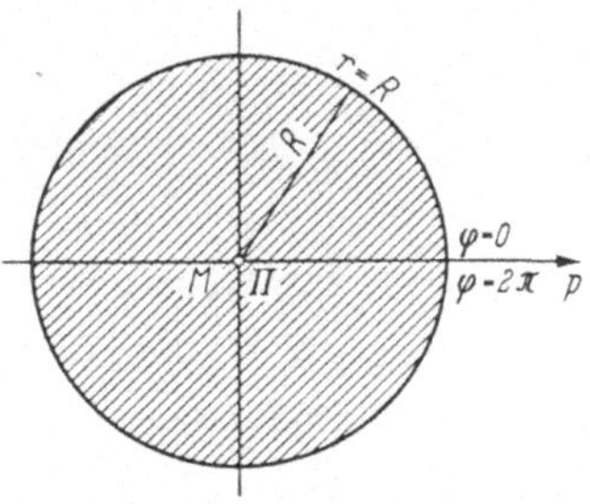

Abb. 15

6. Gesucht ist die in Abb.16 dargestellte Sektorfläche $\overset{\frown}{OP_1P_2}$ für die gleichseitige Einheitshyperbel $x^2 - y^2 = 1$.

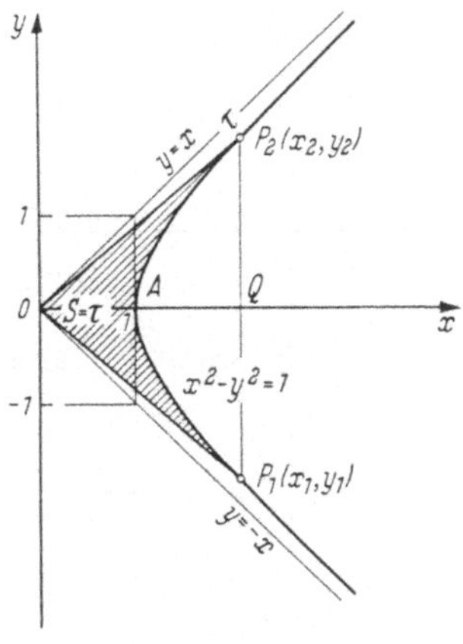

Abb. 16

<u>Lösung:</u> Wir setzen die Hyperbelgleichung in der Parameterdarstellung an

$$\left. \begin{array}{l} x = \cosh t \\[2mm] y = \sinh t \end{array} \right\} (\text{rechter Ast!})$$

und integrieren mit der Sektorformel zwischen $t_1 = 0$ (Punkt A) und $t_2 = \tau$ (Punkt P_2); auf Grund der Symmetrie bezüglich der x-Achse gilt dann mit

$$\dot{x} = \sinh t, \qquad \dot{y} = \cosh t$$

$$S = 2 \cdot \frac{1}{2} \int\limits_0^\tau (\cosh^2 t - \sinh^2 t)\,dt = \int\limits_0^\tau dt = [t]_0^\tau = \tau.$$

Andererseits folgt aus·

$$\cosh \tau = x_2 \Rightarrow \tau = S = \operatorname{ar} \cosh x_2,$$

d.h. die gesuchte Hyperbelsektorfläche wird durch die Area-
funktion $y = \operatorname{ar} \cosh x$ gemessen (daher der Name Areafunktion, d.h.
Flächenfunktion!). Ferner lehren die Gleichungen

$$x_2 = \cosh S$$

$$y_2 = \sinh S,$$

daß sich diese Hyperbelfunktionen als Maßzahlen von Strecken an der gleichseitigen
Einheitshyperbel $x^2 - y^2 = 1$ darstellen lassen, falls als Argument die Maßzahl der
zugehörigen Hyperbelsektorfläche S verstanden wird. Diese Darstellung ist völlig
analog derjenigen der Kreisfunktionen am Einheitskreis. In Abb. 17 sind beide gegen-
übergestellt (analoge Größen mit gleichen Benennungen!); der Studierende mache
sich den Vergleich eindringlich klar!

Einheitskreis	Einheitshyperbel
$x^2 + y^2 = 1$	$x^2 - y^2 = 1$
$\cos^2 t + \sin^2 t = 1$	$\cosh^2 t - \sinh^2 t = 1$
$\overline{PQ} = \sin t$	$\overline{PQ} = \sinh t$
$\overline{OQ} = \cos t$	$\overline{OQ} = \cosh t$
$\overline{RT} = \tan t$	$\overline{RT} = \tanh t$
$\overline{UK} = \cot t$	$\overline{UK} = \coth t$
$t = \text{Kreissektor } O\,\overset{\frown}{P\,P}{}'$	$t = \text{Hyperbelsektor } O\,\overset{\frown}{P\,P}{}'$

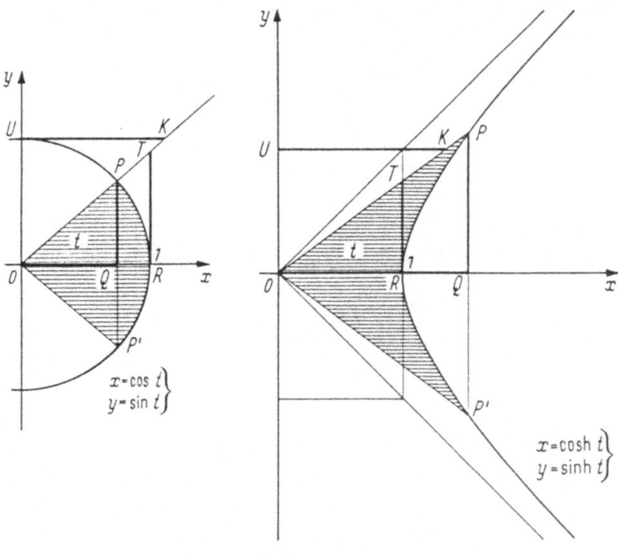

Abb. 17

7. Man berechne die Fläche, welche von der Parabel $y = -x^2 + 2$ und der Kosinuslinie $y = \cos x$ eingeschlossen wird!

<u>Lösung</u> (Abb. 18): Es sind zunächst die Abszissen der Schnittpunkte zu ermitteln;
diese ergeben sich zeichnerisch zu

$$\bar{x}_1 = -1,33, \quad \bar{x}_2 = 1,33.$$

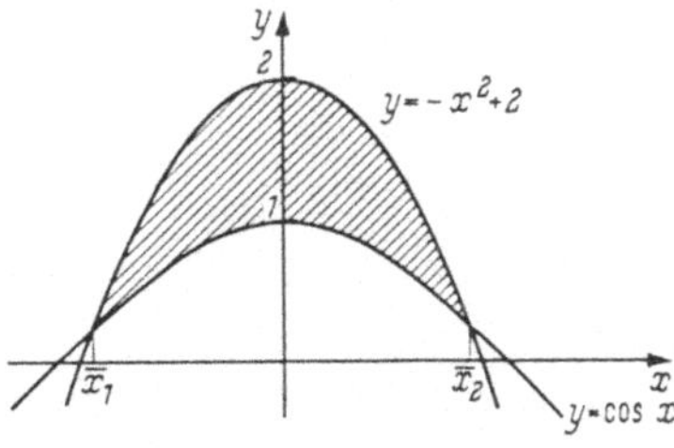

Abb. 18

Für die Fläche können wir aus Symmetriegründen ansetzen

$$A = 2 \int_0^{1,33} (-x^2 + 2 - \cos x)\,dx = 2\left[-\frac{x^3}{3} + 2x - \sin x \right]_0^{1,33} = 1,81.$$

8. Welchen Flächeninhalt schließt die L e m n i s k a t e mit der Gleichung

$$r^2 = a^2 \cos 2\varphi$$

ein? (vgl. II, 3.7.12, Abb.191).

<u>Lösung:</u> Integriert man von $\varphi = 0$ bis $\varphi = \pi/4$, so überstreicht der Fahrstrahl ein Viertel der Lemniskatenfläche. Für die Gesamtfläche ergibt sich deshalb

$$A = 4 \cdot \frac{1}{2} \int_0^{\pi/4} r^2 d\varphi = 2a^2 \int_0^{\pi/4} \cos 2\varphi \, d\varphi = a^2 \int_0^{\pi/4} \cos 2\varphi \, d2\varphi$$

$$= a^2 [\sin 2\varphi]_0^{\pi/4} = a^2 \sin \frac{\pi}{2} = a^2.$$

<u>Aufgaben zu 1.3.2</u>

1. Welchen Flächeninhalt A schließt der Graph der auf $[-1; 5]$ erklärten Funktion mit der Gleichung

$$x^3 - 16x - 8y = 0$$

mit der x-Achse ein?

2. Berechnen Sie die in Abb.19 dargestellte Fläche (schraffiert) zwischen dem Graph des natürlichen Logarithmus, den waagrechten Geraden TR und SQ und der y-Achse (exakte Rechnung, keine Näherungswerte!).

3. Berechnen Sie die in Abb.20 dargestellte Überlappungsfläche (schraffiert) $S_1 S_2 S_3 S_4$ zwischen den beiden Normalparabeln.

<u>Anleitung:</u> Die Abszissen der Schnittpunkte S_i ergeben sich als die reellen Lösungen einer Polynomgleichung 4. Grades (Näherungswerte aus Zeichnung, Verbesserung mit Newton-Horner).

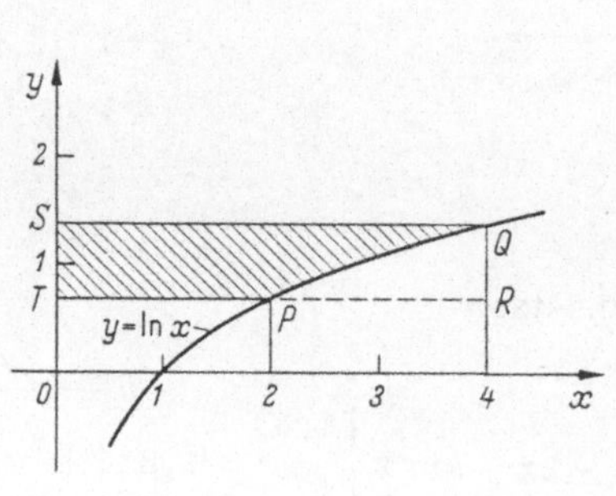

Abb.19

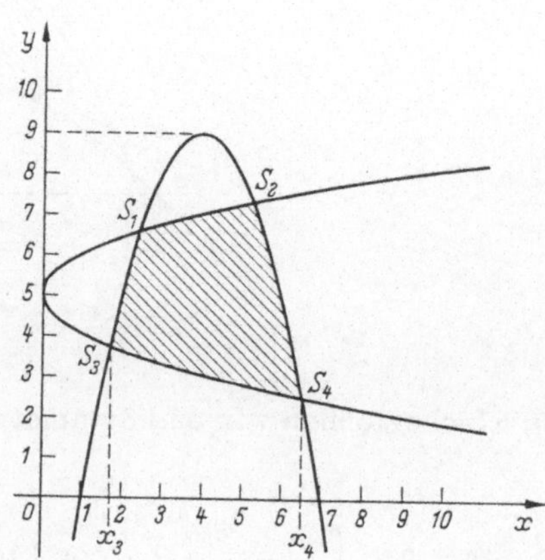

Abb.20

4. Welchen Flächeninhalt schließt die Astroide mit der Parameterdarstellung

$$\left.\begin{array}{l} x = a \cos^3 t \\ y = b \sin^3 t \end{array}\right\}$$

$(a, b \in \mathbb{R}^+)$ ein?

5. Berechnen Sie den Flächeninhalt einer Schlinge der verschlungenen Zykloide

$$\left.\begin{array}{l} x(t) = t - 2 \sin t \\ y(t) = 1 - 2 \cos t \end{array}\right\}$$

Anleitung: Gehen Sie auf Grund der Symmetrieeigenschaften vom halben Inhalt der Schlinge aus und bestimmen Sie zuerst die Integralgrenzen!

1.3.3 Uneigentliche Integrale

Unsere Definition des bestimmten Integrals (III, 1.3.1)

$$\int\limits_a^b f(x)\,dx = F(b) - F(a), \quad F'(x) = f(x)$$

basierte auf zwei Voraussetzungen

1) Integrationsintervall beschränkt: $a \in \mathbb{R}$, $b \in \mathbb{R}$
2) Integrand f stetig in $[a,b]$.

Im folgenden werden wir sehen, daß man eine der Voraussetzungen 1 oder 2 teilweise oder ganz fallen lassen kann, ohne dabei notwendig auf die Existenz des Integrals verzichten zu müssen. Allerdings muß in jedem Einzelfall eine Grenzwertuntersuchung stattfinden. Dabei gelangt man zu sogenannten uneigentlichen Integralen.

1. Fall: Unbeschränktes Integrationsintervall

Definition

1. Ist f stetig in $[a, \infty[= \{x \mid x \in \mathbb{R} \wedge x \geq a\}$, so bedeute

$$\int\limits_a^\infty f(x)\,dx = \lim_{b \to \infty} \int\limits_a^b f(x)\,dx$$

Das Integral heißt uneigentlich an der oberen Grenze.

2. Ist f stetig in $]-\infty,b] = \{x\,|\,x \in \mathbb{R} \wedge x \leqslant b\}$, so bedeute

$$\int_{-\infty}^{b} f(x)dx = \lim_{a \to -\infty} \int_{a}^{b} f(x)dx$$

Das Integral heißt uneigentlich an der unteren Grenze.

3. Ist f stetig in $]-\infty,\infty[= \mathbb{R}$, so bedeute mit $c \in \mathbb{R}$

$$\int_{-\infty}^{\infty} f(x)dx = \lim_{a \to -\infty} \int_{a}^{c} f(x)dx + \lim_{b \to \infty} \int_{c}^{b} f(x)dx$$

Das Integral heißt uneigentlich an der unteren und oberen Grenze.

4. Existiert jeweils der Grenzwert, so sagt man, das uneigentliche Integral konvergiert, andernfalls, es divergiert. Die links in den Rahmen stehenden Schreibweisen sind auch üblich, wenn das Integral divergiert.

Abb.21 zeigt die anschauliche Erklärung für diesen Fall: die zu berechnende Fläche erstreckt sich zum Positiven oder Negativen hin bis ins Unendliche. Daraus ersieht man bereits, daß notwendig für die Konvergenz dieser Integrale die Asymptoteneigenschaft der x-Achse sein muß.

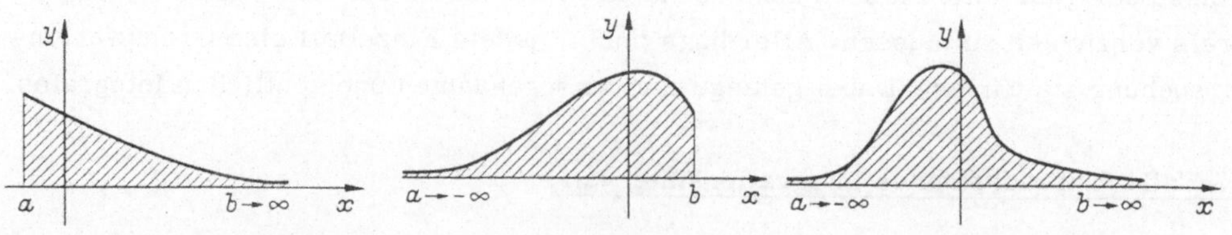

Abb.21

Beispiele

1. $\displaystyle \int_{1}^{\infty} \frac{dx}{x^3} = \lim_{b \to \infty} \int_{1}^{b} \frac{dx}{x^3} = \lim_{b \to \infty} \left[-\frac{1}{2x^2} \right]_{1}^{b}$

$\displaystyle \quad = \lim_{b \to \infty} \left(-\frac{1}{2b^2} + \frac{1}{2} \right) = \frac{1}{2}$

$$2. \quad \int_{4}^{\infty} \frac{dx}{\sqrt{x}} = \lim_{b \to \infty} \int_{4}^{b} \frac{dx}{\sqrt{x}} = \lim_{b \to \infty} \left[2\sqrt{x} \right]_{4}^{b}$$

$$= \lim_{b \to \infty} (2\sqrt{b} - 4) = \infty^{1}$$

$$3. \quad \int_{-\infty}^{0} e^{x} dx = \lim_{a \to -\infty} \int_{a}^{0} e^{x} dx = \lim_{a \to -\infty} \left[e^{x} \right]_{a}^{0}$$

$$= \lim_{a \to -\infty} (e^{0} - e^{a}) = e^{0} = 1$$

$$4. \quad \int_{-\infty}^{\infty} \frac{dx}{1 + x^{2}} = \lim_{a \to -\infty} \int_{a}^{0} \frac{dx}{1 + x^{2}} + \lim_{b \to \infty} \int_{0}^{b} \frac{dx}{1 + x^{2}}$$

$$= \lim_{a \to -\infty} (\text{Arc tan } 0 - \text{Arc tan } a) + \lim_{b \to \infty} (\text{Arc tan } b - \text{Arc tan } 0)$$

$$= 0 + \frac{\pi}{2} + \frac{\pi}{2} - 0 = \pi$$

$$5. \quad \int_{-\infty}^{\infty} 2x\, e^{-x^{2}} dx = \lim_{a \to -\infty} \left[- \int_{a}^{0} e^{-x^{2}} d(-x^{2}) \right] + \lim_{b \to \infty} \left[- \int_{0}^{b} e^{-x^{2}} d(-x^{2}) \right]$$

$$= \lim_{a \to -\infty} \left[- e^{-x^{2}} \right]_{a}^{0} + \lim_{b \to \infty} \left[- e^{-x^{2}} \right]_{0}^{b} = -1 + 1 = 0$$

<u>2. Fall: Unendlichkeitsstelle des Integranden</u>

Wir gehen von einem beschränkten Integrationsintervall [a,b] aus. Der Integrand sei stetig für alle $x \in$ [a,b], ausgenommen an einer Stelle $c \in$ [a,b], die Unendlichkeitsstelle von f sein soll:

$$f(x) \to \pm \infty \quad \text{für} \quad x \to c$$

Für die zu berechnende Fläche über [a,b] und unter dem Graphen von f bedeutet das: x = c ist senkrechte Asymptote des Graphen, die Fläche erstreckt sich bei Annäherung x → c ins Unendliche. Damit ist f für x = c unstetig, denn f(c) existiert nicht.

---

[1] Mit dieser symbolischen Kurzschreibweise soll hier zum Ausdruck gebracht werden, daß das betreffende uneigentliche Integral unbegrenzt wächst, wenn seine obere Grenze gegen unendlich strebt. Das Integral ist also divergent.

Abb.22 zeigt die wichtigsten Fälle, die dabei möglich sind: die Unendlichkeitsstelle c kann am linken oder rechten Rand des Intervalls liegen (c = a bzw. c = b), oder c befindet sich im Innern des Intervalls (a < c < b). Ob solchen Flächen eine reelle Zahl als Flächeninhalt zugeordnet werden kann, hängt, ähnlich wie beim 1. Fall, exemplarisch von der Existenz der betreffenden Grenzwerte ab.

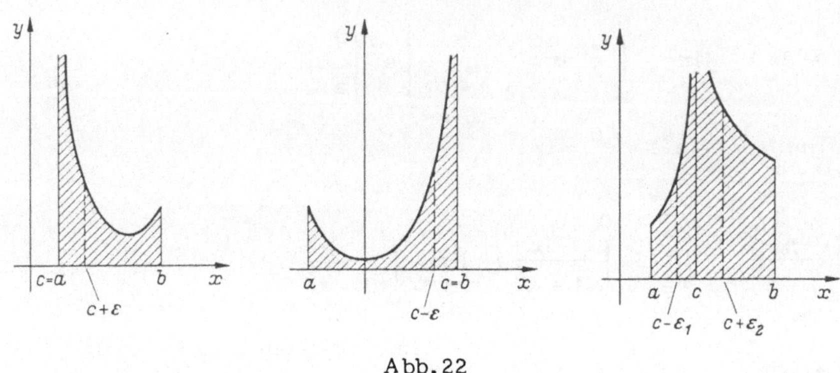

Abb.22

Definition

Ist $c \in [a,b]$ Unendlichkeitsstelle der für alle $x \in [a,b] \setminus \{c\}$ stetigen Funktion f, so heißen folgende Integrale **uneigentlich**

$$1. \quad c = a: \quad \int_c^b f(x)dx = \lim_{\varepsilon \to 0+} \int_{c+\varepsilon}^b f(x)dx$$

$$2. \quad c = b: \quad \int_a^c f(x)dx = \lim_{\varepsilon \to 0+} \int_a^{c-\varepsilon} f(x)dx$$

$$3. \quad a < c < b:$$

$$\int_a^b f(x)dx = \lim_{\varepsilon_1 \to 0+} \int_a^{c-\varepsilon_1} f(x)dx + \lim_{\varepsilon_2 \to 0+} \int_{c+\varepsilon_2}^b f(x)dx$$

Auch hier spricht man von **Konvergenz** bzw. **Divergenz**, je nachdem das uneigentliche Integral existiert bzw. nicht existiert. Die links vom " = " stehenden Schreibweisen sind in jedem Fall üblich; es bleibt stets einer individuellen Untersuchung vorbehalten, ob das Integral konvergiert.

Die Fälle, daß f an beiden Intervallgrenzen unstetig ist und dort Unendlichkeitsstellen besitzt, oder daß mehrere Unendlichkeitsstellen im Intervallinneren liegen, kann man ohne Schwierigkeiten auf die obigen uneigentlichen Integrale zurückführen.

1.3 Das bestimmte Integral

Beispiele

1.
$$\int_2^4 \frac{dx}{\sqrt{x-2}} = \lim_{\varepsilon \to 0+} \int_{2+\varepsilon}^4 \frac{dx}{\sqrt{x-2}} = \lim_{\varepsilon \to 0+} \left[2\sqrt{x-2} \right]_{2+\varepsilon}^4$$

$$= 2 \cdot \lim_{\varepsilon \to 0+} (\sqrt{2} - \sqrt{\varepsilon}) = 2\sqrt{2}$$

2.
$$\int_{-1}^{+1} \frac{dx}{\sqrt[3]{x^2}} = \lim_{\varepsilon_1 \to 0+} \int_{-1}^{-\varepsilon_1} \frac{dx}{\sqrt[3]{x^2}} + \lim_{\varepsilon_2 \to 0+} \int_{\varepsilon_2}^{1} \frac{dx}{\sqrt[3]{x^2}}$$

$$= \lim_{\varepsilon_1 \to 0+} \left[3\sqrt[3]{x} \right]_{-1}^{-\varepsilon_1} + \lim_{\varepsilon_2 \to 0+} \left[3\sqrt[3]{x} \right]_{\varepsilon_2}^{1}$$

$$= 3 \cdot \lim_{\varepsilon_1 \to 0+} \left(\sqrt[3]{-\varepsilon_1} - \sqrt[3]{-1} \right) + 3 \cdot \lim_{\varepsilon_2 \to 0+} \left(\sqrt[3]{1} - \sqrt[3]{\varepsilon_2} \right)$$

$$= -3 \cdot \lim_{\varepsilon_1 \to 0+} \left(\sqrt[3]{\varepsilon_1} - \sqrt[3]{1} \right) + 3 \cdot \lim_{\varepsilon_2 \to 0+} \left(\sqrt[3]{1} - \sqrt[3]{\varepsilon_2} \right)$$

$$= -3(0-1) + 3(1-0)$$

$$= 6$$

3.
$$\int_{-\pi/2}^{0} \cot x \, dx = \lim_{\varepsilon \to 0+} \int_{-\pi/2}^{-\varepsilon} \frac{\cos x}{\sin x} \, dx = \lim_{\varepsilon \to 0+} \left[\ln \sin x \right]_{-\pi/2}^{-\varepsilon}$$

$$= \lim_{\varepsilon \to 0+} \left[\ln \frac{\sin(-\varepsilon)}{\sin(-\pi/2)} \right] = \lim_{\varepsilon \to 0+} \left[\ln \sin \varepsilon \right]$$

$= \ln 0$ existiert nicht, d.h. dieses uneigentliche Integral divergiert (die betr. Fläche hat keinen endlich großen Inhalt).

<u>Aufgaben zu 1.3.3</u>

Bestimmen Sie die folgenden uneigentlichen Integrale, falls sie existieren; andernfalls genügt die Angabe "divergent".

1.
$$\int_1^\infty \frac{dx}{\sqrt{x^3}}$$

2.
$$\int_a^\infty \frac{dx}{x^2} \qquad (a \in \mathbb{R}^+)$$

$$3. \quad \int_{1}^{\infty} \frac{dx}{x}$$

$$4. \quad \int_{-1}^{1} \frac{x\,dx}{\sqrt{1-x^2}}$$

$$5. \quad \int_{0}^{\infty} \cos x \, dx$$

$$6. \quad \int_{a}^{b} \frac{dx}{\sqrt{x^2 - a^2}}$$

$$7. \quad \int_{0}^{1} \frac{dx}{\sqrt[4]{1-x}}$$

$$8. \quad \int_{0}^{\infty} e^{-x}\sin px \, dx$$

1.3.4 Das bestimmte Integral als Grenzwert einer Summe

Vorgegeben sei eine in $a \leqslant x \leqslant b$ stetige Funktion $y = f(x)$, deren Bildkurve etwa den in Abb.23 gezeigten Verlauf haben möge. Wir fragen wieder nach dem Inhalt der von der Kurve, der x-Achse und den Senkrechten $x = a$ und $x = b$ eingeschlossenen Fläche.

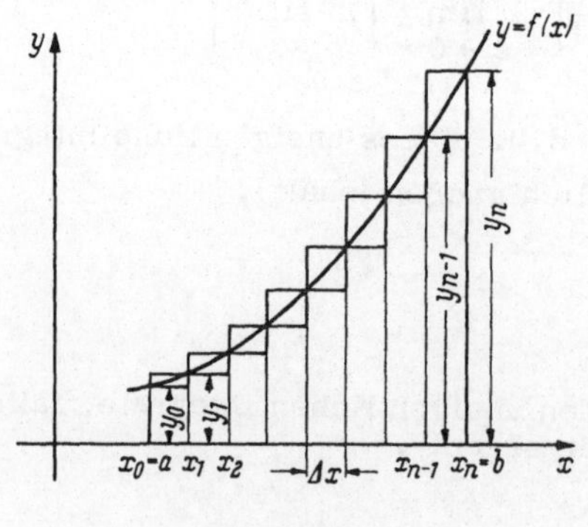

Abb.23

Der früher eingeschlagene Weg über die Flächenfunktion ist eine Möglichkeit zur Lösung. Ein anderer, für viele angewandte Aufgaben nützlicher Weg geht von dem Ge-

danken aus, die gesuchte Fläche in eine Anzahl von Teilfächen bekannten Inhalts zu
zerlegen und diese zu summieren. Hierzu nimmt man zunächst eine Anzahl von Teil-
punkten

$$x_0 = a, x_1, x_2, \ldots, x_{n-1}, x_n = b$$

im Integrationsintervall an, wobei wir der Einfachheit halber gleiche Abstände
$\Delta x = (b - a) : n$ voraussetzen wollen, und bildet die zugehörigen Ordinaten:

$$f(x_0), f(x_1), f(x_2), \ldots, f(x_n).$$

Wählt man nun als Teilflächen Rechtecke, so kann man einmal die Summe S_E der
e i n beschriebenen Rechtecke, zum anderen die Summe S_U der u m beschriebenen
Rechtecke gemäß Abb. 23 berechnen und auf diese Weise den gesuchten Flächeninhalt I zwischen zwei Schranken einschließen. Es ist

$$S_E = y_0 \Delta x + y_1 \Delta x + \ldots + y_{n-2} \Delta x + y_{n-1} \Delta x$$

$$= [f(x_0) + f(x_1) + \ldots + f(x_{n-2}) + f(x_{n-1})] \Delta x = \sum_{i=0}^{n-1} f(x_i) \Delta x$$

$$S_U = y_1 \Delta x + y_2 \Delta x + \ldots + y_{n-1} \Delta x + y_n \Delta x$$

$$= [f(x_1) + f(x_2) + \ldots + f(x_{n-1}) + f(x_n)] \Delta x = \sum_{i=1}^{n} f(x_i) \Delta x$$

$$\Rightarrow S_E < I < S_U.$$

Jede der Summen S_E und S_U stellt bereits einen Näherungswert für I dar und wird,
wie wir später (III, 1.4) sehen werden, tatsächlich zur numerischen Berechnung
herangezogen. Für die vorliegende Betrachtung kommt es darauf an, daß man den
Unterschied zwischen der "Obersumme" S_U und der "Untersumme S_E" kleiner als
jede (noch so kleine positive) Zahl halten kann, wenn man nur die Zahl der Teilflächen genügend groß und damit die Breite der Rechteckstreifen genügend klein wählt.
Dies ist für eine in $a \leqslant x \leqslant b$ s t e t i g e Funktion stets möglich. Mit anderen Worten:
Vollzieht man den Grenzübergang für $n \to \infty$, so verschwindet der Unterschied zwischen S_U und S_E und der Grenzwert stellt die gesuchte Fläche I, d.h. aber das
bestimmte Integral zwischen den Grenzen a und b dar:

$$\boxed{I = \lim_{n \to \infty} \sum_{i=0}^{n-1} f(x_i) \Delta x = \lim_{n \to \infty} \sum_{i=1}^{n} f(x_i) \Delta x = \int_a^b f(x) dx}$$

Satz

> Das bestimmte Integral kann als Grenzwert einer Summe dargestellt werden, für welche die Anzahl der Summanden gegen unendlich, jeder einzelne Summand aber gegen Null strebt.

Wir müssen noch darauf hinweisen, daß die voranstehenden Ausführungen keine vollständige Herleitung im Sinne eines exakten Beweises darstellen. Dazu hätte es u.a. genauerer Untersuchungen über die Folgen der Intervalleinstellungen bedurft, ferner wäre zu zeigen gewesen, daß der Grenzwert (im Falle seiner Existenz) unabhängig ist von der speziellen Wahl der Einteilungsfolge.

In diesem Zusammenhang entsteht die wichtige Frage: Welche Voraussetzungen sind an die Funktion f zu stellen, damit der obige Grenzwert (und damit das bestimmte Integral) existiert? Bisher forderten wir die Stetigkeit von f in $[a,b]$. Es läßt sich zeigen, daß diese Bedingung wohl hinreichend, aber nicht notwendig ist. Es genügt etwa, von f die Stetigkeit mit Ausnahme von endlich vielen endlichen Sprungstellen in $[a,b]$ zu fordern (Abb.24). Solche Funktionen heißen stückweise stetig in $[a,b]$. Andererseits muß f in $[a,b]$ beschränkt sein, da es sonst eine Stelle $x_i \in [a,b]$ gäbe, für die $f(x_i)$ beliebig groß würde. Das aber hätte ggf. zur Folge, daß die oben eingerahmte Summe jede noch so große Zahl überschreitet, also nicht existiert.

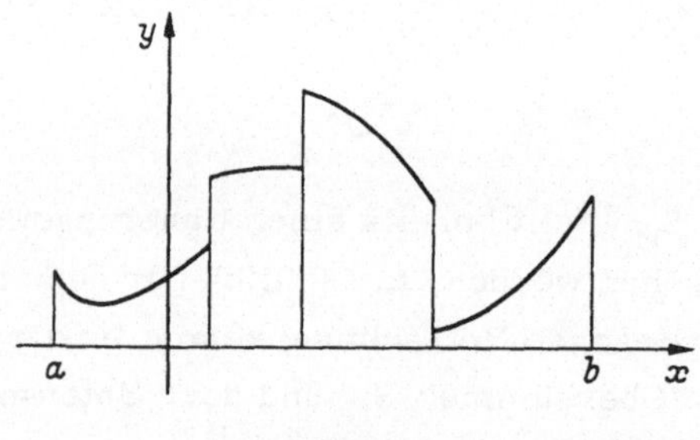

Abb.24

Die Weiterführung dieser Überlegungen, die den Rahmen dieser Darstellung weit sprengen würde, mündet in eine spezielle Klasse von Funktionen ein, die man "im Riemannschen Sinne"[1] integrierbar (integrabel) nennt. Eine Teilmenge davon wird von den beschränkten und stückweise stetigen Funktionen gebildet.

---

[1] Der deutsche Mathematiker G.F. Bernhard Riemann (1826...1866) begründete diese Integraldefinition. Andere - hier nicht behandelte - Integralbegriffe gehen auf Lebesque, Darboux und Stieltjes zurück. In diesem Buch ist "integrabel" stets synonym zu "Riemann'sch integrabel" zu verstehen.

<u>Wir fassen zusammen:</u> [1]

- die Beschränktheit von f in [a,b] ist notwendig, aber nicht hinreichend für die Integrabilität von f in [a,b];

- die Stetigkeit von f in [a,b] ist hinreichend, aber nicht notwendig für die Integrabilität von f in [a,b];

- jede in [a,b] beschränkte und dort stückweise stetige Funktion f ist in [a,b] auch integrierbar.

Um möglichen Mißverständnissen vorzubeugen, sei noch darauf hingewiesen, daß "integrierbar" nicht die formale Integrierbarkeit (formal-geschlossene Bestimmung einer Stammfunktion mit den elementaren Integrationsmethoden Substitution etc.) impliziert. Schon ein so einfaches Integral wie

$$\int_1^2 \frac{\sin x}{x}\, dx$$

läßt sich nicht "formal integrieren", dessen ungeachtet ist $f(x) = \sin x/x$ in [1; 2] integrabel, und wir werden in III, 1.4 und III, 2.5 sehen, mit welchen ("nicht-formalen" bzw. "nicht-elementaren") Verfahren man ein solches Integral berechnen kann. Darüber hinaus stellt die Analysis Konvergenzkriterien zur Verfügung, mit denen sich ggf. die Existenz des Integrals nachweisen läßt, ohne daß man das Integral berechnen muß.

<u>Aufgabe zu 1.3.4</u>

Es soll das Integral

$$\int_0^b x^2\, dx \qquad (b \in \mathbb{R}^+)$$

als Grenzwert einer Folge von Obersummen bzw. Untersummen bestimmt werden. Hierbei teile man das Integrationsintervall [0; b] in n äquidistante Streifen der Breite $h = b/n$ (Abb. 25, Seite 76). Bei der Aufstellung von S_E und S_0 verwende man

$$1^2 + 2^2 + 3^2 + \ldots + n^2 = \frac{1}{6} n \cdot (n + 1) \cdot (2n + 1)$$

(Beweis ist etwa mit vollständiger Induktion möglich).

---

[1] Diese Aussagen gelten nicht für uneigentliche Integrale.

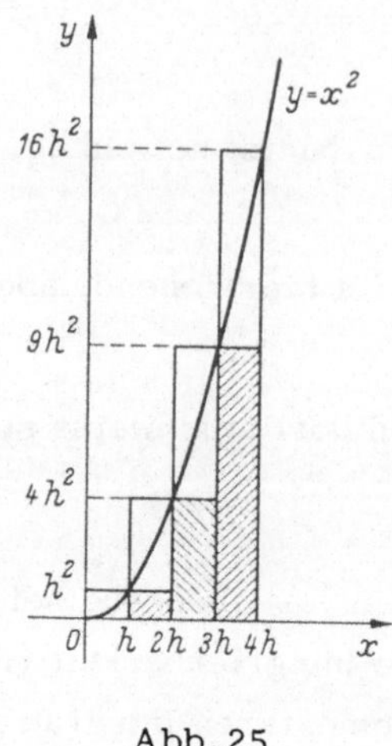

Abb.25

1.3.5 Bestimmung von Bogenlängen

Wir fragen nach der Länge eines Kurvenbogens $\overset{\frown}{AB}$ = s mit der Funktionsgleichung $y = f(x)$[1]. Zerlegt man den Bogen $\overset{\frown}{AB}$ in eine Summe von Teilbögen mit gleicher Projektion Δx auf der x-Achse

$$\overset{\frown}{AB} = \overset{\frown}{P_0P_1} + \overset{\frown}{P_1P_2} + \ldots + \overset{\frown}{P_iP_{i+1}} + \ldots + \overset{\frown}{P_{n-1}P_n}$$

$$P_0 = A, \qquad P_n = B,$$

so gilt für die zum Teilbogen $\overset{\frown}{P_iP_{i+1}}$ gehörende Teilsehne Δs_i nach Abb.26

$$\Delta s_i^2 = \Delta x^2 + \Delta y_i^2$$

$$\frac{\Delta s_i}{\Delta x} = \sqrt{1 + \left(\frac{\Delta y_i}{\Delta x}\right)^2} \ .$$

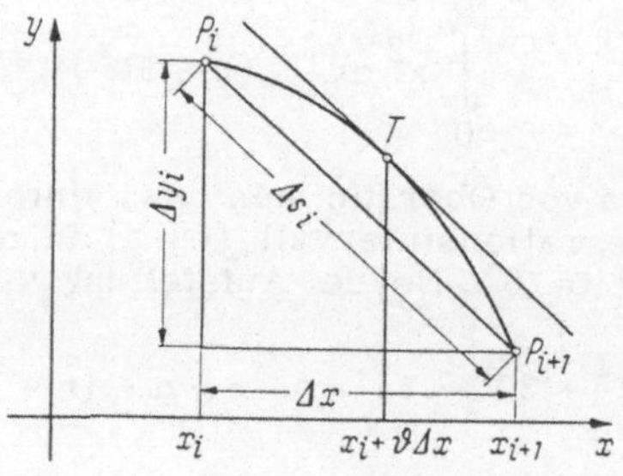

Abb.26

---

[1] $f(x)$ soll ableitbar und die Ableitung $f'(x)$ noch stetig sein.

1.3 Das bestimmte Integral

Nach dem Mittelwertsatz (vgl. II, 3.6.3) gibt es in jedem Teilbogen mindestens eine Zwischenstelle $x_i + \vartheta \Delta x$ $(0 < \vartheta < 1)$, an der die Sekantensteigung gleich der Tangentensteigung ist, für die also

$$\frac{\Delta y_i}{\Delta x} = f'(x_i + \vartheta \Delta x), \qquad \Delta s_i = \sqrt{1 + [f'(x_i + \vartheta \Delta x)]^2}\, \Delta x$$

gilt. Bildet man die Summe dieser Teilsehnen

$$\sum_{i=0}^{n-1} \Delta s_i = \sum_{i=0}^{n-1} \sqrt{1 + [f'(x_i + \vartheta \Delta x)]^2}\, \Delta x$$

und geht mit $n \to \infty$ $(\Delta x \to 0)$, so wird der Grenzwert (falls er existiert) die gesuchte Bogenlänge darstellen. Nach der Summendarstellung des bestimmten Integrals ist dieser Grenzwert aber gleich $(x_0 = a,\ x_n = b)$

$$\lim_{n \to \infty} \sum_{i=0}^{n-1} \Delta s_i = s$$

$$\boxed{\,s = \int_a^b \sqrt{1 + y'^2}\, dx\,}$$

Liegt die Kurvengleichung in einer **Parameterform**

$$\left.\begin{array}{l} x = x(t) \\ y = y(t) \end{array}\right\}$$

vor, so ist

$$1 + y'^2 = 1 + \frac{\dot{y}^2}{\dot{x}^2} = \frac{\dot{x}^2 + \dot{y}^2}{\dot{x}^2}, \qquad dx = \dot{x}\, dt$$

und folglich

$$\boxed{\,s = \int_{t_1}^{t_2} \sqrt{\dot{x}^2 + \dot{y}^2}\, dt\,}$$

falls man $x(t_1) = a$ und $x(t_2) = b$ setzt. Ist schließlich die Kurvengleichung explizit in Polarkoordinaten

$$r = r(\varphi)$$

gegeben, so liefert die Beziehung (vgl. II, 3.7.11; Abb.185)

$$ds^2 = dx^2 + dy^2:$$

$$x = r \cos \varphi \Rightarrow dx = dr \cos \varphi - r \sin \varphi \, d\varphi$$

$$y = r \sin \varphi \Rightarrow dy = dr \sin \varphi + r \cos \varphi \, d\varphi$$

$$ds^2 = dr^2 + r^2 d\varphi^2$$

$$= \left[\left(\frac{dr}{d\varphi} \right)^2 + r^2 \right] d\varphi^2$$

$$ds = \sqrt{r^2 + r'^2} \, d\varphi$$

$$\boxed{ s = \int_{\varphi_1}^{\varphi_2} \sqrt{r^2 + r'^2} \, d\varphi }$$

Beispiele

1. Man berechne den Bogen der Normalparabel $y = x^2$ von $x = 0$ bis $x = 2$.

<u>Lösung:</u>
$$y = x^2 \Rightarrow y' = 2x, \quad 1 + y'^2 = 1 + 4x^2$$

$$s = \int_0^2 \sqrt{1 + 4x^2} \, dx.$$

Nach III, 1.2.1 (7. Typus) machen wir die Substitution

$$2x = \sinh t$$

$$\Rightarrow dx = \frac{1}{2} \cosh t \, dt$$

und erhalten zunächst

$$\frac{1}{2} \int \sqrt{1 + \sinh^2 t} \, \cosh t \, dt = \frac{1}{2} \int \cosh^2 t \, dt = \frac{1}{4} (t + \sinh t \cosh t).$$

Die Integrationsgrenzen sind absichtlich nicht angeschrieben. Es gibt hier wie in allen entsprechenden Fällen zwei Möglichkeiten:

1. Weg: Man beläßt die Grenzen und muß deshalb resubstituieren (wie beim unbebestimmten Integral);

2. Weg: Man transformiert die Grenzen auf die neue Integrationsveränderliche; die Resubstitution entfällt dann.

Wir wollen zur Übung noch einmal nach beiden Methoden rechnen. Im vorliegenden Fall ergibt sich[1]

1. Weg: $s = \dfrac{1}{4}(t + \sinh t \cosh t) = \dfrac{1}{4}\left[\operatorname{ar\,sinh} 2x + 2x\sqrt{1 + 4x^2}\right]_{x=0}^{x=2}$

$$= \dfrac{1}{4}(\operatorname{ar\,sinh} 4 + 4\sqrt{17}) = \dfrac{1}{4}(2{,}095 + 16{,}492) = 4{,}65.$$

2. Weg: Transformation der Grenzen:

$$x = 2:\ \sinh t = 4 \Rightarrow t = 2{,}095$$

$$x = 0:\ \sinh t = 0 \Rightarrow t = 0$$

$$\Rightarrow s = \dfrac{1}{4}\left[t + \sinh t \cosh t\right]_{t=0}^{t=2{,}095} = \dfrac{1}{4}(2{,}095 + 4\sqrt{17}) = 4{,}65.$$

2. Man berechne den U m f a n g   e i n e s   K r e i s e s vom Radius R!

<u>Lösung</u>: Der einfachste Weg besteht darin, die Kreisgleichung in Polarkoordinaten anzuschreiben:

$$r = R, \qquad r' = 0$$

$$\Rightarrow s = \int_0^{2\pi} \sqrt{R^2 + 0}\, d\varphi = R\int_0^{2\pi} d\varphi = R[\varphi]_0^{2\pi} = 2R\pi$$

Der Studierende rechne das Beispiel für die Fälle durch, daß die Kreisgleichung in der expliziten oder einer Parameterform in kartesischen Koordinaten gegeben ist.

---

[1] Stehen die Werte für die Hyperbel- oder Areafunktionen nicht zur Verfügung, so gehe man auf die logarithmische Darstellung dieser Funktionen zurück und lese diese Werte vom Rechner ab.

3. Man berechne den **Umfang der gleichseitigen Astroide** (Sternkurve)
   mit der Gleichung

$$\left.\begin{array}{l} x(t) = a\,\cos^3 t \\ y(t) = a\,\sin^3 t \end{array}\right\}$$

<u>Lösung:</u> Die Kurve hat den in Abb.27 gezeigten Verlauf. Sie ist insbesondere symmetrisch bezüglich beider Koordinatenachsen. Wir können deshalb für den Umfang

$$s = 4 \int_0^{\pi/2} \sqrt{\dot{x}^2 + \dot{y}^2}\; dt$$

ansetzen. Dabei wird

$$\left.\begin{array}{l} \dot{x} = -3a\,\cos^2 t\,\sin t, \quad \dot{x}^2 = 9a^2\cos^4 t\,\sin^2 t \\[2mm] \dot{y} = 3a\,\sin^2 t\,\cos t, \quad \dot{y}^2 = 9a^2\sin^4 t\,\cos^2 t \end{array}\right\} \Rightarrow \dot{x}^2 + \dot{y}^2 = 9a^2\,\sin^2 t\,\cos^2 t$$

$$\Rightarrow s = 4 \int_0^{\pi/2} 3a\,\sin t\,\cos t\; dt = 12a \int_0^{\pi/2} \sin t\; d\sin t = 6a\left[\sin^2 t\right]_0^{\pi/2} = 6a.$$

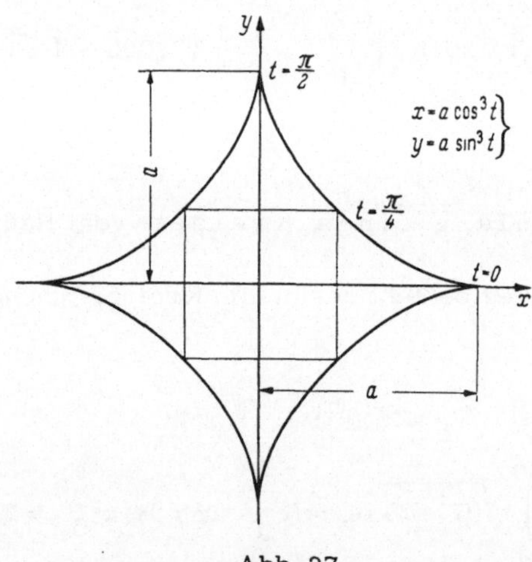

Abb.27

<u>Aufgaben zu 1.3.5</u>

1. Berechnen Sie die Bogenlänge der semikubischen Parabel

$$y = 2 \cdot x^{1,5}$$

zwischen den Abszissen $x_1 = 0$ und $x_2 = 2$.

2. Welche Länge hat der Graph der e-Funktion $y = e^x$ zwischen den Punkten $P_1(-1; e^{-1})$ und $P_2(+1; e)$?

   Anleitung: Berechnen Sie das entsprechende Kurvenstück der Umkehrfunktion! Geben Sie das Ergebnis exakt und numerisch (auf zwei Dezimalen) an!

3. Es ist die Länge eines Bogens der gespitzten Zykloide

$$\left.\begin{array}{l} x(t) = t - \sin t \\ y(t) = 1 - \cos t \end{array}\right\}$$

   zu berechnen.

4. Man berechne die Länge der archimedischen Spirale $r = 2\varphi$, wenn sich der Polarwinkel, von null beginnend, um zwei Vollwinkel dreht.

5. Welche Lange hat das Graphenstück der Funktion

$$y = \ln\left(x + \sqrt{x^2 - 1}\right)$$

   zwischen $x = 1$ und $x = 5$?

6. Berechnen Sie die Bogenlänge der Kurve mit der Gleichung

$$y = \frac{2}{\sinh x}$$

   im Intervall $[1; 5]$!

1.3.6 Bestimmung von Rauminhalten und Mantelflächen bei Rotationskörpern

Eine zwischen $x = a$, $x = b$, der Kurve $y = f(x)$ und der x-Achse liegende Fläche moge um die x-Achse rotieren. Dabei entsteht ein Umdrehungs- oder Rotationskörper, dessen Volumen V und Mantel M bestimmt werden sollen. Zu diesem Zwecke denken wir uns den Körper in eine Summe von Scheiben oder Schichten zerlegt (Abb.28). Jede solche Scheibe habe zum Volumen dV (sog. Volumendifferen-

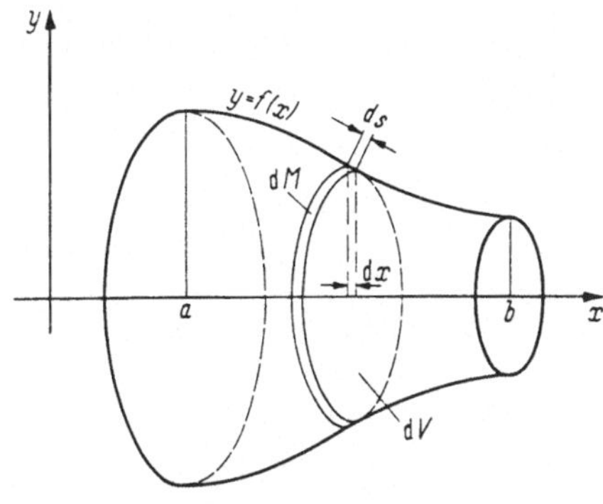

Abb.28

tial), als Mantel dM (sog. Manteldifferential); ferner sei die Scheibendicke dx und die Mantelstreifenbreite ds. Dann kann man in erster Näherung dV als Zylindervolumen mit dem Grundkreisradius y und der Höhe dx, dM als Kreisringfläche vom mittleren Radius y und der Breite ds berechnen:

$$dV = y^2 \pi \, dx \Rightarrow V = \pi \int_a^b y^2 dx$$

$$dM = 2y \pi \, ds, \qquad ds = \sqrt{1 + y'^2} \, dx \Rightarrow M = 2\pi \int_a^b y \sqrt{1 + y'^2} \, dx$$

$$\boxed{\begin{aligned} V &= \pi \int_a^b y^2 \, dx \\[2ex] M &= 2\pi \int_a^b y \sqrt{1 + y'^2} \, dx \end{aligned}}$$

Für eine in der Parameterdarstellung

$$\left. \begin{aligned} x &= x(t) \\ y &= y(t) \end{aligned} \right\}$$

gegebene Kurvengleichung lauten die Formeln

$$\boxed{\begin{aligned} V &= \pi \int_{t_1}^{t_2} [y(t)]^2 \dot{x} \, dt \\[2ex] M &= 2\pi \int_{t_1}^{t_2} y(t) \sqrt{\dot{x}^2 + \dot{y}^2} \, dt \end{aligned}}$$

Beispiele

1. Man bestimme Volumen und Oberfläche einer Kugel vom Radius R!

Lösung: Wir lassen eine Halbkreisfläche gemäß Abb. 29 vom Radius R um die x-Achse rotieren. Seine Gleichung ist

$$y = \sqrt{R^2 - x^2} \, ;$$

demnach ergibt sich

a) für das Volumen

$$V = \pi \int_{-R}^{+R} (R^2 - x^2)dx = \pi \left[R^2 x - \frac{x^3}{3} \right]_{-R}^{+R} = \pi \left[\left(R^3 - \frac{R^3}{3} \right) - \left(- R^3 + \frac{R^3}{3} \right) \right]$$

$$= \pi \left(2R^3 - 2\frac{R^3}{3} \right) = \frac{4\pi}{3} R^3.$$

b) für die Oberfläche mit

$$y' = -\frac{x}{y}, \qquad 1 + y'^2 = \frac{x^2 + y^2}{y^2} = \frac{R^2}{y^2}$$

$$O = M = 2\pi \int_{-R}^{+R} y \frac{R}{y} \, dx = 2\pi R \int_{-R}^{+R} dx = 2\pi R[x]_{-R}^{+R} = 2\pi R[R - (-R)] = 4\pi R^2.$$

2. Die durch die Kettenlinie $y = \cosh x$ bestimmte Fläche rotiere um die x-Achse. Man berechne Volumen und Mantel des entstehenden Umdrehungskörpers zwischen $x = 0$ und $x = a$ (speziell für $a = 1,5$)!

<u>Lösung</u> (Abb.30): Es ergibt sich

a) für das Volumen

$$V = \pi \int_{0}^{a} \cosh^2 x \, dx = \frac{\pi}{2} [x + \cosh x \sinh x]_{0}^{a}$$

$$V = \frac{\pi}{2} (a + \cosh a \sinh a) = 10,22$$

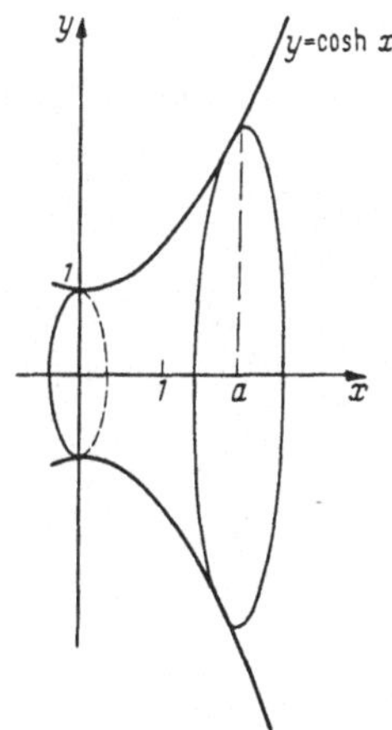

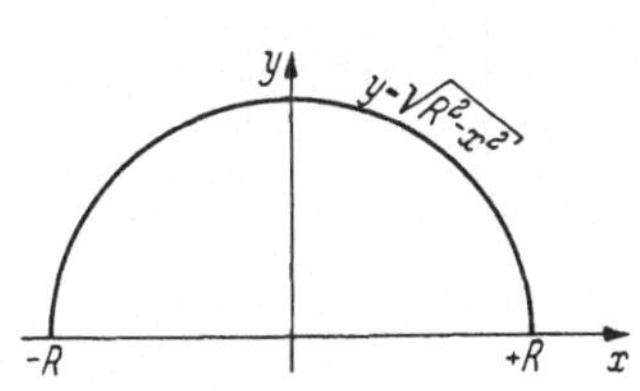

Abb.29 Abb.30

b) für die Mantelfläche

$$M = 2\pi \int_0^a \cosh x \sqrt{1 + \sinh^2 x}\; dx = 2\pi \int_0^a \cosh^2 x\; dx$$

$$= \pi\,(a + \cosh a \sinh a) = 20,44 \Rightarrow M = 2V^1$$

3. Die von der Normalparabel $y = \sqrt{x}$ begrenzte Fläche ergibt bei Rotation um die x-Achse einen Rotationsparaboloiden. Bestimme sein Volumen und seinen Mantel zwischen $x = 0$ und $x = a$.

Lösung (Abb. 31): Wir erhalten

a) für das Volumen

$$V = \pi \int_0^a (\sqrt{x})^2 dx = \pi \left[\frac{x^2}{2}\right]_0^a = \frac{a^2 \pi}{2}$$

b) für die Mantelfläche

$$M = 2\pi \int_0^a \sqrt{x}\,\sqrt{1 + \frac{1}{4x}}\; dx = 2\pi \int_0^a \sqrt{x + \frac{1}{4}}\; dx = 2\pi \int_0^a \sqrt{x + \frac{1}{4}}\; d\left(x + \frac{1}{4}\right)$$

$$= \frac{4\pi}{3}\left[\left(x + \frac{1}{4}\right)\sqrt{x + \frac{1}{4}}\right]_0^a = \frac{\pi}{6}\,(4a + 1)\sqrt{4a + 1}\,.$$

Aufgaben zu 1.3.6

1. Durch Rotation des Halbkreises mit der Gleichung

$$y = a + \sqrt{r^2 - x^2} \qquad (a \in \mathbb{R}^+)$$

um die x-Achse entsteht ein Ring. Wie groß ist sein Volumen? (Abb. 32)

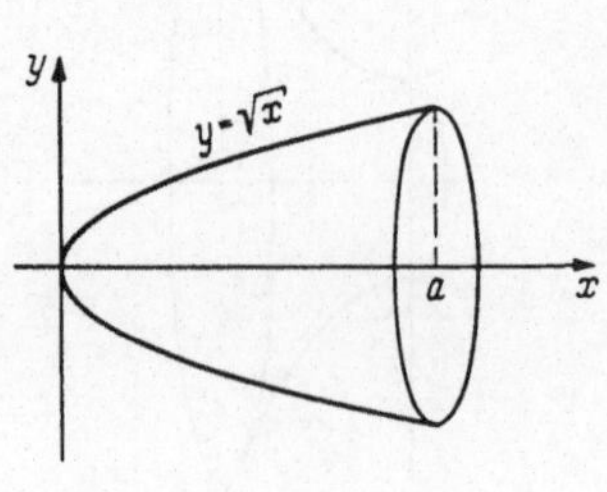

Abb. 31

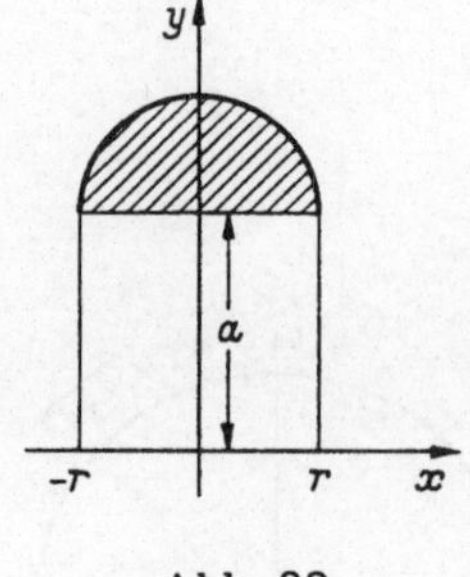

Abb. 32

---

[1] Diese Beziehung ist selbstverständlich als Maßzahlgleichheit zu verstehen.

2. Welches Volumen hat der Drehkörper, der durch Rotation des Graphen von

$$y = 1 + \cos x$$

im Intervall $[-\pi; +\pi]$ um die x-Achse entsteht? (Abb.33)

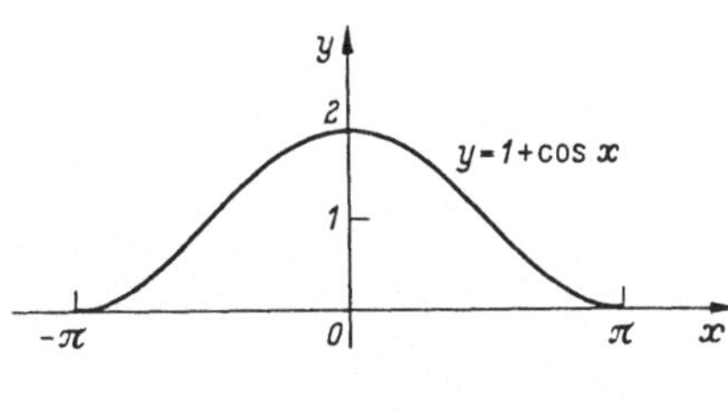

Abb.33

3. Der zwischen $t = 0$ und $t = \dfrac{\pi}{2}$ liegende Kurvenbogen der Funktion

$$x(t) = 4 \sin t$$

$$y(t) = \frac{1}{\sqrt{2}} \sin 2t$$

rotiert um die x-Achse. Berechnen Sie das Volumen und die Oberfläche des dabei entstehenden Drehkörpers (Abb.34).

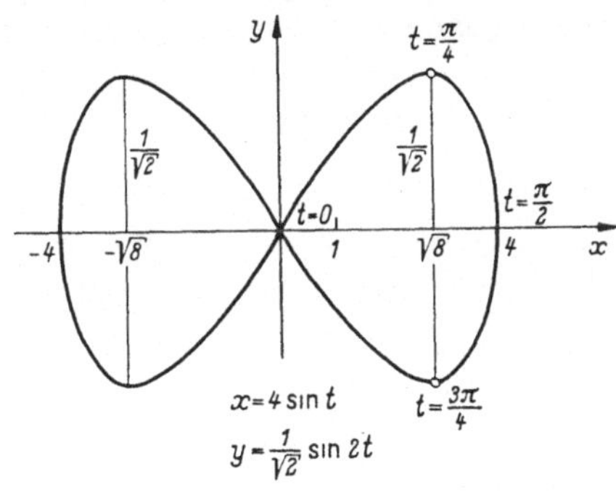

Abb.34

4. Die gleichseitige Astroide

$$\left.\begin{array}{l} x = a \cos^3 t \\ y = a \sin^3 t \end{array}\right\}$$

rotiere um die x-Achse. Welche Mantelfläche (Oberfläche) und welches Volumen hat der dabei entstehende Drehkörper? (Abb.27, S. 80)

5. Die Kurve der Funktion

$$y = 4e^{-\frac{x}{3}}$$

rotiert um die x-Achse. Man berechne Volumen und Mantelfläche der dabei entstehenden "Exponentialsäule" zwischen x = 0 und "x = ∞" (d.h. für alle nichtnegativen reellen x-Werte). Vgl. Abb.35

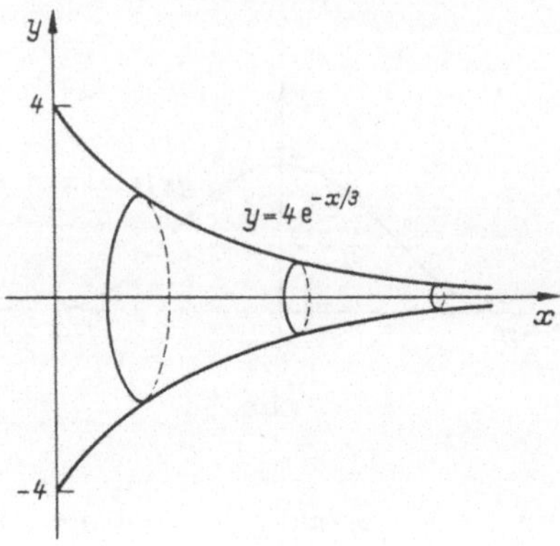

Abb.35

1.3.7 Bestimmung geometrischer Schwerpunkte

In der Mechanik werden die Koordinaten x_S, y_S des Schwerpunktes[1] S eines ebenen Flächenstückes gemäß Abb.36 durch

$$x_S = \frac{\int\limits_a^b x\,y\,dx}{\int\limits_a^b y\,dx} \quad , \quad y_S = \frac{\frac{1}{2}\int\limits_a^b y^2\,dx}{\int\limits_a^b y\,dx}$$

erklärt. Hierbei ist y = f(x) die Funktionsgleichung des die Fläche begrenzenden Kurvenstückes. Die in den Zählern stehenden Ausdrücke

$$\int\limits_a^b xy\,dx =: M_y, \quad \frac{1}{2}\int\limits_a^b y^2\,dx =: M_x$$

heißen die statischen Momente des Flächenstückes in bezug auf die y- bzw. x-Achse. Im Nenner steht jeweils der Inhalt I des betreffenden Flächenstückes.

---

[1] Statt Flächenschwerpunkt und Linienschwerpunkt würde man besser "Flächenmittelpunkt" bzw. "Linienmittelpunkt" sagen, da es sich um einen rein geometrisch bestimmten Punkt handelt, der, ähnlich wie der Massenmittelpunkt eines homogenen Körpers, eine vom Schwerefeld unabhängige Bedeutung besitzt.

Entsprechend erklärt man den Schwerpunkt S eines ebenen Kurvenstückes mit der Gleichung $y = f(x)$ durch die Koordinaten (Abb.37)

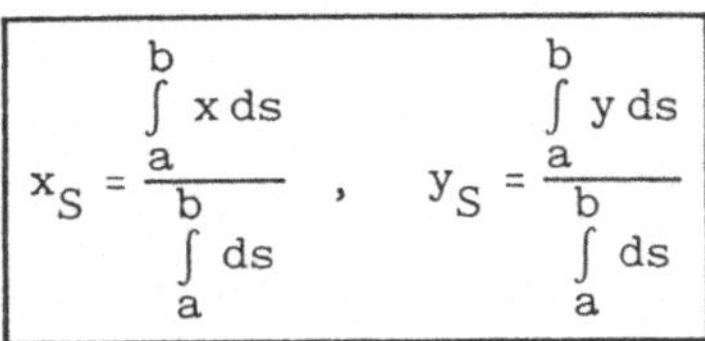

$$x_S = \frac{\int\limits_a^b x\,ds}{\int\limits_a^b ds} \quad , \quad y_S = \frac{\int\limits_a^b y\,ds}{\int\limits_a^b ds}$$

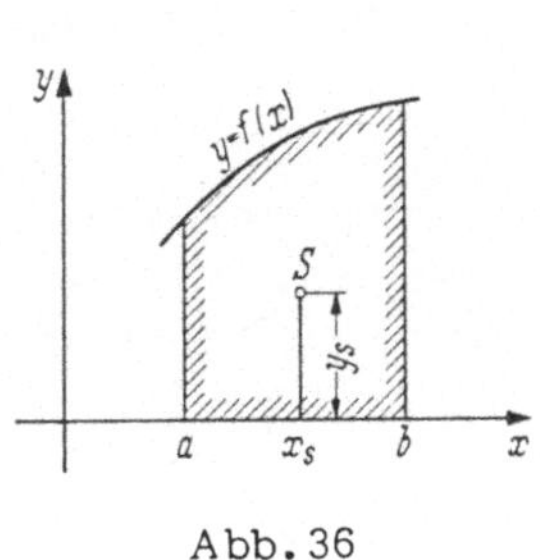

Abb.36

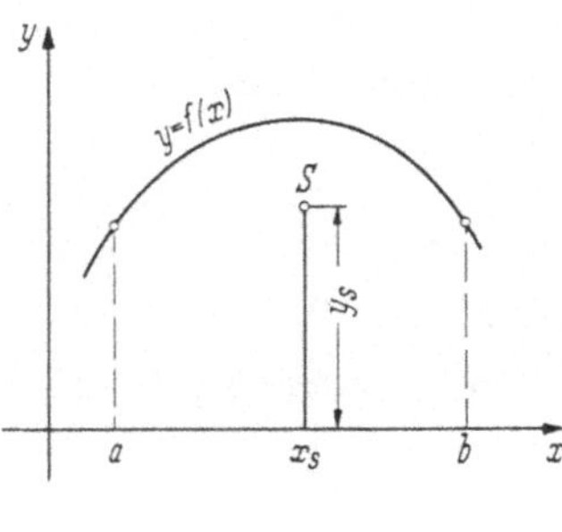

Abb.37

Beachtet man noch

$$ds = \sqrt{1 + y'^2}\,dx = \sqrt{\dot{x}^2 + \dot{y}^2}\,dt \,,$$

so schreiben sich die Kurvenschwerpunktskoordinaten

$$x_S = \frac{\int\limits_a^b x\sqrt{1 + y'^2}\,dx}{\int\limits_a^b \sqrt{1 + y'^2}\,dx} = \frac{\int\limits_{t_1}^{t_2} x(t)\sqrt{\dot{x}^2 + \dot{y}^2}\,dt}{\int\limits_{t_1}^{t_2} \sqrt{\dot{x}^2 + \dot{y}^2}\,dt} \,,$$

$$y_S = \frac{\int\limits_a^b y\sqrt{1 + y'^2}\,dx}{\int\limits_a^b \sqrt{1 + y'^2}\,dx} = \frac{\int\limits_{t_1}^{t_2} y(t)\sqrt{\dot{x}^2 + \dot{y}^2}\,dt}{\int\limits_{t_1}^{t_2} \sqrt{\dot{x}^2 + \dot{y}^2}\,dt}$$

Auch hier stehen in den Zählern die statischen Momente bezüglich der y- bzw. x-Achse, im Nenner jedoch die Bogenlänge des betreffenden Kurvenstückes.

Zwischen den Schwerpunktskoordinaten einerseits und dem Volumen bzw. der Mantelfläche des entsprechenden Rotationskörpers andererseits besteht ein einfacher Zusammenhang, der durch die Guldinschen[1] Regeln zum Ausdruck kommt:

Satz (1. Guldinsche Regel)

> Das Volumen eines Rotationskörpers ist gleich dem Produkt aus dem Inhalt der erzeugenden Fläche und dem Weg ihres Schwerpunktes bei einer Umdrehung.

Beweis: Nach Abb.36 ist der vom Schwerpunkt während einer Drehung zurückgelegte Weg gleich dem Umfang des Kreises vom Radius y_S (die Rotation finde um die x-Achse statt), also $2\pi y_S$, andererseits ist die Fläche durch das Integral

$$\int_a^b y\,dx$$

gegeben. Das Produkt beider Ausdrücke ergibt dann

$$2\pi y_S \int_a^b y\,dx = 2\pi\,\frac{\frac{1}{2}\int_a^b y^2\,dx}{\int_a^b y\,dx}\int_a^b y\,dx = \pi\int_a^b y^2\,dx = V.$$

Satz (2. Guldinsche Regel)

> Die Oberfläche eines Rotationskörpers ist gleich dem Produkt aus der Bogenlänge der erzeugenden Kurve und dem Weg ihres Schwerpunktes bei einer Umdrehung.

Beweis: Der Weg des Schwerpunktes ist wieder $2\pi y_S$, die Länge des Kurvenstückes wird durch

$$s = \int_a^b \sqrt{1 + y'^2}\,dx$$

angegeben. Also ergibt sich für ihr Produkt

$$2\pi y_S \int_a^b \sqrt{1 + y'^2}\,dx = 2\pi\,\frac{\int_a^b y\sqrt{1 + y'^2}\,dx}{\int_a^b \sqrt{1 + y'^2}\,dx}\int_a^b \sqrt{1 + y'^2}\,dx$$

$$= 2\pi\int_a^b y\sqrt{1 + y'^2}\,dx = M.$$

---

[1] P. Guldin (1577...1643), schweizer Mathematiker.

Beispiele

1. Man bestimme den Schwerpunkt des in Abb. 38 dargestellten Viertelkreisbogens
   vom Radius R!

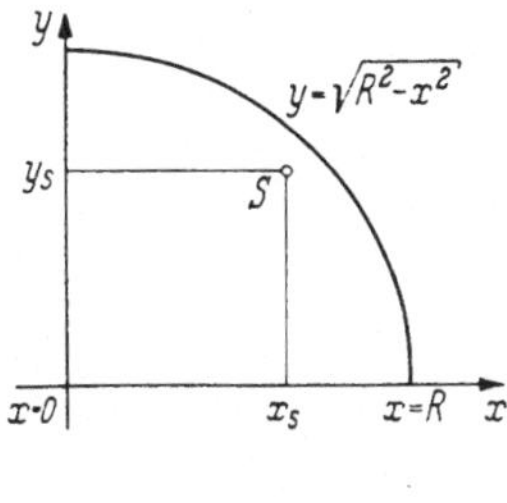

Abb. 38

<u>Lösung:</u> Die Kreisgleichung für diesen Bogen ist

$$y = \sqrt{R^2 - x^2}$$

$$\Rightarrow y' = -\frac{x}{y} \Rightarrow \sqrt{1 + y'^2} = \frac{1}{y}\sqrt{x^2 + y^2} = \frac{R}{y} = \frac{R}{\sqrt{R^2 - x^2}}$$

$$\Rightarrow \begin{cases} x_S = \dfrac{1}{\frac{1}{2}R\pi} \displaystyle\int_0^R \frac{xR}{\sqrt{R^2 - x^2}}\, dx = -\frac{2}{\pi}\left[\sqrt{R^2 - x^2}\right]_0^R = \dfrac{2R}{\pi} \\[4mm] y_S = \dfrac{1}{\frac{1}{2}R\pi} \displaystyle\int_0^R \frac{\sqrt{R^2 - x^2}\,R}{\sqrt{R^2 - x^2}}\, dx = \frac{2}{\pi}\left[x\right]_0^R = \dfrac{2R}{\pi}\ . \end{cases}$$

Wesentlich schneller wäre man mit der zweiten Guldinschen Regel zum Ziele gekommen, da im vorliegenden Fall die Mantelfläche als Halbkugelfläche mit $M = 2R^2\pi$ und die Länge des Viertelkreisbogens mit $\frac{1}{2}R\pi$ bekannt sind. Damit folgt sofort

$$M = 2R^2\pi = \frac{1}{2}R\pi\, 2\pi y_S \Rightarrow y_S = \frac{2R}{\pi}$$

und aus Symmetriegründen $x_S = y_S$.

2. Wie lauten die Schwerpunktskoordinaten für die Fläche, welche die Parabel
   $y = \sqrt{2px}$ mit der x-Achse zwischen $x = 0$ und der Ordinate $\sqrt{2pa}$ einschließt
   (Abb. 39)?

<u>Lösung:</u> Zunächst ergibt sich die Parabelfläche zu

$$F = \int_0^a \sqrt{2px}\, dx = \sqrt{2p}\,\frac{2}{3}\left[x\sqrt{x}\right]_0^a = \frac{2a}{3}\sqrt{2pa}.$$

Damit folgt für die Koordinaten von S

$$x_S = \frac{1}{F} \int\limits_0^a x \sqrt{2p\,x}\, dx = \frac{\sqrt{2p}}{F} \frac{2}{5} \left[x^2 \sqrt{x} \right]_0^a = \frac{3a}{5}$$

$$y_S = \frac{1}{F} \frac{1}{2} \int\limits_0^a 2p\, x\, dx = \frac{p}{F} \left[\frac{x^2}{2} \right]_0^a = \frac{p\,a^2}{2F} = \frac{3}{8} \sqrt{2p\,a}\,.$$

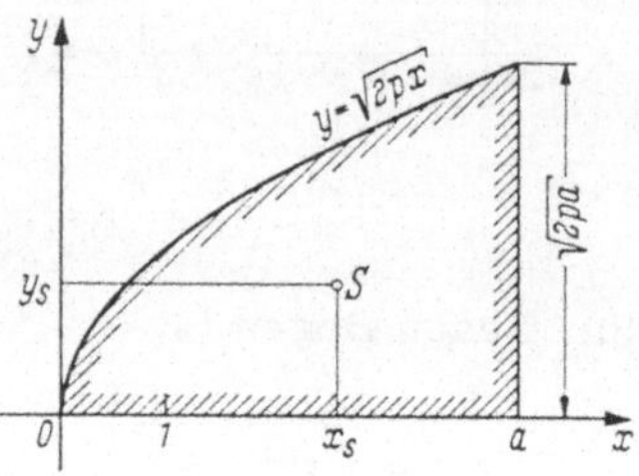

Abb. 39

3. Es ist der Schwerpunkt der von einem Zykloidenbogen und der x-Achse begrenzten
   Fläche zu bestimmen!

<u>Lösung</u> (Abb. 40): Zunächst ist aus Symmetriegründen die Abszisse des Schwerpunktes

$$x_S = \pi r ,$$

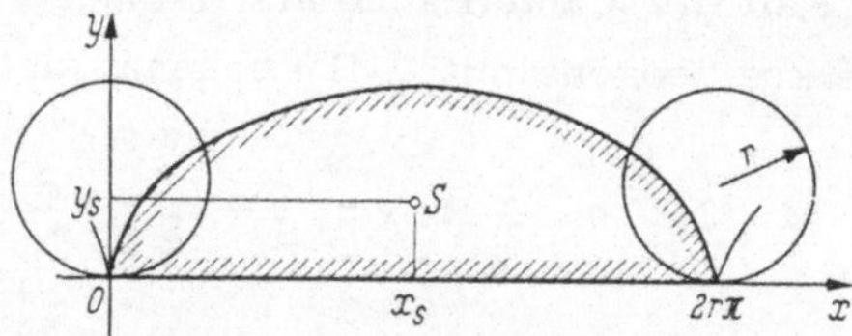

Abb. 40

wenn r der Radius des Rollkreises ist. Lautet die Gleichung des Zykloidenbogens
(vgl. II, 3.7.9) in Parameterform

$$\left.\begin{array}{l} x = r(t - \sin t) \\[4pt] y = r(1 - \cos t) \end{array}\right\} \quad 0 \leqslant t \leqslant 2\pi,$$

so folgt zunächst für den Inhalt F der Zykloidenfläche

$$F = \int\limits_0^{2\pi} y(t)\dot{x}(t)\,dt = r^2 \int\limits_0^{2\pi} (1 - 2\cos t + \cos^2 t)\,dt$$

$$= r^2\left[t - 2\sin t + \frac{1}{2}t + \frac{1}{2}\sin t \cos t \right]_0^{2\pi} = 3r^2\pi$$

und für das statische Moment M_x

$$M_x = \frac{1}{2}\int\limits_0^{2\pi} [y(t)]^2 \dot{x}\,dt = \frac{1}{2}r^3 \int\limits_0^{2\pi} (1-\cos t)^3\,dt = \frac{1}{2}r^3 \int\limits_0^{2\pi} (1 - 3\cos t + 3\cos^2 t - \cos^3 t)\,dt$$

$$= \frac{1}{2}r^3\left[t - 3\sin t + \frac{3}{2}t + \frac{3}{2}\sin t \cos t - \sin t + \frac{1}{3}\sin^3 t \right]_0^{2\pi} = \frac{5}{2}r^3\pi\,.$$

Damit folgt für die Ordinate y_S des Schwerpunktes

$$y_S = \frac{M_x}{F} = \frac{\frac{5}{2}r^3\pi}{3r^2\pi} = \frac{5}{6}r\,.$$

<u>Aufgaben zu 1.3.7</u>

1. Berechnen Sie den Schwerpunkt der speziellen Kettenlinie $y = \cosh x$ im Intervall $[0;\,1]$!

2. Welche Koordinaten hat der Schwerpunkt des Flächenstücks unter dem Graphen der e-Funktion, das von der x-Achse und den Ordinaten bei $x = -1$ und $x = +1$ begrenzt wird?

3. Wo liegt der Schwerpunkt der über der x-Achse liegenden Fläche der Funktion

$$y = \frac{1}{1 + x^2}$$

<u>Anleitung</u>: Verwenden Sie die Guldinsche Regel und nutzen Sie die Symmetrieverhältnisse aus!

1.4 Numerische Integration

1.4.1 Aufgabenstellung. Übersicht

Während jede differenzierbare Funktion auch f o r m a l differenziert werden kann, läßt sich bekanntlich nicht jede integrierbare Funktion auch f o r m a l integrieren, d.h. die Integralfunktion kann in vielen Fällen nicht in geschlossener Form angeschrieben werden. Diese Eigenschaft der Integralrechnung erfordert die Aufstellung von Näherungsverfahren, welche die formelmäßige Integration ersetzen und in jedem einzelnen Fall ein Ergebnis mit hinreichender Genauigkeit erzielen. Dabei können wir zwischen numerischen und graphischen Methoden unterscheiden.

Das Prinzip der numerischen Integration besteht darin, für die gegebene Funktion (den Integranden) eine Ersatzfunktion zu wählen, die mit dieser in einer Anzahl von Punkten ("Stützstellen") übereinstimmt und an der sich die Integration leicht ausführen läßt. Als Ersatzfunktionen nimmt man grundsätzlich Polynome. Dabei wird aber im allgemeinen nicht der Integrand im ganzen Integrationsintervall durch ein Polynom er-

Formel	Ersatzfunktion (Stützpolynom)	Ersatzbild	Ersatzfläche
1. Rechtecksformel R_1	konstantes Polynom	Treppenzug	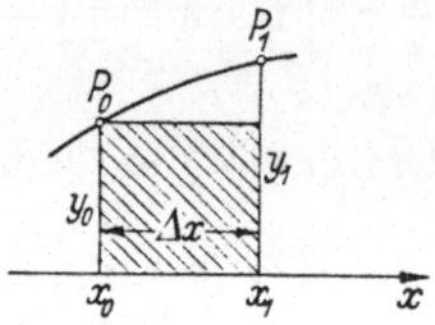
2. Rechtecksformel R_2	konstantes Polynom	Treppenzug	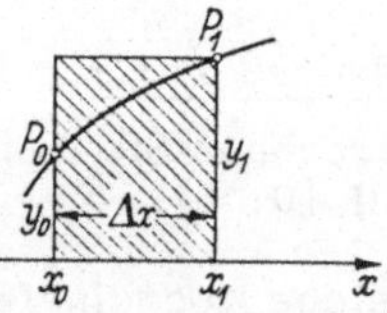
1. Trapezformel T_1	lineares Polynom	Sehnenzug	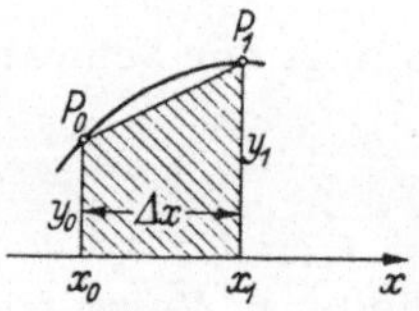
2. Trapezformel T_2	lineares Polynom	Tangentenzug	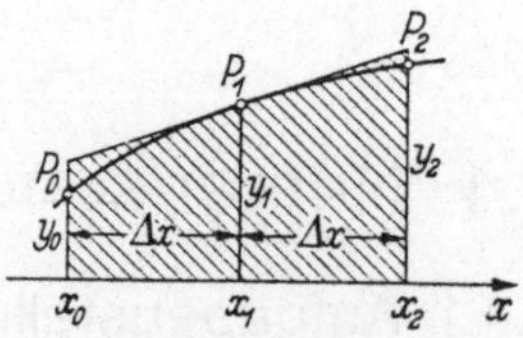
Simpson-Formel S	quadratisches Polynom	Parabelzug	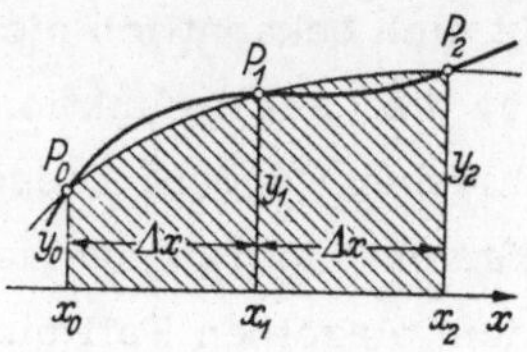

setzt, sondern zunächst in - der Einfachheit halber äquidistante - Teilbereiche zerlegt und in jedem Teilbereich einzeln ersetzt. Die Genauigkeit der Rechnung wird dabei einerseits proportional der Menge der Stützstellen, andererseits proportional dem Polynomgrad sein.

Im folgenden betrachten wir drei Typen von Näherungsformeln, die beziehentlich auf der Wahl eines konstanten, linearen oder quadratischen Polynoms als Ersatzfunktion beruhen. Ihren Namen haben sie zum Teil von der Gestalt der Fläche, die anstelle der gesuchten Fläche berechnet wird. Wir stellen sie in der obenstehenden Übersicht zunächst vom Geometrischen her zusammen (Seite 92).

1.4.2 Aufstellung der Näherungsformeln

Vorgelegt sei das bestimmte Integral

$$I = \int_a^b f(x)\,dx,$$

gesucht ist die analytische Struktur der durch die obige Übersicht charakterisierten Näherungsformeln. Hierzu legen wir zunächst $n + 1$ äquidistante Stützstellen

$$x_0 = a, x_1, x_2, \ldots, x_{n-1}, x_n = b$$

fest und berechnen über den Integranden $y = f(x)$ die zugehörigen Ordinaten

$$y_0 = f(a), y_1, y_2, \ldots, y_{n-1}, y_n = f(b).$$

Für die beiden <u>Rechtecksformeln</u> R_1 und R_2 erhält man damit (in Übereinstimmung mit III, 1.3.4 - dort mit S_E und S_U bezeichnet)

$$\boxed{\begin{aligned} R_1 &= \Delta x(y_0 + y_1 + y_2 + \ldots + y_{n-1}) \\ R_2 &= \Delta x(y_1 + y_2 + y_3 + \ldots + y_n) \end{aligned}}$$

wobei Δx die überall gleiche Streifenbreite

$$\Delta x = x_1 - x_0 = x_2 - x_1 = \ldots = x_n - x_{n-1}$$

$$\Delta x = \frac{x_n - x_0}{n} = \frac{b - a}{n}$$

bedeutet. Der gesuchte Integralwert I wird stets zwischen R_1 und R_2 liegen.

Für die __erste Trapezformel__ T_1, welche auf einer stückweisen Linearisierung des Integranden durch die Sehne beruht, erhält man zunächst für die (in der Übersicht auf Seite 92 schraffierte) Teilfläche

$$\Delta F_1 = \frac{y_0 + y_1}{2}\, \Delta x$$

und damit für die Summe der Teilflächen

$$T_1 = \frac{\Delta x}{2}\,[(y_0 + y_1) + (y_1 + y_2) + (y_2 + y_3) + \ldots + (y_{n-1} + y_n)]$$

oder

$$\boxed{T_1 = \frac{\Delta x}{2}\,(y_0 + 2y_1 + 2y_2 + 2y_3 + \ldots + 2y_{n-1} + y_n)}$$

Die __zweite Trapezformel__ T_2 linearisiert den Integranden durch die Tangente und zwar im Endpunkt der mittleren von je drei benachbarten Ordinaten. Die Anzahl n der Stützstellen ist hier also g e r a d e zu wählen, da man mit D o p p e l s t r e i f e n der Breite $2\,\Delta x$ arbeitet. Für eine schraffierte Teilfläche ΔF_1 liest man aus der Übersicht auf Seite 92 ab

$$\Delta F_1 = y_1\, 2\,\Delta x\, ,$$

woraus durch Summierung über alle Doppelstreifen

$$T_2 = y_1\, 2\,\Delta x + y_3\, 2\,\Delta x + \ldots + y_{n-1}\, 2\,\Delta x$$

$$\boxed{T_2 = 2\,\Delta x(y_1 + y_3 + y_5 + \ldots + y_{n-1})}$$

entsteht.

Bei der __Simpsonschen[1] Formel__ wird laut Übersicht die Stützstellenanzahl ebenfalls gerade gewählt, also auch mit Doppelstreifen gearbeitet. Die Ersatzfunktion ist hier jeweils ein quadratisches Polynom

$$P(x) = a_2 x^2 + a_1 x + a_0\, ,$$

---

[1] T. Simpson (1710...1761), englischer Mathematiker.

das in den drei Punkten eines Doppelstreifens mit der gegebenen Funktion $y = f(x)$ übereinstimmt. Auf diese Weise ist jede solche Parabel für einen Doppelstreifen eindeutig definiert, denn durch drei Punkte läßt sich genau eine solche Parabel legen. Wir bestimmen zunächst den Inhalt der schraffierten Teilfläche mittels Integration

$$\Delta F_1 = \int_{x_0}^{x_2} \left(a_2 x^2 + a_1 x + a_0 \right) dx = \frac{a_2}{3} \left(x_2^3 - x_0^3 \right) + \frac{a_1}{2} \left(x_2^2 - x_0^2 \right) + a_0 (x_2 - x_0)$$

und formen die rechte Seite wie folgt um

$$\Delta F_1 = \frac{x_2 - x_0}{6} \left[2a_2 \left(x_2^2 + x_2 x_0 + x_0^2 \right) + 3a_1 (x_2 + x_0) + 6a_0 \right]$$

$$= \frac{\Delta x}{3} \left[\left(a_2 x_2^2 + a_1 x_2 + a_0 \right) + 4 \left(a_2 x_1^2 + a_1 x_1 + a_0 \right) + \left(a_2 x_0^2 + a_1 x_0 + a_0 \right) \right].$$

Den letzten Schritt prüfe der Leser dadurch nach, daß er in den letzten beiden Zeilen für

$$x_1 = \frac{x_0 + x_2}{2}$$

setzt und für die in den eckigen Klammern stehenden Ausdrücke die Identität nachweist. Daß x_1 gleich dem arithmetischen Mittel von x_0 und x_2 ist, folgt aus der Äquidistanz der Stützstellen.

Aus den Punktbedingungen für die approximierende Parabel $\mathfrak{P}$

$$P_0(x_0, y_0) \in \mathfrak{P}: \quad y_0 = a_2 x_0^2 + a_1 x_0 + a_0$$
$$P_1(x_1, y_1) \in \mathfrak{P}: \quad y_1 = a_2 x_1^2 + a_1 x_1 + a_0$$
$$P_2(x_2, y_2) \in \mathfrak{P}: \quad y_2 = a_2 x_2^2 + a_1 x_2 + a_0$$

folgt damit für die Fläche ΔF_1 des ersten Doppelstreifens

$$\Delta F_1 = \frac{\Delta x}{3} (y_0 + 4y_1 + y_2).$$

Die Aufsummierung über alle Doppelstreifen ergibt

$$\frac{\Delta x}{3}\left\{\begin{array}{l} y_0 + 4y_1 + y_2 \\ \quad + y_2 + 4y_3 + y_4 \\ \qquad + y_4 + 4y_5 + y_6 \\ \qquad\quad + \\ \qquad\qquad \cdot \\ \qquad\qquad\quad \cdot \\ \qquad\qquad + y_{n-4} + 4y_{n-3} + y_{n-2} \\ \qquad\qquad\qquad + y_{n-2} + 4y_{n-1} + y_n \end{array}\right.$$

$$\boxed{S = \frac{\Delta x}{3}\left(y_0 + 4y_1 + 2y_2 + 4y_3 + 2y_4 + 4y_5 + \ldots + 2y_{n-2} + 4y_{n-1} + y_n\right)}$$

Der Sonderfall für n = 2, oben mit ΔF_1 bezeichnet, ist vor Simpson bereits von Kepler aufgestellt worden und wird nach ihm die K e p l e r s c h e F a ß r e g e l genannt

$$\boxed{K = \frac{\Delta x}{3}\left(y_0 + 4y_1 + y_2\right)}$$

Mit ihr erhält man bei außerordentlich geringem Rechenaufwand ein für viele Zwecke ausreichendes Ergebnis.

Wir erwähnen noch, daß die fünf Näherungsformeln

$$R_1, R_2, T_1, T_2, S$$

nicht unabhängig voneinander sind. Der Studierende bestätige selbst, daß z.B. die Sehnentrapezformel T_1 durch arithmetische Mittelbildung aus den Rechtecksformeln gemäß

$$T_1 = \frac{R_1 + R_2}{2}$$

hervorgeht und die Simpsonsche Formel mit den beiden Trapezformeln gemäß

$$S = \frac{2T_1 + T_2}{3}$$

verknüpft ist.

1.4.3 Eigenschaften der Simpsonschen Formel

Schon von der geometrischen Anschauung her sieht man, daß die Simpsonsche Formel
den gesuchten Flächeninhalt bzw. das bestimmte Integral am besten von den fünf Formeln approximiert. Diese Formel ist deshalb auch die wichtigste von ihnen. Da sie
als Ersatzfunktion ein quadratisches Polynom nimmt, wird also jede quadratische Funktion von der Simpsonschen Formel exakt wiedergegeben. Darüber hinaus gilt aber über-
raschenderweise der

Satz

Die Simpsonsche Formel liefert den Wert des bestimmten Integrals

$$I = \int_{x_0}^{x_2} f(x)\,dx$$

sogar dann exakt, wenn der Integrand eine ganz-rationale
Funktion dritten Grades (ein kubisches Polynom) ist.

Beweis: Wir schreiben das kubische Polynom in der Form

$$f(x) = a_3(x - x_1)^3 + a_2(x - x_1)^2 + a_1(x - x_1) + a_0 \qquad (*)$$

Da für $x = x_1$ auch $y = y_1$ ist, folgt sofort $f(x_1) = y_1 = a_0$. Für die formale Integration über den Doppelstreifen $x_0 \leqslant x \leqslant x_2$ erhält man damit

$$I = \int_{x_0}^{x_2} f(x)\,dx = a_3 \int_{x_0}^{x_2} (x - x_1)^3 dx + a_2 \int_{x_0}^{x_2} (x - x_1)^2 dx + a_1 \int_{x_0}^{x_2} (x - x_1)\,dx +$$

$$+ \int_{x_0}^{x_2} y_1\,dx = a_3 \left[\frac{(x-x_1)^4}{4}\right]_{x_0}^{x_2} + a_2 \left[\frac{(x-x_1)^3}{3}\right]_{x_0}^{x_2} + a_1 \left[\frac{(x-x_1)^2}{2}\right]_{x_0}^{x_2} + y_1 \left[x\right]_{x_0}^{x_2}$$

Beim Einsetzen der Grenzen beachte man

$$x_2 - x_1 = \Delta x, \quad x_0 - x_1 = - \Delta x, \quad x_2 - x_0 = 2\,\Delta x,$$

was zur Folge hat, daß das erste und dritte Glied wegfallen:

$$I = a_2 \cdot \frac{2(\Delta x)^3}{3} + y_1 \cdot 2\,\Delta x$$

Den Wert für den Koeffizienten a_2 erhält man aus (*):

$$f(x_0) = y_0 = - a_3 (\Delta x)^3 + a_2 (\Delta x)^2 - a_1 \Delta x + y_1$$

$$f(x_2) = y_2 = \quad a_3 (\Delta x)^3 + a_2 (\Delta x)^2 + a_1 \Delta x + y_1$$

$$\Rightarrow y_0 + y_2 = 2a_2 (\Delta x)^2 + 2y_1$$

$$\Rightarrow a_2 = \frac{y_0 - 2y_1 + y_2}{2(\Delta x)^2}$$

Setzt man diesen Ausdruck für a_2 in die zuletzt gefundene Gleichung für I ein, so ergibt sich

$$I = a_2 \frac{2(\Delta x)^3}{3} + 2y_1 \Delta x$$

$$= \frac{y_0 - 2y_1 + y_2}{2(\Delta x)^2} \frac{2(\Delta x)^3}{3} + 2y_1 \Delta x$$

$$= \frac{\Delta x}{3} (y_0 + 4y_1 + y_2)$$

Das ist aber der gleiche Wert wie ihn die Keplersche Faßregel über einen Doppelstreifen liefert. Damit ist der Satz bewiesen.

Wir geben noch eine Formel an, mit welcher eine o b e r e S c h r a n k e f ü r d e n a b s o l u t e n F e h l e r

$$\varepsilon = \left| \int_a^b f(x) dx - S \right| ,$$

der bei Benutzung der Simpsonschen Formel anstelle des exakten Integralwertes entsteht, bestimmt werden kann. Dazu ist erforderlich, daß man die vierte Ableitung

$$f^{(4)}(x)$$

des Integranden bildet und deren betragsmäßig größten Wert im Integrationsintervall [a,b] ermittelt. Nennen wir diesen

$$|f^{(4)}(\xi)|,$$

so daß also

$$|f^{(4)}(\xi)| \geqslant |f^{(4)}(x)| \text{ für alle x aus } a \leqslant x \leqslant b$$

gilt, so lautet die <u>Fehlerabschätzung</u>

$$\left| \int_a^b f(x)\,dx - S \right| < \frac{(b-a)^5}{2880n^4}\,|f^{(4)}(\xi)|$$

Hierin bedeuten n die Anzahl der verwendeten <u>Doppelstreifen</u>, a und $b > a$ die Integrationsgrenzen und ξ diejenige Stelle im Integrationsintervall, an der die vierte Ableitung ihren betragsmäßig größten Wert annimmt. Falls $f^{(4)}(x)$ in $a \leqslant x \leqslant b$ unstetig ist, kann die Fehlerabschätzung so nicht vorgenommen werden.

Beispiele

1. Wir wählen als erstes ein Integral, das sich auch formal lösen läßt, nämlich

$$I = \int_0^{0,5} \frac{x}{1-x^2}\,dx \,,$$

so daß wir die Güte der einzelnen Näherungsformeln ohne Fehlerabschätzung durch Vergleich mit dem exakten Wert untersuchen können.

a) <u>Geschlossene Lösung</u>:

$$\int_0^{0,5} \frac{x}{1-x^2}\,dx = -\frac{1}{2} \int_0^{0,5} \frac{-2x}{1-x^2}\,dx = -\frac{1}{2}\left[\ln(1-x^2)\right]_0^{0,5} = -\frac{1}{2}\ln 0,75.$$

Auf 6 richtige Dezimalen wird das Ergebnis laut Tafel oder Rechner

$$I = 0,143841.$$

b) <u>Numerische Integration</u>:

Wir wählen 10 Streifen, also für die Streifenbreite

$$\Delta x = \frac{0,5}{10} = 0,05$$

und legen das folgende Rechenschema an[1]

---

[1] Diese und die folgenden numerischen Rechnungen wurden mit elektronischen Tischrechnern durchgeführt, die heute überall im Handel erhältlich sind.

x_i	$1 - x_i^2$	$y_i = \dfrac{x_i}{1 - x_i^2}$	R_1	R_2	T_1	T_2	S	K
$x_0 = 0,00$	1,0000000	0,0000000	1	0	0,5	0	1	1
$x_1 = 0,05$	0,9975000	0,0501253	1	1	1	1	4	0
$x_2 = 0,10$	0,9900000	0,1010101	1	1	1	0	2	0
$x_3 = 0,15$	0,9775000	0,1534527	1	1	1	1	4	0
$x_4 = 0,20$	0,9600000	0,2083333	1	1	1	0	2	0
$x_5 = 0,25$	0,9375000	0,2666667	1	1	1	1	4	4
$x_6 = 0,30$	0,9100000	0,3296703	1	1	1	0	2	0
$x_7 = 0,35$	0,8775000	0,3988604	1	1	1	1	4	0
$x_8 = 0,40$	0,8400000	0,4761905	1	1	1	0	2	0
$x_9 = 0,45$	0,7975000	0,5642633	1	1	1	1	4	0
$x_{10} = 0,50$	0,7500000	0,6666667	0	1	0,5	0	1	1
Faktor:			Δx	Δx	Δx	$2\,\Delta x$	$\dfrac{\Delta x}{3}$	$\dfrac{5\,\Delta x}{3}$

Die in den 6 letzten Spalten stehenden Zahlen bedeuten die Koeffizienten der in der betreffenden Näherungsformel verwendeten Stützordinaten y_i, falls man die Summe mit dem in der untersten Zeile stehenden Faktor multipliziert.

Im vorliegenden Fall erhält man mit den einzelnen Formeln folgende Ergebnisse (angeschrieben jeweils auf sechs Dezimalen)

$$R_1 = 0,127429$$

$$R_2 = 0,160762$$

$$T_1 = 0,144095$$

$$T_2 = 0,143337$$

$$S = 0,143843$$

$$K = 0,144445.$$

Vergleicht man mit dem auf sechs Dezimalen richtigen Integralwert (s.o.), so ergeben sich folgende Beträge für die absoluten Fehler

$$\varepsilon_{R_1} = 0,016412$$

$$\varepsilon_{R_2} = 0,016921$$

$$\varepsilon_{T_1} = 0,000254$$

$$\varepsilon_{T_2} = 0,000504$$

$$\varepsilon_{S} = 0,000002$$

$$\varepsilon_{K} = 0,000604,$$

die besonders deutlich die Leistungsfähigkeit der Simponschen Formel zeigen. Zur groben Nachprüfung kann man in Abb. 41 die Anzahl der Quadrate (Kantenlänge 0,1) der stark umrandeten Fläche abzählen. Der Leser zeichne sich zu diesem Zweck die Fläche (nicht zu klein!) auf Millimeterpapier.

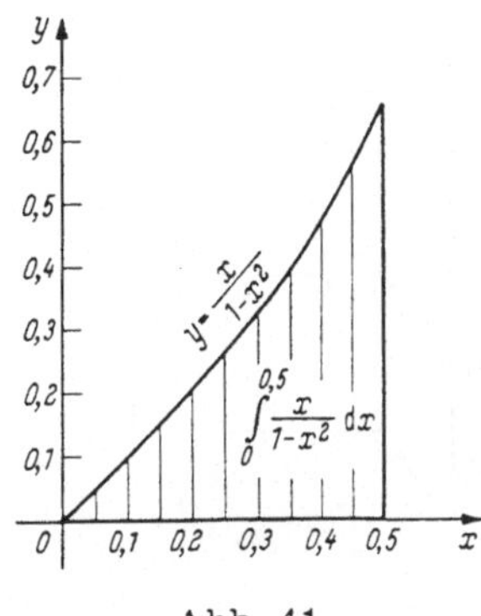

Abb. 41

2. Man ermittle das bestimmte Integral

$$I = \int_0^1 \sqrt{\cos x}\, dx$$

mit der Simponschen Formel bei Benutzung von 5 Doppelstreifen!

<u>Lösung:</u> Die Breite eines Streifens ist gemäß Aufgabenstellung

$$\Delta x = \frac{b - a}{10} = 0,1 \; ;$$

dies ist also die Schrittweite für die Argumentwerte x_i. Wir erhalten damit folgende Werte

x_i	$\cos x_i$	$y_i = \sqrt{\cos x_i}$	S
0,0	1,0000000	1,0000000	1
0,1	0,9950042	0,9974990	4
0,2	0,9800666	0,9899831	2
0,3	0,9553365	0,9774132	4
0,4	0,9210610	0,9597192	2
0,5	0,8775826	0,9367938	4
0,6	0,8253356	0,9084798	2
0,7	0,7648422	0,8745526	4
0,8	0,6967067	0,8346896	2
0,9	0,6216100	0,7884225	4
1,0	0,5403023	0,7350524	1

Faktor: $\dfrac{\Delta x}{3}$

$$\Rightarrow S = \frac{0,1}{3} \cdot 27,4195202 = 0,913984 .$$

Eine grobe Kontrolle ergibt wieder die in Abb. 42 dargestellte Fläche, deren Inhalt dem Integralwert entspricht. Durch Abzählen von Quadraten findet man aus ihr

$$I \approx (100 - 9)10^{-2} = 0,91.$$

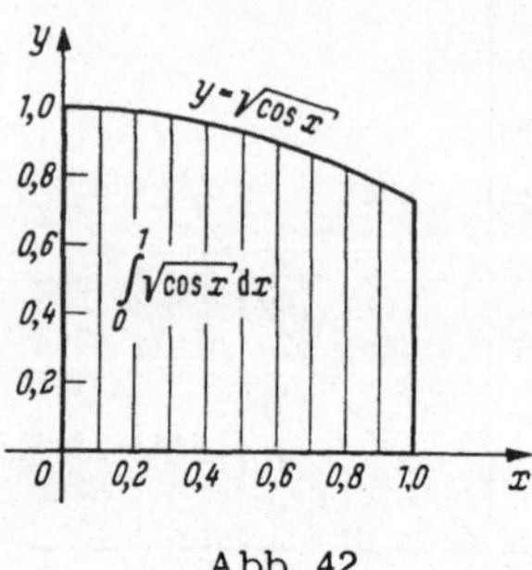

Abb. 42

Für eine genauere Fehlerabschätzung bedarf es der 4. Ableitung der gegebenen Funktion $y = \sqrt{\cos x}$. Sie ergibt sich zu

$$y^{(4)}(x) = -\frac{1}{16}\,\frac{4 + 12\sin^2 x - \sin^4 x}{\cos^3 x\,\sqrt{\cos x}}$$

Um sie im Integrationsintervall $0 \leqslant x \leqslant 1$ nach oben abzuschätzen, vergrößern wir den Zähler des zweiten Bruches durch Weglassen von $-\sin^4 x$; dann stellt

$$x \mapsto \frac{1}{16}\,\frac{4 + 12\sin^2 x}{\cos^3 x\,\sqrt{\cos x}}$$

eine in $0 \leqslant x \leqslant 1$ monoton steigende Funktion von x dar, diese nimmt ihren größten Wert am rechten Rand des Integrationsintervalls an:

$$|y^{(4)}| < \frac{4 + 12 \cdot 0,71}{16 \cdot 0,54^{3,5}} < 7.$$

Damit ergibt sich als obere Schranke für den begangenen Fehler $(n = 5)$

$$\left|\int_0^1 \sqrt{\cos x}\,dx - S\right| < \frac{1}{2880 \cdot 5^4} \cdot 7 < 4 \cdot 10^{-6},$$

d.h. unser Resultat

$$S = 0,913984$$

kann höchstens um 4 Einheiten in der sechsten Dezimalen falsch sein.

3. Es ist das bestimmte Integral

$$I = \int\limits_{0,4}^{1,0} e^{-x^2} dx$$

mit der Simpsonschen Formel zu berechnen. Man wähle 6 Doppelstreifen.

<u>Lösung</u> (Abb. 43): Das Integrationsintervall [0,4; 1,0] wird nach Vorgabe in $2 \cdot 6 = 12$ Streifen zerlegt, also ist die Schrittweite

$$\Delta x = \frac{1,0 - 0,4}{12} = 0,05 \ .$$

Es ergibt sich folgende Wertetafel

x_i	x_i^2	$y_i = e^{-x_i^2}$	S
0,40	0,1600	0,8521438	1
0,45	0,2025	0,8166865	4
0,50	0,2500	0,7788008	2
0,55	0,3025	0,7389685	4
0,60	0,3600	0,6976763	2
0,65	0,4225	0,6554063	4
0,70	0,4900	0,6126264	2
0,75	0,5625	0,5697828	4
0,80	0,6400	0,5272924	2
0,85	0,7225	0,4855369	4
0,90	0,8100	0,4448581	2
0,95	0,9025	0,4055545	4
1,00	1,0000	0,3678794	1

$$\text{Faktor:} \quad \frac{\Delta x}{3}$$

$$\Rightarrow S = \frac{0,05}{3} \cdot 22,0302732 = 0,3671712.$$

Zur Fehlerabschätzung bilden wir vom Integranden $y = e^{-x^2}$ die vierte Ableitung

$$y^{(4)}(x) = 16e^{-x^2}(x^4 - 3x^2 + 0,75)$$

und ermitteln - hier etwa durch Aufzeichnen des Graphen von $y^{(4)}(x)$ im Intervall

$0,4 \leqslant x \leqslant 1,0$ mittels einer Wertetabelle - als obere Schranke

$$|y^{(4)}(x)| < 8.$$

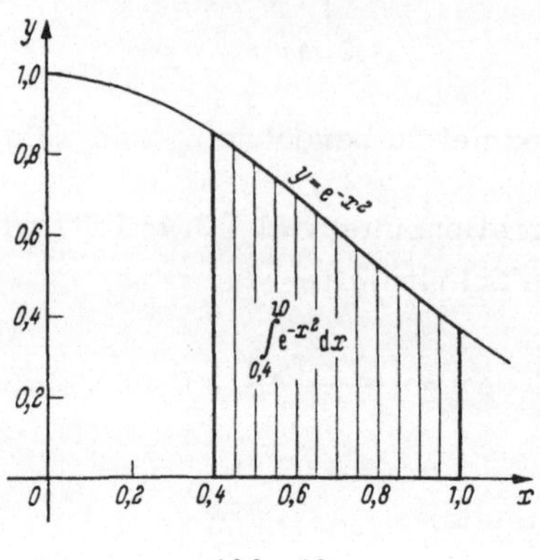

Abb. 43

Damit folgt für den Fehler unseres Näherungswertes

$$\left| \int_{0,4}^{1,0} e^{-x^2} dx - S \right| < \frac{0,6^5}{2880 \cdot 6^4} \cdot 8 < 2 \cdot 10^{-7},$$

d.h. ein Fehler tritt frühestens in der 7. Dezimalen auf. Unser auf 7 Dezimalen angeschriebener Integralwert

$$S = 0,3671712$$

kann also in der letzten Dezimalen höchstens um 2 Einheiten falsch sein, ist also sicher auf 6 Dezimalen richtig[1].

Vereinfachte Fehlerabschätzung

Der Leser wird beim Durcharbeiten der beiden letzten Beispiele bemerkt haben, daß bei der Bildung und Abschätzung der vierten Ableitung $y^{(4)}(x)$ ein recht erheblicher Arbeitsaufwand entsteht. Es erhebt sich deshalb zu Recht die Frage, ob sich diese doch recht mühsame Fehlerabschätzung nicht etwas einfacher gestalten läßt.

Dazu sei bemerkt, daß man die Aufstellung der vierten Ableitung näherungsweise ersetzen kann durch den vierten Differenzenquotienten. Dies ist vor allem dann nötig, wenn die Funktion $y(x)$ nicht in geschlossener Form, sondern nur tabellarisch vorliegt. Arbeitet man mit der Simpsonschen Formel, so gibt es einen besonders einfachen Weg zur Fehlerabschätzung. Man berechnet hierzu den Näherungswert S einmal für die Streifenbreite Δx (wie bisher) und dann zusätzlich den Näherungswert

---

[1] Man beachte, daß diese Aussage nur dann richtig ist, wenn man sicher sein kann, daß die Rechnung nicht außerdem durch Rundungsfehler verfälscht wird.

S^* bei der **doppelten** Streifenbreite $2\,\Delta x$, indem man also nur jede zweite Ordinate als Stützwert benutzt. Für den Fehler von S ergibt sich dann

$$\left| \int_a^b f(x)\,dx - S \right| < \frac{|S - S^*|}{15}$$

Man beachte, daß hierzu die Streifenzahl ein (ganzes positives) Vielfaches von 4 sein muß, damit sich für S^* noch eine gerade Anzahl von Streifen ergibt (was ja für jede Simpsonsche Formel Voraussetzung ist). Die Formel hat den großen Vorzug, daß sie sowohl die Bildung als auch die Abschätzung der vierten Ableitung $y^{(4)}(x)$ umgeht. Zur Übung rechnen wir noch ein Bespiel durch und nehmen die Fehlerabschätzung nach dieser Formel vor.[1] Allerdings ist diese Abschätzung weniger genau als die über die 4. Ableitung.

Beispiel

Das bestimmte Integral

$$I = \int_{0,6}^{1,4} \sqrt{\ln\left(x + \sqrt{x^2 + 1}\right)}\, dx = \int_{0,6}^{1,4} \sqrt{\text{ar sinh } x}\; dx$$

ist mit der Simpsonschen Formel zu berechnen!

<u>Lösung</u>: Wir wählen als Streifenanzahl 8, so daß also die Streifenbreite

$$\Delta x = \frac{b - a}{8} = \frac{0,8}{8} = 0,1$$

wird. Damit ergibt sich[2]

x_i	ar sinh x_i	$y_i = \sqrt{\text{ar sinh } x_i}$	S	S*
0,6	0,5688249	0,7542048	1	1
0,7	0,6526666	0,8078778	4	0
0,8	0,7326683	0,8559605	2	4
0,9	0,8088669	0,8993703	4	0
1,0	0,8813736	0,9388150	2	2
1,1	0,9503469	0,9748574	4	0
1,2	1,0159731	1,0079549	2	4
1,3	1,0784511	1,0384850	4	0
1,4	1,1379820	1,0667624	1	1
		Faktoren:	$\dfrac{\Delta x}{3}$	$\dfrac{2\,\Delta x}{3}$

---

[1] Auf eine Herleitung der Abschätzungsformel verzichten wir hier.

[2] Bei Verwendung eines elektronischen Tischrechners läßt sich i.a. sofort y_i angeben, wenn nur die elementaren Funktionen programmiert sind (z.B. beim Texas Instruments SR 50).

Man erhält auf 6 Dezimalen

$$S = 0,743626$$

$$S^* = 0,743617$$

und damit als Fehlerabschätzung

$$|I - S| < \frac{1}{15} |S - S^*| \approx 0,6 \cdot 10^{-6};$$

das bedeutet, die sechste Dezimale von S kann sich noch um eine Einheit verschieben.

Zur Kontrolle oder zur groben Bestimmung des Integralwertes kann man gemäß Abb. 44 verfahren und die Ausgleichsstrecke $\overline{AB}$ einzeichnen, welche mit der x-Achse und den Begrenzungsordinaten den gleichen Flächeninhalt einschließt wie die gegebene Kurve (die beiden schraffierten Teilflächen sind nach Augenmaß abzugleichen). Im vorliegenden Beispiel ergibt sich damit

$$F = 0,8 \cdot 0,93 = 0,74 ,$$

also wenigstens ein auf 2 Dezimalen richtiger Wert[1].

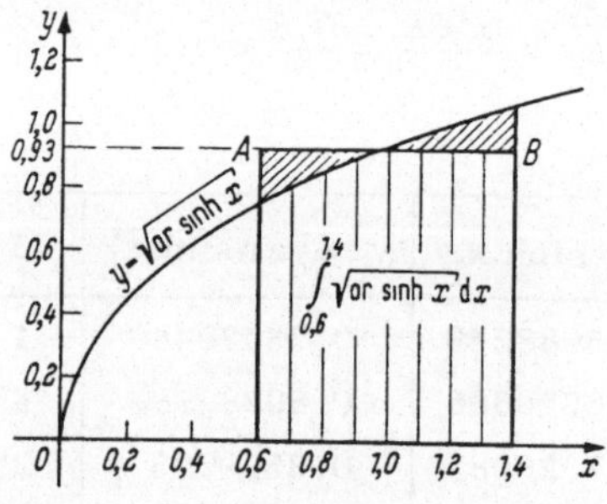

Abb. 44

---

[1] Bei jedem stetigen Integranden $f(x)$ gibt es im Innern des Integrationsintervalls eine Zwischenstelle ξ, für welche die gesuchte Fläche gleich der Rechtecksfläche $(b - a)f(\xi)$ ist:

$$\int_a^b f(x)dx = (b - a)f(\xi)$$

(sog. Mittelwertsatz der Integralrechnung).

Aufgaben zu 1.4[1]

1. Berechnen Sie die beiden folgenden (formal nicht integrierbaren) bestimmten Integrale mit der Keplerschen Faßregel und geben Sie das Resultat auf zwei Dezimalen genau an!

a) $\displaystyle\int_0^{0,5} \frac{dx}{\sqrt{1 - x^3}}$

b) $\displaystyle\int_2^4 e^{-\frac{1}{\ln x}}\, dx$

2. Das bestimmte Integral

$$\int_{0,20}^{0,28} \sqrt[3]{\cos x + 0,1}\; dx$$

ist mit 4 und 8 Streifen nach der Simsonschen Regel sowie mit der Keplerschen Faßregel zu berechnen. Vergleichen Sie die Ergebnisse S, S* und K miteinander! Auf wieviele Stellen kann man demnach das Ergebnis S als sicher richtig annehmen?

3. Man berechne das bestimmte Integral

$$\int_0^{0,8} \sqrt{1 + x^4}\; dx$$

mit $\Delta x = 0,1$ nach der Simponschen Regel. Die Fehlerabschätzung führe man über eine Abschätzung der vierten Ableitung des Integranden durch.
Hinweis: $|f^{(4)}(x)|$ nimmt in [0; 0,8] ihren größten Wert am rechten Intervallrand an!

4. Um die Güte der einzelnen Näherungsformeln vergleichen zu können, berechne man das bestimmte Integral

$$\int_1^2 \frac{e^x}{x}\; dx$$

mit einer Streifenbreite von $\Delta x = 0,1$. Schreiben Sie zunächst die Zahlenwerte für

$$R_1, R_2, T_1, T_2, S, K$$

an und führen Sie dann eine Fehlerabschätzung für S über die 4. Ableitung des Integranden durch (größter Wert liegt am linken Intervallrand!). Schreiben Sie danach den numerischen Wert des Integrals auf so viele Stellen an, wie er sicher richtig ist und geben Sie die absoluten Fehler der übrigen Formeln an!

---

[1] Die Behandlung dieser Aufgaben verlangt die Benutzung eines wissenschaftlichen Taschenrechners mit zehnstelligem Anzeigefeld.

5. Das bestimmte Integral

$$I = \int\limits_{1}^{5} \ln x \, dx$$

läßt sich formal behandeln.

a) Wie lautet die exakte Lösung und der damit bestimmte numerische Wert des Integrals auf 6 Dezimalen genau?

b) Berechnen Sie I mit der Simpsonschen Formel bei $\Delta x = 0,2$ und berechnen Sie die Fehlerschranken 1. über die Abschätzung der 4. Ableitung des Integranden, 2. nach der vereinfachten Formel $|S - S^*| : 15$.
Vergleichen Sie den absoluten Fehler nach a) mit den Schranken b1) und b2).

1.5 Graphische Integration und Differentiation

<u>Vorbetrachtung.</u> Eine abschnittsweise lineare Funktion $y = F(x)$ sei durch ihr geometrisches Bild – einen S t r e c k e n z u g – gegeben (Abb. 45). Ihre Ableitungsfunktion $F'(x) \equiv f(x)$ ist dann abschnittsweise konstant, geometrisch also ein T r e p - p e n z u g . Man erhält ihn leicht, indem man den Punkt A im Abstand 1 vom Ursprung auf der x-Achse festlegt und die einzelnen Strecken $\overline{P_1 P_2}$, $\overline{P_2 P_3}$, $\overline{P_3 P_4}$ parallel durch A abschiebt. Ihre Abschnitte auf der y-Achse, nämlich $\overline{OT_1}$, $\overline{OT_2}$ und $\overline{OT_3}$, geben dann die Höhe des zugehörigen Treppenstückes an, etwa

$$\tan \alpha_1 = \frac{\overline{OT_1}}{\overline{OA}} = \overline{OT_1} = F'(x) \quad \text{in} \quad a_1 \leqslant x \leqslant a_2 .$$

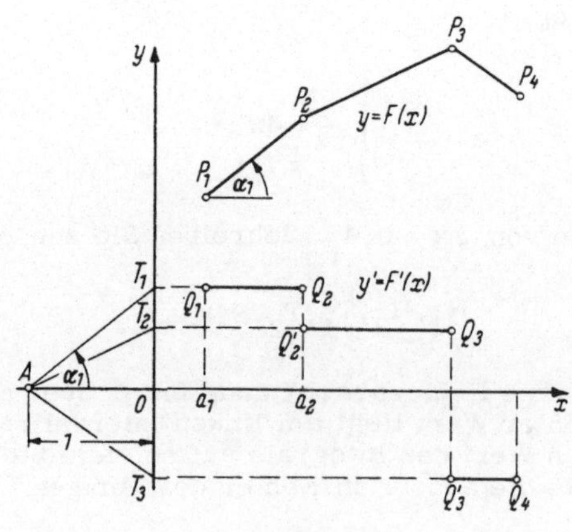

Abb. 45

Umgekehrt läßt sich aber auch bei gegebenem Treppenzug und Vorgabe des Punktes P_1 der Streckenzug zeichnen, indem man jetzt die waagrechten Treppenabschnitte $\overline{Q_1Q_2}$, $\overline{Q_2'Q_3}$, $\overline{Q_3'Q_4}$ auf die y-Achse hinüberlotet und mit $\overline{AT_1}$, $\overline{AT_2}$ und $\overline{AT_3}$ die Richtungen der zugehörigen Abschnitte des Streckenzuges erhält.

Der Treppenzug ist die Ableitungskurve zum Streckenzug, umgekehrt ist der Streckenzug die durch P_1 gehende Integralkurve zum Treppenzug. Für diesen Spezialfall können wir jetzt bereits graphisch integrieren und ableiten. Den allgemeinen Fall, daß beide Kurven beliebige Gestalt haben, werden wir sogleich auf diesen Sonderfall zurückführen.

Graphisches Integrieren. Vorgelegt ist eine Ableitungs-(Steigungs-)funktion durch ihre Bildkurve, gesucht die durch einen vorgegebenen Punkt laufende zugehörige Integralkurve. Grundsätzlich wird die gegebene Kurve durch einen Treppenzug ersetzt, der mit der x-Achse und der Anfangs- und Endordinate f(a) bzw. f(b) denselben Flächeninhalt einschließt wie die gegebene Kurve.

Konstruktionsbeschreibung (Abb. 46)

1. Zwischen Anfangs- und Endpunkt legt man eine Anzahl von Punkten $P_1, P_2, P_3, \ldots$ auf der Kurve fest (wobei man nach Möglichkeit Extrema und Wendepunkte mit einbezieht) und legt durch diese die waagrechten Treppenabschnitte. Danach zieht man vertikale Geraden nach Augenmaß so, daß die Flächeninhalte unter der Treppenkurve und der gegebenen Kurve abschnittsweise gleich werden (schraffierte Teilflächen sind somit jeweils gleich!).

2. Konstruktion des zugehörigen Streckenzuges durch den vorgegebenen Punkt Q_1 gemäß der Vorbetrachtung.

3. Man ersetzt den Streckenzug durch einen Kurvenzug derart, daß dieser in den Punkten $Q_1, Q_2, Q_3, \ldots$ tangiert. Diese Kurve ist die gesuchte Integralkurve.

4. Die Ordinatendifferenz von End- und Anfangspunkt der gefundenen Integralkurve stellt das bestimmte Integral

$$\int_a^b f(x)\,dx$$

dar.

<u>Graphisches Differenzieren</u>. Vorgelegt sei eine Stamm(Integral-)kurve, gesucht die zugehörige Ableitungs-(Steigungs-)kurve. Das Konstruktionsverfahren verläuft genau umgekehrt zum graphischen Integrieren.

Konstruktionsbeschreibung (Abb. 46)

1. Die gegebene Kurve wird durch einen Streckenzug ersetzt, indem man in den Punkten $Q_1, Q_2, Q_3, \ldots$ die Tangenten an die Kurve legt.

2. Konstruktion des zugehörigen Treppenzuges gemäß der Vorbetrachtung.

3. Man ersetze den Treppenzug durch einen Kurvenzug so durch die Punkte $P_1, P_2, P_3, \ldots$, daß der mit der x-Achse und den Begrenzungsordinaten eingeschlossene Flächeninhalt der gleiche bleibt.

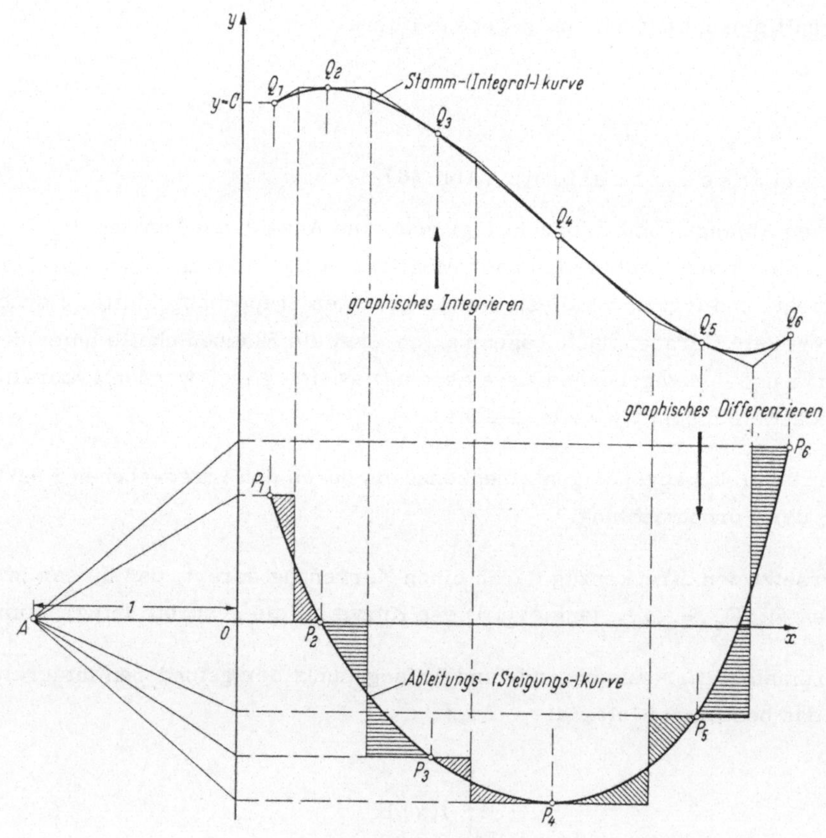

Abb. 46

Auch das Konstruktions<u>prinzip</u> ist beim graphischen Differenzieren wie Integrieren gleich. Es besteht in einer Linearisierung der Aufgabe, darauf folgender Lösung des linearisierten Problems und zum Schluß wieder in einer Entlinearisierung der Lösung. Die konstante Funktion ist dabei als Sonderfall einer linearen anzusehen.

<u>Aufgabe zu 1.5</u>

Der in Abb. 47[*] dargestellte Graph einer in [0; 2π] definierten Funktion f ist graphisch zu integrieren:

1. Zeichnen Sie auf Millimeterpapier und wählen Sie als Einheit auf beiden Achsen die Strecke von 20 mm.

2. Wählen Sie als Anfangspunkt der Integralkurve den Punkt 3,5 der y-Achse.

3. Nehmen Sie als Stützpunkte 1,2,...,8 die auf dem Graphen von f markierten Punkte (damit können Sie Ihr Ergebnis unmittelbar mit der Lösung im Anhang vergleichen; jedoch besteht sonst keine sachliche Notwendigkeit, die Stützpunkte gerade so zu wählen!)

4. Welchen Zahlenwert lesen Sie nach Zeichnung der Integralkurve für

$$\int_0^{2\pi} f(x)\,dx$$

ab?

5. Der gegebene Graph gehört zu einer (kongruent verschobenen) Sinuslinie. Stellen Sie deren Gleichung auf und führen Sie nun die Integration auch formal durch. Zu welchem (exakten) Zahlenwert gelangen Sie dabei?

---

[*] Abb. 47 siehe folgende Seite.

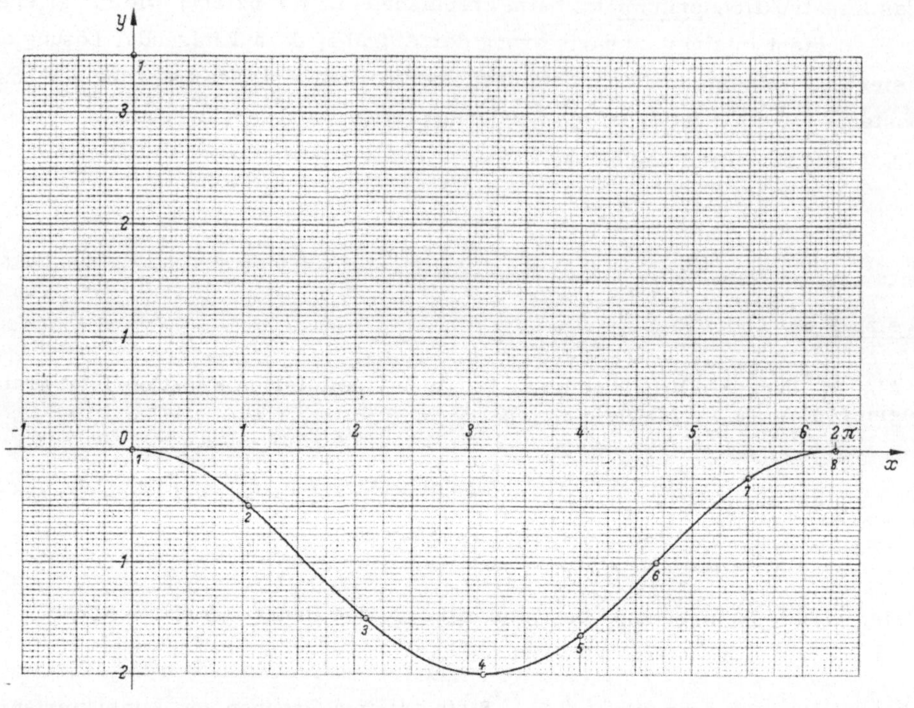

Abb. 47

2 Unendliche Reihen

2.1 Der Begriff der unendlichen Reihe

Definition

Ein Ausdruck der Gestalt

$$a_1 + a_2 + a_3 + \ldots + a_n + \ldots = \sum_{n=1}^{\infty} a_n$$

wird eine unendliche Reihe genannt. Die Glieder $a_1, a_2, a_3, \ldots$ seien vorerst reelle Konstanten.

Die (endlichen) Summen

$$s_1 = a_1$$
$$s_2 = a_1 + a_2$$
$$s_3 = a_1 + a_2 + a_3$$
$$\vdots \qquad \vdots$$
$$s_n = a_1 + a_2 + a_3 + \ldots + a_n$$

heißen die Partial- oder Teilsummen der Reihe[1].

Besitzt die Folge der Teilsummen

$$s_1, s_2, s_3, \ldots, s_n, \ldots$$

einen Grenzwert S, so nennt man die Reihe konvergent und S ihre Summe:

$$\lim_{n \to \infty} s_n = S = \sum_{n=1}^{\infty} a_n$$

Existiert dieser Grenzwert nicht, so heißt die Reihe divergent.

---

[1] Reihe bedeutet im folgenden stets unendliche Reihe.

<u>Erläuterung</u>: Zunächst wird in vorstehender Definition die unendliche Reihe von der Schreibweise her, also in mathematischen Zeichen, vorgestellt. Sodann wird der Begriff der Teilsummenfolge herangezogen (dieser ist nichts Neues, da uns Folgen bereits von II, 3.1.1 her bekannt sind!) und nun der neue Begriff "Summe der unendlichen Reihe" identifiziert mit dem Grenzwert S der Teilsummenfolge (vorausgesetzt, daß S existiert!). Ist dieser Grenzwert nicht vorhanden, so kann die Identifizierung nicht vollzogen werden, die Reihe heißt divergent und das Zeichen

$$\sum_{n=1}^{\infty} a_n$$

hat dann keinen Sinn. Eine konvergente unendliche Reihe hingegen stellt stets eine reelle Zahl dar, eben den Grenzwert S.

Mitunter wird von Studierenden gefragt, was sich denn ergebe, wenn man in gewohnter Weise alle Glieder der Reihe aufsummieren würde. Diese Frage ist gegenstandslos! Die uns von früher bekannte Summenbildung bezieht sich stets nur auf e n d l i c h viele Summanden und darf nicht auf mehr als endlich viele Glieder ausgedehnt werden. Man kann aber sagen - und hierin liegt das Wesentliche - daß man mit den Teilsummen (die stets nur aus endlich vielen Gliedern bestehen und deshalb in gewohnter Weise gebildet werden können) der Summe S der unendlichen Reihe (falls S vorhanden ist) b e l i e b i g n a h e kommen kann, wenn man nur die Zahl n der Summanden genügend groß wählt. Mit anderen Worten: Eine unendliche Reihe konvergiert dann und nur dann, wenn eine Zahl S so gefunden werden kann, daß die Differenz

$$R_{n+1} = S - s_n$$

für hinreichend großes n dem Betrage nach b e l i e b i g k l e i n gehalten werden kann. Nennt man R_{n+1} den "Rest der Reihe", so lautet die eben beschriebene Erläuterung: Eine unendliche Reihe konvergiert genau dann, wenn ihr Rest mit unbegrenzt wachsendem n gegen Null geht, d.h. wenn

$$\boxed{\lim_{n \to \infty} R_{n+1} = 0}$$

gilt.

Grundsätzlich treten demnach bei allen unendlichen Reihen zwei <u>Hauptprobleme</u> auf

1. die Frage nach der E x i s t e n z von S (K o n v e r g e n z p r o b l e m),

2. die Frage nach dem W e r t von S (S u m m e n p r o b l e m),

wobei selbstverständlich die zweite Frage nur dann einen Sinn hat, wenn die erste positiv beantwortet wurde.

Beispiel

Man untersuche die unendliche Reihe

$$\frac{1}{1 \cdot 3} + \frac{1}{3 \cdot 5} + \frac{1}{5 \cdot 7} + \cdots + \frac{1}{(2n-1)(2n+1)} + \cdots = \sum_{n=1}^{\infty} \frac{1}{(2n-1)(2n+1)}$$

auf Konvergenz und ermittle gegebenenfalls ihre Summe!

Lösung: Wir schreiben die Glieder der Reihe in der Form

$$\frac{1}{2}\left(1 - \frac{1}{3}\right) + \frac{1}{2}\left(\frac{1}{3} - \frac{1}{5}\right) + \frac{1}{2}\left(\frac{1}{5} - \frac{1}{7}\right) + \cdots + \frac{1}{2}\left(\frac{1}{2n-1} - \frac{1}{2n+1}\right) + \cdots$$

und bilden die Teilsumme s_n der ersten n Glieder

$$s_n = \frac{1}{2}\left(1 - \frac{1}{3} + \frac{1}{3} - \frac{1}{5} + \frac{1}{5} - \frac{1}{7} + \frac{1}{7} - + \cdots + \frac{1}{2n-1} - \frac{1}{2n+1}\right) = \frac{1}{2}\left(1 - \frac{1}{2n+1}\right).$$

Maßgebend für die Konvergenz und Summe der Reihe ist der Grenzwert

$$\lim_{n \to \infty} s_n = \lim_{n \to \infty} \left[\frac{1}{2}\left(1 - \frac{1}{2n+1}\right)\right] = \frac{1}{2}\left(1 - \lim_{n \to \infty} \frac{1}{2n+1}\right) = \frac{1}{2}.$$

Er lehrt, daß die Reihe konvergiert und ihre Summe $S = \frac{1}{2}$ ist.

Aufgaben zu 2.1

Bestimmen Sie Konvergenz und Summen folgender Reihen, indem Sie die Teilsummen s_n als geschlossene Terme in $n \in \mathbb{N}$ darstellen und den Grenzwert $\lim s_n$ für $n \to \infty$ ermitteln. Hierbei empfiehlt es sich, zunächst eine Partialbruchzerlegung für die einzelnen Glieder der Reihe vorzunehmen.

1. $\dfrac{1}{1 \cdot 2} + \dfrac{1}{2 \cdot 3} + \dfrac{1}{3 \cdot 4} + \cdots$

2. $\dfrac{1}{3 \cdot 4} + \dfrac{1}{4 \cdot 5} + \dfrac{1}{5 \cdot 6} + \cdots$

3. $\dfrac{1}{4 \cdot 7} + \dfrac{1}{7 \cdot 10} + \dfrac{1}{10 \cdot 13} + \cdots$

4. $\dfrac{4}{2 \cdot 6} + \dfrac{4}{3 \cdot 7} + \dfrac{4}{4 \cdot 8} + \cdots$

5. $\displaystyle\sum_{n=2}^{\infty} \frac{1}{n^2 - 1}$

2.2 Geometrische Reihen

Wir betrachten zunächst eine spezielle Klasse von Reihen, bei denen sich das Konvergenz- und Summenproblem in besonders leichter Weise lösen läßt.

Definition

Eine unendliche Reihe der Gestalt

$$a + aq + aq^2 + \ldots + aq^{n-1} + \ldots = \sum_{n=1}^{\infty} aq^{n-1}$$

heißt eine geometrische Reihe mit dem Anfangsglied a und dem Quotienten q. Bei ihr ergibt sich jedes Glied aus dem vorangehenden durch Multiplikation mit q $(a, q \in \mathbb{R} \setminus \{0\})$.

Durch Vorgabe von Anfangsglied a und Quotient q liegt also eine geometrische Reihe eindeutig fest. Dividiert man irgendein Glied der Reihe durch seinen Vorläufer, so ergibt sich stets der Quotient q.

Ihren Namen haben die geometrischen Reihen von der Eigenschaft, daß jedes Glied (mit Ausnahme des Anfangsgliedes) gleich ist dem geometrischen Mittel aus seinen beiden Nachbargliedern:

$$a_n = aq^{n-1}, \quad a_{n+1} = aq^n, \quad a_{n+2} = aq^{n+1}$$

$$= \sqrt{a_n a_{n+2}} = \sqrt{a^2 q^{2n}} = \sqrt{(aq^n)^2} = aq^n = a_{n+1}.$$

Für die Teilsumme s_n einer geometrischen Reihe ergibt sich

$$s_n = a + aq + aq^2 + \ldots + aq^{n-2} + aq^{n-1}$$

$$\Rightarrow q\, s_n = \quad\ aq + aq^2 + \ldots + aq^{n-2} + aq^{n-1} + aq^n$$

$$\Rightarrow s_n - q\, s_n = a - aq^n = a(1 - q^n)$$

$$\boxed{s_n = a\, \frac{1 - q^n}{1 - q} \quad (q \neq 1)}$$

Diese Formel heißt oft auch "Summe der endlichen geometrischen Reihe". Sie liegt allen Berechnungen zugrunde, bei denen Posten zu addieren sind, die selbst in geometrischer Progression stehen, d.h. durch Multiplikation mit einem gleichbleiben-

den Faktor q auseinander hervorgehen, wie etwa in der Zinseszins- oder Renten-
rechnung. Aber auch bei der Festlegung von Normzahlen zum Stufen von Größen tech-
nischer Gegenstände benutzt man geometrische Folgen. Berühmtheit hat die "Schach-
brettaufgabe" erlangt, nach welcher sich der Erfinder des Schachspieles, Sessa, von
dem indischen König Scheram als Belohnung diejenige Summe von Weizenkörnern er-
beten haben soll, die sich ergibt, wenn man auf das erste der 64 Felder ein Korn und
auf jedes weitere Feld die jeweils doppelte Zahl von Körnern legt. Es ergibt sich die
Teilsumme s_n einer geometrischen Reihe mit

$$a = 1, \quad q = 2, \quad n = 64$$

$$\Rightarrow s_n = \frac{1 - 2^{64}}{1 - 2} \approx 2^{64} = 10^{64 \lg 2} \approx 10^{19},$$

also eine in der Größenordnung von 10 Trillionen liegende Zahl, die alle etwa getrof-
fenen Schätzungen weit übertrifft.

Wir fragen nun nach dem Konvergenzverhalten und der Summe einer (unendlichen)
geometrischen Reihe und beantworten beides zugleich in dem folgenden

Satz

Eine geometrische Reihe

$$a + aq + aq^2 + \ldots + aq^{n-1} + \ldots$$

konvergiert genau dann, wenn der Quotient dem Betrage
nach kleiner als 1,

$$\boxed{|q| < 1}$$

ist und hat dann zur Summe

$$\boxed{S = \frac{a}{1 - q}}$$

<u>Beweis:</u> Wir gehen aus von der Teilsumme s_n einer geometrischen Reihe und haben
deren Grenzwert für gegen unendlich gehendes n zu bilden:

$$\lim_{n \to \infty} s_n = \lim_{n \to \infty} a \frac{1 - q^n}{1 - q} = \frac{a}{1 - q} \lim_{n \to \infty} (1 - q^n) = \frac{a}{1 - q} - \frac{a}{1 - q} \lim_{n \to \infty} q^n.$$

Der letzte Grenzwert ist offenbar genau dann vorhanden, wenn q eine Zahl ist, die
dem Betrage nach kleiner als 1, also ein echter Bruch ist. Dann strebt nämlich die
Folge der q-Potenzen

$$q, q^2, q^3, \ldots, q^{n-1}, \ldots$$

gegen Null, und zwar für $0 < q < 1$ vom Positiven her und für $-1 < q < 0$ alternie-
rend. Mit

$$\lim_{n \to \infty} q^n = 0 \quad \text{für} \quad |q| < 1$$

folgt dann für den gesuchten Grenzwert

$$\lim_{n \to \infty} s_n = \frac{a}{1 - q} \; .$$

Man beachte, daß die Gleichheit

$$a + aq + aq^2 + \ldots + aq^{n-1} + \ldots = \frac{a}{1 - q}$$

nur für $|q| < 1$ gilt, obgleich die rechte Seite für alle $q \neq 1$ erklärt ist! So kann man
für die geometrische Reihe

$$1 + 2 + 4 + 8 + \ldots + 2^{n-1} + \ldots$$

mit $a = 1$, $q = 2$ den Ausdruck

$$\frac{a}{1 - q} = \frac{1}{1 - 2} = -1$$

durchaus bilden, aber es ergibt sich nicht die Summe der Reihe! Man sieht dies der
Reihe sofort an bzw. schließt aus $q = 2$ auf die Divergenz der Reihe, nach der also
eine Summe S gar nicht existiert.

Für den Rest der geometrischen Reihe ergibt sich

$$R_{n+1} = S - s_n = \frac{a}{1 - q} - a\frac{1 - q^n}{1 - q}$$

$$\boxed{R_{n+1} = \frac{aq^n}{1 - q}}$$

aus dem wie oben folgt

$$\lim_{n \to \infty} R_{n+1} = \lim_{n \to \infty} \frac{aq^n}{1 - q} = 0 \Leftarrow |q| < 1.$$

Andererseits kann aber die numerische Bestimmung des Restes auch zur Angabe oder Abschätzung des Fehlers dienen, den man bei Abbrechen einer Reihe nach dem n-ten Glied, also bei Benutzung von s_n anstelle von S, begeht.

Beispiele

1. Die geometrische Reihe

$$1 + \frac{1}{2} + \frac{1}{4} + \frac{1}{8} + \ldots = \sum_{n=1}^{\infty} \frac{1}{2^{n-1}}$$

hat den Quotienten

$$q = \frac{1}{2} \Rightarrow |q| < 1,$$

ist also konvergent und hat mit $a = 1$ die Summe

$$S = \frac{1}{1 - \frac{1}{2}} = 2.$$

2. Die alternierende geometrische Reihe

$$1 - \frac{1}{2} + \frac{1}{4} - \frac{1}{8} + - \ldots = \sum_{n=1}^{\infty} \frac{1}{(-2)^{n-1}}$$

ist ebenfalls konvergent, da mit

$$q = -\frac{1}{2} \Rightarrow |q| < 1$$

folgt. Ihre Summe ist mit $a = 1$

$$S = \frac{1}{1 + \frac{1}{2}} = \frac{2}{3}.$$

3. Die geometrische Reihe

$$1 + x + x^2 + x^3 + \ldots = \sum_{n=0}^{\infty} x^n$$

hat als Quotient

$$q = x$$

und konvergiert demnach unter der Bedingung

$$|x| < 1.$$

Nur für solche x-Belegungen ergibt sich als Summe

$$1 + x + x^2 + \ldots = \frac{1}{1 - x}.$$

4. Jeder periodische unendliche Dezimalbruch kann als konvergente geometrische Reihe geschrieben werden. Die Summe der Reihe ist seine Darstellung als gemeiner Bruch.

a) $\displaystyle 0,\overline{6} = \frac{6}{10} + \frac{6}{100} + \frac{6}{1000} + \ldots = \sum_{n=1}^{\infty} 6 \cdot 10^{-n}$

$$a = \frac{6}{10}, \quad q = \frac{1}{10} \Rightarrow S = \frac{\frac{6}{10}}{1 - \frac{1}{10}} = \frac{6}{9} = \frac{2}{3}$$

b) $\displaystyle 0,\overline{13} = \frac{13}{100} + \frac{13}{10000} + \frac{13}{1000000} + \ldots = \sum_{n=1}^{\infty} 13 \cdot 100^{-n}$

$$a = \frac{13}{100}, \quad q = \frac{1}{100} \Rightarrow S = \frac{13}{99}$$

c) $\displaystyle 3,2\overline{7} = 3,2 + 0,0\overline{7} = 3,2 + \frac{7}{100} + \frac{7}{1000} + \frac{7}{10000} + \ldots = 3,2 + \sum_{n=2}^{\infty} 7 \cdot 10^{-n}$

$$a = \frac{7}{100}, \quad q = \frac{1}{10} \Rightarrow S = \frac{7}{90}$$

$$\Rightarrow 3,2\overline{7} = \frac{16}{5} + \frac{7}{90} = \frac{59}{18}.$$

Die Konvergenz jeder solchen geometrischen Reihe ist gesichert, da $|q|$ stets kleiner oder gleich $\frac{1}{10}$ ist. Die Summe ist stets eine <u>rationale</u> Zahl, da in

$$S = \frac{a}{1 - q}$$

im Zähler und Nenner eine (von Null verschiedene) rationale Zahl steht (vgl. I, 1.6 und II, 1.1.1). Dies ist also die exakte Methode zur Umwandlung eines unendlichen periodischen Zehnerbruches in einen gemeinen Bruch.

5. Folgende geometrische Reihen sind divergent

a) $1 + 3 + 9 + 27 + \ldots;$ $q = 3 \quad \Rightarrow |q| > 1$

b) $+ 1 - 1 + 1 - 1 + - \ldots;$ $q = -1 \quad \Rightarrow |q| = 1$

c) $0,5 + 0,55 + 0,605 + 0,6655 + \ldots;$ $q = 1,1 \Rightarrow |q| > 1$

6. Wie groß ist der Fehler gegenüber der Summe folgender Reihe, wenn man diese
   nach 5 Gliedern abbricht:

$$27 - 9 + 3 - 1 + \frac{1}{3} - \frac{1}{9} + - \ldots ?$$

Lösung: Zu bestimmen ist das Restglied R_6 gemäß

$$R_6 = S - s_5 = \frac{aq^5}{1 - q}.$$

Mit $a = 27$ und $q = -\frac{1}{3}$ ($\Rightarrow$ Konvergenz!) folgt dafür

$$R_6 = 27 \cdot \frac{\left(-\frac{1}{3}\right)^5}{1 + \frac{1}{3}} = -\frac{1}{12}.$$

Aufgaben zu 2.2

1. Die algebraische Summe

$$s(a,b) := \sum_{i=0}^{n-1} a^{n-i-1} b^i$$

   ($a, b \in \mathbb{R} \setminus \{0\}$, $n \in \mathbb{N}$) soll durch einen für numerische Anwendungen zweckmäßi-
   geren Term dargestellt werden:

   a) für $a - b \neq 0$

   b) für $a - b = 0$

   c) $s(1; 2)$ für $n = 10$?

   d) $s(a, -b)$?

2. Schalten Sie zwischen x und y genau k Zahlen so ein, daß ihre algebraische
   Summe eine endliche geometrische Reihe wird ("geometrische Interpolation").
   Es gelte $x, y \in \mathbb{R} \setminus \{0\}$, $k \in \mathbb{N}$.

3. Eine Information verbreite sich in einer Stadt von einer Million Einwohnern in folgender Weise: ein erster Bürger gibt die Information innerhalb einer Stunde an
   fünf andere weiter, von diesen verbreitet die Nachricht jeder wieder an fünf Einwohner (die die Information noch nicht kennen) im Zeitraum einer Stunde und so
   fort. Wie lange dauert es, bis alle Bürger die Nachricht kennen?

4. Verwandeln Sie folgende periodisch-unendliche Dezimalbrüche in gemeine Brüche

   a) $0,0\overline{7}$; b) $2,\overline{61}$; c) $0,\overline{981}$; d) $12,43\overline{1}$

5. Mit Hilfe einer geometrischen Reihenentwicklung soll für den Bruch

$$\frac{1}{1017}$$

   ein Näherungswert berechnet werden, dessen relativer Fehler betragsmäßig unter 10^{-5} liegt.

   a) Verwandeln Sie den Bruch in eine geometrische Reihe und geben Sie die Teilsummen s_1 bis s_4 an! Ansatz:

$$\frac{1}{1017} = \frac{1}{1000} \cdot \frac{1}{1{,}017} = \frac{1}{1000} \left(\frac{1}{1 + 0{,}017} \right).$$

   b) Welchen Ausdruck erhält man allgemein für den Betrag des relativen Fehlers

$$\left| \frac{\Delta s_n}{s} \right| = \left| \frac{s_n - s}{s} \right|$$

   bei einer konvergenten geometrischen Reihe $s = \sum_{n=1}^{\infty} aq^{n-1}$?

   c) Mit welcher Teilsumme erreichen Sie demnach die geforderte Genauigkeit in unserem Beispiel?

6. Welche Länge hat der in Abb. 48 dargestellte Streckenzug $P_0 P_1 P_2 P_3 \ldots$, falls $0 < \varphi < \frac{\pi}{2}$ gilt und $c = \overline{OP_0}$ gegeben ist?

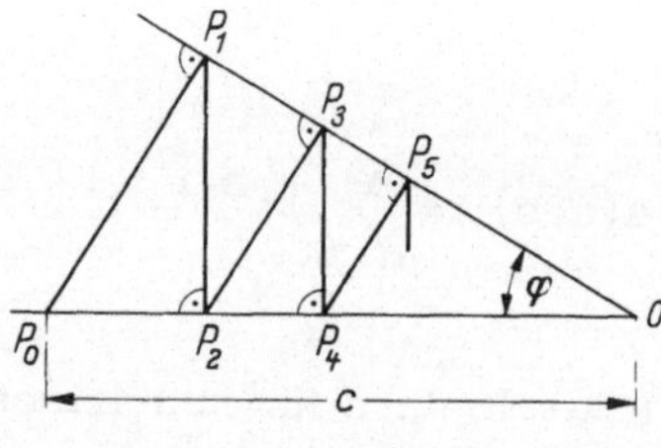

Abb. 48

2.3 Reihen mit konstanten Gliedern. Konvergenzkriterien

2.3.1 Reihen mit lauter positiven Gliedern

Die in diesem Abschnitt zu betrachtenden Reihen sollen vereinbarungsgemäß ausschließlich aus positiven (reellen) Zahlen bestehen. Wir wenden uns für diese Reihen dem ersten Hauptproblem, nämlich der Konvergenzuntersuchung, zu.

Sätze, mit denen man Aussagen über das Konvergenzverhalten von Reihen macht, werden Konvergenzkriterien genannt. Wir wollen hier nur die wichtigsten ohne Beweisführung erwähnen und an einigen Beispielen erläutern.

Satz (Notwendiges Konvergenzkriterium)

Notwendig (aber nicht hinreichend) für die Konvergenz einer Reihe ist

$$a_n \to 0 \ \text{für} \ n \to \infty \quad \text{bzw.} \quad \lim_{n \to \infty} a_n = 0$$

d.h. die Glieder der Reihe müssen eine Nullfolge bilden.

Konvergiert eine Reihe, so ist das Kriterium stets erfüllt. Aber aus dem Bestehen der Bedingung $\lim\limits_{n \to \infty} a_n = 0$ kann nicht auf die Konvergenz der Reihe geschlossen werden. Ist indes die Bedingung $\lim\limits_{n \to \infty} a_n = 0$ nicht erfüllt, so kann daraus mit Sicherheit auf die Divergenz der Reihe geschlossen werden[1].

Beispiele

1. $1 + \dfrac{1}{3} + \dfrac{1}{5} + \dfrac{1}{7} + \ldots + \dfrac{1}{2n - 1} + \ldots$?

   Es ist $a_n = \dfrac{1}{2n - 1}$ und damit $\lim\limits_{n \to \infty} \dfrac{1}{2n - 1} = 0$. Das Kriterium ist also erfüllt, ein Schluß auf Konvergenz oder Divergenz ist nicht möglich!

2. $1{,}1 + 1{,}01 + 1{,}001 + 1{,}0001 + \ldots$?

   Die Glieder der Reihe werden zwar immer kleiner, streben jedoch nicht gegen Null, sondern haben als Grenzwert

   $$\lim_{n \to \infty} a_n = \lim_{n \to \infty} (1 + 10^{-n}) = 1 + \lim_{n \to \infty} \frac{1}{10^n} = 1.$$

   Das notwendige Kriterium ist demnach nicht erfüllt, die Reihe divergiert!

---

[1] Der Satz könnte deshalb ebensogut Divergenzkriterium genannt werden, da stets nur auf die Divergenz einer Reihe geschlossen wird: Anwendung einer notwendigen Bedingung in der kontraponierten Form. Vergleiche dazu nochmals I, 1.7.4 und II, 3.2.3.

Satz (Majorantenkriterium)

Es seien

$$a_1 + a_2 + \ldots + a_n + \ldots = \sum_{n=1}^{\infty} a_n$$

$$b_1 + b_2 + \ldots + b_n + \ldots = \sum_{n=1}^{\infty} b_n$$

zwei unendliche Reihen, bei denen von einer Stelle $n = k$ ab jedes Glied der a-Reihe größer oder gleich dem entsprechenden Glied der b-Reihe ist

$$\bigwedge_{n \geq k} \quad a_n \geq b_n$$

Dann gilt

$$
\boxed{
\begin{array}{l}
\text{Konvergenz von } \displaystyle\sum_{n=1}^{\infty} a_n \Rightarrow \text{Konvergenz von } \displaystyle\sum_{n=1}^{\infty} b_n \\[2em]
\text{Divergenz von } \displaystyle\sum_{n=1}^{\infty} b_n \Rightarrow \text{Divergenz von } \displaystyle\sum_{n=1}^{\infty} a_n
\end{array}
}
$$

Im ersten Falle heißt die a-Reihe eine **konvergente Majorante** für die b-Reihe, im zweiten Fall die b-Reihe eine **divergente Minorante** für die a-Reihe. Die Schlüsse sind nicht umkehrbar. Diese auf dem Prinzip des Reihenvergleichs beruhenden Aussagen werden Majoranten- bzw. Minorantenkriterium genannt. Beide besagen rein logisch dasselbe (indem sie durch Kontraposition wechselseitig auseinander hervorgehen), werden aber in beiden Formen angewandt, je nachdem die bekannte Reihe konvergiert oder divergiert und auf Konvergenz- bzw. Divergenz geschlossen wird. Besonders die geometrischen Reihen werden zum Vergleich herangezogen.

Beispiele

1. Wir wollen die beiden unendlichen Reihen

$$1 + \frac{1}{3} + \frac{1}{9} + \frac{1}{27} + \ldots \qquad \text{(a-Reihe)}$$

$$1 + \frac{1}{4} + \frac{1}{13} + \frac{1}{36} + \ldots \qquad \text{(b-Reihe)}$$

miteinander vergleichen (die b-Reihe sei vorgelegt und die a-Reihe als Vergleich herangezogen). Die a-Reihe ist geometrisch mit dem Quotienten $q = \frac{1}{3}$, also konvergent. Vergleicht man jetzt die allgemeinen Glieder beider Reihen miteinander

$$a_n = \frac{1}{3^n} \quad \text{(a-Reihe)}, \quad b_n = \frac{1}{3^n + n^2} \quad \text{(b-Reihe)},$$

so folgt wegen $3^n < 3^n + n^2$ für alle $n \geq 1$ sofort

$$a_n \geq b_n \qquad\qquad (n \geq 1).$$

d.h. die a-Reihe ist eine konvergente Majorante für die b-Reihe und folglich diese ebenfalls konvergent.

2. Es soll die h a r m o n i s c h e R e i h e

$$1 + \frac{1}{2} + \frac{1}{3} + \frac{1}{4} + \frac{1}{5} + \ldots + \frac{1}{n} + \ldots$$

auf Konvergenz bzw. Divergenz untersucht werden! Hierzu schreiben wir die Reihe in der Form[1]

$$\left(1 + \frac{1}{2}\right) + \left(\frac{1}{3} + \frac{1}{4}\right) + \left(\frac{1}{5} + \frac{1}{6} + \frac{1}{7} + \frac{1}{8}\right) + \left(\frac{1}{9} + \frac{1}{10} + \ldots + \frac{1}{16}\right) + \left(\frac{1}{17} + \frac{1}{18} + \ldots + \frac{1}{32}\right) + \ldots$$

und vergleichen sie glied(klammer-)weise mit der Reihe

$$\left(\frac{1}{2} + \frac{1}{2}\right) + \left(\frac{1}{4} + \frac{1}{4}\right) + \left(\frac{1}{8} + \frac{1}{8} + \frac{1}{8} + \frac{1}{8}\right) + \left(\frac{1}{16} + \frac{1}{16} + \ldots + \frac{1}{16}\right) + \left(\frac{1}{32} + \frac{1}{32} + \ldots + \frac{1}{32}\right) + \ldots$$

Die n-te Klammer $(n > 1)$ habe hierbei 2^{n-1} gleiche Summanden 2^{-n}. Diese letzte Reihe schreibt sich auch

$$\frac{1}{2} + \frac{1}{2} + \left(\frac{1}{2}\right) + \left(\frac{1}{2}\right) + \left(\frac{1}{2}\right) + \left(\frac{1}{2}\right) + \ldots ,$$

ist also sicher divergent, da die Glieder keine Nullfolge bilden (notwendiges Konvergenzkriterium!). Andererseits ist bei obiger Zusammenfassung jedes Glied der harmonischen Reihe größer als das entsprechende Glied der Vergleichsreihe. Also ist letztere eine divergente Minorante für die harmonische Reihe und folglich auch diese divergent.

Das Beispiel der harmonischen Reihe belegt überdies, daß das Kriterium $\lim\limits_{n \to \infty} a_n = 0$ tatsächlich nur notwendig, nicht aber hinreichend ist, denn hier ist $\lim\limits_{n \to \infty} \frac{1}{n} = 0$ und die Reihe divergiert!

---

[1] Dies ist möglich, da man bei einer Reihe mit lauter positiven Gliedern beliebig Klammern einstreuen darf (assoziatives Gesetz).

3. Die Reihe

$$2 + \frac{3}{2} + \frac{4}{3} + \frac{5}{4} + \ldots = \sum_{n=1}^{\infty} \frac{n+1}{n}$$

gestattet einen unmittelbaren Vergleich mit der soeben als divergent nachgewiesenen harmonischen Reihe

$$1 + \frac{1}{2} + \frac{1}{3} + \frac{1}{4} + \ldots = \sum_{n=1}^{\infty} \frac{1}{n} \ .$$

Es ist nämlich

$$\frac{n+1}{n} > \frac{1}{n} \quad \text{für alle} \quad n \geq 1,$$

d.h. die harmonische Reihe ist eine divergente Minorante für die gegebene Reihe, diese selbst also gleichfalls divergent. Übrigens hätte man wegen

$$\lim_{n \to \infty} \frac{n+1}{n} = \lim_{n \to \infty} \left(1 + \frac{1}{n} \right) = 1 \neq 0$$

auch mit dem "Divergenzkriterium" das Ergebnis erschließen können.

Satz (Quotientenkriterium[1])

$$\lim_{n \to \infty} \frac{a_{n+1}}{a_n} \begin{cases} < 1 \Rightarrow \text{Konvergenz von } \sum a_n \\ > 1 \Rightarrow \text{Divergenz von } \sum a_n \\ = 1 \quad \text{keine Aussage!} \end{cases}$$

Das Kriterium versagt, falls obiger Grenzwert gleich 1 ist; in diesem Fall ist die Reihe mit anderen Kriterien zu untersuchen. Da hier aus einer Bedingung - nämlich dem Grenzwert - auf das Konvergenz- bzw. Divergenzverhalten der Reihe geschlossen wird, handelt es sich um ein h i n r e i c h e n d e s K r i t e r i u m.

---

[1] Auch Kriterium von D'Alembert (französischer Mathematiker und Enzyklopädist, 1717...1783) genannt.

Beispiele

1. Für eine geometrische Reihe

$$a + aq + aq^2 + \ldots + aq^{n-1} + \ldots$$

liefert das Quotientenkriterium mit

$$a_n = aq^{n-1}, \qquad a_{n+1} = aq^n$$

die bekannte Bedingung

$$\lim_{n \to \infty} \frac{a_{n+1}}{a_n} = q < 1 \Rightarrow \text{Konvergenz}$$

(da hier alle Glieder als positiv vorausgesetzt sind, entfallen die Betragsstriche).

2. Man untersuche die Reihe

$$1 + \frac{4}{2!} + \frac{7}{3!} + \frac{10}{4!} + \ldots$$

auf Konvergenz!

<u>Lösung:</u> Für das allgemeine Glied a_n der Reihe erhält man

$$a_n = \frac{3n - 2}{n!} \Rightarrow a_{n+1} = \frac{3(n+1) - 2}{(n+1)!} = \frac{3n + 1}{(n+1)!} \; .$$

Damit ergibt sich für den Quotienten

$$\frac{a_{n+1}}{a_n} = \frac{3n+1}{(n+1)!} \; \frac{n!}{3n-2} = \frac{3n+1}{(n+1)(3n-2)} = \frac{3n+1}{3n^2 + n - 2}$$

und für seinen Grenzwert nach Division durch n im Zähler und Nenner

$$\lim_{n \to \infty} \frac{3n+1}{3n^2 + n - 2} = \lim_{n \to \infty} \frac{3 + \frac{1}{n}}{3n + 1 - \frac{2}{n}} = 0.$$

Nach dem Quotientenkriterium konvergiert damit die Reihe.

3. Für die Reihe

$$\frac{5}{12} + \frac{25}{48} + \frac{125}{108} + \ldots$$

lautet das allgemeine Glied

$$a_n = \frac{5^n}{12n^2} \Rightarrow a_{n+1} = \frac{5^{n+1}}{12(n+1)^2}$$

$$\lim_{n \to \infty} \frac{a_{n+1}}{a_n} = \lim_{n \to \infty} \frac{5^{n+1}}{12(n+1)^2} \frac{12n^2}{5^n} = \lim_{n \to \infty} 5 \frac{n^2}{(n+1)^2} = 5 > 1,$$

woraus die Divergenz der Reihe folgt.

4. Untersucht man die harmonische Reihe

$$1 + \frac{1}{2} + \frac{1}{3} + \ldots = \sum_{n=1}^{\infty} \frac{1}{n}$$

mit dem Quotientenkriterium, so folgt mit

$$a_n = \frac{1}{n}, \qquad a_{n+1} = \frac{1}{n+1}$$

$$\lim_{n \to \infty} \frac{a_{n+1}}{a_n} = \lim_{n \to \infty} \frac{n}{n+1} = \lim_{n \to \infty} \frac{1}{1+\frac{1}{n}} = 1,$$

d.h. man erhält keine Auskunft über Konvergenz oder Divergenz.

Satz (Wurzelkriterium)

$$\lim_{n \to \infty} \sqrt[n]{a_n} \begin{cases} < 1 \Rightarrow \text{Konvergenz von } \sum a_n \\ > 1 \Rightarrow \text{Divergenz von } \sum a_n \\ = 1 \quad \text{keine Aussage!} \end{cases}$$

Auch dieses Kriterium ist h i n r e i c h e n d und versagt für den Fall, daß der Grenzwert gleich 1 ist. Man wird es gegenüber dem Quotientenkriterium dann bevorzugen,
wenn die Struktur des allgemeinen Gliedes a_n durch Ziehen der n-ten Wurzel verein-
facht wird und der Grenzwert leicht gebildet werden kann.

Beispiele

1. Für die Reihe

$$1 + \left(\frac{3}{4}\right)^2 + \left(\frac{4}{6}\right)^3 + \left(\frac{5}{8}\right)^4 + \ldots$$

lautet das allgemeine Glied

$$a_n = \left(\frac{n+1}{2n}\right)^n$$

$$\Rightarrow \sqrt[n]{a_n} = \frac{n+1}{2n} \; .$$

Somit ergibt sich für den Grenzwert

$$\lim_{n \to \infty} \sqrt[n]{a_n} = \lim_{n \to \infty} \frac{n+1}{2n} = \lim_{n \to \infty} \left(\frac{1}{2} + \frac{1}{2n}\right) = \frac{1}{2} < 1,$$

d.h. die vorgelegte Reihe konvergiert.

2. Für die Reihe

$$\sum_{n=1}^{\infty} \left(\frac{3}{2}\right)^{n^2} = \frac{3}{2} + \left(\frac{3}{2}\right)^4 + \left(\frac{3}{2}\right)^9 + \dots$$

liefert das Wurzelkriterium

$$\lim_{n \to \infty} \sqrt[n]{a_n} = \lim_{n \to \infty} \sqrt[n]{\left(\frac{3}{2}\right)^{n^2}} = \lim_{n \to \infty} \left(\frac{3}{2}\right)^n = \infty^{[1]}$$

und damit die Divergenz der Reihe.

3. Für die harmonische Reihe

$$\sum_{n=1}^{\infty} \frac{1}{n}$$

erhält man mit dem Wurzelkriterium

$$\lim_{n \to \infty} \sqrt[n]{a_n} = \lim_{n \to \infty} \sqrt[n]{\frac{1}{n}} = \lim_{n \to \infty} \left(\frac{1}{n}\right)^{1/n} = \lim_{m \to 0} m^m = 1,$$

wenn man $\frac{1}{n} = m$ setzt und die Regel von Bernoulli und de l'Hospital (II, 3.6.4) beachtet. Im Falle der harmonischen Reihe versagt also sowohl das Quotienten- als auch das Wurzelkriterium.

---

[1] Mit dieser Schreibweise soll hier lediglich abkürzend zum Ausdruck gebracht werden, daß $\left(\frac{3}{2}\right)^n \to \infty$ geht für $n \to \infty$.

<u>Aufgaben zu 2.3.1</u>

1. Untersuchen Sie folgende Reihen mit dem notwendigen Konvergenzkriterium auf Divergenz

a) $\dfrac{1}{3} + \dfrac{1}{6} + \dfrac{1}{9} + \dfrac{1}{12} + \ldots$

b) $\dfrac{2}{3} + \dfrac{4}{5} + \dfrac{6}{7} + \dfrac{8}{9} + \ldots$

c) $0,2 + 0,11 + 0,101 + 0,1001 + \ldots$

d) $\dfrac{1}{2}\ln 2 + \dfrac{1}{3}\ln 3 + \dfrac{1}{4}\ln 4 + \dfrac{1}{5}\ln 5 + \ldots$

e) $\dfrac{1}{2} + \dfrac{2}{2^2} + \dfrac{3}{2^3} + \dfrac{4}{2^4} + \ldots$

2. Prüfen Sie folgende Reihen auf Konvergenz oder Divergenz mit dem Quotientenkriterium:

a) $\dfrac{1}{2} + \dfrac{2}{2^2} + \dfrac{3}{2^3} + \dfrac{4}{2^4} + \ldots$

b) $\dfrac{3}{7} + \dfrac{8}{12} + \dfrac{13}{17} + \dfrac{18}{22} + \ldots$

c) $\displaystyle\sum_{n=1}^{\infty} \dfrac{n!}{n^n}$

d) $\displaystyle\sum_{n=1}^{\infty} \dfrac{3}{\sqrt{n(n+1)}}$

e) $\displaystyle\sum_{n=1}^{\infty} \dfrac{2^n}{n+1}$

3. Wenden Sie auf die folgenden Reihen das Wurzelkriterium an:

a) $1 + \left(\dfrac{8}{9}\right)^2 + \left(\dfrac{10}{12}\right)^3 + \left(\dfrac{12}{15}\right)^4 + \ldots$

b) $\dfrac{1}{3} + \left(\dfrac{4}{6}\right)^2 + \left(\dfrac{7}{9}\right)^3 + \left(\dfrac{10}{12}\right)^4 + \ldots$

c) $\dfrac{1}{\sqrt{3}} + \dfrac{5}{\sqrt{2\cdot 3^2}} + \dfrac{9}{\sqrt{3\cdot 3^3}} + \dfrac{13}{\sqrt{4\cdot 3^4}} + \ldots$

d) $\dfrac{1}{4} + \left(\dfrac{2}{5}\right)^4 + \left(\dfrac{3}{6}\right)^9 + \left(\dfrac{4}{7}\right)^{16} + \ldots$

e) $1 + \left(\dfrac{3}{2}\right)^2 + \left(\dfrac{5}{3}\right)^3 + \left(\dfrac{7}{4}\right)^4 + \ldots$

4. Entscheiden Sie das Konvergenz- bzw. Divergenzverhalten folgender Reihen durch Vergleich mit bekannten Reihen:

a) $\dfrac{1}{\lg 2} + \dfrac{1}{\lg 3} + \dfrac{1}{\lg 4} + \ldots$

b) $1 + \dfrac{1}{2^2} + \dfrac{1}{3^3} + \dfrac{1}{4^4} + \ldots$

c) $1 + \dfrac{1}{2^2} + \dfrac{1}{3^2} + \dfrac{1}{4^2} + \ldots$ (vgl. Aufgabe 1a in 2.1)

d) $\displaystyle\sum_{n=1}^{\infty} \dfrac{1}{n^\alpha}$ 1. für $0 \leqslant \alpha \leqslant 1$,   2. für $\alpha \geqslant 2$ ($\alpha \in \mathbb{R}$)

e) $\displaystyle\sum_{n=1}^{\infty} \dfrac{1}{\sqrt{n^2 + n}}$ Anleitung: Wurzelradikanden durch Bilden eines vollständigen Quadrats vergrößern.

5. In vielen Fällen läßt sich das Konvergenzverhalten einer unendlichen Reihe $\sum f(n)$ mit dem "Cauchyschen Integralkriterium" ermitteln. Es besagt: Ist f monoton fallend, so gilt

$$\sum_{n=1}^{\infty} f(n) \text{ konvergent} \;\Leftrightarrow\; \int_{1}^{\infty} f(x)\,dx \text{ konvergent}.$$

Kontraposition: divergiert das uneigentliche Integral, so divergiert auch die Reihe. Untersuchen Sie damit folgende Reihen

a) $\displaystyle\sum_{n=1}^{\infty} \dfrac{1}{n}$

b) $\displaystyle\sum_{n=1}^{\infty} \dfrac{1}{\sqrt{n}}$ und $\displaystyle\sum_{n=1}^{\infty} \dfrac{1}{n^\alpha}$ mit $\alpha > 1$

c) $\displaystyle\sum_{n=2}^{\infty} \dfrac{1}{n \ln n}$

d) $\displaystyle\sum_{n=1}^{\infty} \dfrac{1}{1 + n^2}$

e) $\displaystyle\sum_{n=1}^{\infty} \dfrac{1}{2n - 1}$

2.3.2 Alternierende Reihen

Definition

> Eine unendliche Reihe heißt alternierend, wenn ihre Glieder
> abwechselnd verschiedenes Vorzeichen haben
>
> $$a_1 - a_2 + a_3 - a_4 + - \ldots = \sum_{n=1}^{\infty} (-1)^{n+1} a_n$$
>
> $(a_n > 0 \text{ für alle } n)$.

Auch bei den alternierenden Reihen steht die Frage nach Konvergenz oder Divergenz
im Vordergrund. Zunächst sei festgestellt: das "notwendige Konvergenzkriterium"
(Gliederfolge muß eine Nullfolge sein) gilt auch hier. Ist es nicht erfüllt, so divergiert die alternierende Reihe.

Interessant ist nun, daß diese Aussage in Konjunktion mit einer weiteren - besonders
leicht überprüfbaren - Bedingung zu einem hinreichenden Konvergenzkriterium
führt.

Satz (Leibnizsches Konvergenzkriterium)

> Hinreichend für die Konvergenz einer alternierenden Reihe
> ist, daß die Gliederfolge eine monotone Nullfolge bildet:
>
> $$1.) \quad a_1 > a_2 > a_3 > \ldots > a_n > a_{n+1} > \ldots$$
>
> $$2.) \quad \lim_{n \to \infty} a_n = 0$$

Hierbei genügt es, wenn die Monotonie von einer bestimmten Platznummer $k \in \mathbb{N}$
an auftritt.

Da das Kriterium von Leibniz nicht zugleich notwendig ist, muß man vorsichtig mit
entsprechenden Schlußfolgerungen sein:

1. Fall: Beide Bedingungen sind erfüllt: die Reihe konvergiert dann.

2. Fall: Bedingung 2 ist nicht erfüllt: dann divergiert die Reihe, da das "notwendige
Konvergenzkriterium" nicht erfüllt ist (Bedingung 1 braucht dann gar nicht
weiter untersucht zu werden).

3. Fall: Bedingung 2 ist erfüllt, nicht aber Bedingung 1: die Glieder streben also
         "nicht-monoton" gegen Null. Das Leibniz-Kriterium macht dann keine Aus-
         sage (die Reihe kann in diesem Fall konvergieren, muß es aber nicht).

Im letzten Fall bedarf es der Untersuchung mit anderen Mitteln. In vielen Fällen
führt eine Betrachtung der zugehörigen Reihe der absoluten Beträge

$$a_1 + a_2 + a_3 + \dots + a_n + \dots = \sum_{n=1}^{\infty} a_n \qquad (*)$$

zum Ziel. Auf diese Reihe, die ausschließlich positive Glieder hat, lassen sich die
Kriterien aus III, 2.3.1 anwenden[1]. Sollte sich $(*)$ als konvergent erweisen, so konvergiert auch die vorgelegte alternierende Reihe

$$a_1 - a_2 + a_3 - + \dots = \sum_{n=1}^{\infty} (-1)^{n+1} a_n$$

und heißt dann a b s o l u t k o n v e r g e n t . Die absolute Konvergenz schließt die einfache Konvergenz stets ein, nicht aber umgekehrt! Konvergiert eine alternierende
Reihe ohne absolut konvergent zu sein (d.h. die Reihe der Absolutbeträge divergiert),
so sagt man der Deutlichkeit halber oft auch, daß sie "n i c h t - a b s o l u t k o n v e r -
g i e r t ".

Solche nur einfach konvergenten alternierenden Reihen haben eine für den Leser
sicher überraschende Eigenschaft. Stellt man ihre Glieder um und setzt in bestimm-
ter Weise Klammern (d.h. man wendet das kommutative und assoziative Gesetz
an!), so entstehen Reihen, die gegebenenfalls zu einem anderen Summenwert konvergent sind oder auch ihre Konvergenzeigenschaft verlieren, also divergent sind.
In der Theorie der unendlichen Reihen kann sogar gezeigt werden: eine nicht-absolut konvergente alternierende Reihe kann stets so umgeformt werden, daß die neue
Reihe einen beliebig vorgegebenen Summenwert besitzt (Satz von Riemann).

Man nennt alternierende Reihen, deren Summe von der Anordnung ihrer Glieder abhängt, b e d i n g t k o n v e r g e n t . Ergibt sich bei jeder Anordnung der Glieder der
gleiche Summenwert, so heißt die Reihe unbedingt konvergent. Konvergente Reihen
mit ausschließlich positiven Gliedern sind trivialerweise unbedingt konvergent.

---

[1] Man beachte auch das in Beispiel 6 und den Aufgaben 1g) und 1h) zur Anwendung
kommende Kriterium, bei dem die Teilreihe der positiven und die Teilreihe der
negativen Glieder für sich untersucht wird.

Ohne Beweis teilen wir hier mit: **jede unbedingt konvergente Reihe ist zugleich absolut konvergent und umgekehrt**. Dieser Satz bedeutet die Äquivalenz zwischen nicht-absolut konvergenten und nur bedingt konvergenten (alternierenden) Reihen.

Betrachten wir dazu die (in Beispiel 1 nochmals erläuterte) bedingt konvergente Reihe

$$1 - \frac{1}{2} + \frac{1}{3} - \frac{1}{4} + \frac{1}{5} - \frac{1}{6} + - \ldots$$

Wir werden später zeigen, daß ihre Summe bei dieser Anordnung $s = \ln 2 = 0,693\ldots$ ist (III, 2.4.2). Durch eine geschickte Umstellung der Glieder sowie eine zusätzliche Klammerung erreichen wir, daß sich eine andere Summe als $\ln 2$ ergibt:

$$[(1 + \frac{1}{3}) - \frac{1}{2}] + [(\frac{1}{5} + \frac{1}{7}) - \frac{1}{4}] + [(\frac{1}{9} + \frac{1}{11}) - \frac{1}{6}] + \ldots \quad (*)$$

Jedes eckige Klammerpaar beinhaltet eine positive Zahl:

$$[(\frac{1}{4n-3} + \frac{1}{4n-1}) - \frac{1}{2n}] > 0, \quad (n \geq 1)$$

denn es gilt doch wegen $4n - 1 > 4n - 3$

$$\frac{1}{4n-3} + \frac{1}{4n-1} > 2 \cdot \frac{1}{4n-1} > \frac{1}{2n} \iff 4n > 4n - 1$$

Da aber schon der erste Klammerausdruck mit $5/6 = 0,8\overline{3}$ größer als $\ln 2$ ist, kann die Summe der Reihe in dieser Anordnung $(*)$ nicht gleich $\ln 2$ sein.[1]

Beispiele

1. Die alternierende Reihe

$$1 - \frac{1}{2} + \frac{1}{3} - \frac{1}{4} + - \ldots = \sum_{n=1}^{\infty} (-1)^{n+1} \frac{1}{n}$$

erfüllt beide Bedingungen des Leibniz-Kriteriums und ist somit konvergent:

a) $1 > \frac{1}{2} > \frac{1}{3} > \frac{1}{4} > \ldots > \frac{1}{n} > \frac{1}{n+1} > \ldots$ b) $\lim_{n \to \infty} \frac{1}{n} = 0$

---

[1] Die exakte Summe beträgt in der Anordnung $(*)$ $1,5 \cdot \ln 2$. Davon kann sich der Leser leicht überzeugen, indem er die Glieder der Reihe in der u r s p r ü n g - l i c h e n Anordnung mit $1/2$ multipliziert und beide Reihen addiert: es ergibt sich dabei die Anordnung $(*)$!

Die zugehörige Reihe der absoluten Beträge

$$1 + \frac{1}{2} + \frac{1}{3} + \frac{1}{4} + \ldots = \sum_{n=1}^{\infty} \frac{1}{n}$$

ist als harmonische Reihe bekanntlich divergent. Die vorgelegte Reihe ist also nur bedingt konvergent (nicht-absolut konvergent).

2. Für die alternierende Reihe

$$1 - \frac{5}{6} + \frac{7}{9} - \frac{9}{12} + \frac{11}{15} - + \ldots = \sum_{n=1}^{\infty} (-1)^{n+1} \frac{2n+1}{3n}$$

ist die Monotonie erfüllt

$$\frac{2n+1}{3n} > \frac{2n+3}{3n+3} \Leftrightarrow 6n^2 + 9n + 3 > 6n^2 + 9n \Leftrightarrow 3 > 0,$$

nicht jedoch das notwendige Konvergenzkriterium

$$\lim_{n \to \infty} a_n = \lim_{n \to \infty} \frac{2n+1}{3n} = \lim_{n \to \infty} \left(\frac{2}{3} + \frac{1}{3n} \right) = \frac{2}{3} \neq 0.$$

Damit ist diese Reihe als divergent nachgewiesen.

3. Die alternierende Reihe

$$1 - \frac{1}{2!} + \frac{1}{3!} - \frac{1}{4!} + \frac{1}{5!} - + \ldots = \sum_{n=1}^{\infty} (-1)^{n+1} \frac{1}{n!}$$

ist absolut konvergent: Für $\sum 1/n!$ zeigt man etwa mit dem Quotientenkriterium

$$\lim_{n \to \infty} \frac{a_{n+1}}{a_n} = \lim_{n \to \infty} \frac{n!}{(n+1)!} = \lim_{n \to \infty} \frac{1}{n+1} = 0 \ (<1)$$

die Konvergenz. Damit ist dann auch die einfache Konvergenz der gegebenen Reihe gezeigt. (Leibniz-Kriterium braucht nicht herangezogen zu werden).

4. Für die alternierende Reihe

$$\sum_{n=1}^{\infty} (-1)^n \frac{|\sin n|^n}{n^2} \qquad (*)$$

ist das notwendige Konvergenzkriterium erfüllt

$$\lim_{n \to \infty} \frac{|\sin n|^n}{n^2} = 0$$

(Zähler ist beschränkt $\leqslant 1$), nicht aber die Monotonie (Zähler schwankt zwischen 0 und 1). Das Leibniz-Kriterium ist deshalb nicht anwendbar. Die Reihe ist dennoch konvergent, da sie sogar absolut konvergiert:

$$\sum_{n=1}^{\infty} \frac{1}{n^2}$$

ist nämlich eine konvergente Majorante zur Reihe der absoluten Beträge von ($*$).

5. Auf die alternierende Reihe

$$\frac{1}{\sqrt{2}-1} - \frac{1}{\sqrt{2}+1} + \frac{1}{\sqrt{3}-1} - \frac{1}{\sqrt{3}+1} + \frac{1}{\sqrt{4}-1} - \frac{1}{\sqrt{4}+1} + - \ldots$$

läßt sich das Leibnizsche Kriterium nicht anwenden, da die Gliederfolge zwar gegen Null strebt, aber nicht monoton abnimmt. Im Fall der Konvergenz könnte man je zwei Nachbarglieder zusammenfassen und als Partialbruchzerlegung eines Gliedes auffassen, dabei ergibt sich

$$\frac{2}{(\sqrt{2}-1)(\sqrt{2}+1)} + \frac{2}{(\sqrt{3}-1)(\sqrt{3}+1)} + \frac{2}{(\sqrt{4}-1)(\sqrt{4}+1)} + \ldots$$

$$= 2\left(1 + \frac{1}{2} + \frac{1}{3} + \ldots\right)$$

d.h. die harmonische Reihe, die bekanntlich divergent ist. Die vorgelegte Reihe ist also ebenfalls divergent.

6. Desgleichen läßt sich auf

$$\frac{1}{2} - \frac{1}{3} + \frac{1}{2^2} - \frac{1}{3^2} + \frac{1}{2^3} - \frac{1}{3^3} + \frac{1}{2^4} - \frac{1}{3^4} + - \ldots$$

wegen der fehlenden Monotonie das Leibniz-Kriterium nicht anwenden. Man sieht aber unmittelbar, daß die positiven und negativen Glieder jeweils für sich eine konvergente geometrische Reihe bilden. Dazu zitieren wir hier folgenden <u>Satz</u>: Eine alternierende Reihe ist absolut konvergent genau dann, wenn sowohl die Teilreihe der positiven Glieder als auch die Teilreihe der negativen Glieder konvergiert. Also konvergiert die vorliegende Reihe absolut.

Aufgaben zu 2.3.2

1. Untersuchen Sie die folgenden Reihen auf Konvergenz und absolute Konvergenz mit dem Leibnizschen Kriterium:

a) $1 - \dfrac{1}{3} + \dfrac{1}{5} - \dfrac{1}{7} + - \cdots$

b) $\dfrac{1}{9} - \dfrac{1}{27} + \dfrac{1}{81} - \dfrac{1}{243} + - \cdots$

c) $- \dfrac{2}{4} + \dfrac{5}{8} - \dfrac{8}{12} + \dfrac{11}{16} - + \cdots$

d) $\dfrac{1}{\sqrt[5]{1}} - \dfrac{1}{\sqrt[5]{8}} + \dfrac{1}{\sqrt[5]{27}} - \dfrac{1}{\sqrt[5]{64}} + - \cdots$

e) $\dfrac{1}{2 \ln 2} - \dfrac{1}{3 \ln 3} + \dfrac{1}{4 \ln 4} - \dfrac{1}{5 \ln 5} + - \cdots$

f) $\dfrac{1}{1!} - \dfrac{1}{2!} + \dfrac{1}{3!} - \dfrac{1}{4!} + - \cdots$

g) $\dfrac{1}{2^2} - \dfrac{1}{2^2} + \dfrac{1}{3^2} - \dfrac{1}{2^3} + \dfrac{1}{4^2} - \dfrac{1}{2^4} + \dfrac{1}{5^2} - \dfrac{1}{2^5} + - \cdots$

h) $\dfrac{1}{2} - \dfrac{1}{2^2} + \dfrac{1}{3} - \dfrac{1}{3^2} + \dfrac{1}{4} - \dfrac{1}{4^2} + \dfrac{1}{5} - \dfrac{1}{5^2} + - \cdots$

2. Zeigen Sie, daß bei einer konvergenten alternierenden Reihe mit monoton fallenden Gliedern der Betrag des Restes R_{n+1}

$$\left| R_{n+1} \right| = \left| a_{n+1} - a_{n+2} + a_{n+3} - a_{n+4} + - \cdots \right| = \left| s - s_n \right|$$

kleiner ist als das erste weggelassene Glied:

$$\left| R_{n+1} \right| < a_{n+1}$$

Anleitung: Fertigen Sie eine Skizze an, in der Sie $a_1, a_2, a_3, \ldots, s_1, s_2, s_3, \ldots$ und s darstellen (Koordinatensystem) und lesen Sie daraus die Beziehung ab.

3. Unter Heranziehung der Ungleichung aus Aufgabe 2 beantworte man folgende zwei Fragen

a) Wieviele Glieder müßte man von der Reihe

$$\dfrac{1}{\sqrt{1}} - \dfrac{1}{\sqrt{2}} + \dfrac{1}{\sqrt{3}} - \dfrac{1}{\sqrt{4}} + - \cdots$$

addieren, um die Summe s der Reihe auf 4 Dezimalen genau zu bekommen?

b) Jemand berechnet die Teilsumme der ersten 1000 Glieder der Reihe

$$1 - \dfrac{1}{2} + \dfrac{1}{3} - \dfrac{1}{4} + - \cdots$$

Mit welcher Genauigkeit hat er damit die Summe der Reihe angenähert?

Welche Konsequenz ziehen Sie aus den Ergebnissen?

2.4 Potenzreihen

2.4.1 Begriff der Potenzreihe

In den folgenden unendlichen Reihen sind die Glieder keine Konstanten mehr, sondern
Funktionsterme von x:

$$f_1(x) + f_2(x) + f_3(x) + \ldots = \sum_{n=1}^{\infty} f_n(x).$$

Man nennt diese Reihen auch Funktionsreihen. Aus ihrer Menge greifen wir jedoch
nur solche heraus, bei denen die Glieder Potenzen von x sind. Für diese geben wir
die folgende

Definition

> Eine unendliche Reihe der Gestalt
>
> $$\boxed{a_0 + a_1 x + a_2 x^2 + \ldots + a_n x^n + \ldots = \sum_{n=0}^{\infty} a_n x^n}$$
>
> heißt eine Potenzreihe. Die Koeffizienten $a_0, a_1, \ldots$ seien
> hierbei reelle Zahlen, x eine stetige Veränderliche.

Die Teilsumme einer Potenzreihe ist ein Ausdruck der Form

$$a_0 + a_1 x + a_2 x^2 + \ldots + a_n x^n = P(x),$$

also ein Polynom in x vom Grade der höchsten x-Potenz.

Bei Potenzreihen besteht das Konvergenzproblem nicht mehr in der einfachen Alter-
native "Konvergenz oder Divergenz", sondern in der Frage: Für welche Werte der
Veränderlichen x konvergiert die Reihe?

Definition

> Die Menge $\mathfrak{B}$ aller derjenigen Werte von x, für welche die Potenzreihe konver-
> giert, heißt ihr Konvergenzbereich.

Wir fragen nun nach der Bestimmung des Konvergenzbereiches. Hierzu bedienen wir
uns des Quotientenkriteriums, wobei wir hier aber vom Betrag des Quotienten ausgehen müssen, da die Glieder auch negativ sein können. Wir haben zu setzen

$$\text{für das } n\text{-te Glied} \qquad a_n x^n$$

$$\text{für das } (n+1)\text{-te Glied} \qquad a_{n+1} x^{n+1},$$

falls wir, was hier geeignet erscheint, die Glieder von Null an zählen ($a_i x^i$ ist dann also das i-te Glied). Aus der hinreichenden Konvergenzbedingung

$$\lim_{n \to \infty} \frac{|a_{n+1} x^{n+1}|}{|a_n x^n|} = |x| \cdot \lim_{n \to \infty} \left| \frac{a_{n+1}}{a_n} \right| < 1$$

folgt

$$|x| < \frac{1}{\lim\limits_{n \to \infty} \left| \dfrac{a_{n+1}}{a_n} \right|} = \lim_{n \to \infty} \left| \frac{a_n}{a_{n+1}} \right|.$$

Setzt man für den letzten Grenzwert (sofern er existiert) gleich r, so ergibt sich der

Satz

E i n e P o t e n z r e i h e $\displaystyle\sum_{n=0}^{\infty} a_n x^n$

$$\boxed{\begin{array}{l} \text{konvergiert für alle } |x| < r \\[4pt] \text{divergiert für alle } |x| > r, \end{array}}$$

f a l l s m a n d e n K o n v e r g e n z r a d i u s r d u r c h d e n G r e n z w e r t

$$\boxed{\; r = \lim_{n \to \infty} \left| \frac{a_n}{a_{n+1}} \right| \;}$$

e r m i t t e l t. A n d e n S t e l l e n $x = + r$ u n d $x = - r$ m u ß d a s K o n - v e r g e n z v e r h a l t e n a u f a n d e r e m W e g e u n t e r s u c h t w e r d e n.

Der Konvergenzbereich $\mathfrak{B}$ besteht demnach (abgesehen von den Randpunkten) aus einem symmetrisch zum Nullpunkt gelegenen Teil der x-Achse, oder, falls $r \to \infty$ geht, aus der ganzen x-Achse. Grundsätzlich kann Abb.49 zur Verdeutlichung dienen.

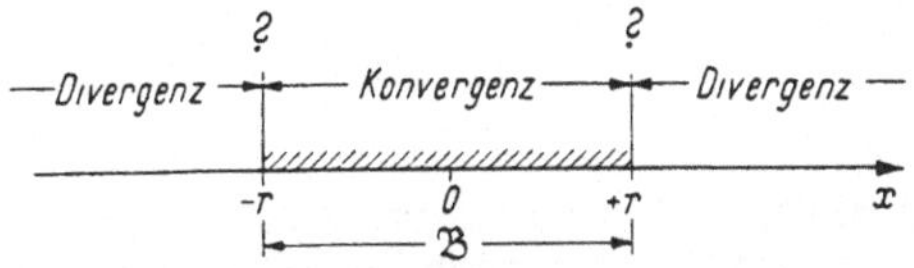

Abb. 49

Übrigens kann $\mathfrak{B}$ niemals leer sein: Für $x = 0$, also im Nullpunkt, konvergiert jede
Potenzreihe. Solche "triviale Konvergenz" ist allerdings wenig interessant, man sagt
deshalb im Falle, daß $\mathfrak{B} = \{0\}$ ist, die Reihe konvergiert für kein $x(\neq 0)$. Das Gegenstück, in welchem die Reihe für alle x konvergiert, $\mathfrak{B}$ also die ganze x-Achse aus-
macht, wird beständige Konvergenz genannt.

Beispiele

1. Für die Potenzreihe

$$1 + x + \frac{x^2}{2!} + \frac{x^3}{3!} + \ldots + \frac{x^n}{n!} + \ldots = \sum_{n=0}^{\infty} \frac{x^n}{n!}$$

ergibt sich als Konvergenzradius

$$r = \lim_{n \to \infty} \left| \frac{a_n}{a_{n+1}} \right| = \lim_{n \to \infty} \frac{(n+1)!}{n!} = \lim_{n \to \infty} (n+1) = \infty.$$

Die Potenzreihe konvergiert also für alle $x \in \mathbb{R}$, d.h. ist beständig konvergent.

2. Für die Potenzreihe

$$1 + x + \frac{x^2}{2} + \frac{x^3}{3} + \ldots + \frac{x^n}{n} + \ldots = 1 + \sum_{n=1}^{\infty} \frac{x^n}{n}$$

wird der Konvergenzradius

$$r = \lim_{n \to \infty} \left| \frac{a_n}{a_{n+1}} \right| = \lim_{n \to \infty} \frac{n+1}{n} = \lim_{n \to \infty} \left(1 + \frac{1}{n} \right) = 1.$$

Die Reihe ist also sicher für $|x| < 1$ konvergent und für $|x| > 1$ divergent. Wir
untersuchen jetzt noch das Konvergenzverhalten der Reihe auf dem "Rand des
Konvergenzbereiches", d.h. für $x = \pm 1$. Für $x = +1$ ergibt sich nach Einsetzen
in die Potenzreihe

$$1 + 1 + \frac{1}{2} + \frac{1}{3} + \frac{1}{4} + \ldots + \frac{1}{n} + \ldots$$

also die (um 1 vermehrte[1]) harmonische Reihe. An der Stelle $x = 1$ ist die Potenzreihe also divergent.

---

[1] An dieser Stelle sei bemerkt, daß sich an der Konvergenz bzw. Divergenz einer
unendlichen Reihe nichts ändert, wenn man beliebig endlich viele Glieder hinzunimmt oder wegstreicht.

Für $x = -1$ ergibt sich die alternierende Reihe

$$1 - 1 + \frac{1}{2} - \frac{1}{3} + \frac{1}{4} - + \ldots,$$

die nach dem Leibniz-Kriterium konvergent ist.

Der vollständige Konvergenzbereich $\mathfrak{B}$ der vorgelegten Potenzreihe ist demnach

$$\mathfrak{B} = \{x \mid -1 \leqslant x < +1\};$$

für alle übrigen x divergiert die Reihe.

Aufgaben zu 2.4.1

Bestimmen Sie den Konvergenzbereich folgender Potenzreihen

1. $1 + \frac{1}{2} x + \frac{2}{3} x^2 + \frac{3}{4} x^3 + \frac{4}{5} x^4 + \ldots$

2. $1 + x + \frac{1 \cdot 2}{1 \cdot 3} x^2 + \frac{1 \cdot 2 \cdot 3}{1 \cdot 3 \cdot 5} x^3 + \ldots$

3. $1 + \frac{2^1}{2} x + \frac{2^2}{3} x^2 + \frac{2^3}{4} x^3 + \ldots$

4. $x + 2^2 x^2 + 3^3 x^3 + 4^4 x^4 + \ldots$

5. $\displaystyle\sum_{n=0}^{\infty} \frac{(n!)^2}{(2n)!} x^n$ (nur Konvergenzradius!)

6. $\displaystyle\sum_{n=0}^{\infty} \frac{10^n}{n!} x^n$

7. $1 + x + (1 + a)x^2 + (1 + a + a^2)x^3 + \ldots \; (a \in \mathbb{R}^+)$

   Hinweis: unterscheiden Sie die Fälle

   1. $0 < a < 1$ und 2. $a > 1$

8. $1 + \frac{1 + a}{1 + b} x + \frac{1 + a^2}{1 + b^2} x^2 + \frac{1 + a^3}{1 + b^3} x^3 + \ldots \; (a, b \in \mathbb{R}^+)$

   Hinweis: unterscheiden Sie die vier Fälle

   1. $a > 1 \wedge b > 1$,   2. $a > 1 \wedge 0 < b < 1$

   3. $0 < a < 1 \wedge b > 1$,   4. $0 < a < 1 \wedge 0 < b < 1$.

9. $1 + e^{-x} + e^{-2x} + e^{-3x} + \ldots$

   Geben Sie auch die Summe der Reihe als Term in $x \in \mathfrak{B}$ an!

10. $1 + \frac{3}{1!} x + \frac{3 \cdot 5}{2!} x^2 + \frac{3 \cdot 5 \cdot 7}{3!} x^3 + \ldots$

2.4.2 Potenzreihendarstellung von Funktionen

Im vorigen Abschnitt haben wir den wichtigen Begriff des Konvergenzbereiches $\mathfrak{B}$ einer Potenzreihe kennengelernt. Für genau diejenigen Belegungen der Variablen x, welche dem Konvergenzbereich angehören, ist die Potenzreihe konvergent. Ist x_1 ein spezieller Wert von x aus $\mathfrak{B}$, so ist die zugehörige spezielle, nun aus konstanten Gliedern bestehende Reihe

$$a_0 + a_1 x_1 + a_2 x_1^2 + a_3 x_1^3 + \ldots = \sum_{n=0}^{\infty} a_n x_1^n$$

konvergent und stellt eine bestimmte reelle Zahl y_1 dar:

$$y_1 = \sum_{n=0}^{\infty} a_n x_1^n \; .$$

Auf diese Weise kann man nun jedem Wert x aus $\mathfrak{B}$ einen Wert einer Veränderlichen y eindeutig zuordnen, nämlich den jeweiligen Summenwert der Reihe. Die Menge dieser Wertepaare (x,y) bestimmt eine Funktion $y = f(x)$, wobei die Zuordnungsvorschrift die Potenzreihe ist:

$$f : \mathfrak{B} \to \mathbb{R} \quad \text{mit} \quad f(x) = \sum_{n=0}^{\infty} a_n x^n .$$

Damit haben wir eine neue, nicht-elementare Darstellungsform für eine Funktion kennengelernt, die besonders in der praktischen Mathematik eine große Rolle spielt. Für sie gilt zusammengefaßt der

Satz

> Jede Potenzreihe stellt im Innern ihres Konvergenzbereiches eine Funktion von x dar:
>
> $$f = \left\{ (x,y) \,\middle|\, x \in \mathfrak{B} \wedge y \in \mathbb{R} \wedge y = \sum_{n=0}^{\infty} a_n x^n \right\}$$
>
> Differentiation und Integration von $f(x)$ können für alle $x \in \mathfrak{B}$ gliedweise an der Potenzreihe vorgenommen werden:

$$f'(x) = \frac{d}{dx}\left(\sum_{n=0}^{\infty} a_n x^n\right) = \sum_{n=1}^{\infty} a_n n x^{n-1}, \qquad x \in \mathfrak{B}$$

$$\int f(x)\,dx = \int\left(\sum_{n=0}^{\infty} a_n x^n\right) dx = \sum_{n=0}^{\infty} a_n \frac{x^{n+1}}{n+1} + C, \qquad x \in \mathfrak{B}$$

Zur Erläuterung betrachten wir die Potenzreihe

$$1 - x + x^2 - x^3 + - \ldots = \sum_{n=0}^{\infty} (-x)^n.$$

Sie ist geometrisch mit dem Anfangsglied $a = 1$ und dem Quotienten $q = -x$, also ist

$$1 - x + x^2 - x^3 + - \ldots = \frac{1}{1+x} \quad \text{für} \quad |x| < 1.$$

Die angeschriebene Potenzreihe ist die für alle $|x| < 1$ gültige Reihendarstellung der rationalen Funktion

$$x \mapsto f(x) = \frac{1}{1+x} \; .$$

Benötigt man eine Reihendarstellung für $|x| > 1$, so bedarf es lediglich der Umformung

$$f(x) = \frac{1}{1+x} = \frac{1}{x}\,\frac{1}{1 + \frac{1}{x}} \; .$$

Jetzt stellt der zweite Bruch die Summe einer geometrischen Reihe mit dem Anfangsglied $a = 1$ und dem Quotienten $q = -\frac{1}{x}$ dar, die für

$$\left|-\frac{1}{x}\right| < 1 \Leftrightarrow |x| > 1$$

konvergiert und damit die Gestalt

$$f(x) = \frac{1}{x}\left(1 - \frac{1}{x} + \frac{1}{x^2} - \frac{1}{x^3} + - \ldots\right)$$

$$\Rightarrow \frac{1}{1+x} = \frac{1}{x} - \frac{1}{x^2} + \frac{1}{x^3} - \frac{1}{x^4} + - \ldots \quad \text{für} \quad |x| > 1$$

besitzt[1].

---

[1] Diese Funktionsreihe ist gemäß unserer Definition keine Potenzreihe in x mehr, wohl aber eine Potenzreihe in $\bar{x} := \frac{1}{x}$.

<u>Differenziert</u> man die gegebene Potenzreihe, so entsteht

$$f'(x) = - \frac{1}{(1 + x)^2} = -1 + 2x - 3x^2 + 4x^3 - + \ldots ,$$

und man erhält die für $|x| < 1$ gültige Potenzreihendarstellung der Ableitungsfunktion $f'(x)$. Zur Kontrolle kann man etwa die Division $1 : (1 + 2x + x^2)$ elementar ausführen.

<u>Integriert</u> man die Funktion $f(x)$, so erhält man einerseits in geschlossener Form

$$\int f(x)\,dx = \int \frac{dx}{1 + x} = \ln(1 + x),$$

andererseits durch gliedweise Integration der Potenzreihe

$$\int \sum_{n=0}^{\infty} (-x)^n dx = x - \frac{x^2}{2} + \frac{x^3}{3} - \frac{x^4}{4} + \frac{x^5}{5} - + \ldots + C.$$

Die Integrationskonstante C kann man etwa dadurch bestimmen, daß man $x = 0 \in \mathfrak{B}$ einsetzt:

$$\ln 1 = C \Rightarrow C = 0.$$

Damit haben wir die für $|x| < 1$ gültige Potenzreihendarstellung der logarithmischen Funktion $\ln(1 + x)$ erhalten

$$\ln(1 + x) = x - \frac{x^2}{2} + \frac{x^3}{3} - \frac{x^4}{4} + - \ldots ,$$

die übrigens auch noch für $x = 1$ (vgl. III, 2.3.2) konvergiert:

$$\ln 2 = 1 - \frac{1}{2} + \frac{1}{3} - \frac{1}{4} + - \ldots .$$

Hiermit könnte man $\ln 2$ näherungsweise berechnen, doch erhält man bei Berücksichtigung von 20 Gliedern erst einen auf eine Dezimale richtigen Näherungswert[1]

$$\ln 2 = 0,7.$$

---

[1] Fehlerabschätzung bei einer alternierenden Reihe: Bricht man die Reihe nach dem n-ten Glied ab (berechnet also s_n), so liegt der begangene Fehler unter dem Betrage des $(n + 1)$ten Gliedes: $|R_{n+1}| = |S - s_n| < |a_{n+1}|$. Im vorliegenden Falle ist $|R_{21}| < a_{21} = \frac{1}{21} = 0,048$. Vgl. dazu auch Aufgabe 2 in III, 2.3.2.

Wir werden später (vgl. III, 2.4.5) geeignetere Reihen zur numerischen Berechnung von Logarithmen aufstellen.

Aufgaben zu 2.4.2

1. Wie lautet die Funktion f, welche jeder Belegung von x des Konvergenzbereiches $\mathfrak{B}$ der Potenzreihe

$$\frac{1}{5} + \frac{2}{25}\, x + \frac{4}{125}\, x^2 + \frac{8}{625}\, x^3 + \frac{16}{3125}\, x^4 + \dots$$

den zugehörigen Summenwert der Reihe zuordnet? Es ist $f(x)$ als geschlossener Funktionsterm anzugeben.

2. Welche Funktion wird für $|x| < 1$ von der Potenzreihe

$$x - x^3 + x^5 - x^7 + x^9 - + \dots \qquad (*)$$

dargestellt? Welche Funktionen und ihre Potenzreihendarstellungen ergeben sich bei Differentiation und Integration von $(*)$?
Berechnen Sie ln 1,01 mit den ersten beiden Gliedern der (Integral-) Reihe. Welche Genauigkeit wird erreicht?

3. Um die Funktion

$$f(x) = e^{-x} - 2e^{-2x} + 3e^{-3x} - 4e^{-4x} + - \dots$$

für $x \in \mathbb{R}^+$ in geschlossener Form zu erhalten, integriere man zunächst, setze $C = 1$ und ermittle $f(x)$ als Ableitung der Funktion, welche die Integralreihe darstellt. Konvergenzbereich?

2.4.3 Maclaurin-Reihen und Maclaurin-Polynome

Zuletzt hatten wir gesagt, daß jede konvergente Potenzreihe in ihrem Konvergenzbereich eine (differenzierbare) Funktion von x darstellt. Jetzt wenden wir uns der Frage zu, wie man überhaupt die Potenzreihendarstellung einer Funktion gewinnen kann. Man spricht dann von der "Entwicklung einer gegebenen Funktion in eine Potenzreihe". Dabei wollen wir die genauen Voraussetzungen, unter denen eine Potenzreihenentwicklung möglich ist, zunächst noch nicht untersuchen und uns dafür gleich der Frage nach der Herstellung der Potenzreihe zuwenden.

Satz

> Sofern eine Funktion $y = f(x)$ überhaupt in eine konvergente Potenzreihe der Gestalt
>
> $$f(x) = a_0 + a_1 x + a_2 x^2 + \dots + a_n x^n + \dots$$

entwickelt werden kann, so ist dies auf genau eine Weise mittels der Maclaurin-Reihe[1]

$$f(x) = f(0) + \frac{f'(0)}{1!}\,x + \frac{f''(0)}{2!}\,x^2 + \ldots + \frac{f^{(n)}(0)}{n!}\,x^n + \ldots$$

möglich.

<u>Beweis:</u> Das Charakteristische der Maclaurin-Reihe sind ihre Koeffizienten, die durch die gegebene Funktion und ihre sämtlichen Ableitungen an der Stelle $x = 0$ eindeutig bestimmt sind. Die Existenz und beliebig oftmalige Ableitbarkeit der vorgelegten Funktion bei $x = 0$ ist also sicher eine notwendige Bedingung für ihre Entwickelbarkeit in eine solche Potenzreihe.

Wir haben demnach zu zeigen

$$a_n = \frac{f^{(n)}(0)}{n!} \quad \text{für} \quad n = 0,1,2,\ldots$$

Dies geschieht wie folgt:

$$f(x) = a_0 + a_1 x + a_2 x^2 + a_3 x^3 + a_4 x^4 + \ldots \Rightarrow f(0) = a_0, \quad a_0 = \frac{f(0)}{0!}$$

$$f'(x) = a_1 + 2a_2 x + 3a_3 x^2 + 4a_4 x^3 + \ldots \Rightarrow f'(0) = a_1, \quad a_1 = \frac{f'(0)}{1!}$$

$$f''(x) = 2a_2 + 6a_3 x + 12a_4 x^2 + \ldots \Rightarrow f''(0) = 2a_2, \quad a_2 = \frac{f''(0)}{2!}$$

$$f'''(x) = 6a_3 + 24a_4 x + \ldots \Rightarrow f'''(0) = 6a_3, \quad a_3 = \frac{f'''(0)}{3!}$$

$$f^{(4)}(x) = 24a_4 + \ldots \Rightarrow f^{(4)}(0) = 24a_4, \quad a_4 = \frac{f^{(4)}(0)}{4!}$$

$$\vdots \qquad\qquad\qquad \vdots \qquad\qquad \vdots$$

Setzt man die so gefundenen Ausdrücke für die Koeffizienten in die Potenzreihe ein, so ergibt sich die gesuchte Maclaurin-Reihe. Für x sind dabei stets unbenannte Zahlen, insbesondere Winkelwerte im Bogenmaß, einzusetzen. –

Hat man eine Funktion formal in eine Potenzreihe entwickelt, so muß grundsätzlich untersucht werden, für welche Werte von x die Reihe konvergiert und ob sie die vor-

---

[1] C. Maclaurin (1698...1746), schottischer Mathematiker.

gelegte Funktion auch wirklich darstellt[1]. Das <u>Konvergenzproblem</u> läßt sich in einfachen Fällen durch Bestimmung des Konvergenzbereichs gemäß III, 2.4.2 verhält-
nismäßig leicht erledigen. Das <u>Darstellungsproblem</u> wird durch eine Untersuchung
des Restgliedes R_{n+1} gelöst. Faßt man im folgenden mit R_{n+1} den "Rest" der Reihe
von der $(n + 1)$-ten Potenz an zusammen

$$R_{n+1} = \frac{f^{(n+1)}(0)}{(n+1)!}\, x^{n+1} + \frac{f^{(n+2)}(0)}{(n+2)!}\, x^{n+2} + \dots,$$

so kann man für die Reihe

$$\boxed{\;\sum_{n=0}^{\infty} \frac{f^{(n)}(0)}{n!}\, x^n = \sum_{i=0}^{n} \frac{f^{(i)}(0)}{i!}\, x^i + R_{n+1}\;}$$

schreiben. Nennt man das Polynom

$$P(x) = \sum_{i=0}^{n} \frac{f^{(i)}(0)}{i!}\, x^i$$

das **Maclaurin—Polynom** n-ten Grades für die Funktion $f(x)$, so gilt der einfache
Zusammenhang

$$\boxed{\text{MACLAURIN-Reihe} = \text{MACLAURIN-Polynom} + \text{Restglied}}$$

Die **Bedeutung des Restgliedes** besteht nun in folgenden zwei Aussagen:

1. Soll eine konvergente Maclaurin-Reihe innerhalb ihres Konvergenzbereichs
   die Funktion $f(x)$ gemäß

$$f(x) = \sum_{n=0}^{\infty} \frac{f^{(n)}(0)}{n!}\, x^n$$

---

[1] Es gibt tatsächlich Funktionen, die formal in eine konvergente Maclaurinsche Reihe
entwickelt werden können und bei denen die Reihe die Funktion <u>nicht darstellt</u>! Ein
Beispiel hierfür ist die Funktion $f(x) = e^{-\frac{1}{x^2}}$ $(x \neq 0;\ f(0) = 0)$; ihre Entwicklung
in eine Maclaurin-Reihe liefert die Funktion $\varphi(x) \equiv 0 \neq f(x)$.

darstellen, so ist dafür n o t w e n d i g und h i n r e i c h e n d

$$\boxed{\lim_{n \to \infty} R_{n+1} = 0}$$

2. Wird eine Funktion $f(x)$ durch ein Maclaurin-Polynom näherungsweise dargestellt

$$f(x) \approx \sum_{i=0}^{n} \frac{f^{(i)}(0)}{i!} x^i ,$$

so ermöglicht das Restglied R_{n+1} eine Abschätzung des begangenen Fehlers gemäß

$$R_{n+1} = f(x) - \sum_{i=0}^{n} \frac{f^{(i)}(0)}{i!} x^i .$$

Hierzu noch folgende Bemerkungen: Der bei jeder Reihenentwicklung zu erbringende Nachweis für $\lim R_{n+1} = 0$ bedarf zunächst einer brauchbaren Form des Restgliedes und ist nicht ganz leicht durchzuführen[1]. Etwas einfacher ist die Fehlerabschätzung. Hierzu benutzt man die <u>Lagrangesche Form des Restgliedes</u>

$$\boxed{R_{n+1} = \frac{x^{n+1}}{(n + 1)!} f^{(n+1)}(\vartheta x) \qquad (0 < \vartheta < 1)}$$

und schätzt dieses so ab, daß man eine obere Schranke für den Fehler erhält. Grundsätzlich wird das Maclaurin-Polynom die Funktion $f(x)$ um so besser approximieren, je höher der Grad n des Polynoms gewählt wird und je weniger x vom "Mittelpunkt 0" des Konvergenzbereichs entfernt ist (d.h. je kleiner $|x|$ ist).

Wählt man speziell ein lineares Maclaurin-Polynom zur Approximation, arbeitet also mit der Näherung

$$f(x) \approx f(0) + f'(0)x,$$

---

[1] Er wird vom Ingenieur-Studenten bei Prüfungen im Regelfall nicht verlangt und ist deshalb hier auch nicht jedesmal durchgeführt. Der Studierende muß sich aber des Sachverhaltes (1) und speziell der Tatsache bewußt sein, daß zu jeder Potenzreihenentwicklung einer Funktion stets eine konkrete Angabe des Gültigkeitsbereichs für x gehört, andernfalls kann man mit der Entwicklung praktisch nichts anfangen.

so haben wir die aus II, 3.6.2 bereits bekannte spezielle Linearisierungsformel
vor uns.

Für jedes Maclaurin-Polynom folgt nach der in II, 3.7.11 gegebenen Definition der
Beruhrung zweier Kurven: Eine Funktion $y = f(x)$ und ihr Maclaurin-
sches Polynom n-ten Grades berühren einander von der n-ten
Ordnung. Oder: Die Schmiegungsparabel n-ter Ordnung für eine Funktion $y = f(x)$
an der Stelle $x = 0$ ist zugleich die Bildkurve des Maclaurin-Polynoms n-ten Grades
für die Funktion $y = f(x)$. Für die Funktionen

$$y = f(x)$$
$$P(x) = f(0) + \frac{f'(0)}{1!} x + \ldots + \frac{f^{(n)}(0)}{n!} x^n$$

ist nämlich die von der Definition geforderte Bedingung

$$f(0) = P(0), \quad f'(0) = P'(0), \quad f''(0) = P''(0), \ldots, f^{(n)}(0) = P^{(n)}(0)$$

genau erfüllt.

Die Bedeutung der Potenzreihenentwicklung von Funktionen in der praktischen Mathematik beruht nach dem oben Gesagten in der Möglichkeit, jede Funktion - sofern sie
durch eine Potenzreihe darstellbar ist - durch ein Polynom zu ersetzen, wobei durch
Wahl des Polynomgrades der entstehende Fehler unter jeder Schranke gehalten wer-
den kann. Handelt es sich um die Potenzreihenentwicklung für kleine $|x|$, so sind
dies die Maclaurin-Polynome, mit denen als Ersatzfunktionen gearbeitet wird.

Beispiele

1. Man diskutiere die Maclaurinsche Reihenentwicklung der Kosinusfunktion!

<u>Lösung:</u> Zunächst sind die Koeffizienten der Reihe zu bestimmen:

$$
\begin{array}{llll}
f(x) & = \cos x, & f(0) & = \cos 0 = 1 \\
f'(x) & = -\sin x, & f'(0) & = -\sin 0 = 0 \quad : 1! \\
f''(x) & = -\cos x, & f''(0) & = -\cos 0 = -1 \quad : 2! \\
f'''(x) & = \sin x, & f'''(0) & = \sin 0 = 0 \quad : 3! \\
f^{(4)}(x) & = \cos x, & f^{(4)}(0) & = \cos 0 = 1 \quad : 4! \\
& \vdots & & \vdots
\end{array}
$$

$$\boxed{\cos x = 1 - \frac{x^2}{2!} + \frac{x^4}{4!} - \frac{x^6}{6!} + - \ldots}$$

Die Reihe ist beständig konvergent und stellt für alle x die Kosinusfunktion dar. Da
die Reihe nur gerade Potenzen von x aufweist, so folgt aus ihr die bekannte Formel

$$\cos(-x) = \cos x,$$

und es wird die Bezeichnung "gerade Funktion" jetzt verständlich[1].

Die einzelnen Maclaurin-Polynome für $f(x) = \cos x$ sind

$$P_0(x) = 1$$

$$P_2(x) = 1 - \frac{x^2}{2}$$

$$P_4(x) = 1 - \frac{x^2}{2} + \frac{x^4}{24}$$

$$P_6(x) = 1 - \frac{x^2}{2} + \frac{x^4}{24} - \frac{x^6}{720} \quad \text{usw.,}$$

ihre Bilder sind zugleich die Schmiegungsparabeln an die Kosinuslinie (Abb.50).

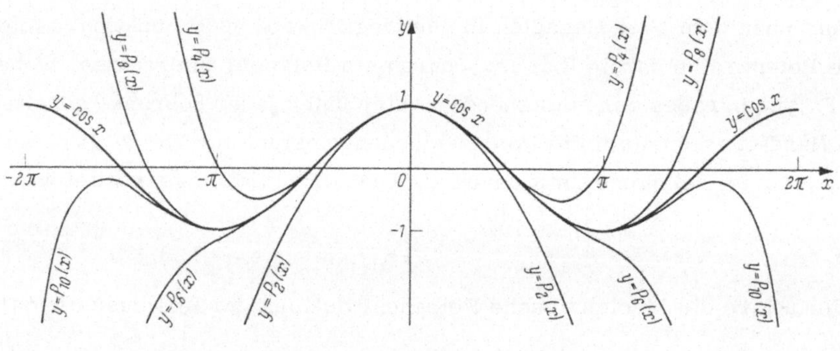

Abb.50

<u>Anwendung</u>: Es werde cos 15° mit dem Maclaurin-Polynom 6. Grades berechnet und
der entstehende Fehler abgeschätzt!

Zunächst ist im Bogenmaß

$$15° = \frac{\pi}{12} = 0,26179939$$

$$\Rightarrow P_6\left(\frac{\pi}{12}\right) = 1 - \frac{1}{2}\left(\frac{\pi}{12}\right)^2 + \frac{1}{24}\left(\frac{\pi}{12}\right)^4 - \frac{1}{720}\left(\frac{\pi}{12}\right)^6 = 0,965926.$$

---

[1] Gerade Funktionen besitzen also eine Reihenentwicklung mit nur geraden x-Potenzen und entsprechend treten in der Potenzreihenentwicklung ungerader Funktionen
ausschließlich ungerade x-Potenzen auf.

Zur **Fehlerabschätzung** wird das Restglied R_8[1] in der Form von Lagrange herangezogen:

$$R_8 = \frac{f^{(8)}(\vartheta x)}{8!} \, x^8 = \frac{\cos\left(\vartheta \frac{\pi}{12}\right)}{8!} \left(\frac{\pi}{12}\right)^8 < \frac{1}{8!} \left(\frac{\pi}{12}\right)^8 \, ,$$

wenn man für $\cos\left(\vartheta \frac{\pi}{12}\right) = 1$, also den größten Wert, einsetzt.

Numerisch wird mit $8! = 40\,320$

$$R_8 < 0{,}6 \cdot 10^{-9},$$

d.h. von der Reihenentwicklung kommt ein Fehler frühestens in der 9. Dezimale ins Ergebnis. Unser auf 6 Dezimalen angeschriebener Wert

$$\cos 15° = 0{,}965926$$

ist deshalb so sicher richtig.

2. Man entwickle die <u>Sinusfunktion</u> in ihre Maclaurin-Reihe!

<u>Lösung:</u> Für die Koeffizienten erhält man

$$
\begin{array}{llllll}
f(x) & = & \sin x, & f(0) & = \sin 0 = & 0 & \\
f'(x) & = & \cos x, & f'(0) & = \cos 0 = & 1 & :1! \\
f''(x) & = & -\sin x, & f''(0) & = -\sin 0 = & 0 & :2! \\
f'''(x) & = & -\cos x, & f'''(0) & = -\cos 0 = & -1 & :3! \\
f^{(4)}(x) & = & \sin x, & f^{(4)}(0) & = \sin 0 = & 0 & :4! \ \text{usw.}
\end{array}
$$

und damit die Potenzreihe

$$\boxed{\ \sin x = x - \frac{x^3}{3!} + \frac{x^5}{5!} - \frac{x^7}{7!} + - \dots , \ }$$

deren Gültigkeitsbereich alle x-Werte aus $\mathbb{R}$ umfaßt.

---

[1] Mit $P_6(x)$ ist in diesem Falle auch $P_7(x)$ bestimmt; deshalb ist das Restglied für $n + 1 = 8$, d.h. R_8, abzuschätzen.

Da nur ungerade x-Potenzen auftreten, ist die Sinusfunktion eine ungerade Funktion:

$$\sin(-x) = -\sin x.$$

Das lineare Maclaurin-Polynom

$$P_1(x) = x$$

ist uns von der Linearisierung her bereits bekannt (II, 3.6.2).

Anwendung: Was erhält man für sin 1 bei Benutzung des kubischen Maclaurin-Polynoms? Es ist

$$\sin 1 = 1 - \frac{1}{3!} = \frac{5}{6} = 0,83333.$$

Die Fehlerabschätzung mittels R_5 ergibt hier

$$R_5 = \frac{f^{(5)}(\vartheta x)}{5!}\, x^5 = \frac{\cos \vartheta}{5!} \Rightarrow 0 < R_5 < \frac{1}{5!} = 0,00833;$$

so daß der richtige Wert in den Schranken

$$0,8333 < \sin 1 < 0,8417$$

eingeschlossen ist. Der auf 4 Dezimalen richtige Tafelwert ist 0,8415. Die geringere Genauigkeit gegenüber der im vorigen Beispiel durchgeführten Rechnung hat hier zwei Ursachen: einerseits wurde nur mit dem kubischen Näherungspolynom gearbeitet, andererseits liegt der x-Wert mit $1 = 57,3°$ weiter vom Nullpunkt als Mittelpunkt des Konvergenzbereichs entfernt als $\frac{\pi}{12} = 15°$.

3. Gesucht ist die Maclaurinsche Reihenentwicklung der <u>Exponentialfunktion</u> $y = e^x$.

<u>Lösung:</u> Die Koeffizienten ergeben sich aus

$$f^{(n)}(x) = e^x, \qquad f^{(n)}(0) = e^0 = 1$$

$$(n = 0, 1, 2, 3, \ldots)$$

zu

$$a_n = \frac{f^{(n)}(0)}{n!} = \frac{1}{n!},$$

womit die Potenzreihe die Gestalt

$$e^x = 1 + x + \frac{x^2}{2!} + \frac{x^3}{3!} + \frac{x^4}{4!} + \cdots$$

erhält. Sie gilt für alle $x \in \mathbb{R}$.

Jede Potenzreihe ist im Innern ihres Konvergenzbereiches absolut konvergent. Man kann also die Glieder beliebig umordnen, ohne daß sich etwas an der Summenfunktion ändert. Im vorliegenden Fall ordnen wir die Glieder wie folgt an

$$e^x = \left(1 + \frac{x^2}{2!} + \frac{x^4}{4!} + \cdots \right) + \left(x + \frac{x^3}{3!} + \frac{x^5}{5!} + \cdots \right).$$

Die erste Klammer enthält sämtliche geraden, die zweite sämtliche ungeraden Potenzen von x. Nun kennen wir aber (vgl. II, 1.8) die Zerlegung der e-Funktion in geraden und ungeraden Anteil gemäß

$$e^x = \cosh x + \sinh x.$$

Vergleicht man beide Darstellungen und beachtet die Eindeutigkeit der Zerlegung, so folgen daraus die Maclaurin-Reihen

$$\cosh x = 1 + \frac{x^2}{2!} + \frac{x^4}{4!} + \frac{x^6}{6!} + \cdots$$
$$\sinh x = x + \frac{x^3}{3!} + \frac{x^5}{5!} + \frac{x^7}{7!} + \cdots,$$

die beide beständig konvergent und für alle $x \in \mathbb{R}$ gültig sind.

<u>Anwendung</u>: Man berechne die Eulersche Zahl e auf 6 Dezimalen genau! Zu diesem Zweck setzen wir in der e^x-Reihe $x = 1$ und erhalten

$$e = 1 + 1 + \frac{1}{2!} + \frac{1}{3!} + \frac{1}{4!} + \cdots = \sum_{n=0}^{\infty} \frac{1}{n!}$$

Damit wir eine Genauigkeit von 6 Dezimalen bekommen, ist n so groß zu wählen, daß das Restglied

$$R_{n+1} < 0,5 \cdot 10^{-6}$$

wird. Für $x = 1$, $f^{(n+1)}(\vartheta x) = e^{\vartheta x}$ fordern wir also

$$R_{n+1} = \frac{e^{\vartheta x}}{(n+1)!} x^{n+1} = \frac{e^{\vartheta}}{(n+1)!} < \frac{3}{(n+1)!} < 0,5 \cdot 10^{-6}, \qquad (*)$$

denn wegen $0 < \vartheta < 1$ wird

$$e^{\vartheta} < e < 3.$$

Löst man $(*)$ nach n auf, so wird

$$(n+1)! > 6 \cdot 10^{+6} \quad \text{für} \quad n+1 \geqslant 11, \quad n \geqslant 10$$
$$((n+1)! = 39916800 > 6 \cdot 10^{6}).$$

Schreiben wir die Glieder der e-Reihe bis zur 10. Potenz an

$$
\begin{array}{ll}
1 & = 1,0000000 \\
1 & = 1,0000000 \\
1:2! & = 0,5000000 \\
1:3! & = 0,1666667 \\
1:4! & = 0,0416667 \\
1:5! & = 0,0083333 \\
1:6! & = 0,0013889 \\
1:7! & = 0,0001984 \\
1:8! & = 0,0000248 \\
1:9! & = 0,0000028 \\
1:10! & = 0,0000003,
\end{array}
$$

so erhalten wir den auf 6 Dezimalen richtigen Wert

$$e = 2,718282.$$

Ohne Restgliedabschätzung sieht man auch an der obigen Aufstellung, daß die folgenden Glieder (von $1:11!$ ab) keinen Einfluß mehr auf die 6. Dezimale nehmen können, denn die Glieder bilden eine monoton fallende Folge.

4. Man stelle die Potenzreihen-Entwicklung für die <u>Potenzfunktion</u> $f(x) = (1 + x)^n$ ($n \in \mathbb{R}$) auf!

<u>Lösung:</u> Für die Koeffizienten ergibt sich

$$
\begin{aligned}
f(x) &= (1 + x)^n & &\Rightarrow f(0) &&= 1 \\
f'(x) &= n(1 + x)^{n-1} & &\Rightarrow f'(0) &&= n \\
f''(x) &= (n - 1)n(1 + x)^{n-2} & &\Rightarrow f''(0) &&= (n - 1)n \\
f'''(x) &= (n - 2)(n - 1)n(1 + x)^{n-3} & &\Rightarrow f'''(0) &&= (n - 2)(n - 1)n,
\end{aligned}
$$

allgemein für jedes $k = 1, 2, 3, \ldots$

$$
f^{(k)}(x) = (n - k + 1) \cdot \ldots \cdot (n - 2)(n - 1)n(1 + x)^{n-k}
$$
$$
\Rightarrow f^{(k)}(0) = (n - k + 1) \cdot \ldots \cdot (n - 2)(n - 1)n
$$
$$
\Rightarrow a_k = \frac{f^{(k)}(0)}{k!} = \frac{(n - k + 1) \cdot \ldots \cdot (n - 2)(n - 1)n}{k!} .
$$

Für diesen Bruch hatten wir in II, 1.1.2 unter der Voraussetzung ganzer positiver n und k die Binomialkoeffizienten-Schreibweise von Euler

$$
\binom{n}{k}
$$

eingeführt. Da n jetzt eine beliebige reelle Zahl sein kann, erweitern wir dieses Zeichen auf reelle n, so daß sich die gesuchte Potenzreihe in der Form

$$
\boxed{\,(1 + x)^n = 1 + \binom{n}{1} x + \binom{n}{2} x^2 + \ldots + \binom{n}{k} x^k + \ldots = \sum_{k=0}^{\infty} \binom{n}{k} x^k\,}
$$

Binomische Reihe

schreibt. Der Gültigkeitsbereich der Reihe ist $|x| < 1$. Ist n speziell eine positive ganze Zahl, so bricht die Reihe nach dem Gliede x^n ab, da dann

$$
\binom{n}{k} = 0 \quad \text{für alle} \quad k > n
$$

ist, und man erhält den aus II, 1.1.2 bekannten binomischen Satz

$$
(1 + x)^n = \sum_{k=0}^{n} \binom{n}{k} x^k.
$$

Die binomische Reihe ist also die Verallgemeinerung des binomischen Satzes, falls
der Exponent eine beliebige reelle Zahl ist.

Für n = - 1 geht die binomische Reihe in die geometrische Reihe

$$\frac{1}{1 + x} = 1 - x + x^2 - x^3 + - \ldots$$

über, da für jedes ganze positive k

$$\binom{-1}{k} = (-1)^k$$

ist.

Die bereits aus II, 1.1.2, II, 3.6.2 bekannte Linearisierungsformel

$$(1 + x)^n \approx 1 + n\,x$$

findet nunmehr eine für alle reellen n gültige korrekte Begründung.

1. Anwendung. Man entwickle den Wurzelausdruck $\sqrt[3]{4 - 9x}$ in eine Potenzreihe!
Hierzu ist zunächst wie folgt umzuformen

$$\sqrt[3]{4 - 9x} = \sqrt[3]{4\left(1 - \frac{9}{4}x\right)} = \sqrt[3]{4} \cdot \sqrt[3]{1 + t}$$

$$\text{mit} \quad t = -\frac{9}{4}x.$$

Für $|t| < 1$, d.h.

$$\left|-\frac{9}{4}x\right| < 1 \Rightarrow |x| < \frac{4}{9}$$

erhält man folgende binomische Reihe $\left(n = \frac{1}{3}\right)$

$$\sqrt[3]{1 + t} = 1 + \frac{1}{3}t - \frac{1}{9}t^2 + \frac{5}{81}t^3 - + \ldots$$

$$\Rightarrow \sqrt[3]{4 - 9x} = \sqrt[3]{4}\left(1 - \frac{3}{4}x - \frac{9}{16}x^2 - \frac{45}{64}x^3 - \ldots\right).$$

2. Anwendung. Zur Berechnung von $\sqrt{10}$ kann man

$$\sqrt{10} = \sqrt{9 + 1} = \sqrt{9\left(1 + \frac{1}{9}\right)} = 3\sqrt{1 + \frac{1}{9}}$$

schreiben und die verbleibende Wurzel in eine binomische Reihe entwickeln

$$\sqrt{10} = 3\left(1 + \frac{1}{2}\cdot\frac{1}{9} - \frac{1}{8}\left(\frac{1}{9}\right)^2 + \frac{1}{16}\left(\frac{1}{9}\right)^3 - + \ldots\right).$$

Bricht man nach der dritten Potenz ab, so erhält man bereits einen auf 5 Stellen (4 Dezimalen) richtigen Näherungswert

$$\sqrt{10} = 3,1623.$$

5. Die durch folgende Terme definierten Funktionen

$$f(x) = \sqrt[n]{x} \qquad (n > 0,\ \text{ganz})$$
$$f(x) = \ln x$$
$$f(x) = \cot x$$
$$f(x) = 1/x^n \qquad (n > 0)$$
$$f(x) = \frac{1}{\sinh x}$$

besitzen keine Maclaurinsche Reihenentwicklung, da die notwendige Voraussetzung, nämlich Existenz und Ableitbarkeit beliebiger Ordnung im Nullpunkt

$$f(0),\quad f'(0),\quad f''(0),\ldots,\quad f^{(n)}(0),\ldots$$

nicht erfüllt ist. Der Studierende suche selbst weitere Beispiele.

<u>Aufgaben zu 2.4.3</u>

1. Entwickeln Sie die folgenden Funktionen in Potenzreihen (Maclaurin-Reihen) und schreiben Sie die Glieder bis zur 4. Potenz (einschließlich) an:

a) $y = e^{-x}\cos x$

b) $y = e^{x+x^2}$

c) $y = \sqrt{1 + \sin x}$

d) $y = e^{\cos x}$

e) $y = \dfrac{x + 1}{-2x^2 + x + 1}$

2. Schreiben Sie die Maclaurin-Reihe für die e-Funktion mit imaginärem Exponenten (jx statt x, $j^2 = -1$) an und ordnen Sie die Glieder nach Real- und Imaginärteil! Welche wichtige Formel der komplexen Arithmetik ergibt sich?

3. Gesucht ist die Potenzreihen-Darstellung der Funktion $y = e^x \sin x$ in der allgemeinen Form. Anleitung: Bilden Sie zunächst $f^{(n)}(x)$ für $n = 1, 2, 3$ und stellen Sie dann für $f^{(4)}(x)$ bis $f^{(8)}(x)$ eine Beziehung mit $f(x)$, $f'(x)$ etc. her. Daraus läßt sich allgemein die Form für

$$f^{(4n)}(0), \quad f^{(4n+1)}(0), \quad f^{(4n+2)}(0), \quad f^{(4n+3)}(0)$$

gewinnen.

4. Approximieren Sie die Hauptwert-Arkustangens-Funktion $y = \text{Arc tan } x$ für kleine $|x|$-Werte durch ihr kubisches Maclaurin-Polynom!
Zeichnen Sie die Graphen in $[-2; 2]$ auf und geben Sie an, wie groß der absolute Fehler zwischen Funktions- und Näherungswert für $x = \pm 1$ ist.

5. Entwickeln Sie die Potenzreihen für

a) $y = \dfrac{1}{\sqrt{1 - 4x}}$ \qquad b) $y = \dfrac{1}{\sqrt[4]{1 + x}}$

und berechnen Sie damit

$$\frac{1}{\sqrt{0,92}} \qquad \text{bzw.} \qquad \frac{1}{\sqrt[4]{1,3}} \quad,$$

indem Sie noch die vierte bzw. fünfte Potenz berücksichtigen. Geben Sie in beiden Fällen den absoluten Fehler durch Vergleich mit dem von einem Rechner gelieferten Wert an!

6. Es soll $\sqrt{568}$ durch das quadratische Maclaurin Polynom der entsprechenden Binomischen Reihe berechnet und die Genauigkeit durch eine Abschätzung des Restgliedes ermittelt werden.
Anleitung: Schreiben Sie vom Rest der Reihe noch einige Glieder explizit an und suchen Sie nach einer geometrischen Reihe als konvergenter Majorante. Die Summe dieser Reihe liefert dann eine obere Schranke für den Fehler. Wie groß ist dieser höchstens?

7. Zeigen Sie die Gültigkeit der Potenzreihen-Entwicklung für $y = e^x$ für alle $x \in \mathbb{R}$ durch die Grenzwertbestimmung

$$\lim_{n \to \infty} R_{n+1}(x) = 0$$

Anleitung: Verwenden Sie die Ungleichung

$$e^{\vartheta x} < e^{|x|} \qquad (*)$$

für alle $x \in \mathbb{R}$ und $0 < \vartheta < 1$. Skizzieren Sie sich $(*)$ zur Verdeutlichung! Hängt hier $f^{(n+1)}(\vartheta x)$ von x und n ab?

8. Zeigen Sie die Gültigkeit der Potenzreihen-Entwicklung für die Sinusfunktion durch

$$\lim_{n \to \infty} R_{n+1}(x) = 0$$

Anleitung: Schreiben Sie $f^{(n)}(\vartheta x)$ als Sinusfunktion und wählen Sie für $n + 1$ die Form $2k + 1$ ($k \in \mathbb{N}$). Verwenden Sie vor der Grenzwertbildung die bekannte Eigenschaft der Sinusfunktion, beschränkt zu sein!

2.4.4 Potenzreihenentwicklung durch unbestimmten Ansatz

In vielen Fällen bereitet die Entwicklung einer Funktion $f(x)$ in ihre Maclaurin-Reihe mit der im vorigen Abschnitt gezeigten Methode unerwartete Schwierigkeiten, da die Bildung der höheren Ableitungen auf immer kompliziertere Ausdrücke führt und damit der Arbeitsaufwand unverhältnismäßig groß wird. Hier hilft oft der Ansatz einer Maclaurin-Reihe mit zunächst noch u n b e s t i m m t e n K o e f f i z i e n t e n $a_i \in \mathbb{R}$

$$\boxed{f(x) = a_0 + a_1 x + a_2 x^2 + \ldots + a_n x^n + \ldots \, ,}$$

sofern man über $f(x)$ noch gewisse Beziehungen zu anderen Funktionen und deren Reihenentwicklungen herstellen kann. Hiervon betrachten wir zwei Fälle.

1. <u>$f(x)$ ist darstellbar als Quotient zweier Funktionen</u> $g(x)$ und $h(x)$, deren Potenzreihenentwicklungen bekannt sind:

$$f(x) = \frac{g(x)}{h(x)} = \frac{b_0 + b_1 x + b_2 x^2 + \ldots + b_n x^n + \ldots}{c_0 + c_1 x + c_2 x^2 + \ldots + c_n x^n + \ldots} \, .$$

Dann setzt man gemäß

$$a_0 + a_1 x + a_2 x^2 + \ldots + a_n x^n + \ldots \equiv \frac{b_0 + b_1 x + b_2 x^2 + \ldots + b_n x^n + \ldots}{c_0 + c_1 x + c_2 x^2 + \ldots + c_n x^n + \ldots}$$

$$\left(a_0 + a_1 x + a_2 x^2 + \ldots \right)\left(c_0 + c_1 x + c_2 x^2 + \ldots \right) \equiv b_0 + b_1 x + b_2 x^2 + \ldots ,$$

multipliziert linkerseits aus, ordnet nach Potenzen von x und vergleicht beiderseits die Koeffizienten gleicher x-Potenzen[1]. Für die ersten drei ergibt sich

$$a_0 c_0 = b_0 \Rightarrow a_0 = \frac{b_0}{c_0}$$

$$a_0 c_1 + a_1 c_0 = b_1 \Rightarrow a_1 = \frac{b_1 c_0 - b_0 c_1}{c_0^2}$$

$$a_0 c_2 + a_1 c_1 + a_2 c_0 = b_2 \Rightarrow a_2 = \frac{b_2 c_0^2 - b_0 c_2 c_0 - b_1 c_1 c_0 + b_0 c_1^2}{c_0^3}$$

---

[1] Die von Polynomidentitäten her bekannte Methode des Koeffizientenvergleichs (vgl. II, 1.3.1, II, 1.4.2) findet hier also eine Verallgemeinerung auf konvergente Potenzreihen.

2. __f(x)__ ist darstellbar als Kehrwert einer anderen Funktion $h(x)$, deren Potenzreihenentwicklung bekannt ist[1]

$$f(x) = \frac{1}{h(x)} = \frac{1}{c_0 + c_1 x + c_2 x^2 + \ldots + c_n x^n + \ldots}.$$

Aus dem Ansatz

$$\left(a_0 + a_1 x + a_2 x^2 + \ldots + a_n x^n + \ldots\right)\left(c_0 + c_1 x + c_2 x^2 + \ldots + c_n x^n + \ldots\right) \equiv 1$$

folgen durch "Koeffizientenvergleich" wie oben die gesuchten $a_0, a_1, a_2, \ldots$, so
etwa

$$a_0 = \frac{1}{c_0}$$

$$a_1 = -\frac{c_1}{c_0^2}$$

$$a_2 = \frac{c_1^2 - c_2 c_0}{c_0^3}$$

$$\vdots$$

Man beachte, daß dieses Verfahren stets zum gleichen Ergebnis führt wie die Bestimmung der Koeffizienten über die Ableitungen, da die Entwicklung einer Funktion in eine konvergente Potenzreihe

$$f(x) = a_0 + a_1 x + a_2 x^2 + \ldots + a_n x^n + \ldots$$

– sofern sie überhaupt möglich ist – e i n d e u t i g ist. Das Resultat ist stets die
Maclaurinsche Reihe

$$f(x) = \sum_{n=0}^{\infty} \frac{f^{(n)}(0)}{n!} x^n.$$

Beispiele

1. Man entwickle die Hyperbelfunktion

$$f(x) = \tanh x$$

in ihre Maclaurinsche Reihe!

---

[1] Dieser Fall ist natürlich nur ein Sonderfall des ersten, falls man dort $g(x) \equiv 1$,
also $b_0 = 1$, $b_1 = b_2 = \ldots = b_n = \ldots = 0$, setzt.

<u>Lösung:</u> Bekannt ist

$$\tanh x = \frac{\sinh x}{\cosh x} = \frac{x + \dfrac{x^3}{3!} + \dfrac{x^5}{5!} + \ldots}{1 + \dfrac{x^2}{2!} + \dfrac{x^4}{4!} + \ldots} \quad ; \quad (*)$$

also führt der Ansatz

$$\tanh x = a_1 x + a_3 x^3 + a_5 x^5 + \ldots ,$$

bei dem wir bereits die Kenntnis, daß $\tanh x$ eine **ungerade** Funktion ist, durch $a_0 = a_2 = \ldots = a_{2n} = \ldots = 0$ ausgebeutet haben, auf

$$\left(a_1 x + a_3 x^3 + a_5 x^5 + \ldots \right)\left(1 + \frac{x^2}{2!} + \frac{x^4}{4!} + \ldots \right) \equiv x + \frac{x^3}{3!} + \frac{x^5}{5!} + \ldots$$

$$a_1 = 1$$

$$\frac{a_1}{2!} + a_3 = \frac{1}{3!} \Rightarrow a_3 = -\frac{1}{3}$$

$$\frac{a_1}{4!} + \frac{a_3}{2!} + a_5 = \frac{1}{5!} \Rightarrow a_5 = \frac{2}{15}$$

$$\boxed{\tanh x = x - \frac{1}{3} x^3 + \frac{2}{15} x^5 - + \ldots}$$

Die Reihe konvergiert für alle $|x| < \pi/2$ und stellt dort die Funktion dar[1].

2. Wie lautet die Maclaurin-Reihe für die Funktion

$$f(x) = \frac{1}{\cos x} \ ?$$

<u>Lösung:</u> Die Funktion ist gerade, also kann

$$\left(a_0 + a_2 x^2 + a_4 x^4 + a_6 x^6 + \ldots \right)\left(1 - \frac{x^2}{2!} + \frac{x^4}{4!} - \frac{x^6}{6!} + - \ldots \right) \equiv 1$$

---

[1] Zum gleichen Ergebnis kommt man hier wie in allen entsprechenden Beispielen, wenn man die Potenzreihen in $(*)$ formal wie Polynome durchdividiert. Dem Studierenden sei dies als Übungsaufgabe empfohlen.

angesetzt werden. Damit folgt für die Koeffizienten das gestaffelte System

$$a_0 = 1$$

$$-\frac{a_0}{2!} + a_2 = 0 \Rightarrow a_2 = \frac{1}{2}$$

$$\frac{a_0}{4!} - \frac{a_2}{2!} + a_4 = 0 \Rightarrow a_4 = \frac{5}{24}$$

$$-\frac{a_0}{6!} + \frac{a_2}{4!} - \frac{a_4}{2!} + a_6 = 0 \Rightarrow a_6 = \frac{61}{720}$$

$$\boxed{\frac{1}{\cos x} = 1 + \frac{1}{2} x^2 + \frac{5}{24} x^4 + \frac{61}{720} x^6 + \dots}$$

Der Gültigkeitsbereich der Reihe ist $|x| < \pi/2$.

Aufgaben zu 2.4.4

1. Die Koeffizienten des kubischen Maclaurin-Polynoms

$$P_3 (x) = x_0 + c_1 x + c_2 x^2 + c_3 x^3$$

für die Funktion

$$f(x) = \frac{e^{-x}}{\sqrt{1 + x}}$$

sind durch Multiplikation der Reihen für e^{-x} und der binomischen Reihe $(n = -1/2)$ zu ermitteln.

2. Ausgehend von der für alle $x \in \{x \mid -2 < x < 2\}$ konvergenten Potenzreihe

$$f(x) := 1 + x + \frac{1 \cdot 2}{1 \cdot 3} x^2 + \frac{1 \cdot 2 \cdot 3}{1 \cdot 3 \cdot 5} x^3 + \dots = 1 + x + \frac{2}{3} x^2 + \frac{2}{5} x^3 + \dots$$

entwickle man die Potenzreihen

a) für $\frac{1}{f(x)}$ und   b) für $\sqrt{f(x)}$

durch Ansatz mit unbestimmten Koeffizienten (jeweils bis zur 3. Potenz).

3. Wie heißt das Maclaurin-Polynom $P_4(x)$ vierten Grades für die Funktion $y = f(x)$ mit

$$f(x) = f_1(x) f_2(x),$$

wobei $f_1(x) = e^{ax}$ und $f_2(x) = \cos bx$ als Reihenentwicklungen bekannt sind.

4. Die zunächst nur in $]-\pi, \pi[\setminus \{0\}$ stetige Funktion

$$f(x) = x \cdot \cot x = \frac{\cos x}{(\sin x)/x} =: \frac{g(x)}{h(x)}$$

kann wegen

$$\lim_{x \to 0} \cos x = \lim_{x \to 0} \frac{\sin x}{x} = 1$$

durch "Lückenbehebung" an der Stelle $x = 0$ zu der in $-\pi < x < \pi$ stetigen Funktion

$$\varphi(x) = \begin{cases} x \cot x & \text{für } x \neq 0 \\ 1 & \text{für } x = 0 \end{cases}$$

erweitert werden. Wie lautet die Potenzreihendarstellung von $\varphi(x)$ (bis x^6), wenn man die Symmetrieeigenschaft von φ ausbeutet und die Reihen für $\cos x$ und $\frac{1}{x} \sin x$ verwendet?

5. Gesucht ist die Potenzreihen-Entwicklung der Funktion

$$y = f(x) = \frac{3x - 1}{2x^2 + x - 1}$$

a) mit dem Ansatz $\sum_{i=0}^{\infty} a_i x^i$ und Koeffizientenvergleich (bis mit a_5)

b) durch Partialbruchzerlegung und Entwicklung der Teilbrüche in geometrische Reihen.

c) Bestimmen Sie den genauen Konvergenzbereich der Reihendarstellung!

6. Die Koeffizienten a_1, a_3, a_5 der Potenzreihe für die Hauptwert-Arkussinus-Funktion

$$y = \text{Arc} \sin x = a_1 x + a_3 x^3 + a_5 x^5 + \dots$$

(ungerade Funktion! vgl. ggf. II, 1.6) sind durch Einsetzen von

$$x = \sin y = y - \frac{y^3}{3!} + \frac{y^5}{5!} - + \dots$$

und Koeffizientenvergleich zu berechnen (bis mit a_5). Beachte:

$$\sin(\text{Arc} \sin x) \equiv x \quad \text{für } x \in \left[-\frac{\pi}{2}, +\frac{\pi}{2} \right].$$

7. Die Funktionalgleichung

$$f(x) \cdot f(2x) = f(3x)$$

soll gelöst werden, indem man zunächst für $f(x)$ einen Potenzreihenansatz mit unbestimmten Koeffizienten macht:

$$f(x) = \sum_{n=0}^{\infty} a_n x^n$$

Voraussetzungsgemäß sei $a_0 \neq 0$. Der Koeffizient $a_1 \in \mathbb{R}$ sei beliebig wählbar. Nach Aufstellung der Reihe (etwa bis zur 4. Potenz in x) diagnostiziere man die durch sie eindeutig bestimmte Funktion f.

8. Von der Funktionalgleichung

$$2[f(x)]^2 = 1 + f(2x)$$

sind zwei Lösungen durch Reihenansatz für gerade f gemäß

$$f(x) = a_0 + a_2 x^2 + a_4 x^4 + a_6 x^6 + \ldots$$

zu bestimmen. <u>Hinweis:</u> Bei einer der beiden Lösungen bleibt $a_2 \in \mathbb{R}$ offen.

9. Von der auch Ableitungen von f enthaltenden Funktionalgleichung[1]

$$x f''(x) + f'(x) + f(x) = 0$$

soll eine Lösung durch folgenden Reihenansatz gefunden werden:

$$y = f(x) = 1 + a_1 x + a_2 x^2 + a_3 x^3 + a_4 x^4 + \ldots$$

Dazu ermittle man zunächst a_1 bis a_4 und schließe daraus auf das allgemeine Glied a_n. Für welche x konvergiert die Reihe?

10. Wie lautet die Funktion $y = f(x)$, welche der Gleichung $y'' = (x + 2)y$ und den "Anfangsbedingungen" $y(0) = 2$, $y'(0) = 1$ genügt?
Gesucht ist das Maclaurinpolynom 5. Grades für $f(x)$.

2.4.5 Potenzreihenentwicklung durch Integration

Eine weitere Möglichkeit zur Entwicklung einer Funktion $f(x)$ in ihre Maclaurin-Reihe ist dann gegeben, wenn man die Potenzreihenentwicklung ihrer Ableitungsfunktion $f'(x)$ kennt. Indem man diese gliedweise aufintegriert, erhält man die gesuchte Reihendarstellung:

$$f(x) = \sum_{n=0}^{\infty} a_n x^n \quad \text{gesucht}$$

$$f'(x) = \sum_{n=0}^{\infty} b_n x^n \quad \text{bekannt}$$

$$\Rightarrow f(x) = \int f'(x)\,dx = \int \sum_{n=0}^{\infty} b_n x^n dx = \sum_{n=0}^{\infty} \int b_n x^n dx \equiv \sum_{n=0}^{\infty} a_n x^n,$$

was selbstverständlich nur für alle x im Innern des Konvergenzbereichs möglich ist. Die Integrationskonstante ergibt sich zu Null, weil hier $f(0) = a_0 = 0$ ist.

Zur Erläuterung betrachten wir die Reihenentwicklung der <u>logarithmischen Funktion</u>

$$f(x) = \ln(1 + x).$$

---

[1] Solche Funktionalgleichungen heißen Differentialgleichungen (III, 3.). Ihre Kenntnis ist für die Behandlung dieser Aufgabe jedoch nicht erforderlich.

Von ihrer Ableitungsfunktion

$$f'(x) = \frac{1}{1 + x}$$

ist uns die Potenzreihenentwicklung bekannt:

$$f'(x) = \frac{1}{1 + x} = 1 - x + x^2 - x^3 + - \ldots \qquad (|x| < 1).$$

Integriert man links geschlossen, rechts gliedweise, so wird

$$\int f'(x)\,dx = \ln(1 + x) = x - \frac{x^2}{2} + \frac{x^3}{3} - \frac{x^4}{4} + - \ldots$$

die für $-1 < x \leqslant 1$ gültige Maclaurin-Reihe für $f(x)$.

Wir wollen noch eine für die <u>numerische Berechnung von Logarithmen</u> geeignetere Potenzreihe herleiten. Zu diesem Zweck ersetzen wir in

$$\ln(1 + x) = x - \frac{x^2}{2} + \frac{x^3}{3} - \frac{x^4}{4} + - \ldots$$

x durch $-x$ und erhalten damit die in $-1 \leqslant x < 1$ gültige Reihe

$$\ln(1 - x) = - x - \frac{x^2}{2} - \frac{x^3}{3} - \frac{x^4}{4} - \ldots .$$

Subtrahiert man die untere Reihe von der oberen, so wird

$$\ln(1 + x) - \ln(1 - x) = 2\left(x + \frac{x^3}{3} + \frac{x^5}{5} + \ldots \right)$$

$$\frac{1}{2} \ln \frac{1 + x}{1 - x} = x + \frac{x^3}{3} + \frac{x^5}{5} + \ldots \; [1].$$

Diese Reihe ist im gemeinsamen Konvergenzbereich $|x| < 1$ gültig.

Setzt man nun

$$\frac{1 + x}{1 - x} = \frac{u}{v}$$

$$\Rightarrow x = \frac{u - v}{u + v} ,$$

so ist $|x| < 1$ gleichwertig mit sgn u = sgn v, weil bei Vorzeichengleichheit die Differenz zweier Zahlen stets betragsmäßig kleiner ist als ihre Summe (der Quotient von Differenz und Summe also betragsmäßig kleiner als 1).

---

[1] Wegen $\frac{1}{2} \ln \frac{1 + x}{1 - x} = \text{ar tanh } x \; (|x| < 1)$ ist diese Potenzreihe zugleich die Maclaurin-Reihe für die Funktion y = ar tanh x.

Für die Reihe erhält man damit

$$\boxed{\ln \frac{u}{v} = 2 \left[\frac{u - v}{u + v} + \frac{1}{3} \left(\frac{u - v}{u + v} \right)^3 + \frac{1}{5} \left(\frac{u - v}{u + v} \right)^5 + \dots \right]}$$

$$\text{sgn } u = \text{sgn } v,$$

die wesentlich schneller konvergiert als die obige Reihe für $\ln(1 + x)$.

Will man etwa $\ln 2$ berechnen, so braucht man nur

$$u = 2, \quad v = 1$$

zu setzen und erhält die Reihe

$$\ln 2 = 2 \left[\frac{1}{3} + \frac{1}{3} \left(\frac{1}{3} \right)^3 + \frac{1}{5} \left(\frac{1}{3} \right)^5 + \frac{1}{7} \left(\frac{1}{3} \right)^7 + \dots \right]$$

$$\frac{1}{3} \qquad : 0,3333333$$

$$\frac{1}{3} \left(\frac{1}{3} \right)^3 \quad : 0,0123456$$

$$\frac{1}{5} \left(\frac{1}{3} \right)^5 \quad : 0,0008230$$

$$\frac{1}{7} \left(\frac{1}{3} \right)^7 \quad : 0,0000653$$

$$\frac{1}{9} \left(\frac{1}{3} \right)^9 \quad : 0,0000056$$

$$\frac{1}{11} \left(\frac{1}{3} \right)^{11} : 0,0000005$$

$$\text{Summe} : 0,3465733$$

$$\Rightarrow \ln 2 = 2 \cdot 0,3465733 = 0,6931466.$$

Dieser Wert ist sicher auf 6 Dezimalen richtig, da die folgenden Potenzen wegen der monotonen Abnahme der Glieder keinen Einfluß mehr auf diese Stellen nehmen:

$$\Rightarrow \ln 2 = 0,693147.$$

Beispiele

1. Um die Maclaurin-Reihe für $f(x) = \text{Arc tan } x$ zu gewinnen, gehen wir von ihrer Ableitungsfunktion aus

$$f'(x) = \frac{1}{1 + x^2} = 1 - x^2 + x^4 - x^6 + - \dots \qquad (|x| < 1)$$

und erhalten durch unbestimmte Integration

$$\int \frac{dx}{1+x^2} = \text{Arc tan } x = x - \frac{x^3}{3} + \frac{x^5}{5} - \frac{x^7}{7} + - \ldots + C.$$

Setzt man $x = 0$, so folgt auch $C = 0$ und wir haben mit

$$\boxed{\begin{array}{c} \text{Arc tan } x = x - \dfrac{x^3}{3} + \dfrac{x^5}{5} - \dfrac{x^7}{7} + - \ldots \\[2mm] |x| \leqslant 1 \end{array}}$$

die gesuchte Arc tan-Reihe gefunden. Oft schreibt man das bestimmte Integral

$$\int_0^x \frac{dt}{1+t^2} = [\text{Arc tan } t]_0^x = \text{Arc tan } x,$$

womit die Ermittlung von C formal entfällt.

Nun ist bekanntlich

$$\text{Arc tan } 1 = \frac{\pi}{4}$$

und damit

$$\boxed{\frac{\pi}{4} = 1 - \frac{1}{3} + \frac{1}{5} - \frac{1}{7} + - \ldots}$$

eine allerdings nur sehr langsam konvergierende Reihe für π ($x = 1$ ist der Rand des Konvergenzbereichs!). Setzt man hingegen $x = \frac{1}{3}\sqrt{3}$, so wird

$$\text{Arc tan } \frac{1}{3}\sqrt{3} = \frac{\pi}{6} \quad \left(\Leftrightarrow \tan \frac{\pi}{6} = \tan 30° = \frac{1}{3}\sqrt{3} \right)$$

und damit

$$\boxed{\pi = \frac{6}{\sqrt{3}} \left(1 - \frac{1}{3 \cdot 3^1} + \frac{1}{5 \cdot 3^2} - \frac{1}{7 \cdot 3^3} + - \ldots \right)}$$

eine wesentlich schneller konvergierende Reihe für π.

2. Um die Funktion $y = \text{ar sinh } x$ in ihre Maclaurin-Reihe zu entwickeln, bilden wir die Ableitungsfunktion

$$(\text{ar sinh } x)' = \frac{1}{\sqrt{1+x^2}} = (1 + x^2)^{-1/2}$$

$$= 1 - \frac{1}{2}x^2 + \frac{3}{8}x^4 - \frac{5}{16}x^6 + - \ldots \qquad (|x| < 1)$$

und integrieren die entstandene binomische Reihe wieder auf:

$$\text{ar sinh } x = x - \frac{1}{6} x^3 + \frac{3}{40} x^5 - \frac{5}{112} x^7 + - \ldots$$

Wegen ar sinh $0 = 0$ ergibt sich für die Integrationskonstante $C = 0$. Da nur ungerade Potenzen auftreten, ist

$$\text{ar sinh}(- x) = - \text{ar sinh } x.$$

Die Darstellung gilt zunächst für alle $|x| < 1$. Setzt man $x = 1$ oder $x = - 1$ ein, so entsteht beidemale eine alternierende Reihe, deren Glieder eine monotone Nullfolge bilden und die deshalb nach dem Leibniz-Kriterium (III, 2.3.2) konvergiert. Es ist ferner $y = $ ar sinh x für $x = \pm 1$ stetig. Unter diesen Voraussetzungen gilt die Potenzreihendarstellung auch noch auf beiden Rändern des Konvergenzbereiches, also insgesamt für $|x| \leqslant 1$. Der Sachverhalt gilt allgemein ("Abelscher Grenzwertsatz").

Aufgaben zu 2.4.5

1. Um die Arkussinus-Funktion (Hauptwert)

$$f(x) = \text{Arc sin } x$$

in einer gewissen Umgebung des Nullpunktes in ihre Maclaurin-Reihe zu entwickeln, gehe man von der Potenzreihendarstellung der Ableitungsfunktion

$$f'(x) = \frac{1}{\sqrt{1 - x^2}}$$

aus und gewinne die gesuchte Reihe durch gliedweise Integration. Für welche x gilt die Reihenentwicklung?

2. Es sind die Potenzreihen-Darstellungen der Areafunktionen

$$\begin{aligned} &\text{a)} \quad y = \text{ar tanh } x \quad \text{für} \quad |x| < 1 \\ &\text{b)} \quad y = \text{ar coth } x \quad \text{für} \quad |x| > 1 \end{aligned}$$

zu gewinnen. Dabei gehe man von der Reihenentwicklung der Ableitungsfunktion

$$y' = (\text{ar tanh } x)' = (\text{ar coth } x)' = \frac{1}{1 - x^2}$$

aus und gewinne für a) eine Potenzreihe in x, für b) jedoch eine Potenzreihe in $\frac{1}{x}$.

3. Gesucht ist die Potenzreihen-Entwicklung der Funktion

$$y = - \ln \cos x$$

Dazu gehe man von der Ableitungsfunktion aus, deren Potenzreihenentwicklung durch Umkehrung der Reihe für y = Arc tan x gewonnen werden kann (vgl. dazu Aufgabe 6 in III, 2.4.4). Die gesuchte Reihe ergibt sich daraus durch gliedweise Integration.

2.4.6 Taylor-Reihen

Besitzt eine Funktion y = f(x) überhaupt eine Darstellung als konvergente Potenzreihe der Form

$$f(x) = a_0 + a_1 x + a_2 x^2 + a_3 x^3 + \ldots + a_n x^n + \ldots ,$$

so ist diese auf Grund der Eindeutigkeit der Darstellung ihre Maclaurinsche Reihenentwicklung

$$f(x) = f(0) + \frac{f'(0)}{1!} x + \frac{f''(0)}{2!} x^2 + \ldots + \frac{f^{(n)}(0)}{n!} x^n + \ldots .$$

Sie besagt, daß die Funktion f(x) allein durch ihren Wert an der Stelle x = 0 sowie die Werte ihrer sämtlichen Ableitungen an der Stelle x = 0 für alle x des Darstellungsbereichs vollständig bestimmt ist. Numerisch können die Funktionswerte für jedes x des Darstellungsbereichs als Polynomwerte mit jeder beliebigen Genauigkeit berechnet werden. Hierbei ist x = 0 der Mittelpunkt des symmetrisch zu x = 0 liegenden Konvergenzbereichs - r < x < + r.

Wir wollen jetzt davon ausgehen, daß die Funktion f(x) an einer beliebigen Stelle x = x_0 samt ihren Ableitungen bekannt ist und fragen, wie nun die Funktion durch diese Angaben bestimmt wird und wie sich benachbarte Funktionswerte berechnen lassen.

Zunächst beachten wir, daß die Aufgabenstellung die gleiche ist wie bei der Maclaurinschen Reihenentwicklung, nur daß die entscheidende Stelle nicht x = 0, sondern x = x_0 und die Nachbarstelle nicht im Abstand x, sondern im Abstand x - x_0 =: h liegt (Abb. 51).

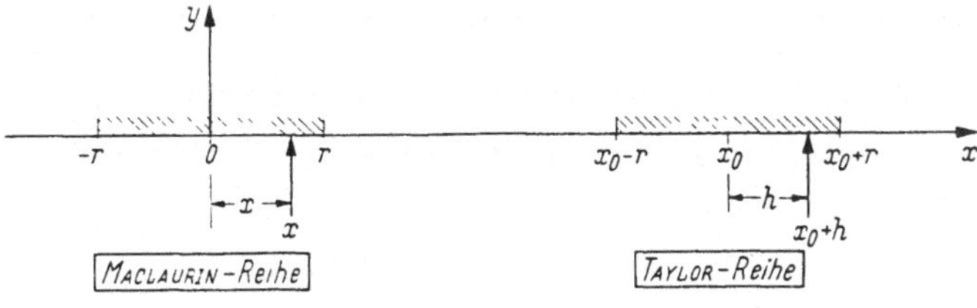

Abb. 51

Tatsächlich bedarf es keiner neuen Überlegungen, sondern nur einer Umschreibung der Maclaurinschen Reihe auf die neuen x-Werte. Es wird x_0 zum Mittelpunkt des Konvergenzbereichs $x_0 - r < x < x_0 + r$, ferner $x_0 + h$ zur Nachbarstelle und die bekannten Ausdrücke

$$f(x_0), f'(x_0), f''(x_0), \ldots, f^{(n)}(x_0), \ldots$$

werden maßgebend für die Koeffizienten der Potenzreihe. Die Umschreibung der Maclaurinschen Reihe ergibt damit

$$\boxed{f(x_0 + h) = f(x_0) + \frac{f'(x_0)}{1!} h + \frac{f''(x_0)}{2!} h^2 + \ldots + \frac{f^{(n)}(x_0)}{n!} h^n + \ldots}$$

die sog. <u>Taylor-Reihe</u> für die Funktion $f(x)$. Sie steigt nach Potenzen des Abstandes h von x_0, so wie die Maclaurinsche Reihe nach Potenzen des Abstandes x von 0 steigt. Der Leser mache sich diese Analogie beider Reihendarstellungen besonders deutlich.[1]

Anschaulich gesehen haben wir lediglich eine Parallelverschiebung des Konvergenzbereichmittelpunktes von 0 nach x_0 längs der x-Achse vorgenommen. Setzt man umgekehrt wieder $x_0 = 0$, also $h = x$ (und folglich $x_0 + h = x$), so folgt aus der Taylor-Reihe wieder die Maclaurin-Reihe. Man beachte, daß der Aussagegehalt beider Reihen der gleiche ist, wenngleich natürlich in der formalen Anwendung die Taylor-Reihe als die allgemeinere zu gelten hat, da x_0 beliebig gewählt werden kann.

Wir geben noch das <u>Restglied</u> R_{n+1} in der Form von Lagrange für die Taylor-Reihe an

$$\boxed{R_{n+1} = \frac{f^{(n+1)}(x_0 + \vartheta h)}{(n+1)!} h^{n+1} \qquad 0 < \vartheta < 1}$$

und bemerken, daß man die Teilsumme der ersten n Potenzen, also

$$\boxed{P(x_0 + h) = f(x_0) + \frac{f'(x_0)}{1!} h + \frac{f''(x_0)}{2!} h^2 + \ldots + \frac{f^{(n)}(x_0)}{n!} h^n}$$

das <u>Taylor-Polynom</u> n-ten Grades in h nennt. Für alle Stellen des Konvergenzbereichs approximiert das Taylor-Polynom die zugehörige Funktion mit beliebiger Genauigkeit, wenn man nur n genügend groß wählt.

---

[1] Auf Grund dieses Sachverhalts wird in der Literatur gelegentlich auch die Maclaurin-Reihe als Taylor-Reihe bezeichnet.

Bei praktischen Anwendungen wird man stets darauf bedacht sein, daß die Nachbarstelle $x_0 + h$ möglichst nahe an x_0 liegt. Dann ist $|h|$ klein und die Taylor-Reihe konvergiert schnell bzw. man benötigt für eine bestimmte Genauigkeit nicht allzu viele Potenzen des Taylor-Polynoms.

Sinn und Zweck der Taylor-Reihenentwicklung ist es also, sich bei der Berechnung von Funktionswerten eine günstige Ausgangsposition zu verschaffen, indem man die Stelle x_0 [an der $f(x)$ samt Ableitungen bekannt sein muß!] als Mittelpunkt des Konvergenzbereichs möglichst nahe an die Berechnungsstelle $x_0 + h$ legt.

Beispiele

1. Man berechne $\sin 50°$ auf 4 Dezimalen genau!

Lösung: Wir wollen ausgehen von dem uns bekannten Wert

$$\sin 45° = \frac{1}{2} \sqrt{2}$$
$$\Rightarrow x_0 = 45°; \quad x_0 + h = 50°, \quad h = 0,08727 \; (= 5°).$$

Über das Restglied R_{n+1}, das nach Vorgabe

$$\left| R_{n+1} \right| < 0,5 \cdot 10^{-4}$$

sein muß, bestimmen wir zunächst den Grad des zu verwendenden Taylor-Polynoms. Es ist hier

$$\left| R_{n+1} \right| = \left| \frac{f^{(n+1)}(x_0 + \vartheta h)}{(n+1)!} h^{n+1} \right| < \frac{h^{n+1}}{(n+1)!} \, ,$$

denn unter den Ableitungen von $\sin x$ tritt nur wieder $\pm \sin x$ oder $\pm \cos x$ auf, die beide betragsmäßig durch 1 ersetzt werden können. Damit ist n aus der Ungleichung

$$\frac{0,08727^{n+1}}{(n+1)!} < 0,5 \cdot 10^{-4}$$
$$\text{bzw.} \quad 0,8727^{n+1} < 0,5(n+1)! \, 10^{n-3}$$

zu bestimmen. Für $n = 2$ ist noch

$$0,66 > 0,3;$$

für $n = 3$ wird indes mit

$$0,58 < 12$$

die Ungleichung zum ersten Male erfüllt. Demnach ist das Taylor-Polynom dritten
Grades anzusetzen:

$$P(x_0 + h) = f(x_0) + f'(x_0)h + \frac{f''(x_0)}{2!} h^2 + \frac{f'''(x_0)}{3!} h^3$$

$$f(x_0) \quad = \quad \sin 45° = \frac{1}{2} \sqrt{2}$$

$$f'(x_0) \quad = \quad \cos 45° = \frac{1}{2} \sqrt{2}$$

$$f''(x_0) \quad = - \sin 45° = - \frac{1}{2} \sqrt{2}$$

$$f'''(x_0) = - \cos 45° = - \frac{1}{2} \sqrt{2}$$

$$\Rightarrow P\left(\frac{\pi}{4} + h\right) = \frac{1}{2} \sqrt{2} \left(1 + h - \frac{1}{2} h^2 - \frac{1}{6} h^3\right).$$

Um das auf 4 Dezimalen richtig zu erwartende Ergebnis nicht durch Rundungsfehler
zu verwischen, müssen wir mit mindestens 5 Dezimalen rechnen:

$$\sin 50° = 0,70711 (1 + 0,08727 - 0,00381 - 0,00011) = 0,7660.$$

2. Man berechne $e^{1,4}$ mit dem Taylor-Polynom 4. Grades und schätze den begangenen Fehler ab!

<u>Lösung:</u> Wir kennen e = 2,71828..., nehmen also

$$x_0 = 1, \quad x_0 + h = 1,4 \Rightarrow h = 0,4.$$

Da für alle n = 0,1,2,...

$$f^{(n)}(x_0) = e^{x_0} = e$$

ist, lautet das Taylor-Polynom vierten Grades hier

$$P(1,4) = e\left(1 + 0,4 + \frac{0,4^2}{2} + \frac{0,4^3}{6} + \frac{0,4^4}{24}\right)$$

$$= e(1 + 0,4 + 0,08 + 0,01067 + 0,00107)$$

$$= 2,71828 \cdot 1,49174$$

$$= 4,05497.$$

Die Abschätzung des Fehlers mit Hilfe des Restgliedes ergibt

$$R_{n+1} = \frac{e^{x_0 + \vartheta h}}{(n+1)!}\, h^{n+1}\;;\qquad e^{x_0 + \vartheta h} < e^{x_0 + h} = e^{1,4}$$

$$\Rightarrow R_5 < \frac{e^{1,4}}{5!}\cdot 0,4^5 = \frac{4,05}{120}\cdot 0,010 < 0,5\cdot 10^{-3}\,,\ [1]$$

d.h. unser Ergebnis ist auf 3 Dezimalen sicher richtig, muß also lauten[2]

$$\Rightarrow e^{1,4} = 4,055.$$

<u>Sonderfälle der Taylor-Reihe, Ergänzungen.</u>

1. Bricht man die Taylor-Reihe bereits nach dem ersten Glied ab und faßt alle ubri-
gen Potenzen mit dem Restglied R_1 zusammen, so ergibt sich

$$\boxed{\begin{array}{c} f(x_0 + h) = f(x_0) + f'(x_0 + \vartheta h)h \\[2mm] 0 < \vartheta < 1 \end{array}}$$

oder anders geschrieben

$$\frac{f(x_0 + h) - f(x_0)}{h} = f'(x_0 + \vartheta h).$$

Das ist aber der uns bereits bekannte M i t t e l w e r t s a t z (vgl. II, 3.6.3), der
somit als ein Spezialfall der Taylor-Reihe erscheint.

2. Wir wollen noch der Taylor-Reihe eine etwas andere Form geben. Zu diesem
Zwecke ersetzen wir in

$$f(x_0 + h) = f(x_0) + \frac{f'(x_0)}{1!}\, h + \frac{f''(x_0)}{2!}\, h^2 + \ldots + \frac{f^{(n)}(x_0)}{n!}\, h^n + \ldots$$

das Argument $x_0 + h$ durch x, also h durch $x - x_0$ und bekommen damit die "Entwicklung der Funktion $f(x)$ and der Stelle x_0":

$$\boxed{\begin{array}{l} f(x) = f(x_0) + \dfrac{f'(x_0)}{1!}\,(x - x_0) + \\[4mm] \quad + \dfrac{f''(x_0)}{2!}\,(x - x_0)^2 + \ldots + \dfrac{f^{(n)}(x_0)}{n!}\,(x - x_0)^n + \ldots \end{array}}$$

---

[1] Ohne die umseitig stehende Rechnung kann man $e^{1,4}$ mit Hilfe des Mittelwertsatzes
(vgl. II, 3.6.3) zu $e^{1,4} < 4,5$ nach oben abschätzen.

[2] Der Leser achte darauf, im Ergebnis numerischer Rechnungen niemals Dezimalen
stehen zu lassen, die nicht auf Grund einer Fehlerabschätzung gesichert sind!

In dieser Form gibt die Taylor-Reihe an, wie man eine Funktion $f(x)$ in eine Reihe nach Potenzen von $x - x_0$ zu entwickeln hat. Will man diese Gestalt der Taylor-Reihe unabhängig von der früheren herleiten, so setzt man für $f(x)$ eine Potenzreihe gemäß

$$f(x) = b_0 + b_1(x - x_0) + b_2(x - x_0)^2 + \ldots + b_n(x - x_0)^n + \ldots$$

an und bestimmt die Koeffizienten $b_0, b_1, b_2, \ldots$, indem man in $f(x), f'(x)$, $f''(x), \ldots$ jeweils $x = x_0$ setzt. Man erhält damit

$$f^{(n)}(x_0) = n!\, b_n$$

$$\Rightarrow b_n = \frac{f^{(n)}(x_0)}{n!}$$

für alle $n = 0, 1, 2, \ldots$ und daraus die obige Form. Der Leser führe dies zur Übung durch!

3. Ist $f(x)$ speziell eine ganz-rationale Funktion n-ten Grades (Polynom n-ten Grades)

$$f(x) = a_0 + a_1 x + a_2 x^2 + \ldots + a_n x^n = \sum_{i=0}^{n} a_i x^i,$$

so sind bekanntlich alle Ableitungen höher als n-ter Ordnung identisch Null

$$f^{(i)}(x) \equiv 0, \quad i > n$$

und die Taylor-Reihe bricht nach der n-ten Potenz ab:

$$\sum_{i=0}^{n} a_i x^i = f(x_0) + \frac{f'(x_0)}{1!}(x - x_0) +$$

$$+ \frac{f''(x_0)}{2!}(x - x_0)^2 + \ldots + \frac{f^{(n)}(x_0)}{n!}(x - x_0)^n.$$

Entstanden ist wieder ein Polynom n-ten Grades, jetzt aber in Potenzen von $x - x_0$:

Satz

Die Taylor-Reihen-Entwicklung eines Polynoms bedeutet lediglich eine Umordnung des Polynoms nach Potenzen von $x - x_0$. Die Koeffizienten können aus dem Vollständigen

Horner-Schema[1] entnommen werden:

$$
\begin{array}{c|cccccc}
 & a_n & a_{n-1} & a_{n-2}\cdots & a_2 & a_1 & a_0 \\
x_0 & & x_0 a_n & x_0 a'_{n-1}\cdots x_0 a'_3 & x_0 a'_2 & x_0 a'_1 \\
\hline
 & a_n & a'_{n-1} & a'_{n-2}\cdots & a'_2 & a'_1 & \;\bigg|\; a'_0 = f(x_0) = b_0 \\
x_0 & & x_0 a_n & x_0 a''_{n-1}\cdots x_0 a''_3 & x_0 a''_2 \\
\hline
 & a_n & a''_{n-1} & a''_{n-2}\cdots & a''_2 & \;\bigg|\; a''_1 = \dfrac{f'(x_0)}{1!} = b_1 \\
x_0 & & x_0 a_n & x_0 a'''_{n-1}\cdots x_0 a'''_3 \\
\hline
 & a_n & a'''_{n-1} & a'''_{n-2}\cdots & \;\bigg|\; a'''_2 = \dfrac{f''(x_0)}{2!} = b_2 \\
 & & \vdots \\
x_0 & a_n \\
\hline
 & a_n = \dfrac{f^{(n)}(x_0)}{n!} = b_n \\
\end{array}
$$

Das Restglied R_{n+1} ist hier speziell identisch Null, d.h. das entstehende Taylor-Polynom stellt exakt das gegebene Polynom dar, was nicht anders zu erwarten war, da es sich hier lediglich um eine identische Umformung des gegebenen Polynoms handelt.

4. Schließlich sei noch darauf hingewiesen, daß wir das Taylor-Polynom in der zweiten Form

$$P(x) = f(x_0) + \frac{f'(x_0)}{1!}(x - x_0) + \frac{f''(x_0)}{2!}(x - x_0)^2 + \ldots + \frac{f^{(n)}(x_0)}{n!}(x - x_0)^n$$

bereits als Gleichung der Schmiegungsparabel n-ter Ordnung für die Funktion $f(x)$ kennengelernt haben. Der Graph von $f(x)$ und die Schmiegungsparabel von $P(x)$ berühren einander an der Stelle x_0 von n-ter Ordnung (vgl. II, 3.7.11).

Ersetzt man eine Funktion $f(x)$ speziell durch ihr lineares Taylor-Polynom, schreibt also

$$f(x) \approx f(x_0) + f'(x_0)(x - x_0)$$

---

[1] Die Striche an den Koeffizienten a_i bedeuten hier keine Ableitungen, sondern sind reine Anzeigemarken. Im übrigen sei auf II, 1.3.2 hingewiesen.

so bedeutet dies nach II, 3.6.2 die Linearisierung von $f(x)$ an der Stelle $x = x_0$, geometrisch also die Ersetzung durch die Tangente in diesem Punkte. Der früher stets getroffene Zusatz "für kleine $|x - x_0|$" kann jetzt etwas konkreter ersetzt werden durch die Bemerkung "falls $|R_2|$ unter einer vorgeschriebenen Schranke bleibt".

<u>Aufgaben zu 2.4.6</u>

1. Entwickeln Sie die Funktionen

   a) $y = \sin x$ nach Potenzen von $x - \dfrac{\pi}{3}$

   b) $y = \cosh x$ nach Potenzen von $x + 2$

   c) $y = 5x^4 - x^3 + 2x - 6$ nach Potenzen von $x - 3$
   und zwar sowohl mit als auch ohne Differentialrechnung

   d) $y = \dfrac{1}{x - 4}$ nach Potenzen von $x + 1$.
   Bei d) bestimme man den Konvergenzbereich, indem man die Entwicklung als geometrische Reihe behandelt.

2. Wie lautet die Taylor-Reihen-Darstellung der Tangensfunktion, wenn man $x_0 = \dfrac{\pi}{4}$ als Entwicklungsstelle nimmt? Berechnen Sie $\tan 47^0$ mit dem Taylorpolynom vierten Grades in h. Stellen Sie durch Vergleich mit dem Tafelwert bzw. Rechnerwert fest, auf wieviele Dezimalen der Polynomwert den Funktionswert richtig approximiert (beachte: die vierte Dezimale ist mit der fünften Dezimale richtig zu runden!).

3. Die Logarithmusfunktion

$$y = \ln x$$

soll um $x_0 = 1$ in ihre Taylorreihe entwickelt werden. Schreiben Sie beide Formen der Taylorreihe einschließlich Restglied an! Nehmen Sie nun eine geeignete Abschätzung der $(n + 1)$ten Ableitung vor, wobei Sie das Konvergenzintervall $1 \leqslant x \leqslant 2$ beachten wollen. Zeigen Sie dann die Gültigkeit der Reihendarstellung durch Vollzug des Grenzprozesses

$$\lim_{n \to \infty} R_{n+1}(x) = 0.$$

<u>Anleitung:</u> Vergleichen Sie bei der Abschätzung die Werte von $|x - 1|$ mit denen von $|1 + \vartheta(x - 1)|$ für $0 < \vartheta < 1$ und $1 \leqslant x \leqslant 2$.

2.5 Integration durch Potenzreihenentwicklung

Die Potenzreihenentwicklung einer Funktion $f(x)$ leistet gute Dienste, wenn das Integral

$$\int f(x)\,dx$$

zu ermitteln ist, die Integralfunktion aber nicht in geschlossener Form dargestellt werden kann. Hat man $f(x)$ in ihre Maclaurin-Reihe entwickelt, so kann diese für alle x des Gültigkeitsbereichs gliedweise integriert werden. Die Integralfunktion erscheint dann ebenfalls als Potenzreihe.

Dieses Integrieren durch Reihenentwicklung des Integranden hat gegenüber den in III, 1.4 erläuterten Näherungsmethoden den Vorzug, daß das Ergebnis in allgemeinerer Form erscheint, also die Integrationsgrenzen erst nachträglich eingesetzt werden. Hierbei müssen die Integrationsgrenzen innerhalb des Gültigkeitsbereichs der Potenzreihe liegen. Bei unbestimmten Integralen kann die entstehende Potenzreihe aber auch zur Definition der Integralfunktion herangezogen werden.

Beispiele

1. Das Integral

$$I = \int \frac{\sin x}{x}\, dx$$

ist in geschlossener Form nicht lösbar. Entwickelt man den Integranden in eine Potenzreihe gemäß

$$\frac{1}{x} \sin x = \frac{1}{x}\left(x - \frac{x^3}{3!} + \frac{x^5}{5!} - \frac{x^7}{7!} + \frac{x^9}{9!} - + \ldots\right)$$
$$= 1 - \frac{x^2}{3!} + \frac{x^4}{5!} - \frac{x^6}{7!} + \frac{x^8}{9!} - + \ldots$$

und integriert man gliedweise, so wird

$$\int \frac{\sin x}{x}\, dx = x - \frac{x^3}{3 \cdot 3!} + \frac{x^5}{5 \cdot 5!} - \frac{x^7}{7 \cdot 7!} + \frac{x^9}{9 \cdot 9!} + - \ldots$$

Die Entwicklung ist für alle x gültig[1]. Man kann die Potenzreihe als Definition der Integralfunktion nehmen; in diesem Falle schreibt man das Integral als Funktion der oberen Grenze

$$Si(x) = \int_0^x \frac{\sin t}{t}\, dt = x - \frac{x^3}{3 \cdot 3!} + \frac{x^5}{5 \cdot 5!} - \frac{x^7}{7 \cdot 7!} + - \ldots$$

und nennt $Si(x)$ den **Integralsinus**[2] oder die **Integralsinusfunktion**. Man kann aber auch das bestimmte Integral

$$\int_a^b \frac{\sin x}{x}\, dx = Si(b) - Si(a)$$

---

[1] Hierzu ist erforderlich, daß der Integrand noch für $x = 0$ den Wert 1 zugeordnet bekommt (Lückenbehebung).

[2] $Si(x)$ von lat.: sinus integralis.

berechnen; so erhält man beispielsweise für

$$\int_0^2 \frac{\sin x}{x}\,dx = 2 - \frac{2^3}{3 \cdot 3!} + \frac{2^5}{5 \cdot 5!} - \frac{2^7}{7 \cdot 7!} + \frac{2^9}{9 \cdot 9!} - + \cdots$$

bei Berücksichtigung von 5 Gliedern den auf 4 Dezimalen genauen Wert

$$Si(2) = 1,6054.$$

2. Man berechne das bestimmte Integral

$$I = \int_0^{0,5} \frac{\cos x}{\sqrt{1 - x^2}}\,dx\,.$$

<u>Lösung:</u> Der Integrand kann zunächst als Quotient zweier konvergenter Potenzreihen geschrieben werden

$$\frac{\cos x}{\sqrt{1 - x^2}} = \frac{1 - \frac{x^2}{2!} + \frac{x^4}{4!} - \frac{x^6}{6!} + - \cdots}{1 - \frac{x^2}{2} - \frac{x^4}{8} - \frac{x^6}{16} - \cdots}\,.$$

Machen wir für den Quotienten den Reihenansatz mit unbestimmten Koeffizienten (III, 2.4.4) und berücksichtigen, daß der Quotient zweier geraden Funktionen wieder gerade ist, so haben wir anzusetzen [1]

$$1 - \frac{x^2}{2} + \frac{x^4}{24} - \frac{x^6}{720} + - \cdots \equiv \left(a_0 + a_2 x^2 + a_4 x^4 + a_6 x^6 + \cdots\right)\left(1 - \frac{x^2}{2} - \frac{x^4}{8} - \frac{x^6}{16} - \cdots\right)$$

$$\Rightarrow a_0 = 1,\quad a_2 = 0,\quad a_4 = \frac{1}{6},\quad a_6 = \frac{13}{90},\ \cdots$$

$$\int_0^{0,5} \frac{\cos x}{\sqrt{1 - x^2}}\,dx = \int_0^{0,5} \left(1 + \frac{x^4}{6} + \frac{13}{90}x^6 + \cdots\right)dx = \left[x + \frac{x^5}{30} + \frac{13}{630}x^7 + \cdots\right]_0^{0,5}.$$

---

[1] Die Reihe konvergiert im Durchschnitt beider Konvergenzbereiche, also für $|x| < 1$.

Bei Berücksichtigung der ersten drei Glieder erhält man den auf 3 Dezimalen richtigen Wert

$$I = 0,501.$$

Aufgaben zu 2.5

1. Der Wert des bestimmten Integrals

$$I = \int\limits_0^1 \frac{dx}{\sqrt[3]{8 - 2x^2}}$$

ist zu berechnen, indem von der binomischen Reihe des Integranden vier Glieder berücksichtigt werden.

2. Wie lautet der Wert des Integrals

$$I = \int\limits_0^{0,5} \frac{dx}{\sqrt[4]{1 - x^3}}$$

auf vier Dezimalen genau?

3. Mit welcher Genauigkeit erhält man

$$I = \int\limits_0^{0,2} \frac{\sin x \, dx}{\sqrt{1 - x^2}} \; ,$$

wenn man den Integranden durch sein Maclaurin-Polynom fünften Grades approximiert?

4. Das "Gaußsche Fehlerintegral" ist eine für alle $x \in \mathbb{R}$ erklärte Funktion Φ gemäß

$$\Phi(x) = \frac{2}{\sqrt{\pi}} \int\limits_0^x e^{-t^2} dt$$

a) Geben Sie $\Phi(x)$ als Potenzreihe (konvergent für alle $x \in \mathbb{R}$!) an. Verwenden Sie dazu das $\sum$-Zeichen!

b) Wie lautet $\Phi(0,5)$ auf vier Dezimalen genau?

5. Wie sieht die Potenzreihen-Darstellung der für alle $x \in \mathbb{R}^+$ definierten Funktion

$$F(x) = \int\limits_1^x \frac{e^t}{t} \, dt$$

aus? Berechnen Sie $F(2)$ auf fünf Dezimalen genau. Bis zur wievielten Potenz müssen Sie dazu in der Reihen-Entwicklung von $F(x)$ gehen? Vergleichen Sie dazu auch die Ergebnisse von Aufgabe 4 in III, 1.4.

6. Geben Sie

$$\int_0^1 \cos(x^2)\,dx$$

auf fünf Dezimalen genau an!

2.6 Elliptische Integrale

Definition

Die Integrale

$$F(k,\varphi) = \int_0^\varphi \frac{d\psi}{\sqrt{1 - k^2 \sin^2 \psi}}$$

$$E(k,\varphi) = \int_0^\varphi \sqrt{1 - k^2 \sin^2 \psi}\; d\psi$$

werden das elliptische Integral erster bzw. zweiter Gattung genannt (Legendresche Normalformen[1]). Für den Modul k muß

$$k^2 < 1$$

erfüllt sein.

Setzt man

$$\sin \psi = t \Rightarrow \cos \psi\, d\psi = \sqrt{1 - t^2}\, d\psi = dt,$$

so kann man die beiden elliptischen Integrale auf die Form

$$F(k,x) = \int_0^x \frac{dt}{\sqrt{(1 - t^2)(1 - k^2 t^2)}}$$

$$E(k,x) = \int_0^x \sqrt{\frac{1 - k^2 t^2}{1 - t^2}}\; dt$$

bringen (und umgekehrt).

---

[1] Adrien-Marie Legendre (1752 - 1833), französischer Mathematiker

Die elliptischen Integrale lassen sich nicht in geschlossener Form lösen. Man entwickelt ihre Integranden in Potenzreihen und integriert diese gliedweise. Ihren Namen haben diese Integrale vom Umfang der Ellipse, bei dessen Bestimmung man auf das elliptische Integral zweiter Gattung geführt wird. Das elliptische Integral erster Gattung tritt bei der Bestimmung der Schwingungsdauer eines Pendels (für beliebige Ausschläge) auf.

Beispiele

1. Man berechne die Länge eines Sinusbogens!

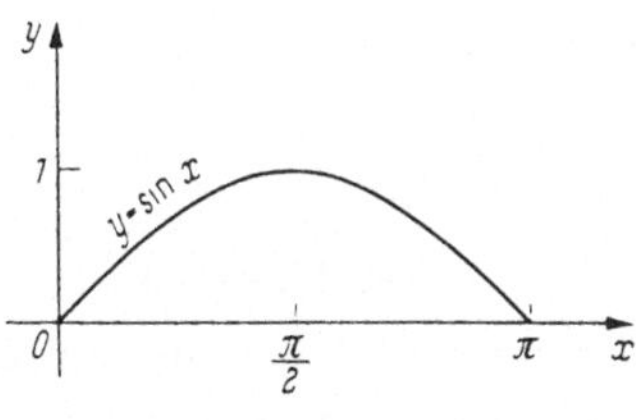

Abb. 52

Lösung (Abb. 52): Nach III, 1.3.4 ist

$$s = \int_{x_1}^{x_2} \sqrt{1 + y'^2}\, dx = \int_0^{\pi} \sqrt{1 + \cos^2 x}\, dx$$

anzusetzen. Nun ist

$$\int_0^{\pi} \sqrt{1 + \cos^2 x}\, dx = \int_0^{\pi} \sqrt{1 + 1 - \sin^2 x}\, dx = \sqrt{2} \int_0^{\pi} \sqrt{1 - \tfrac{1}{2} \sin^2 x}\, dx \ ,$$

womit man mit $k^2 = \tfrac{1}{2}$ auf ein elliptisches Integral zweiter Gattung gekommen ist. Wegen

$$k^2 \sin^2 x < 1$$

kann der Integrand stets in eine binomische Reihe entwickelt werden; im vorliegenden Falle ergibt sich

$$s = \sqrt{2} \int_0^{\pi} \left(1 - \tfrac{1}{4} \sin^2 x - \tfrac{1}{32} \sin^4 x - \tfrac{1}{128} \sin^6 x - \tfrac{5}{2048} \sin^8 x - \ldots \right) dx .$$

Mit Hilfe der Rekursionsformel (vgl. III, 1.2.3)

$$\int \sin^n x\, dx = - \tfrac{1}{n} \sin^{n-1} x \cos x + \tfrac{n-1}{n} \int \sin^{n-2} x\, dx$$

ergibt sich recht schnell

$$\int_0^\pi \sin^2 x\,dx = \frac{\pi}{2}\;;\quad \int_0^\pi \sin^4 x\,dx = \frac{3\pi}{8}\;;\quad \int_0^\pi \sin^6 x\,dx = \frac{5\pi}{16}\;;\quad \int_0^\pi \sin^8 x\,dx = \frac{35\pi}{128}\,,$$

falls wir nach der 8. Potenz abbrechen wollen. Für s folgt damit

$$s = \pi\sqrt{2}\,(1,00000 - 0,12500 - 0,01172 - 0,00244 - 0,00067)$$

$$\Rightarrow s = 3,82.$$

Mehr Stellen anzuschreiben hat keinen Sinn, da die dritte Dezimale durch Rundungen bereits verwischt wird.

2. Ein um eine ortsfeste, nicht durch den Massenmittelpunkt gehende horizontale
   Achse drehbarer starrer Körper der Masse m sei um den Winkel α aus der
   Gleichgewichtslage ausgelenkt. Überläßt man ihn danach sich selbst, so führt er
   Schwingungen um die Gleichgewichtslage aus. Man berechne seine Schwingungs-
   dauer T!

<u>Lösung</u> (Abb.53): Vernachlässigt man die Dämpfung, so lautet der E n e r g i e s a t z

$$\frac{\Theta_A}{2}\,\omega_{max}^2 = \frac{\Theta_A}{2}\,\omega^2 + mg\,y,$$

wenn ω_{max} den Betrag der Winkelgeschwindigkeit beim Durchgang durch die Gleichgewichtslage und Θ_A das Massenträgheitsmoment bezüglich der Drehachse A darstellen. Es folgt

$$\omega^2 = \omega_{max}^2 - 2\,\frac{mg}{\Theta_A}\,y. \tag{$*$}$$

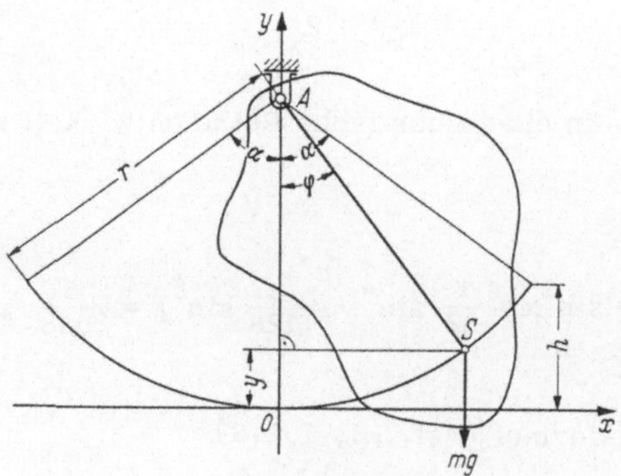

Abb. 53

Nun ist bekanntlich

$$\omega = \frac{d\varphi}{dt} \ ,$$

woraus mit der aus Abb. 53 ersichtlichen Beziehung

$$y = r(1 - \cos \varphi) = 2r \sin^2 \frac{\varphi}{2}$$

$$dt = \frac{d\varphi}{\sqrt{\omega_{max}^2 - 4r \frac{mg}{\Theta_A} \sin^2 \frac{\varphi}{2}}}$$

$$t = \int\limits_{\varphi=0}^{\varphi=\alpha} \frac{d\varphi}{\sqrt{\omega_{max}^2 - 4r \frac{mg}{\Theta_A} \sin^2 \frac{\varphi}{2}}}$$

als Dauer einer Viertelschwingung folgt.

Da der Körper ohne Anfangswinkelgeschwindigkeit freigegeben werden soll, ergibt sich mit $\omega = 0$ und $y = h$ aus $(*)$

$$\omega_{max}^2 = 2 \frac{mg}{\Theta_A} h = 2 \frac{mg}{\Theta_A} r(1 - \cos \alpha) = 4 \frac{mg}{\Theta_A} r \sin^2 \frac{\alpha}{2}$$

$$t = \frac{1}{2} \sqrt{\frac{\Theta_A}{mg\,r}} \int\limits_0^\alpha \frac{d\varphi}{\sqrt{\sin^2 \frac{\alpha}{2} - \sin^2 \frac{\varphi}{2}}} \ .$$

Substituiert man

$$\sin \frac{\varphi}{2} = \sin \frac{\alpha}{2} \sin \psi$$

$$\Rightarrow \frac{1}{2} \cos \frac{\varphi}{2} d\varphi = \sin \frac{\alpha}{2} \cos \psi \, d\psi$$

$$\Rightarrow d\varphi = \frac{2 \sin \frac{\alpha}{2} \cos \psi}{\sqrt{1 - \sin^2 \frac{\varphi}{2}}} \, d\psi = \frac{2 \sin \frac{\alpha}{2} \cos \psi}{\sqrt{1 - \sin^2 \frac{\alpha}{2} \sin^2 \psi}} \, d\psi,$$

so folgt nach Anpassung der neuen Integrationsgrenzen

$$\varphi = \alpha \Rightarrow \sin \psi = 1 \Rightarrow \psi = \frac{\pi}{2}$$

$$\varphi = 0 \Rightarrow \sin \psi = 0 \Rightarrow \psi = 0$$

$$t = \sqrt{\frac{\Theta_A}{mgr}} \int_0^{\pi/2} \frac{\sin\frac{\alpha}{2}\cos\psi \, d\psi}{\sqrt{1 - \sin^2\frac{\alpha}{2}\sin^2\psi}\,\sqrt{\sin^2\frac{\alpha}{2}(1 - \sin^2\psi)}}$$

$$= \sqrt{\frac{\Theta_A}{mgr}} \int_0^{\pi/2} \frac{d\psi}{\sqrt{1 - k^2\sin^2\psi}}$$

$$\Rightarrow T = 4t = 4\sqrt{\frac{\Theta_A}{mgr}} \int_0^{\pi/2} \frac{d\psi}{\sqrt{1 - k^2\sin^2\psi}} \, ,$$

also ein elliptisches Integral e r s t e r G a t t u n g mit $k^2 = \sin^2\frac{\alpha}{2} < 1$ als Modul. Entwickelt man den Integranden in seine Potenzreihe $\left(\text{binomische Reihe für } n = -\frac{1}{2}\right)$, so folgt

$$T = 4\sqrt{\frac{\Theta_A}{mgr}} \int_0^{\pi/2} \left(1 + \frac{1}{2}k^2\sin^2\psi + \frac{3}{8}k^4\sin^4\psi + \frac{5}{16}k^6\sin^6\psi + \dots\right) d\psi$$

$$= 4\sqrt{\frac{\Theta_A}{mgr}} \left(\frac{\pi}{2} + \frac{\pi}{8}k^2 + \frac{9\pi}{128}k^4 + \frac{25\pi}{512}k^6 + \dots\right)$$

$$\boxed{T = 2\pi\sqrt{\frac{\Theta_A}{mgr}}\left(1 + \frac{1}{4}k^2 + \frac{9}{64}k^4 + \frac{25}{256}k^6 + \dots\right)}$$

Für kleine Schwingungsausschläge ergibt sich damit die für viele technische Anwendungen genügend genaue Formel:

$$T = 2\pi\sqrt{\frac{\Theta_A}{mgr}} \, .$$

<u>Aufgaben zu 2.6</u>

1. Ausgehend von der Parameterdarstellung

$$x = a\sin\psi$$
$$y = b\cos\psi$$

für eine Ellipse mit den Halbachsen a und b (a > b) gemäß Abb. 54 stelle man zunächst die Formel für die Bogenlänge s von $\psi = 0$ bis $\psi = \omega$ auf. Dabei führe man die "numerische Exzentrizität" ε gemäß

$$\varepsilon^2 = \frac{a^2 - b^2}{a^2}$$

ein. Nach Entwicklung des Integranden in eine binomische Reihe führe man die Integration gliedweise zwischen den Grenzen $\psi = 0$ und $\psi = \frac{\pi}{2}$ aus. Wie lautet das

Maclaurin-Polynom 6. Grades in ε für den vollen Ellipsenumfang U (a und ε bleiben als Platzhalter offen)?

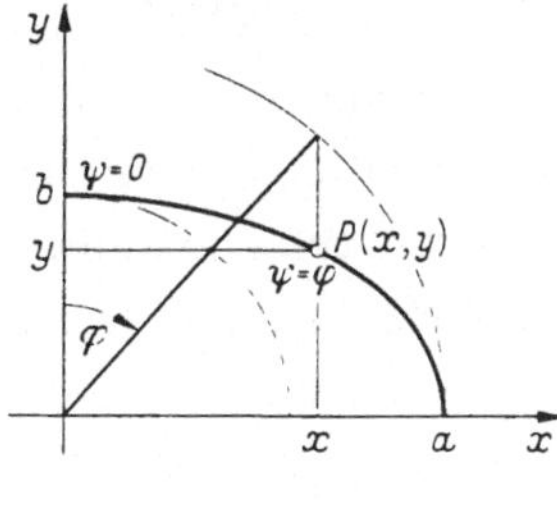

Abb.54

2. Man zeige, daß das elliptische Integral

$$\int \frac{dx}{\sqrt{1 - k^2 \cdot \sin^2 x}} \quad \wedge \quad k^2 > 1$$

durch die Substitution $k \sin x = \sin y$ in die Normalform des elliptischen Integrals 1. Gattung umgewandelt werden kann.

3. Beweisen Sie, daß das elliptische Integral

$$\int \frac{dx}{\sqrt{1 + k^2 \cdot \sin^2 x}} \quad \wedge \quad k^2 < 1$$

durch die Substitution $k \sin x = \tan y$ in die Normalform des elliptischen Integrals 1. Gattung überführt werden kann. Benutzen Sie hierzu das Ergebnis der Aufgabe 2.

4. Bei der Umfangsberechnung der Lemniskate

$$r = a\sqrt{\cos 2\varphi}$$

wird man nach der Substitution $r = at$ auf ein elliptisches Integral der Form

$$s = a \int \frac{dt}{\sqrt{1 - t^4}}$$

geführt. Formen Sie dieses mit der Substitution $t = \tan \varphi$ in ein elliptisches Integral in der Normalform um.

2.7 Fourier-Reihen

2.7.1 Bestimmung der Fourier-Koeffizienten

Die Darstellung einer Funktion durch eine Taylor-Reihe ist nicht die einzige Möglichkeit, unendliche Reihen als Darstellungsform zu benutzen. Periodische Funktionen, die etwa mechanische oder elektrische Schwingungsvorgänge beschreiben, können durch Sinus- und Kosinusfunktionen auf Grund ihrer Periodizität weit besser beschrieben werden als durch Potenzfunktionen. Eine Überlagerung von harmonischen Schwingungen ist auch technisch praktikabler, denn die Übertragung sinusförmiger Schwingungen ist leicht meß- und berechenbar. Die Zerlegung einer Funktion in harmonische Schwingungen, d.h. in Sinus- oder/und Kosinusfunktionen, heißt h a r m o n i s c h e A n a l y s e . Da es sich hierbei meist um Funktionen der Zeit handelt, werde t als Argument angenommen.

Periodische Funktionen f(t) haben Zeitintervalle P, für die

$$f(t + P) = f(t)$$

für alle t gilt (Abb.55). Diese Zeitintervalle heißen P e r i o d e n .

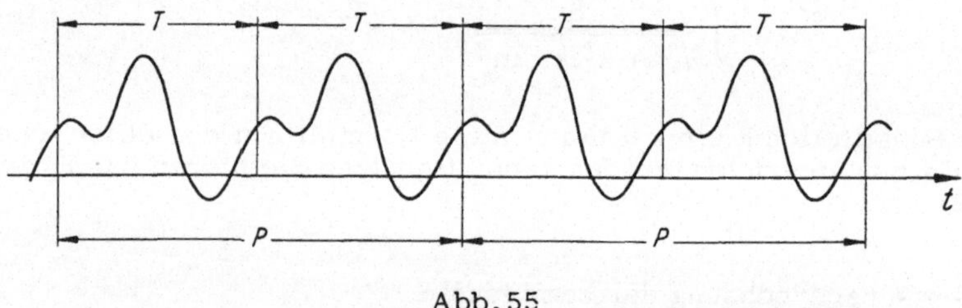

Abb.55

Anschaulich ist klar, daß alle Perioden ganzzahlige Vielfache einer kleinsten, sog. p r i m i t i v e n P e r i o d e T sind: P = nT. In Abb.55 ist n = 2. Die Anzahl der primitiven Perioden je Zeiteinheit heißt Frequenz ν. Bekanntlich sind die mathematisch einfachsten periodischen Funktionen die harmonischen Schwingungen

$$y = a \cos \omega t \quad \text{und} \quad y = b \sin \omega t$$

mit ω als Kreisfrequenz und T

$$T = \frac{2\pi}{\omega}$$

als kleinste r Periode : es ist $\frac{1}{T} = \frac{\omega}{2\pi} = \nu$ die Frequenz, also $\omega = 2\pi\nu$.

Die Ableitung einer periodischen Funktion ist stets wieder eine periodische Funktion mit der gleichen primitiven Periode. Integriert man eine periodische Funktion
über eine Periode P, dann bekommt man für jede untere Grenze den gleichen Wert

$$\int_{t_1}^{t_1+P} f(t)dt = \int_{t_2}^{t_2+P} f(t)dt.$$

Auch dies ist unmittelbar einleuchtend: Verschiebt man das Integrationsintervall
P, dann ist wegen der Periodizität die links dazukommende (oder wegfallende)
Fläche unter der Kurve gleich der rechts wegfallenden (oder dazukommenden)
Fläche, so daß sich die Gesamtfläche nicht ändert.

Wir bringen ferner in Erinnerung (vgl. Bd. II, 1.2.2), daß die Kosinusfunktionen g e r a d e Funktionen sind

$$g(t): = a \cos k\omega t \Rightarrow g(-t) = g(t),$$

während die Sinusfunktionen u n g e r a d e Funktionen sind

$$u(t): = b \sin k\omega t \Rightarrow u(-t) = - u(t).$$

Im allgemeinen ist eine Funktion $f(t)$ weder gerade noch ungerade. Man kann
aber jede (ganz auf $\mathbb{R}$ definierte) Funktion in einen geraden Teil $g(t)$ und einen
ungeraden Anteil $u(t)$ (additiv) zerlegen. Dazu setze man lediglich

$$g(t) = \frac{1}{2}(f(t) + f(-t)), \quad u(t) = \frac{1}{2}(f(t) - f(-t))$$

an.

Im folgenden wollen wir eine periodische Funktion $f(t)$ durch Überlagerung harmo-
nischer Schwingungen a n n ä h e r n . Voraussetzung dafür ist, daß die primitive
Periode T der darzustellenden Funktion $f(t)$ zugleich Periode aller zur Annäherung verwendeten harmonischen Schwingungen ist.

Ist die gegebene Funktion gerade, $f(t) =: g(t)$, so wird man ausschließlich Kosinusfunktionen ansetzen

$$g(t) \approx a_0 + a_1 \cos \omega t + a_2 \cos 2\omega t + \ldots + a_n \cos n\omega t,$$

entsprechend wird man eine ungerade periodische Funktion $f(t) =: u(t)$ ausschließlich durch Sinusfunktionen approximieren

$$u(t) \approx b_1 \sin \omega t + b_2 \sin 2\omega t + \ldots + b_n \sin n\omega t.$$

Für eine beliebige periodische Funktion $f(t)$ wird man im Hinblick auf die Zerlegung in einen geraden und einen ungeraden Teil Kosinus- und Sinusfunktionen verwenden:

$$f(t) \approx a_0 + a_1 \cos \omega t + a_2 \cos 2\omega t + \ldots + a_n \cos n\omega t$$
$$+ b_1 \sin \omega t + b_2 \sin 2\omega t + \ldots + b_n \sin n\omega t$$

Definition

> Ein Ausdruck der Form
>
> $$P_n(t) := a_0 + \sum_{k=1}^{n} (a_k \cos k\omega t + b_k \sin k\omega t)$$
>
> heißt goniometrisches Polynom, goniometrische bzw. trigonometrische Summe. Die Koeffizienten $a_0, \ldots, a_n$, $b_1, \ldots, b_n$ heißen speziell Fourier-Koeffizienten[1], das Polynom Fourier-Polynom, falls die a_i, b_i mit der nachfolgend beschriebenen Methode bestimmt werden.

Bei der Bestimmung der Fourier-Koeffizienten geht man von der Forderung aus, daß die Approximation

$$f(t) \approx P_n(t)$$

"überall möglichst gut" ist. Nach Gauß ist das dann der Fall, wenn für den Fehler

$$\varepsilon(t) := f(t) - P_n(t)$$

das Integral

$$Q_n := \int_0^T [\varepsilon_n(t)]^2 \, dt = \text{Min}!$$

____

[1] Jean-Baptiste-Josef Fourier (1768-1830), französischer Mathematiker

erfüllt ist (Gaußsche Approximation nach der Methode der kleinsten Quadrate). Zur Vereinfachung der folgenden Rechnung mögen einige Abkürzungen eingeführt werden

$$a_k =: B_k, \quad \cos k\omega t =: F_k(t)$$
$$\text{für } k \in \{0,1,2,\dots,n\}$$

$$b_k =: B_{n+k}, \quad \sin k\omega t =: F_{n+k}(t)$$
$$\text{für } k \in \{1,2,\dots,n\}$$

Damit erscheint das approximierende Fourier-Polynom $P_n(t)$ in der Gestalt

$$P_n(t) = \sum_{k=0}^{2n} B_k F_k(t)$$

und für das Fehlerquadrat ergibt sich

$$\varepsilon_n^2 = [f(t)]^2 - 2\sum_{k=0}^{2n} B_k f(t) F_k(t) + \sum_{i=0}^{2n}\sum_{k=0}^{2n} B_i B_k F_i(t) F_k(t)$$

Beachtet man folgende bestimmte Integrale, bei denen $T = 2\pi/\omega$ gemeint ist

$$\int_0^T \cos k\omega t\, dt = \int_0^T \sin k\omega t\, dt = 0 \ (k \in \mathbb{Z})$$

$$\int_0^T \cos k_1\omega t \sin k_2\omega t\, dt = 0 \text{ für alle } k_1, k_2 \in \mathbb{Z}$$

$$\int_0^T \cos k_1\omega t \cos k_2\omega t\, dt = \int_0^T \sin k_1\omega t \sin k_2\omega t\, dt = 0$$

$$\text{für alle } k_1, k_2 \in \mathbb{Z} \text{ und } k_1 \neq k_2$$

$$\int_0^T \cos^2 k\omega t\, dt = \int_0^T \sin^2 k\omega t\, dt = \frac{T}{2} \ (k \in \mathbb{Z}),$$

so folgt für die Integration der Doppelsumme

$$\int_0^T F_i(t)F_k(t)dt = \begin{cases} C_k & \text{für } i = k \\ 0 & \text{sonst} \end{cases}$$

wobei $C_k = T/2$ für $k \in \{1,2,\ldots,2n\}$, aber $C_0 = T$ ist. Setzt man nun noch formal

$$\int_0^T f(t)F_k(t)dt =: C_k \cdot R_k$$

an, dann lautet

$$Q_n = \int_0^T [f(t)]^2 dt - 2 \sum_{k=0}^{2n} B_k \cdot C_k \cdot R_k + \sum_{k=0}^{2n} B_k^2 C_k$$

$$= \int_0^T [f(t)]^2 dt + \sum_{k=0}^{2n} C_k (B_k - R_k)^2 - \sum_{k=0}^{2n} C_k \cdot R_k^2.$$

Nunmehr stehen die gesuchten Koeffizienten B_k ausschließlich im mittleren Glied. Da dort aber kein Summand negativ sein kann, ist Null sein kleinster Wert, und er wird angenommen für $B_k = R_k$ ($k \in \{0,1,\ldots,2n\}$). Die nach Gauß b e s t e A n - n a h e r u n g liegt also dann vor, wenn

$$\boxed{\begin{aligned} B_0 &= a_0 = R_0 = \frac{1}{T} \int_0^T f(t)dt \\[2mm] B_k &= a_k = R_k = \frac{2}{T} \int_0^T f(t) \cos k\omega t \, dt \\[2mm] B_{n+k} &= b_k = R_{n+k} = \frac{2}{T} \int_0^T f(t) \sin k\omega t \, dt \\[2mm] & \qquad k \in \{1,2,\ldots,n\} \end{aligned}}$$

Läßt man $n \to \infty$ gehen, so geht das Fourier-Polynom in die F o u r i e r - R e i h e über

$$a_0 + \sum_{k=1}^{\infty} (a_k \cos k\omega t + b_k \sin k\omega t)$$

Falls $Q_n \to 0$ für $n \to \infty$ erfüllt ist, stellt die Fourier-Reihe die gegebene periodische Funktion dar:

$$f(t) = a_0 + \sum_{k=0}^{\infty} (a_k \cos k\omega t + b_k \sin k\omega t)$$

Dann ist

$$\int_0^T [f(t)]^2 dt = \sum_{k=0}^{\infty} C_k R_k^2 = Ta_0^2 + \frac{T}{2} \sum_{k=1}^{\infty} (a_k^2 + b_k^2)$$

Diese Formel ist für die Berechnung quadratischer Mittelwerte (Effektivwerte) wichtig:

$$\frac{1}{T} \int_0^T [f(t)]^2 dt = a_0^2 + \frac{1}{2} \sum_{k=1}^{\infty} (a_k^2 + b_k^2).$$

Hinreichend für Konvergenz und Darstellbarkeit ist die sog. Dirichlet-Bedingung. Sie fordert, daß sich der Grundbereich der primitiven Periode in eine endliche Anzahl von Teilbereichen zerlegen läßt, in denen jeweils $f(t)$ monoton und stetig ist.

<u>Andere Schreibweisen für die Koeffizienten</u>

Setzt man in den Ausdrücken für die Fourier-Koeffizienten $\omega t = \tau$, dann wird für

$$t = T = \frac{2\pi}{\omega} \Rightarrow \tau = 2\pi,$$

d.h. mit τ als Argument ist 2π die primitive Periode. Nennt man noch $f(t) = f(\tau/\omega) =: y(\tau)$, dann lautet die Darstellung

$$a_0 = \frac{1}{2\pi} \int_0^{2\pi} y(\tau) d\tau \qquad a_k = \frac{1}{\pi} \int_0^{2\pi} y(\tau) \cos k\tau \, d\tau \qquad b_k = \frac{1}{\pi} \int_0^{2\pi} y(\tau) \sin k\tau \, d\tau$$

Legt man keinen Wert auf den physikalischen Bezug, so kann man die sonst übliche Veränderliche x für τ nehmen und bekommt damit die Ausdrücke

$$a_0 = \frac{1}{2\pi} \int_0^{2\pi} f(x) dx \qquad a_k = \frac{1}{\pi} \int_0^{2\pi} f(x) \cos kx \, dx \qquad b_k = \frac{1}{\pi} \int_0^{2\pi} f(x) \sin kx \, dx.$$

Beachtet man den am Anfang dieses Abschnitts erläuterten Tatbestand, nach dem es bei periodischem Integranden auf die Wahl der unteren Integralgrenze nicht ankommt, so können wir mit x als Veränderlicher das etwas allgemeinere Intervall $[x_0, x_0 + 2\pi]$ nehmen und schreiben dann

$$a_0 = \frac{1}{2\pi} \int\limits_{x_0}^{x_0+2\pi} f(x)\,dx$$

$$a_k = \frac{1}{\pi} \int\limits_{x_0}^{x_0+2\pi} f(x)\,\cos kx\,dx$$

$$b_k = \frac{1}{\pi} \int\limits_{x_0}^{x_0+2\pi} f(x)\,\sin kx\,dx$$

Amplituden- und Frequenz-Spektrum

Setzt man für die Fourier-Koeffizienten

$$a_k = A_k \cos \varphi_k, \quad b_k = A_k \sin \varphi_k$$

$$\left(\Rightarrow A_k = \sqrt{a_k^2 + b_k^2}, \quad \tan \varphi_k = \frac{b_k}{a_k} \right)$$

und führt diese Ausdrücke in die Darstellung

$$f(t) = a_0 + \sum_{k=1}^{\infty} (a_k \cos k\omega t + b_k \sin k\omega t)$$

ein, so bekommt man bei Beachtung des bekannten Additionstheorems

$$\cos \varphi_k \cos k\omega t + \sin \varphi_k \sin k\omega t = \cos(k\omega t - \varphi_k)$$

die Fourier-Reihen-Darstellung von f(t) in der Gestalt

$$\boxed{f(t) = a_0 + \sum_{k=1}^{\infty} A_k \cos(k\omega t - \varphi_k)} \qquad (*)$$

Definition

> Die Fourier-Reihen-Darstellung (*) der periodischen Funktion $f(t)$ heißt Spektralform. Die Menge der A_k bildet das Amplituden-Spektrum, die Menge der φ_k das Phasen-Spektrum. Ferner heißen
>
> $A_1 \cos(\omega t - \varphi_1)$: Grundschwingung (1. Harmonische)
>
> $A_k \cos(k\omega t - \varphi_k)$: $(k-1)$te Oberschwingung (kte Harmonische).

Die komplexe Form der Fourier-Reihe

Satz

> Besitzt die periodische Funktion $f(x)$ die (reelle) Fourier-Reihen-Darstellung
>
> $$f(x) = a_0 + \sum_{k=1}^{\infty} (a_k \cos kx + b_k \sin kx),$$
>
> so lautet deren komplexe Form
>
> $$f(x) = \sum_{k=-\infty}^{\infty} c_k e^{jkx} \quad \text{mit} \quad c_k = \frac{1}{2\pi} \int_{0}^{2\pi} f(x) e^{-jkx} dx$$
>
> Die Menge der $c_k \in \mathbb{C}$ bildet das Spektrum der Funktion $f(x)$.

<u>Beweis</u>: Wir zeigen die Korrektheit der komplexen Form durch Äquivalenz-Umwandlung in die reelle Form. Zunächst ergibt sich für $k = 0$

$$c_0 = \frac{1}{2\pi} \int_{0}^{2\pi} f(x) dx = a_0.$$

Die Reihe können wir wie folgt aufspalten

$$\sum_{k=-\infty}^{\infty} c_k e^{jkx} = c_0 + \sum_{k=1}^{\infty} c_k e^{jkx} + \sum_{k=1}^{\infty} c_{-k} e^{-jkx} \qquad (*)$$

Nach der Eulerschen Formel (Bd. 1, Seite 355) gilt

$$e^{-jkx} = \cos kx - j \sin kx$$

$$\Rightarrow c_k = \frac{1}{2\pi} \int\limits_0^{2\pi} f(x) \cos kx\, dx - \frac{j}{2\pi} \int\limits_0^{2\pi} f(x) \sin kx\, dx$$

$$= \frac{1}{2} a_k - \frac{j}{2} b_k$$

und bei formaler Ersetzung von k durch $-k$ folgt ebenso

$$c_{-k} = \frac{1}{2\pi} \int\limits_0^{2\pi} f(x) \cos kx\, dx + \frac{j}{2\pi} \int\limits_0^{2\pi} f(x) \sin kx\, dx$$

$$= \frac{1}{2} a_k + \frac{j}{2} b_k$$

Setzt man diese Ausdrücke für c_k und c_{-k} in (*) ein, so wird wegen $c_0 = a_0$

$$a_0 + \sum_{k=1}^{\infty} \frac{1}{2}(a_k - jb_k)\, e^{jkx} + \sum_{k=1}^{\infty} \frac{1}{2}(a_k + jb_k)\, e^{-jkx} =$$

$$= a_0 + \sum_{k=1}^{\infty} \left(a_k\, \frac{e^{jkx} + e^{-jkx}}{2} + b_k\, \frac{e^{jkx} - e^{-jkx}}{2j} \right)$$

Beachtet man schließlich noch die aus der Eulerschen Formel unmittelbar folgenden Darstellungen

$$\frac{1}{2}(e^{jkx} + e^{-jkx}) = \cos kx, \quad \frac{1}{2j}(e^{jkx} - e^{-jkx}) = \sin kx,$$

so ergibt sich die reelle Form der Fourier-Reihe

$$a_0 + \sum_{k=1}^{\infty} (a_k \cos kx + b_k \sin kx).$$

Da alle Umformungen auch in umgekehrter Richtung vorgenomemn werden können, ist damit die Äquivalenz beider Darstellungen nachgewiesen.

Beispiele

1. Man gebe die Fourier-Reihendarstellung der Funktion

$$f(x) = \begin{cases} x & \text{für} \quad -\pi < x < +\pi \\ 0 & \text{für} \quad x = \pm\pi \end{cases}$$

$$f(x + 2\pi) = f(x) \quad \text{für alle} \quad x$$

an (Abb.56, sog. <u>Sägezahnkurve</u>).

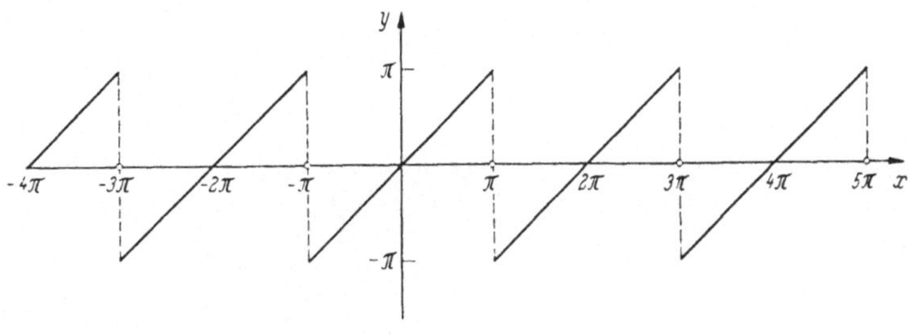

Abb.56

<u>Lösung:</u> Die vorgelegte Funktion ist ungerade, also gilt

$$a_n = 0 \quad (n = 0,1,2,\dots).$$

Für die übrigen Koeffizienten b_n folgt mittels Produktintegration (vgl. III, 1.2.2) und zweckmäßigerweise mit $[-\pi,\pi]$ als Intervall

$$b_n = \frac{1}{\pi} \int_{-\pi}^{\pi} x \sin nx \, dx$$

$$= \frac{1}{\pi} \left[-\frac{x \cos nx}{n} + \frac{\sin nx}{n^2} \right]_{-\pi}^{+\pi}$$

$$= \frac{1}{\pi} \left(-\frac{\pi \cos n\pi}{n} - \frac{\pi \cos n\pi}{n} \right)$$

$$= -\frac{2}{n} \cdot \begin{cases} -1 & \text{für} \quad n = 1,3,5,\dots \\ +1 & \text{für} \quad n = 2,4,6,\dots \end{cases}$$

$$= (-1)^{n+1} \frac{2}{n}.$$

Damit lautet die gesuchte Fourier-Reihe

$$f(x) = 2 \left(\frac{\sin x}{1} - \frac{\sin 2x}{2} + \frac{\sin 3x}{3} - \frac{\sin 4x}{4} + - \dots \right).$$

In Abb.57 sind die ersten vier trigonometrischen Teilsummen

$$s_1(x) = 2 \sin x$$

$$s_2(x) = 2 \sin x - \sin 2x$$

$$s_3(x) = 2 \sin x - \sin 2x + \frac{2}{3} \sin 3x$$

$$s_4(x) = 2 \sin x - \sin 2x + \frac{2}{3} \sin 3x - \frac{1}{2} \sin 4x$$

für $0 \leqslant x \leqslant 2\pi$ aufgezeichnet. Man beachte, wie die Approximation umso besser ausfällt, je mehr Oberschwingungen berücksichtigt werden.

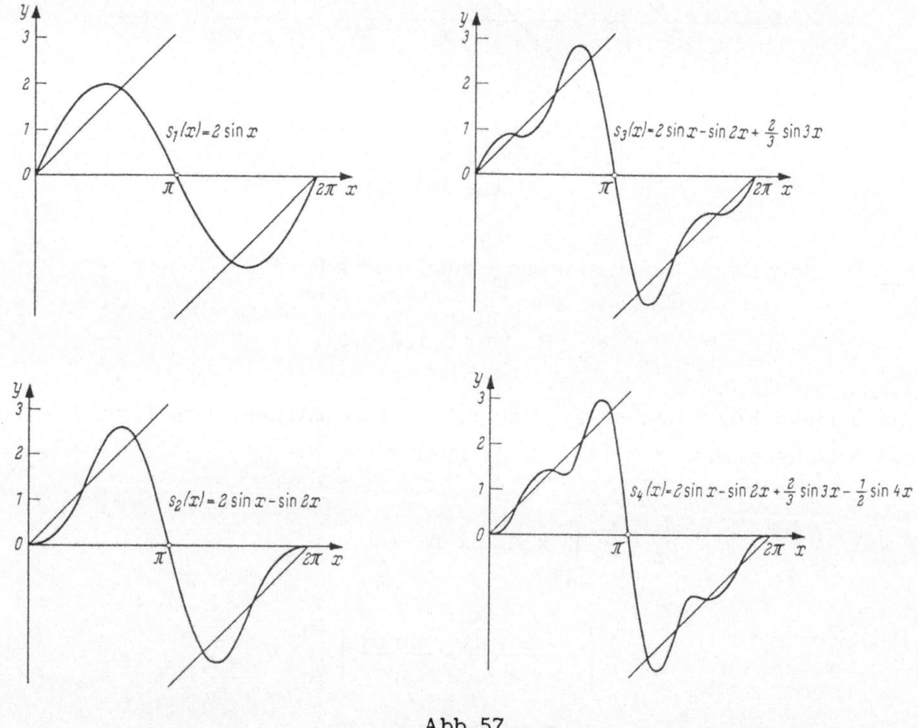

Abb.57

2. Entwickle die Funktion

$$f(x) = \begin{cases} -a & \text{für} & -\pi < x < 0 \\ a & \text{für} & 0 < x < \pi \\ 0 & \text{für} & x = 0, \pm\pi \end{cases}$$

$$f(x + 2\pi) = f(x) \quad \text{für alle } x$$

in eine Fourier-Reihe (Abb.58, sog. <u>Umpolfunktion</u>).

<u>Lösung:</u> Alle a_n sind gleich Null, da $f(x)$ ungerade ist. Für die b_n bekommt man unter Beachtung der Unstetigkeit bei $x = 0$, welche eine Aufspaltung in zwei Integrale erfordert,

$$b_n = \frac{1}{\pi} \int\limits_{-\pi}^{0} (-a)\sin nx \, dx + \frac{1}{\pi} \int\limits_{0}^{\pi} a \sin nx \, dx$$

$$= \frac{a}{\pi} \left(- \int\limits_{-\pi}^{0} \sin nx \, dx + \int\limits_{0}^{\pi} \sin nx \, dx \right)$$

$$= \frac{a}{\pi} \left(- \left[-\frac{1}{n} \cos nx \right]_{-\pi}^{0} + \left[-\frac{1}{n} \cos nx \right]_{0}^{\pi} \right)$$

$$= \frac{a}{\pi n} \cdot \begin{cases} 0 & \text{für} \quad n = 2,4,6,\ldots \\ 4 & \text{für} \quad n = 1,3,5,\ldots \end{cases}$$

$$\Rightarrow f(x) = \frac{4a}{\pi} \left(\frac{\sin x}{1} + \frac{\sin 3x}{3} + \frac{\sin 5x}{5} + \ldots \right)$$

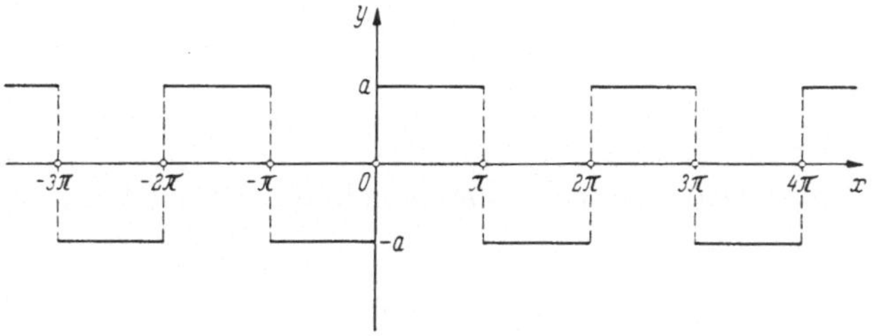

Abb.58

<u>Einschaltung</u>

An dieser Stelle sei auf eine Vereinfachung aufmerksam gemacht, die bei geraden bzw. ungeraden periodischen Funktionen gegebenenfalls Rechenarbeit ersparen kann.

Sei f **g e r a d e   p e r i o d i s c h** mit $T = 2\pi$ und in $[-\pi; 0]$ durch $f(x) = \varphi(x)$, in $[0;\pi]$ durch $f(x) = \psi(x)$ erklärt. Dann können wir für $n \geqq 1$ statt

$$a_n = \frac{1}{\pi} \int\limits_{-\pi}^{0} \varphi(x)\cos nx \, dx + \frac{1}{\pi} \int\limits_{0}^{\pi} \psi(x)\cos nx \, dx \qquad (*)$$

einfacher gemäß

$$\boxed{a_n = \frac{2}{\pi} \int\limits_{0}^{\pi} \psi(x)\cos nx \, dx}$$

rechnen. Für das erste Integral in (∗) bekommen wir nämlich nach Vertauschen der Grenzen

$$-\frac{1}{\pi}\int_0^{-\pi} f(x)\cos nx\,dx = \frac{1}{\pi}\int_0^{-\pi} f(-x)\cos(-nx)\,d(-x)$$

mit $-x =: z$, $x = 0 \Rightarrow z = 0$, $x = -\pi \Rightarrow z = +\pi$

$$\frac{1}{\pi}\int_0^{\pi} f(z)\cos nz\,dz = \frac{1}{\pi}\int_0^{\pi} \psi(z)\cos nz\,dz$$

und nach z, x-Tausch (z ist eine gebundene Variable!)

$$\frac{1}{\pi}\int_0^{\pi} \psi(x)\cos nx\,dx$$

und damit genau das zweite Integral. Man wende die Vereinfachung bei Beispiel 3 an!

Ist andererseits f **u n g e r a d e   p e r i o d i s c h** mit $T = 2\pi$ und in $[-\pi; 0]$ durch $f(x) = \varphi(x)$, in $[0; \pi]$ durch $f(x) = \psi(x)$ definiert, so können wir die Berechnung der b_n statt mit

$$b_n = \frac{1}{\pi}\int_{-\pi}^{0} \varphi(x)\sin nx\,dx + \frac{1}{\pi}\int_0^{\pi} \psi(x)\sin nx\,dx \qquad (\ast\ast)$$

kürzer durch das eine Integral

$$\boxed{\,b_n = \frac{2}{\pi}\int_0^{\pi} \psi(x)\sin nx\,dx\,}$$

vornehmen.

<u>Beweis:</u> Wir zeigen, daß das erste Integral in $(**)$ gleich ist dem zweiten:

$$-\frac{1}{\pi} \int_0^{-\pi} f(x)\sin nx \, dx = \frac{1}{\pi} \int_0^{-\pi} f(-x)\sin(-nx)d(-x)$$

$$[f(-x) = -f(x), \; \sin(-nx) = -\sin nx, \; d(-x) = -dx]$$

$$-x =: z, \; x = 0 \Rightarrow z = 0, \; x = -\pi \Rightarrow z = +\pi$$

$$\frac{1}{\pi} \int_0^{-\pi} f(-x)\sin(-nx)d(-x) = \frac{1}{\pi} \int_0^{\pi} f(z)\sin nz \, dz$$

$$= \frac{1}{\pi} \int_0^{\pi} \psi(z)\sin nz \, dz = \frac{1}{\pi} \int_0^{\pi} \psi(x)\sin nx \, dx.$$

Man wende diese Vereinfachung etwa beim Beispiel 2 an.

3. Man ermittle die Fourier-Reihenentwicklung der Funktion (<u>kommutierter Sinus-</u>
<u>strom</u>)

$$f(x) = \begin{cases} -\sin x & \text{für} & -\pi \leqslant x < 0 \\[2mm] \sin x & \text{fur} & 0 \leqslant x < \pi \end{cases}$$

$$f(x + 2\pi) = f(x) \quad \text{für alle} \quad x$$

<u>Lösung</u> (Abb.59): Die überall stetige Funktion ist gerade, also gilt

$$b_n = 0 \qquad\qquad (n = 1,2,3,\ldots).$$

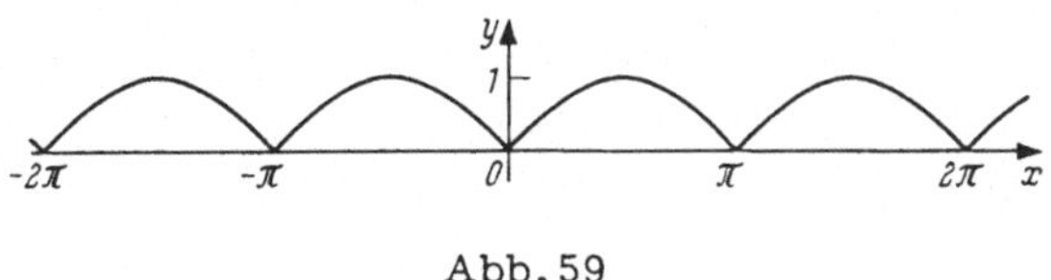

Abb.59

Für die a_n bekommt man

$$a_0 = \frac{1}{2\pi} \int_{-\pi}^{0} (-\sin x)dx + \frac{1}{2\pi} \int_0^{\pi} \sin x \, dx = \frac{2}{\pi}$$

$$a_n = \frac{1}{\pi} \int_{-\pi}^{0} (-\sin x)\cos nx \, dx + \frac{1}{\pi} \int_0^{\pi} \sin x \cos nx \, dx.$$

Zur formalen Integration verwandelt man die unter den Integralen stehenden Produkte mit der aus der Trigonometrie bekannten Identität

$$\sin x \cos nx = \frac{1}{2}\left[\sin(1+n)x + \sin(1-n)x\right]$$

zunächst jeweils in eine Summe und integriert diese gliedweise. Dabei erhält man

$$a_n = -\frac{1}{2\pi}\int\limits_{-\pi}^{0}\left[\sin(1+n)x + \sin(1-n)x\right]dx +$$

$$+ \frac{1}{2\pi}\int\limits_{0}^{\pi}\left[\sin(1+n)x + \sin(1-n)x\right]dx$$

$$= -\frac{1}{2\pi}\left[-\frac{\cos(1+n)x}{1+n} - \frac{\cos(1-n)x}{1-n}\right]_{-\pi}^{0} +$$

$$+ \frac{1}{2\pi}\left[-\frac{\cos(1+n)x}{1+n} - \frac{\cos(1-n)x}{1-n}\right]_{0}^{\pi}$$

$$= \begin{cases} \dfrac{4}{\pi(1-n^2)} & \text{für } n = 2,4,6,\dots \\[2mm] 0 & \text{für } n = 1,3,5,\dots \end{cases} \quad [1]$$

Damit lautet die gesuchte Fourier-Reihe

$$f(x) = \frac{2}{\pi} - \frac{4}{\pi}\left(\frac{\cos 2x}{3} + \frac{\cos 4x}{15} + \frac{\cos 6x}{35} + \dots\right).$$

4. Wie lautet die Fourier-Reihen-Entwicklung für die in Abb.60 dargestellte Funktion?

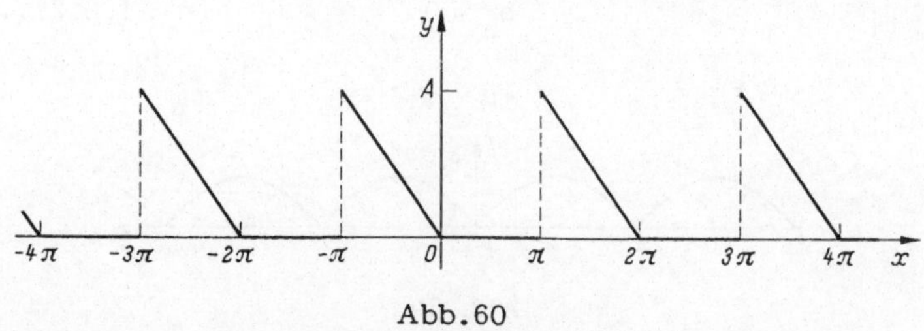

Abb.60

Lösung: f hat die primitive Periode 2π und es gilt

$$f(x) = \begin{cases} -\dfrac{A}{\pi}\,x & \text{für } x \in]-\pi;\,0] \\[3mm] 0 & \text{für } x \in [0;\,\pi[\end{cases}$$

---

[1] Beim Nachrechnen dieses Ergebnisses beachte der Leser, daß für n = 1 der Summand $\sin(1-n)x = 0$ ist, d.h. der Quotient mit $1-n$ im Nenner der Stammfunktion tritt in diesem Fall nicht auf. Hinweis: $3 = 1\cdot 3$, $15 = 3\cdot 5$, $35 = 5\cdot 7$ etc.

1. Lösungsweg: Reelle Rechnung

$$a_0 = \frac{1}{2\pi} \int\limits_{-\pi}^{\pi} f(x)\,dx = \frac{1}{2\pi} \left(-\frac{A}{\pi} \right) \int\limits_{-\pi}^{0} x\,dx = \frac{A}{4}$$

$$a_n = \frac{1}{\pi} \int\limits_{-\pi}^{\pi} f(x)\cos nx\,dx = -\frac{A}{\pi^2} \int\limits_{-\pi}^{0} x\cos nx\,dx$$

Partielle (Produkt-) Integration anwenden:

$$x = u, \quad dx = du, \quad \cos nx\,dx = dv, \quad \frac{1}{n}\sin nx = v$$

$$a_n = -\frac{A}{\pi^2} \left[\frac{x\sin nx}{n} + \frac{\cos nx}{n^2} \right]_{-\pi}^{0} = -\frac{A}{\pi^2} \cdot \frac{1 - \cos n\pi}{n^2}$$

Wegen $\cos n\pi = (-1)^n$ für alle $n \in \mathbb{N}$ folgt daraus

$$a_n = -\frac{A}{n^2 \pi^2} [1 - (-1)^n] \wedge n \in \mathbb{N}$$

In ganz entsprechender Weise ergibt sich für die b_n:

$$b_n = -\frac{A}{\pi^2} \int\limits_{-\pi}^{0} x\sin nx\,dx = -\frac{A}{\pi^2} \left[-\frac{x\cos nx}{n} + \frac{\sin nx}{n^2} \right]_{-\pi}^{0}$$

$$= -\frac{A}{\pi^2} \left(-\frac{\pi \cdot \cos n\pi}{n} \right) = \frac{A}{\pi n} (-1)^n \quad \text{für} \quad n \in \mathbb{N}.$$

Für die einzelnen Fourier-Koeffizienten erhält man daraus folgende Werte

$$a_0 = \frac{A}{4}, \quad a_1 = -\frac{2A}{\pi^2}, \quad a_2 = 0, \quad a_3 = -\frac{2A}{3^2 \pi^2}, \quad a_4 = 0,$$

$$a_5 = -\frac{2A}{5^2 \cdot \pi^2}, \dots, \quad b_1 = -\frac{A}{\pi}, \quad b_2 = \frac{A}{2\pi}, \quad b_3 = -\frac{A}{3\pi}, \dots$$

und somit für die Fourier-Reihe

$$f(x) = \frac{A}{4} - \frac{2A}{\pi^2} \left(\cos x + \frac{\cos 3x}{3^2} + \frac{\cos 5x}{5^2} + \dots \right)$$

$$- \frac{A}{\pi} \left(\sin x - \frac{\sin 2x}{2} + \frac{\sin 3x}{3} - + \dots \right).$$

2. Lösungsweg: Komplexe Rechnung[1]

Aufgrund der Eulerschen Formel

$$e^{jnx} = \cos nx + j \sin nx$$

können wir die Berechnung der a_n und b_n für $n \geq 1$ hier zusammenfassen:

$$a_n + jb_n = \frac{1}{\pi} \int_{-\pi}^{\pi} f(x)\cos nx\, dx + j \cdot \frac{1}{\pi} \int_{-\pi}^{\pi} f(x)\sin nx\, dx = \frac{1}{\pi} \int_{-\pi}^{\pi} f(x)e^{jn\,x}dx$$

Für die weitere Behandlung des Integrals sei hier ohne Beweis gesagt, daß man die imaginäre Einheit j (bezüglich der Integration) wie einen gewöhnlichen Faktor behandeln kann. Damit wird

$$a_n + jb_n = -\frac{A}{\pi^2} \int_{-\pi}^{0} xe^{jn\,x}dx = -\frac{A}{\pi^2}\left[\frac{1}{nj}xe^{jn\,x} - \frac{1}{n^2 j^2}e^{jn\,x}\right]_{-\pi}^{0}$$

$$= -\frac{A}{\pi^2}\left\{\frac{\pi}{nj}e^{jn(-\pi)} + \frac{1}{n^2}\left(1 - e^{jn(-\pi)}\right)\right\} = \frac{A}{n\pi}(-1)^n j - \frac{A}{n^2\pi^2}[1 - (-1)^n]$$

$$\Rightarrow a_n = -\frac{A}{n^2\pi^2}[1 - (-1)^n], \quad b_n = \frac{A}{n\pi}[(-1)^n] \wedge n \in \mathbb{N}$$

und damit die gleichen Ausdrücke wie oben. Für $x = 0$ folgt noch aus der Fourierreihe wegen $f(0) = 0$ die Reihensumme

$$1 + \frac{1}{3^2} + \frac{1}{5^2} + \frac{1}{7^2} + \ldots = \frac{\pi^2}{8}.$$

Aufgaben zu 2.7.1

1. Die in Abb.61 dargestellte periodische Funktion ist in eine Fourier-Reihe zu entwickeln. Die Glieder sind bis zur 9. Oberschwingung einschließlich anzuschreiben.

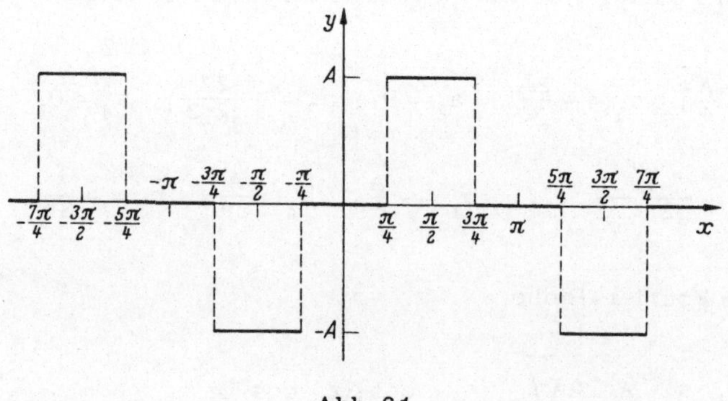

Abb.61

2. Wie lautet die Fourier-Reihen-Entwicklung der in Abb.62 gezeigten periodischen Funktion $y = f(x)$? Die Koeffizienten sind allgemein und numerisch auf 4 Dezimalen bis zur 7. Oberschwingung anzugeben.

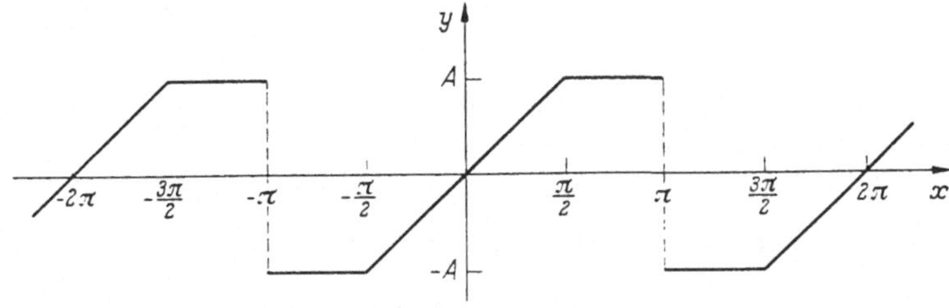

Abb.62

3. Welche Fourier-Reihen-Darstellung besitzt die in Abb.63 aufgezeichnete periodische Funktion $y = f(x)$? Geben Sie die Koeffizienten bis zur 5. Oberschwingung allgemein und numerisch auf 4 Dezimalen genau an!

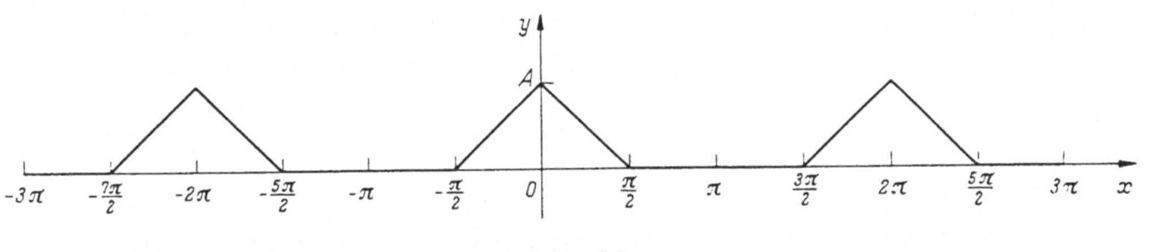

Abb.63

4. Ermitteln Sie die Fourier-Reihe der in Abb.64 dargestellten periodischen Funktion $y = f(x)$ und schreiben Sie die Glieder bis zur 9. Oberschwingung an!

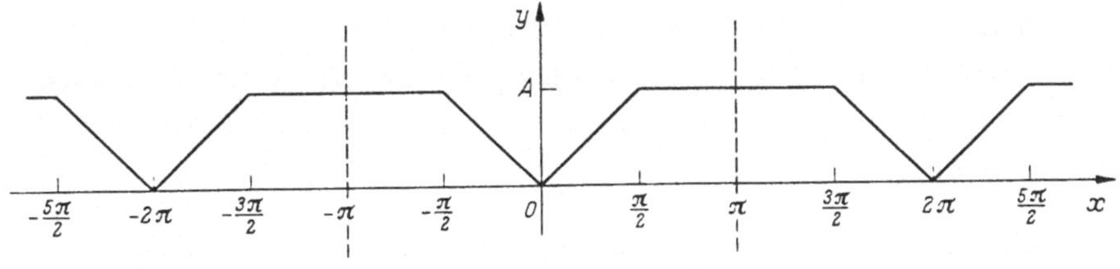

Abb.64

5. Wie lauten die Fourier-Koeffizienten für die in Abb.65 dargestellte periodische Funktion?

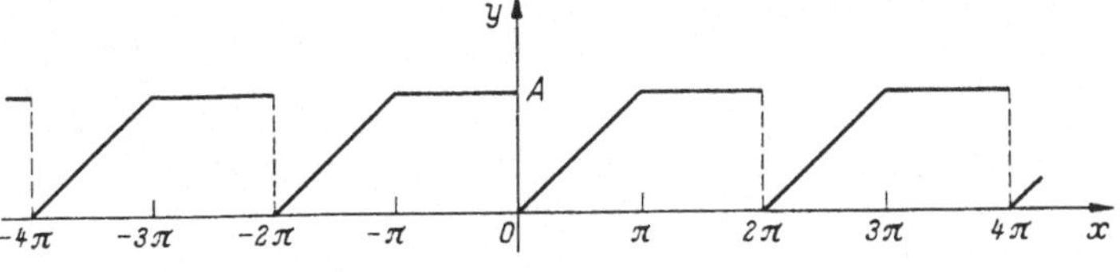

Abb.65

6. Eine ungerade periodische Funktion f ist in der rechten Halbperiode gegeben durch

$$f(x) = \begin{cases} A & \text{für} \quad 0 < x < \frac{\pi}{2} \\ 2A & \text{für} \quad \frac{\pi}{2} < x < \pi \end{cases}$$

   a) Zeichnen Sie den Graphen der Funktion f für das Intervall $\{x \mid -\pi < x < \pi\}$ auf!

   b) Berechnen Sie die Fourier-Koeffizienten allgemein!

   c) Schreiben Sie die Fourier-Reihe bis zur 7. Oberschwingung an!

   d) Welcher Wert ergibt sich für $f\left(\frac{\pi}{2}\right)$ aufgrund der Fourier-Reihen-Entwicklung?

7. Eine periodische Funktion ist in ihrer primitiven Periode $0 < x < 2\pi$ gegeben durch die Zuordnung

$$x \mapsto y = f(x) = 1 - \sin\frac{x}{4}$$

   a) Skizzieren Sie die Bildkurve im Intervall
      $\{x \mid -2\pi < x < 4\pi\}$

   b) Stellen Sie die Fourier-Reihe bis einschließlich zur dritten Oberschwingung auf.

2.7.2 Das Fourier-Integral

Viele Abläufe in Natur und Technik sind nicht-periodischer Art. Ihre harmonische Analyse führt auf kontinuierliche Spektren, die anstelle diskreter Frequenzen alle Schwingungszahlen zwischen null und unendlich aufweisen. Es ist das große Verdienst Fouriers, auch für solche Vorgänge eine mathematische Beschreibung gefunden zu haben. Diese stellt gewissermaßen eine Verallgemeinerung des ursprünglichen Ansatzes dar: dem Übergang vom diskreten zum kontinuierlichen Frequenzspektrum entspricht beim mathematischen Formalismus der Übergang von der Fourier-Reihe zum Fourier-Integral. Dazu braucht man eigentlich nur nicht-periodische Funktionen als periodische Funktionen mit unendlich großer primitiver Periode $(T \to \infty)$ aufzufassen.

Die folgende Herleitung soll den Rechnungsgang heuristisch verdeutlichen. Auf die den Anwender weniger interessierenden streng mathematischen Voraussetzungen und Forderungen werde hier nicht eingegangen.

Wir gehen aus von der Fourier-Reihen-Darstellung einer in t periodischen Funktion mit $T = 2\pi/\omega$ als primitiver Periode (2.7.1):

$$f(t) = a_0 + \sum_{k=1}^{\infty} (a_k \cos k\omega t + b_k \sin k\omega t) \tag{$*$}$$

mit der Koeffizienten-Darstellung

$$a_0 = \frac{1}{T} \int\limits_{0}^{T} f(t)\,dt = \frac{1}{T} \int\limits_{-T/2}^{T/2} f(s)\,ds$$

$$a_k = \frac{2}{T} \int\limits_{0}^{T} f(t)\,\cos k\omega t\,dt = \frac{2}{T} \int\limits_{-T/2}^{T/2} f(s)\,\cos k\omega s\,ds$$

$$b_k = \frac{2}{T} \int\limits_{0}^{T} f(t)\,\sin k\omega t\,dt = \frac{2}{T} \int\limits_{-T/2}^{T/2} f(s)\,\sin k\omega s\,ds.$$

Für die Grenzen $-T/2$ und $T/2$ entscheiden wir uns aus Symmetriegrunden, da
später, beim Übergang zum Integral, $-\infty$ und ∞ als Grenzen gewahlt werden.
Die Umschreibung auf s als Integrationsvariable anstelle von t ist erforderlich,
da diese Ausdrücke für die Koeffizienten in die Reihe $(*)$ eingesetzt und mit den
dort befindlichen Gliedern zusammen gefaßt werden:

$$f(t) = \frac{1}{T} \int\limits_{-T/2}^{T/2} f(s)\,ds + \sum_{k=1}^{\infty} \left[\frac{2}{T} \int\limits_{-T/2}^{T/2} f(s)\,\cos k\omega s\,ds \cdot \cos k\omega t \right.$$

$$\left. + \frac{2}{T} \int\limits_{-T/2}^{T/2} f(s)\,\sin k\omega s\,ds \cdot \sin k\omega t \right]$$

Nun sind die Ausdrücke $\cos k\omega t$ und $\sin k\omega t$ von s unabhängig. Sie spielen deshalb bezüglich der Integration die Rolle konstanter Faktoren, konnen als solche
mit unter das Integral genommen und mit den dort bestehenden Kosinus- bzw. Si-
nusausdrucken über das Additionstheorem fur den Kosinus zusammengefaßt werden:

$$f(t) = \frac{1}{T} \int\limits_{-T/2}^{T/2} f(s)\,ds + \sum_{k=1}^{\infty} \left[\frac{2}{T} \int\limits_{-T/2}^{T/2} f(s)\,(\cos k\omega s \cdot \cos k\omega t \right.$$

$$+ \sin k\omega s \cdot \sin k\omega t)\,ds\,]$$

$$= \frac{1}{T} \int\limits_{-T/2}^{T/2} f(s)\,ds + \sum_{k=1}^{\infty} \left[\frac{2}{T} \int\limits_{-T/2}^{T/2} f(s)\,\cos k\omega(s - t)\,ds \right]$$

Wir vollziehen nun den Übergang zum Fourier-Integral. Hierbei geht es darum,
eine nicht-periodische Funktion $f(t)$ auf der ganzen t-Achse von $-\infty$ bis $+\infty$
darzustellen. Um keine neuen Bezeichnungen einführen zu mussen, wollen wir
uns folgendes vorstellen. Wir denken uns eine Funktion $\varphi(t)$, die man durch perio-

dische Fortsetzung des zwischen -T/2 und T/2 liegenden Teils der Funktion f(t) bekommt (Abb.66):

$$\varphi(t) = f(t) \qquad \text{für} \qquad -T/2 < t < T/2$$

$$\varphi(t + kT) = \varphi(t) \qquad \text{für} \qquad \text{alle } t \in \mathbb{R},\ k \in \mathbb{Z}.$$

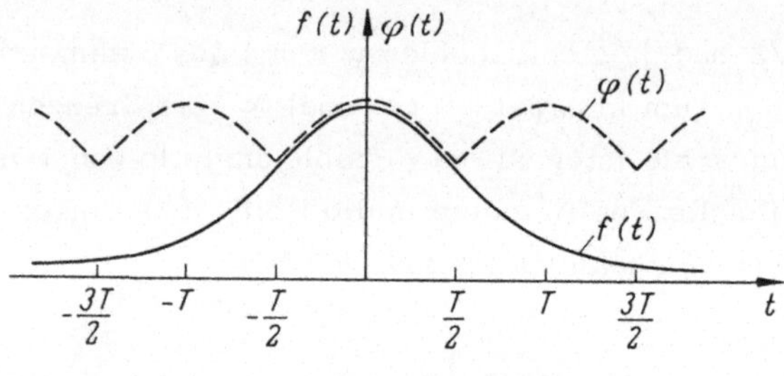

Abb.66

Lassen wir nun $T \to \infty$ gehen, so geht offenbar $\varphi(t) \to f(t)$ für alle t. Die periodische Funktion $\varphi(t)$ kann in der bekannten Weise in eine Fourier-Reihe entwickelt werden. Erstreckt man die Grenzen von -T/2 bis T/2, dann können wir im Integranden überall $\varphi(t)$ durch die darzustellende Funktion f(t) ersetzen (hier: f(s), da wir s als Integrationsveränderliche genommen haben) und wir bekommen die nachstehenden Formeln (in denen jetzt aber f(s) eine nicht-periodische Funktion bezeichnet).

Zugleich heben wir die Diskretisierung in k auf. Der Faktor $k\omega$ nimmt zunächst für k = 1,2,3,... die Werte

$$u_1 := \omega,\ u_2 := 2\omega,\ u_3 := 3\omega,\dots,\ u_k = k\omega,\dots$$

an. Diese interpretieren wir nun als diskrete Werte einer in $[0,\infty)$ erklärten kontinuierlichen Variablen u, wobei gilt

$$u_2 - u_1 = u_3 - u_2 = \cdots = u_k - u_{k-1} = \Delta u_k = \omega = \frac{2\pi}{T} =: \Delta u$$

mit $\Delta u \to 0$ für $T \to \infty$.

Die Summe nimmt damit folgende Gestalt an

$$\frac{1}{\pi} \sum_{k=1}^{\infty} \frac{2\pi}{T} \int_{-T/2}^{T/2} f(s) \cos k\omega(s - t)ds$$

$$= \frac{1}{\pi} \sum_{k=1}^{\infty} \Delta u \int_{-T/2}^{T/2} f(s) \cos k\omega(s - t)ds$$

$$= \frac{1}{\pi} \sum_{k=1}^{\infty} \left(\int_{-T/2}^{T/2} f(s) \cos k\omega(s - t)ds \right) \Delta u \quad \text{mit } k\omega = u_k.$$

In dieser Form erkennen wir die in Abschnitt 1.3.4 erklarte Gestalt einer Summe, die beim Grenzprozeß (unter gewissen Voraussetzungen) nach der Riemannschen Integraldefinition in ein bestimmtes Integral übergeht. Nehmen wir ferner an, daß das Integral

$$\int_{-\infty}^{\infty} f(s)ds$$

konvergiert (d.h. eine bestimmte reelle Zahl darstellt), so wird

$$\frac{1}{T} \int_{-\infty}^{\infty} f(s)ds \to 0 \quad \text{für } T \to \infty$$

gelten. Ersetzen wir nun noch $k\omega = u_k$ durch die Variable u, so bekommen wir die

Definition

Die Integraldarstellung der (nicht-periodischen) Funktion f(t) gemäß

$$f(t) = \frac{1}{\pi} \int_{u=0}^{\infty} \left(\int_{s=-\infty}^{\infty} f(s) \cos u(s- t)ds \right) du$$

heißt Fourier-Integral.

Wir formen das Integral noch etwas um, so daß es äußerlich mehr an die Gestalt der Fourier-Reihe erinnert:

$$f(t) = \frac{1}{\pi} \int_{u=0}^{\infty} \left(\int_{s=-\infty}^{\infty} f(s) \cos(us - ut)\,ds \right) du$$

$$= \frac{1}{\pi} \int_{u=0}^{\infty} \left(\int_{s=-\infty}^{\infty} f(s) \cos us \cdot \cos ut\,ds + \int_{s=-\infty}^{\infty} f(s) \sin us \cdot \sin ut\,ds \right) du$$

$$= \frac{1}{\pi} \int_{0}^{\infty} \left(\cos ut \cdot \int_{-\infty}^{\infty} f(s) \cos us\,ds + \sin ut \cdot \int_{-\infty}^{\infty} f(s) \sin us\,ds \right) du$$

Mit den Abkürzungen

$$a(u) := \frac{1}{\pi} \int_{-\infty}^{\infty} f(s) \cos us\,ds$$

$$b(u) := \frac{1}{\pi} \int_{-\infty}^{\infty} f(s) \sin us\,ds$$

entsteht daraus die Darstellung des Fourier-Integrals

$$\boxed{f(t) = \int_{0}^{\infty} [a(u) \cos ut + b(u) \sin ut]\,du}$$

Man setzt noch

$$c(u) := \sqrt{[a(u)]^2 + [b(u)]^2}, \quad \tan \varphi(u) := \frac{b(u)}{a(u)}$$

und hat dann wieder in Analogie zur Fourier-Reihe die Spektral-Darstellung des Fourier-Integrals mit

$$\boxed{f(t) = \int_{0}^{\infty} c(u) \cos(ut - \varphi)\,du}$$

$c(u)$ heißt wieder Amplituden-Spektrum, $\varphi = \varphi(u)$ Phasen-Spektrum der Funktion $f(t)$. Da $u = k\omega$ gesetzt worden war, ist die Amplitude wie Phase von der Frequenz abhängig. Hierbei beachte man, daß u alle reellen Werte zwischen 0 und ∞ annehmen kann, so daß sich ein kontinuierliches Spektrum ergibt.

Beispiel

Für die in Abb.67 dargestellte Kosinusfunktion

$$f(t) = \begin{cases} \pi\,\cos t & \text{für} \quad t \in \left[-\frac{\pi}{2},\ \frac{\pi}{2}\right] \\[2ex] 0 & \text{sonst} \end{cases}$$

berechne und zeichne man das Amplituden-Spektrum.

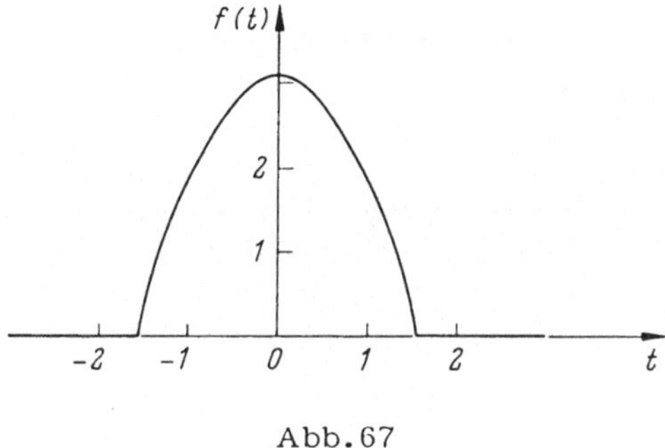

Abb.67

$\underline{\text{Lösung:}}$ Da $f(t)$ gerade ist, wird $b(u) = 0$ und somit

$$c(u) = a(u) = \frac{2}{\pi} \int_0^{\pi/2} f(s)\,\cos us\,ds$$

$$= 2 \int_0^{\pi/2} \cos s \cdot \cos us\,ds.$$

Nun ist aber, wie man sofort nachrechnet,

$$\cos s \cdot \cos us = \frac{1}{2}\left[\cos(1+u)s + \cos(1-u)s\right]$$

und damit

$$c(u) = \int_0^{\pi/2} \cos(1+u)s\,ds + \int_0^{\pi/2} \cos(1-u)s\,ds$$

$$= \frac{1}{1+u}\sin(1+u)\frac{\pi}{2} + \frac{1}{1-u}\sin(1-u)\frac{\pi}{2}.$$

Nun ist aber

$$\sin(1 + u)\frac{\pi}{2} = \sin\left(\frac{\pi}{2} + u\frac{\pi}{2}\right) = \cos u\frac{\pi}{2} = \sin(1 - u)\frac{\pi}{2},$$

deshalb ergibt sich die Amplitudenfunktion $c(u)$ zu

$$c(u) = \left(\frac{1}{1 + u} + \frac{1}{1 - u}\right)\cos u\frac{\pi}{2} = \frac{2}{1 - u^2}\cos u\frac{\pi}{2}$$

Der Graph ist in Abb.68 dargestellt. Nullstellen befinden sich für $u = 3,5,7,\ldots$.
Bei $u = 1$ hat die Funktion eine Lücke; der Grenzwert ergibt sich (nach der Regel
von Bernoulli und de l'Hospital) zu

$$\lim_{u \to 1}\frac{2}{1 - u^2}\cos u\frac{\pi}{2} = \lim_{u \to 1}\frac{-\pi\sin u\frac{\pi}{2}}{-2u} = \frac{\pi}{2}$$

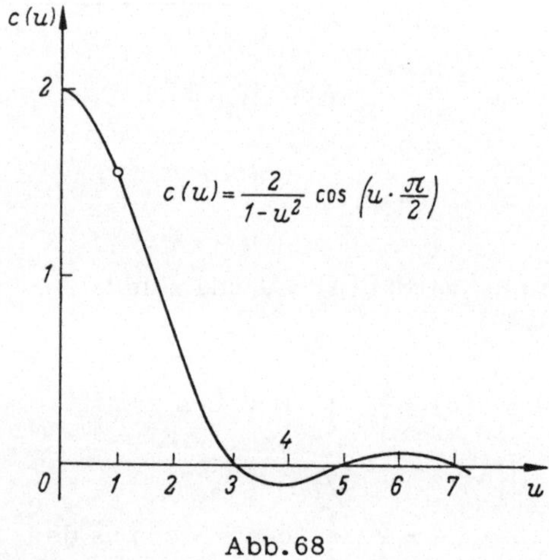

Abb.68

Die komplexe Form des Fourier-Integrals

Wir benötigen die Darstellung der Kosinusfunktion durch Exponentialfunktionen
(vgl. Bd. 1, Abschnitt 3.5):

$$\cos u(s - t) = \frac{1}{2}\left[e^{ju(s-t)} + e^{-ju(s-t)}\right]$$

Setzen wir diesen Ausdruck in das Fourier-Integral ein und spalten die Integrale
auf, so bekommen wir

$$f(t) = \frac{1}{2\pi} \int\limits_{u=0}^{\infty} \left(\int\limits_{s=-\infty}^{\infty} f(s)e^{ju(s-t)}\,ds + \int\limits_{s=-\infty}^{\infty} f(s)e^{-ju(s-t)}\,ds \right) du$$

$$= \frac{1}{2\pi} \left[\int\limits_{u=0}^{\infty} \left(\int\limits_{s=-\infty}^{\infty} f(s)e^{ju(s-t)}\,ds \right) du + \int\limits_{u=0}^{\infty} \left(\int\limits_{s=-\infty}^{\infty} f(s)e^{-ju(s-t)}\,ds \right) du \right].$$

Ersetzt man im ersten Integral u formal durch -u, so wird

$$-\int\limits_{u=0}^{-\infty} \left(\int\limits_{s=-\infty}^{\infty} f(s)e^{-ju(s-t)}\,ds \right) du = \int\limits_{u=-\infty}^{0} \left(\int\limits_{s=-\infty}^{\infty} f(s)e^{-ju(s-t)}\,ds \right) du,$$

so daß wir dieses Integral mit dem zweiten zusammenfassen konnen, indem wir die u-Grenzen von $-\infty$ bis ∞ erstrecken:

$$f(t) = \frac{1}{2\pi} \int\limits_{u=-\infty}^{\infty} \left(\int\limits_{s=-\infty}^{\infty} f(s)e^{-ju(s-t)}\,ds \right) du.$$

Den von s unabhängigen Exponentialfaktor können wir noch vor das innere Integral ziehen, womit

$$f(t) = \frac{1}{2\pi} \int\limits_{u=-\infty}^{\infty} e^{jut} \left(\int\limits_{s=-\infty}^{\infty} f(s)e^{-jus}\,ds \right) du \qquad (*)$$

entsteht. Bezeichnen wir das innere Integral mit $F(u)$ und nehmen t als Integrationsvariable, so erhalten wir die

Definition

> Die komplexe Form des Fourier-Integrals einer Funktion $f(t)$ ist erklärt durch
>
> $$F(u) = \int\limits_{-\infty}^{\infty} f(t)e^{-jut}\,dt$$
>
> $$f(t) = \frac{1}{2\pi} \int\limits_{-\infty}^{\infty} F(u)e^{jut}\,du$$

> F(u) heißt Spektral-Funktion bzw. Fourier-Transformierte von f(t).

Der Leser beachte die Ähnlichkeit im Aufbau dieser Formeln zu denen der Spektral-Darstellung einer periodischen Funktion durch die komplexe Form der Fourier-Reihe.

Das Laplace-Integral

In vielen technischen Anwendungen werden zeitliche Abläufe untersucht, insbesondere Einschaltvorgänge. $f(t)$ beschreibt dann eine Funktion der Zeit. Findet das Einschalten zur Zeit $t = 0$ statt, so kann man $f(t) = 0$ für $t < 0$ annehmen. Das Integral über t, das doch $f(t)$ als Faktor im Integranden hat, erstreckt sich dann nur noch von 0 bis ∞. In diesem Fall wollen wir für $f(t)$ mit einem konstanten, positiven v gemäß

$$f(t) = \begin{cases} g(t)e^{-vt} & \text{für} \quad t > 0 \\ 0 & \text{sonst} \end{cases}$$

ansetzen. Dann bekommen wir beim Einsetzen in das Integral der Spektralfunktion

$$F(u) = \int_0^\infty g(t)e^{-vt}e^{-jut}dt = \int_0^\infty g(t)e^{-(v+ju)t}dt$$

Führt man schließlich für den komplexen Ausdruck

$$v + ju =: \sigma$$

ein, so ergibt sich mit $F(u) =: G(\sigma)$

$$\boxed{G(\sigma) = \int_0^\infty g(t)e^{-\sigma t}dt} \qquad (\ast\ast)$$

Das mit ($\ast\ast$) eingerahmte Integral heißt **Laplace-Integral**, $G(\sigma)$ heißt die **Laplace-Transformierte** der Funktion $g(t)$. Wegen des in

$$e^{-\sigma t} = e^{-vt} \cdot e^{-jut}$$

enthaltenen Faktors $e^{-vt}(v > 0)$ sind die Bedingungen, die $g(t)$ erfüllten muß, damit das Laplace-Integral konvergiert, schwächer als die Bedingungen, die $f(t)$ erfullen muß, damit das Fourier-Integral konvergiert. Die Funktion $g(t)$ braucht z.B. für $t \to \infty$ nicht nach Null zu gehen, sie darf konstant werden, ja sogar gegen unendlich gehen, allerdings muß sie schwächer unendlich groß werden als e^{vt}.

Umgekehrt folgt beim u-Integral die Auflosung nach $g(t)$

$$g(t)e^{-vt} = \frac{1}{2\pi} \int_{-\infty}^{\infty} F(u)e^{Jut}du$$

Wegen $d\sigma = Jdu$ (v ist konstant) bedingt der Ubergang von u nach σ für die Grenzen, daß nun von $v - J\infty$ bis $v + J\infty$ integriert werden muß

$$g(t) = \frac{1}{2\pi} \int_{-\infty}^{\infty} F(u)e^{(v+Ju)t}du$$

$$\boxed{g(t) = \frac{1}{2\pi J} \int_{\sigma=v-J\infty}^{v+J\infty} G(\sigma)e^{\sigma t}d\sigma} \qquad\qquad (\text{***})$$

Formel (***) zeigt, wie man aus der Laplace-Transformierten $G(\sigma)$ die Zeitfunktion $g(t)$ wieder zurückgewinnen kann. Diese Beziehung heißt inverse Laplace-Transformation bzw. Rucktransformation oder Umkehrintegral. Da v eine Konstante ist, ist der Integrationsweg eine Parallele zur imaginären σ-Achse, die die reelle Achse an der Stelle v schneidet. In der Praxis nimmt man die Rucktransformation allerdings meistens nicht über das Integral, sondern anhand von Tabellen vor, welche die entsprechenden Zuordnungen für die wichtigsten Funktionstypen enthalten (vgl. dazu Abschnitt 3.4 dieses Buches).

<u>Aufgaben zu 2.7.2</u>

1. Eine nicht-periodische Funktion $f(t)$ ist durch

$$f(t) = \begin{cases} \dfrac{A}{\alpha}t & \text{für} \quad -\alpha < t < \alpha \\[2ex] 0 & \qquad \text{sonst} \end{cases}$$

erklärt (Abb.69). Wie lautet
a) die Amplitudenfunktion
b) die Fourier-Integral-Darstellung
dieser Funktion?

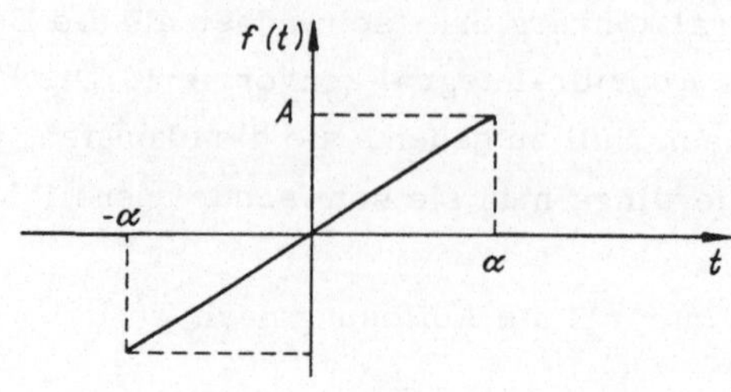

Abb.69

2. Für die "Rechtecks-Funktion" (Einzelimpuls) (Abb.70)

$$f(t) = \begin{cases} A & \text{für} \quad -\alpha < t < \alpha \\ 0 & \text{sonst} \end{cases}$$

sollen Amplituden-Spektrum und Fourier-Integral bestimmt werden. Das Spektrum ist für $\alpha = \pi$, $A = 1$ aufzuzeichnen.

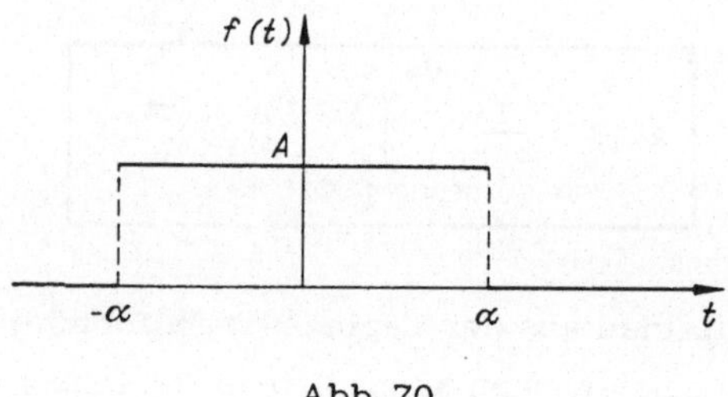

Abb.70

3. Der Leser leite die komplexe Form des Fourier-Integrals auf ändere Weise her. Dabei soll verwendet werden, daß cos eine gerade, sin eine ungerade Funktion ist und deshalb bei der Integration

$$\int_{-\infty}^{\infty} f(s) \cos u(s-t)du = 2 \int_{0}^{\infty} f(s) \cos u(s-t)du$$

$$\int_{-\infty}^{\infty} f(s) \sin u(s-t)du = 0$$

ist. Man darf ferner davon ausgehen, daß die Reihenfolge der Integrationen vertauscht werden kann.

3 Gewöhnliche Differentialgleichungen

3.1 Allgemeine Begriffsbildungen

Definition

> Eine gewöhnliche Differentialgleichung ist eine Funktionalgleichung für eine Menge von Funktionen $y = y(x)$, falls die gegebene Gleichung Ableitungen von y enthält.
>
> Die Ordnung der höchsten auftretenden Ableitung wird die O r d n u n g d e r D i f - f e r e n t i a l g l e i c h u n g [1] genannt.

Die allgemeine Differentialgleichung n-ter Ordnung für eine Funktion $y = y(x)$ kann demnach wie folgt geschrieben werden

$$
\begin{aligned}
F(x,y,y',y'',\ldots,y^{(n)}) &= 0 \qquad \underline{\text{implizite Form}} \\
y^{(n)} &= f(x,y,y',\ldots,y^{(n-1)}) \qquad \underline{\text{explizite Form}}
\end{aligned}
$$

Als L o s u n g s f u n k t i o n , L ö s u n g oder I n t e g r a l einer Differentialgleichung bezeichnet man jede Funktion $y = y(x)$, die, samt ihren Ableitungen in die Differentialgleichung eingesetzt, diese identisch erfüllt. So ist $y(x)$ eine Lösung von

$$F(x,y,y',y'',\ldots,y^{(n)}) = 0,$$

wenn

$$F(x,y(x),y'(x),y''(x),\ldots,y^{(n)}(x)) \equiv 0$$

---

[1] Differentialgleichung steht im folgenden stets für gewöhnliche Differentialgleichung. Nichtgewöhnliche, sog. partielle Differentialgleichungen, mit denen Funktionen von mehreren Veränderlichen bestimmt werden, finden hier keine Erläuterung.

gilt. Die Differentialgleichung zweiter Ordnung,

$$y'' - y = 0,$$

besitzt beispielsweise die Lösung

$$y = A \sinh x + B \cosh x,$$

denn setzt man diese samt ihrer zweiten Ableitung in die Gleichung ein, so ergibt sich die Identität

$$A \sinh x + B \cosh x - A \sinh x - B \cosh x \equiv 0,$$

und zwar für alle Zahlen $A, B \in \mathbb{R}$. Auf diese Weise kann man von einer gefundenen Lösung also stets die P r o b e machen.

Man betrachtet eine Differentialgleichung allgemein als gelöst (oder integriert), wenn sie auf die Bestimmung von Integralen (Quadraturen) zurückgeführt ist. Die Integrale müssen dabei nicht in geschlossener Form lösbar, die Lösungsfunktionen also nicht notwendig in elementarer Form herstellbar sein. In vielen Fällen muß man sich mit numerischen Näherungslösungen oder mit approximierenden Taylor-Polynomen begnügen.

Treten in einer Differentialgleichung die gesuchte Funktion samt ihren Ableitungen höchstens in der ersten Potenz und nicht miteinander multipliziert auf, so heißt sie l i n e a r und kann in folgender Form geschrieben werden:

$$\boxed{\,y^{(n)} + \varphi_{n-1}(x)y^{(n-1)} + \varphi_{n-2}(x)y^{(n-2)} + \ldots + \varphi_1(x)y' + \varphi_0(x)y = \psi(x)\,}$$

Hierin sind die Koeffizienten $\varphi_i(x)$ in einem Intervall stetige Funktionen von x. Lineare Differentialgleichungen spielen in Theorie und Praxis eine besonders große Rolle (vgl. III, 3.3.3).

Beim Integrieren treten Integrationskonstanten auf. Eine Differentialgleichung n-ter Ordnung verlangt n Integrationen, so daß die Lösungsfunktion n Konstanten enthalten wird.

Definition

> Bei einer Differentialgleichung unterscheidet man folgende
> Typen von Lösungen
>
> 1. die <u>allgemeine Lösung</u>; sie enthält n unbestimmte und unabhängig voneinander
>   wählbare, nicht zusammenfaßbare Konstanten:
>
> $$y = y(x, C_1, C_2, \ldots, C_n),$$
>
> falls die Differentialgleichung von n-ter Ordnung ist;
>
> 2. <u>partikuläre (spezielle) Lösungen</u>; sie gehen durch spezielle Wahl der C_i aus
>   der allgemeinen Lösung hervor;
>
> 3. <u>singulare Lösungen</u>; das sind Lösungen der Differentialgleichung, die in 1.
>   nicht enthalten sind.
>
> 4. <u>zusammengesetzte Lösungen</u>; sie bestehen aus verschiedenen partikulären
>   und singulären Lösungen.

Die Differentialgleichung erster Ordnung zweiten Grades

$$y'^2 = 4y$$

hat die allgemeine Lösung

$$y = (x + C)^2, \quad C \in \mathbb{R}$$

was man durch Einsetzen in die Gleichung sofort bestätigt. Geometrisch ist dies eine
Schar von Normalparabeln, welche die x-Achse berühren und nach oben geöffnet sind
(Abb.71). Für jeden speziellen Wert des Scharparameters C erhält man eine partiku-
läre Lösung, geometrisch also eine spezielle Lösungskurve der Schar. Weiter

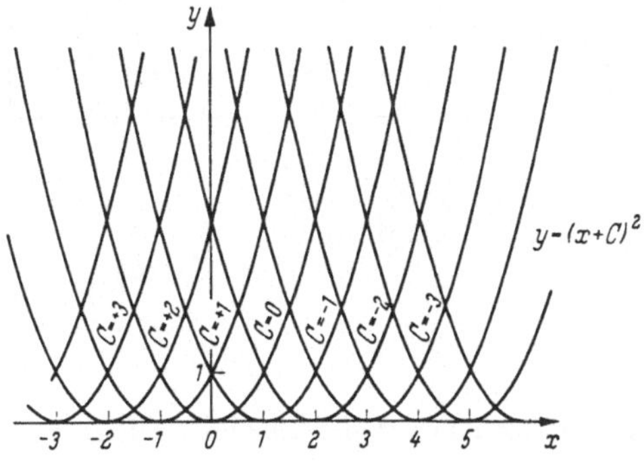

Abb.71

hat die Differentialgleichung die singuläre Lösung $y = 0$, die durch keine Wahl von C aus der allgemeinen hervorgeht und geometrisch nicht der Parabelschar angehört. Sie ist aber "Einhüllende" der Schar, da sie jede Parabel im Scheitel berührt. Schließlich erhält man in diesem Beispiel zusammengesetzte Lösungen, indem man einen linken Parabelast, ggf. ein Stück der x-Achse und den daran anschließenden rechten Parabelast lückenlos zusammenfügt, etwa

$$y = \begin{cases} (x+1)^2 & \text{für } x < -1 \\ 0 & \text{für } -1 \leq x \leq 3 \\ (x-3)^2 & \text{für } x > 3 \end{cases}$$

Satz

> Die allgemeine Lösung einer Differentialgleichung n-ter Ordnung stellt geometrisch eine n-parametrige Kurvenschar dar.
>
> Umgekehrt kann jede n-parametrige Kurvenschar durch eine Differentialgleichung n-ter Ordnung beschrieben werden.

Ist die n-parametrige Kurvenschar durch die Gleichung

$$y = y(x, C_1, C_2, \ldots, C_n)$$

gegeben, so gelangt man zur Differentialgleichung, indem man die n Ableitungen hinzunimmt und aus dem System von $n + 1$ Gleichungen

$$\left. \begin{aligned} y &= y(x, C_1, C_2, \ldots, C_n) \\ y' &= y'(x, C_1, C_2, \ldots, C_n) \\ y'' &= y''(x, C_1, C_2, \ldots, C_n) \\ &\vdots \\ y^{(n)} &= y^{(n)}(x, C_1, C_2, \ldots, C_n) \end{aligned} \right\}$$

die n Parameter $C_1, C_2, \ldots, C_n$ eliminiert.

Beispiele

1. Vorgelegt ist die Schar aller Kreise durch den Ursprung, deren Mittelpunkte auf der Quadrantenhalbierenden $y = x$ liegen. (Abb.72). Wie lautet ihre Differentialgleichung?

<u>Lösung:</u> Die allgemeine Kreisgleichung

$$(x - x_M)^2 + (y - y_M)^2 = r^2$$

(Mittelpunkt $M(x_M, y_M)$, Radius r) ist hier wie folgt zu interpretieren:

1. Parameter ist $x_M = C$

2. Für alle Kreise ist $y_M = x_M \Rightarrow y_M = C$

3. Damit die Kreise durch 0 verlaufen, muß $x_M^2 + y_M^2 = r^2$ sein, d.h. $r^2 = 2C^2$.

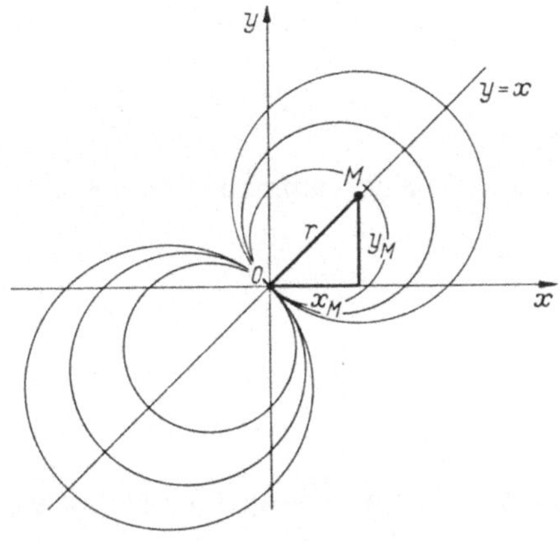

Abb.72

Es handelt sich also um eine einparametrige Kurvenschar

$$(x - C)^2 + (y - C)^2 = 2C^2$$
$$\Rightarrow x^2 + y^2 - 2C(x + y) = 0 \qquad (1)$$

Implizite Differentiation (II, 3.7.8) ergibt

$$2x + 2yy' - 2C(1 + y') = 0 \qquad (2)$$

Aus (1) folgt für den Parameter

$$2C = \frac{x^2 + y^2}{x + y}$$

Eingesetzt in (2) führt das auf

$$2x + 2yy' - \frac{x^2 + y^2}{x + y}(1 + y') = 0$$
$$\Rightarrow x^2 + 2xy - y^2 - (x^2 - 2xy - y^2)y' = 0$$

und damit auf die explizite Form

$$y' = \frac{x^2 + 2xy - y^2}{x^2 - 2xy - y^2} \, ,$$

wobei der rechterseits stehende Term $f(x,y)$ noch die bemerkenswerte Eigenschaft

$$f(kx, ky) = f(x,y)$$

für alle $k \in \mathbb{R}^+$ besitzt (III, 3.2.2).

2. Die Differentialgleichung aller exponentiell gedämpften Schwingungen

$$y(t) = ae^{-\delta t}\cos(\omega t + \varphi)$$

mit den Parametern a und φ ist aufzustellen (δ und ω sind für alle Scharkurven unverändert).

Lösung:

$$y' = -a\delta e^{-\delta t}\cos(\omega t + \varphi) - a\omega e^{-\delta t}\sin(\omega t + \varphi)$$

$$= -\delta y - a\omega e^{-\delta t}\sin(\omega t + \varphi)$$

$$y'' = -\delta y' + a\delta\omega e^{-\delta t}\sin(\omega t + \varphi) - a\omega^2 e^{-\delta t}\cos(\omega t + \varphi)$$

$$= -\delta y' - \delta(y' + \delta y) - \omega^2 y$$

$$\Rightarrow y'' + 2\delta y' + (\delta^2 + \omega^2)y = 0$$

3. Welche Differentialgleichung hat die dreiparametrige Kurvenschar

$$y = \frac{C_1 + C_2 x^2 + C_3 x^3}{x}$$

zur allgemeinen Lösung?

Lösung: Zur bequemeren Differentiation empfiehlt es sich, zunächst den Bruch in drei Summanden aufzuspalten und dann abzuleiten:

$$y = \frac{C_1}{x} + C_2 x + C_3 x^2 \tag{1}$$

$$y' = -\frac{C_1}{x^2} + C_2 + 2C_3 x \tag{2}$$

$$y'' = \frac{2C_1}{x^3} + 2C_3 \tag{3}$$

$$y''' = -\frac{6C_1}{x^4} \Rightarrow C_1 = -\frac{1}{6}x^4 y''' \tag{4}$$

Einsetzen des Terms für C_1 in (3) liefert C_3;

$$C_3 = \frac{1}{2} y'' + \frac{1}{6} xy'''$$

Einsetzen der Terme für C_1 und C_3 in (2) liefert C_2:

$$C_2 = y' - xy'' - \frac{1}{2} x^2 y'''$$

Schließlich setzt man die so gewonnenen Terme für C_1, C_2, C_3 noch in (1) ein und erhält damit die gesuchte Differentialgleichung

$$x^3 y''' + x^2 y'' - 2xy' + 2y = 0$$

4. Es ist die Differentialgleichung aller Parabeln der Ebene aufzustellen (Abb.73).

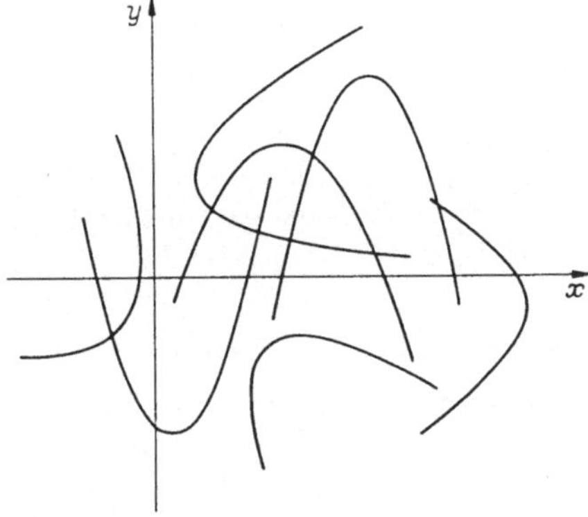

Abb.73

<u>Lösung:</u> Die allgemeine Kegelschnittsgleichung

$$Ax^2 + 2Bxy + Cy^2 + 2Dx + 2Ey + F = 0$$

beschreibt eine Parabel genau dann, wenn

$$B^2 - AC = 0 \land (A,C) \neq (0,0) \qquad (*)$$

gilt. Sei zunächst $C \neq 0$. Dann kann man durch C dividieren und erhält mit

$$\frac{A}{C} x^2 + 2 \frac{B}{C} xy + y^2 + 2 \frac{D}{C} x + 2 \frac{E}{C} y + \frac{F}{C} = 0$$

$$\frac{A}{C} = \frac{B^2}{C^2} =: b^2, \quad \frac{D}{C} =: d, \quad \frac{E}{C} =: e, \quad \frac{F}{C} =: f$$

$$\Rightarrow b^2 x^2 + 2bxy + y^2 + 2dx + 2ey + f = 0$$

eine vierparametrige Schargleichung. Ihre Auflösung nach y liefert

$$y = -(bx + e) \pm \sqrt{px + q}$$

mit $p := 2be - 2d$ und $q := e^2 - f$. Zweimaliges Ableiten führt auf

$$y' = -b \pm \frac{p}{2} (px + q)^{-1/2} \qquad\qquad y'' = \mp \frac{p^2}{4} (px + q)^{-3/2}$$

Potenziert man diese Gleichung zum Exponenten $-2/3$, so verbleibt rechterseits nurmehr ein linearer Term in x, der sämtliche Parameter umfaßt und der nach zweimaliger Differentiation verschwindet:

$$(y'')^{-2/3} = \left(\mp \frac{p^2}{4} \right)^{-2/3} (px + q) \Rightarrow [(y'')^{-2/3}]'' = 0$$

Sei jetzt C = 0. Dann folgt aus (*) auch B = 0 (A $\neq$ 0, E $\neq$ 0). Auflösung nach y liefert $y = -(Ax^2 + 2Dx + F)/(2E)$ und $y'' = -A/E$, woraus ebenfalls $[(y'')^{-2/3}]''$ = 0 als DGL folgt.

<u>Aufgaben zu 3.1</u>

1. Zeigen Sie, daß

   a) $y^3 = C(y^2 - x^2)$ Lösung der Differentialgleichung
      $(3x^2 - y^2)y' - 2xy = 0$ ist;

   b) $e^x(x^2 + y^2) = C$ Lösung der Differentialgleichung
      $\left(1 + \dfrac{2x}{x^2 + y^2} \right) dx + \dfrac{2y}{x^2 + y^2} dy = 0$ ist;

   c) $y = C_1 x + C_2 \dfrac{1}{x^3}$ Lösung der Differentialgleichung
      $x^2 y'' + 3xy' - 3y = 0$ ist;

   d) $y = e^{(-1/2)x} \left[C_1 \cos\left(\dfrac{\sqrt{3}}{2} x \right) + C_2 \sin\left(\dfrac{\sqrt{3}}{2} x \right) \right] - \dfrac{3}{13} \sin 2x - \dfrac{2}{13} \cos 2x$
      Lösung der Differentialgleichung $y'' + y' + y = \sin 2x$ ist.

2. Wie lautet die Differentialgleichung

    a) der in Abb.74 dargestellten Kreisschar?

    b) der Schar aller Kreise vom gleichen Radius $r = 1$ in der Ebene?

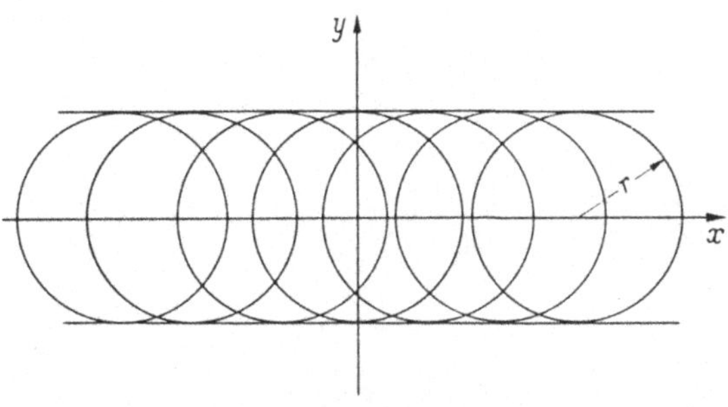

Abb.74

3. Abb.75 zeigt die Menge aller Logarithmengraphen, deren Logarithmenbasis $C \in \mathbb{R}^+ \setminus \{1\}$ sein kann. Welche Differentialgleichung hat diese Schar als allgemeine Lösung?

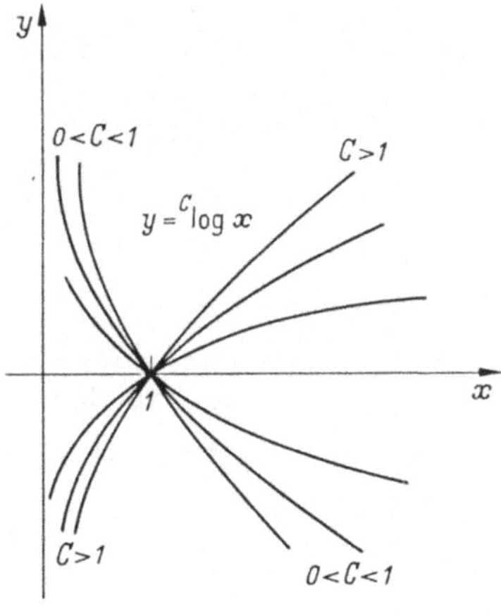

Abb.75

4. Stellen Sie die Differentialgleichung aller Kettenlinien

$$y = A \cosh(Bx + C)$$

(A,B,C sind Parameter) auf! <u>Anleitung:</u> Drücken Sie die höheren Ableitungen durch niedrigere aus!

5. Vorgelegt sei die Schargleichung

$$y = a \tan \frac{x}{2}$$

mit a als Scharparameter.

a) Wie heißt die zugehörige Differentialgleichung?

b) Wie lautet die Differentialgleichung derjenigen Schar, deren Kurven alle Kurven der Schar a) rechtwinklig schneiden (d.i. die sogenannte orthogonale Kurvenschar).
   Anleitung: Überlegen Sie sich, in welcher Beziehung die Ableitungen stehen, wenn sich die Kurven unter 90° schneiden!

6. Es ist die Differentialgleichung der $(n + 1)$parametrigen Kurvenschar aller ganzrationalen Funktionen n-ten Grades

$$y = \sum_{i=0}^{n} C_i x^i = C_0 + C_1 x + C_2 x^2 + \ldots + C_n x^n \wedge C_n \neq 0$$

aufzustellen. Spezialfälle $n = 1$ und $n = 2$?

3.2 Differentialgleichungen erster Ordnung

3.2.1 Trennung der Veränderlichen

Läßt sich die rechte Seite der Differentialgleichung

$$y' = f(x,y)$$

in der Produktform

$$\boxed{y' = f_1(x)f_2(y)}$$

schreiben - wobei also der eine Faktor nur von x, der andere nur von y abhängt - , so kann man die Veränderlichen trennen, indem man sie auf verschiedene Seiten der Gleichung verteilt ($f_2(y) \neq 0$ vorausgesetzt):

$$\frac{dy}{dx} = f_1(x)f_2(y) \Rightarrow \frac{dy}{f_2(y)} = f_1(x)dx.$$

Beiderseitige Integration ergibt dann

$$\boxed{\int \frac{dy}{f_2(y)} = \int f_1(x)dx + C}$$

als allgemeine Lösung. Man nennt dieses Verfahren Integration durch Trennung der Veränderlichen.

Bei angewandten Aufgaben sucht man meistens nicht die allgemeine Lösung

$$y = y(x) + C,$$

sondern eine spezielle, durch den Punkt $P_1(x_1, y_1)$ verlaufende Lösungskurve. Diese Forderung kommt durch die

$$\underline{\text{Anfangsbedingung}} \quad \boxed{y(x_1) = y_1}$$

zum Ausdruck. Mit ihr folgt

$$y_1 = y(x_1) + C \Rightarrow C = y_1 - y(x_1)$$

und damit

$$\boxed{y - y_1 = y(x) - y(x_1)}$$

als gesuchte Integralkurve (Abb.76).

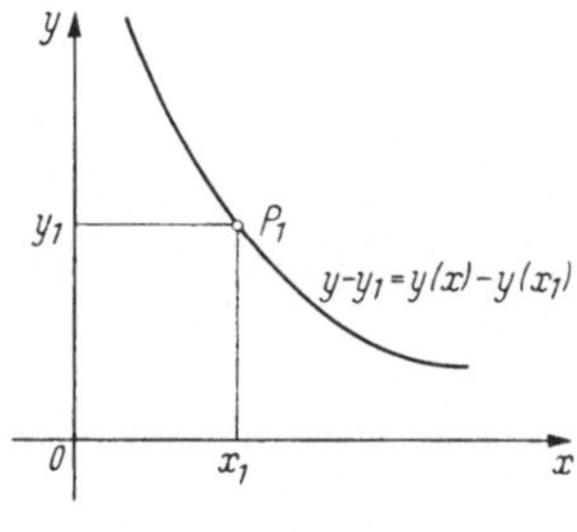

Abb.76

Beispiele

1. Die Differentialgleichung

$$yy' + x = 0$$

läßt sich in der Form

$$y' = -\frac{1}{y}\, x$$

schreiben, also durch Trennen der Veränderlichen lösen:

$$y\, dy = -x\, dx$$

$$\int y\, dy = -\int x\, dx$$

$$\frac{1}{2} y^2 = -\frac{1}{2} x^2 + C$$

$$\Rightarrow x^2 + y^2 = R^2 \qquad (R^2 = 2C,\ C > 0).$$

Es ergibt sich eine zum Ursprung konzentrische Kreisschar.

2. Gesucht ist die durch den Punkt $P_1(0; -1)$ verlaufende Integralkurve der Differentialgleichung

$$y' - (x + 2)y = 0.$$

Lösung: Nach Trennung der Veränderlichen

$$\frac{dy}{y} = (x + 2)dx$$

ergibt die Integration

$$\ln|y| = \frac{1}{2}x^2 + 2x + C$$

$$|y| = e^{\frac{1}{2}x^2+2x}\, e^C$$

$$y = Ke^{\frac{1}{2}x^2+2x},$$

wenn man

$$K = \pm e^C$$

setzt. Die Berücksichtigung der Anfangsbedingung liefert

$$-1 = K$$

und damit

$$y = -e^{\frac{1}{2}x^2+2x}$$

als gesuchte spezielle Integralkurve.

3. Für welche den Ursprung enthaltende Kurve ist der Subnormalenabschnitt (vgl. II, 3.6.1) überall gleich dem geometrischen Mittel aus den Koordinaten des zugehörigen Punktes?

Lösung: Es ist der Subnormalenabschnitt durch yy', das geometrische Mittel durch $\sqrt{xy}$ gegeben, also lautet die Bedingungsgleichung

$$yy' = \sqrt{xy}.$$

Schließen wir die triviale Lösung $y \equiv 0$ aus, so wird mit $y \not\equiv 0$

$$\sqrt{y}\,dy = \sqrt{x}\,dx$$

$$\frac{2}{3}y^{3/2} = \frac{2}{3}x^{3/2} + C$$

$$y = \sqrt[3]{(x\sqrt{x} + K)^2} \qquad \left(K := \frac{3}{2}C\right)$$

als allgemeine Lösung. Die Anfangsbedingung

$$y(0) = 0$$

erzwingt $K = 0$ und damit

$$y = x$$

als gesuchte Kurve. Man kontrolliere den Sachverhalt an Abb.77.

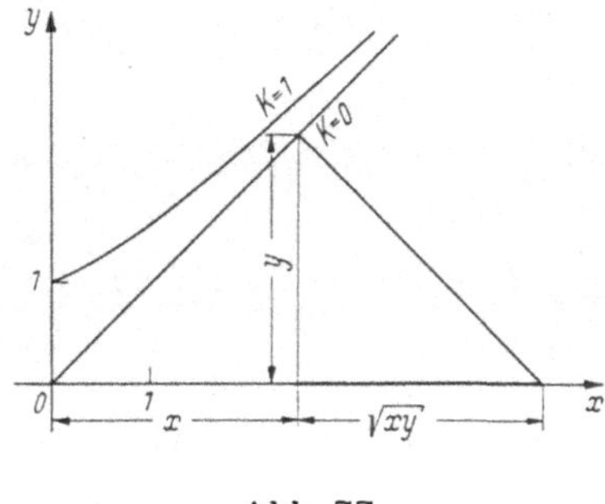

Abb.77

4. Für welche Kurven hat der Tangentenabschnitt (vgl. II, 3.6.1) überall die konstante Länge 1?

<u>Lösung:</u> Als Bedingungsgleichung ergibt sich

$$\frac{y}{y'} \sqrt{1 + y'^2} = 1.$$

Führen wir hier

$$x' = \frac{dx}{dy} = \frac{1}{y'}$$

ein, so kann man die Variablen leicht trennen:

$$y\sqrt{1 + x'^2} = 1$$

$$1 + x'^2 = \frac{1^2}{y^2}$$

$$x' = \sqrt{\frac{1^2 - y^2}{y^2}}$$

$$x = \int \sqrt{\frac{1^2 - y^2}{y^2}} \, dy \, .$$

Das Integral läßt sich in geschlossener Form lösen. Hierzu setze man etwa

$$y = l \sin \alpha, \quad dy = l \cos \alpha \, d\alpha,$$

und bekommt damit[1]

$$l \int \frac{\cos^2 \alpha}{\sin \alpha} \, d\alpha = l \left[\int \frac{d\alpha}{\sin \alpha} - \int \sin \alpha \, d\alpha \right] = l \left(\ln \tan \frac{\alpha}{2} + \cos \alpha \right) + C$$

und nach Resubstitution

$$x = \sqrt{l^2 - y^2} + \frac{l}{2} \ln \frac{l - \sqrt{l^2 - y^2}}{l + \sqrt{l^2 - y^2}} + C.$$

Die durch den Punkt $P_1(0;l)$ gehende Integralkurve hat die Gleichung $(C = 0)$

$$x = \sqrt{l^2 - y^2} + \frac{l}{2} \ln \frac{l - \sqrt{l^2 - y^2}}{l + \sqrt{l^2 - y^2}} \ .$$

Kurven dieser Art heißen S c h l e p p k u r v e n . Die durch $P_1(0;l)$ gehende Schlepp-
kurve hat den in Abb.78 dargestellten Verlauf. Für $y \to 0$ geht $x \to - \infty$.

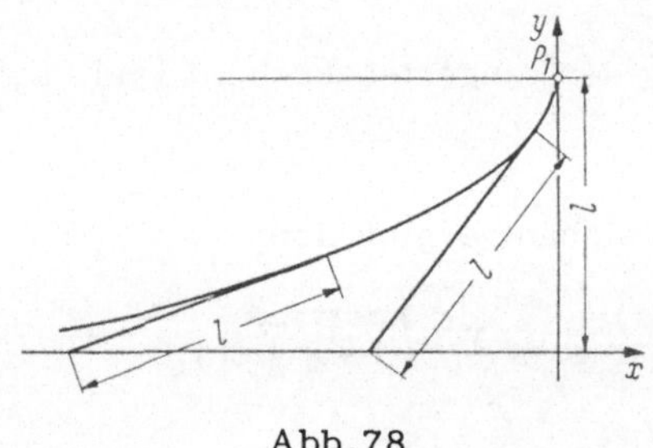

Abb.78

Aufgaben zu 3.2.1

1. Stellen Sie die Differentialgleichung der einparametrigen Schar aller durch den
   Punkt $P(0;1)$ verlaufenden Exponentialfunktions-Kurven auf und bestimmen Sie
   daraus wieder die allgemeine Lösung.

2. Welche Integralkurve der Differentialgleichung

$$(1 - x^2)y' + xy = 2x$$

   verläuft durch den Punkt $P(0;1)$?

3. a) Wie lautet die Differentialgleichung aller symmetrisch zu den Koordinaten-
      achsen liegenden Ellipsen mit Mittelpunkt im Ursprung, deren Halbachsen
      a,b sich wie $2:1$ verhalten?

---

[1] Der Leser beachte in diesem Beispiel den drucktechnischen Unterschied zwischen
dem Buchstaben l und der Ziffer 1.

b) Wie heißt die Differentialgleichung der zu dieser Kurvenschar gehörenden rechtwinklig schneidenden Schar (Orthogonalschar)?

c) Bestimmen Sie die allgemeine Lösung der Differentialgleichung b).

d) Skizze beider Kurvenscharen!

4. Gesucht ist die zur Differentialgleichung

$$y' = -y$$

als allgemeine Lösung gehörende Kurvenschar und die Schargleichung ihrer Orthogonalschar. Skizzieren Sie beide Kurvenscharen!

5. Bestimmen Sie die Menge aller Kurven, welche die Eigenschaft haben, daß ihr Normalenabschnitt in jedem ihrer Punkte die konstante Länge 1 hat (Abb.79). Welche singulären Lösungen hat diese Differentialgleichung? Geometrische Bedeutung?

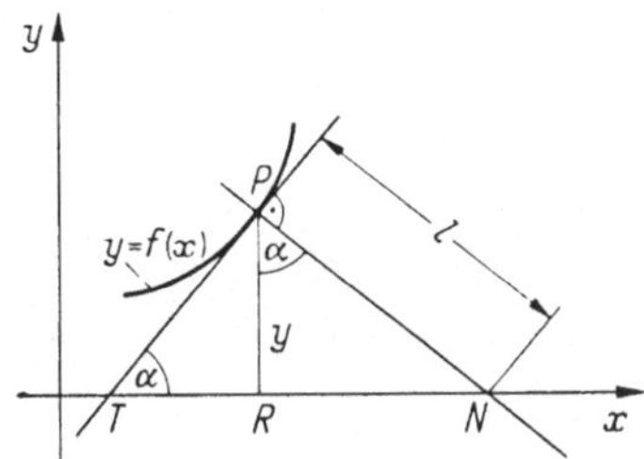

Abb.79

6. Geben Sie von den folgenden Differentialgleichungen jeweils die allgemeine Lösung und die partikuläre Lösung an, welche die Anfangsbedingung erfüllt:

a) $x^2 y' - y^2 = x^2 yy'$, $y(+1) = -1$

b) $\dfrac{dx}{dy} = \sqrt{10xy + 2x - 35y - 7}$, $y(4) = 3$

c) $\dfrac{dy}{dx} = x^2 y - 2xy + y - 3x^2 + 6x - 3$, $y(1) = 4$.

7. Für die Fallgeschwindigkeit $v = v(t)$ eines Körpers kann bei Berücksichtigung der Reibung die Differentialgleichung

$$\frac{dv}{dt} = a^2 - b^2 v^2$$

angesetzt werden (a,b Konstanten). Bestimmen Sie v als Funktion von t, wenn $v(0) = 0$ ist. Welchem Grenzwert strebt $v(t)$ für $t \to \infty$ zu?

3.2.2 Homogene Differentialgleichungen

Definition

> Eine Funktion $f(x,y)$ heißt homogen vom Grade k, wenn
>
> $$\boxed{f(tx,ty) = t^k f(x,y)}$$
>
> für jedes $t > 0$ gilt $(k \in \mathbb{Q})$.

Beispielsweise ist

$$f(x,y) = ax^2 + bxy + cy^2$$

homogen vom Grade 2, da

$$f(tx,ty) = at^2x^2 + bt^2xy + ct^2y^2 = t^2 f(x,y)$$

gilt. Hingegen ist die Funktion

$$f(x,y) = \ln \frac{x}{y}$$

homogen vom Grade 0, da

$$f(tx,ty) = \ln \frac{tx}{ty} = \ln \frac{x}{y} = t^0 f(x,y) = f(x,y)$$

ist. Jede Funktion $f(x,y)$, die homogen vom Grade 0 ist, läßt sich als Funktion des Quotienten beider Veränderlichen schreiben, denn aus

$$f(tx,ty) = f(x,y)$$

folgt nach beiden Seiten

$$f(x,y) = \varphi\left(\frac{x}{y}\right) = \psi\left(\frac{y}{x}\right),$$

und genau dann kürzt sich jedes solche t heraus. Differentialgleichungen erster Ordnung $y' = f(x,y)$, deren rechte Seite homogen vom Grade Null ist, nennt man Homogene Differentialgleichungen.

Satz

> Ist $f(x,y)$ homogen vom Grade Null, so kann die Homogene Differentialgleichung
>
> $$\boxed{y' = f(x,y) = \varphi\left(\frac{y}{x}\right)}$$

mittels der Substitution

$$\frac{y}{x} = z \Rightarrow y = zx \Rightarrow \frac{dy}{dx} = \frac{dz}{dx} x + z$$

durch Trennung der Veränderlichen gelöst werden.

<u>Beweis:</u> Geht man mit

$$\frac{y}{x} = z, \quad \frac{dy}{dx} = y' = \frac{dz}{dx} x + z$$

in die gegebene Differentialgleichung ein, so erhält man

$$\frac{dz}{dx} x + z = \varphi(z)$$

$$\frac{dz}{dx} x = \varphi(z) - z$$

<u>1. Fall:</u> $\varphi(z) - z \neq 0 \; (x \neq 0)$.

Dann ergibt die Trennung der Veränderlichen

$$\frac{dz}{\varphi(z) - z} = \frac{dx}{x}$$

$$\int \frac{dz}{\varphi(z) - z} = \ln|Cx| \quad [1]$$

$$|Cx| = e^{\int \frac{dz}{\varphi(z) - z}}$$

$$Cx = \pm e^{\int \frac{dz}{\varphi(z) - z}}$$

$$\boxed{x = K e^{\int \frac{dz}{\varphi(z) - z}}} \qquad \left(K := \pm \frac{1}{C} \neq 0 \right).$$

Damit ist die allgemeine Lösung gefunden; selbstverständlich ist nachträglich z wieder durch $\frac{y}{x}$ zu ersetzen.

---

[1] Hier wurde rechterseits zunächst $\ln|C|$ als Integrationskonstante geschrieben und diese anschließend mit $\ln|x|$ zu $\ln|Cx|$ zusammengefaßt.

<u>2. Fall</u>: $\varphi(z) - z = 0 \ (x \neq 0)$

Hier ergibt sich aus

$$\frac{dz}{dx} x = 0 \Rightarrow \frac{dz}{dx} = 0$$

$$z = C = \frac{y}{x}$$

$$\boxed{y = C x}$$

also ein Geradenbüschel mit dem Ursprung als Träger.

Beispiel

Die Differentialgleichung

$$(x^2 - y^2)\,dx + 2xy \, dy = 0$$

lautet in der expliziten Form

$$\frac{dy}{dx} = y' = \frac{-x^2 + y^2}{2xy} = \frac{\left(\frac{y}{x}\right)^2 - 1}{2\frac{y}{x}}$$

ist also homogen. Der Ansatz

$$\frac{y}{x} = z, \quad y = zx, \quad \frac{dy}{dx} = \frac{dz}{dx} x + z$$

führt auf

$$\frac{dx}{x} = -\frac{2z}{1 + z^2} \, dz$$

$$\ln|Cx| = -\ln(1 + z^2) ;$$

$$\pm Cx = \frac{1}{1 + z^2} = \frac{x^2}{x^2 + y^2} ,$$

woraus nach Division mit $x \neq 0$ und $2K := \pm \frac{1}{C}$ folgt

$$x^2 + y^2 = 2Kx$$

$$(x - K)^2 + y^2 = K^2.$$

Das ist geometrisch eine einparametrige Schar von Kreisen, bei denen die x-Achse
zum Träger der Mittelpunkte und die y-Achse zur gemeinsamen Tangente wird.

Aufgaben zu 3.2.2

1. Bestimmen Sie die allgemeine Lösung bei folgenden Differentialgleichungen

a) $x^2 y' - 3y^2 - xy = 0$

b) $(x + \sqrt{xy})y' - y = 0$

c) $y'^2 - \dfrac{2y' \sqrt{x^2 + y^2}}{x} + 1 = 0$

Anleitung für c): Differentialgleichung als quadratische Gleichung in y' behandeln und nach y' auflösen. Dann nur die positive "Lösung" weiter verfolgen. Aus welchen Kurven besteht die Lösungsschar?

2. Vorgelegt sei die Differentialgleichung erster Ordnung

$$(*) \qquad y' = y^{n+1} \cdot f(xy^n) \wedge n \in \mathbb{N}$$

a) Zeigen Sie: Mit dem Ansatz

$$z(x) := y^{-n}$$

läßt sich $(*)$ in eine Homogene Differentialgleichung in $z = z(x)$ überführen.

b) Wenden Sie die Substitution auf die Differentialgleichung

$$y' = xy^5 + y^3$$

an und bestimmen Sie die allgemeine Lösung dieser Gleichung!

3. Differentialgleichungen der Form

$$\frac{dy}{dx} = f\left(\frac{ax + by + c}{Ax + By + C}\right) \qquad (*)$$

mit nicht-verschwindender Koeffizientendeterminante

$$\begin{vmatrix} a & b \\ A & B \end{vmatrix} \neq 0$$

können durch die Substitution

$$u = x - x_0 \qquad (\Rightarrow du = dx)$$
$$v = y - y_0 \qquad (\Rightarrow dv = dy)$$

auf Homogene Differentialgleichungen für v als Funktion von u zurückgeführt werden, wenn man x_0 und y_0 aus den gegebenen Koeffizienten konkret so bestimmt, daß nach der Transformation in Zähler und Nenner kein von u oder v freies Glied mehr auftritt.

a) Durch welche Terme sind dann x_0 und y_0 festgelegt? Wie lautet die Differentialgleichung in u und v?

b) Wenden Sie das Verfahren an auf die Differentialgleichung

$$y' = \frac{x - 2y - 3}{2x + 3y + 1}$$

Wie lautet die allgemeine Lösung?

3.2.3 Exakte Differentialgleichungen

Die Differentialgleichung erster Ordnung

$$y' = f(x,y)$$

läßt sich stets in der Form

$$P(x,y)dx + Q(x,y)dy = 0$$

schreiben. Hierzu braucht man nur $f(x,y) = - P : Q$ zu setzen und mit Q durchzu-
multiplizieren.

Definition

> Die Differentialgleichung
>
> $$P(x,y)dx + Q(x,y)dy = 0$$
>
> heißt exakt (total), wenn eine Funktion $F(x,y)$ so existiert,
> daß für ihr vollständiges Differential
>
> $$\boxed{dF(x,y) = P(x,y)dx + Q(x,y)dy}$$
>
> gilt.

Wir fragen zunächst nach einer Bedingung, mit der man die <u>Existenz</u> einer solchen
Funktion $F(x,y)$ leicht nachweisen kann, d.h. also, mit der man nachprüfen kann,
ob die vorgelegte Differentialgleichung exakt ist. Dazu brauchen wir nur das vollständige Differential der Funktion $F(x,y)$ anzuschreiben (vgl. II, 3.7.7)

$$dF(x,y) = \frac{\partial F}{\partial x} dx + \frac{\partial F}{\partial y} dy$$

und mit

$$dF(x,y) = P(x,y)dx + Q(x,y)dy$$

zu vergleichen. Es ergibt sich

$$\frac{\partial F}{\partial x} = P(x,y), \qquad \frac{\partial F}{\partial y} = Q(x,y).$$

Leiten wir diese Beziehungen noch nach y bzw. x partiell ab und wenden den Satz von
Schwarz an[1] (vgl. II, 3.7.6), so wird

$$\frac{\partial P}{\partial y} = \frac{\partial^2 F}{\partial x\, \partial y} = \frac{\partial^2 F}{\partial y\, \partial x} = \frac{\partial Q}{\partial x}\;.$$

Der Schluß gilt aber auch in umgekehrter Richtung, was hier ohne Beweis angeführt
sei. Damit gilt der

Satz

> Die Differentialgleichung
>
> $$P(x,y)dx + Q(x,y)dy = 0$$
>
> ist exakt genau dann, wenn die Integrabilitätsbedingung
>
> $$\boxed{\frac{\partial P}{\partial y} = \frac{\partial Q}{\partial x}}$$
>
> erfüllt ist.

Hat man sich vom Bestehen der Identität

$$\frac{\partial P}{\partial y} = \frac{\partial Q}{\partial x}$$

überzeugt, dann existiert also eine Funktion $F(x,y)$ so, daß

$$dF(x,y) = P(x,y)dx + Q(x,y)dy = 0$$
$$dF(x,y) = 0$$

gilt und es ist dann

$$\boxed{F(x,y) = C}$$

die gesuchte allgemeine Lösung.

---

[1] Auf die genauen Stetigkeitsbedingungen werde nicht eingegangen, sie mögen hier –
wie im ganzen Abschnitt über Differentialgleichungen – als erfüllt angesehen werden.

Bestimmung der Funktion $F(x,y)$

1. Man bilde gemäß

$$\frac{\partial F}{\partial x} = P(x,y) \Rightarrow F(x,y) = \int P(x,y)dx + \varphi(y)$$

(y beim Integrieren wie eine Konstante behandeln! Deshalb kann die Integrationskonstante $\varphi(y)$ von y abhängen)

2. Man bilde gemäß

$$\frac{\partial F}{\partial y} = Q(x,y) \Rightarrow F(x,y) = \int Q(x,y)dy + \psi(x)$$

(x beim Integrieren wie eine Konstante behandeln! Deshalb kann die Integrationskonstante $\psi(x)$ von x abhängen)

3. Durch Gleichsetzen beider Ausdrücke $F(x,y)$ können $\varphi(y)$ bzw. $\psi(x)$ angegeben
werden.

Beispiele

1. Man löse die Differentialgleichung

$$(3x^2 + 6xy^2)dx + (6x^2y - 5y^2)dy = 0.$$

Lösung: Nachprüfen der Integrabilitätsbedingung:

$$P(x,y) = 3x^2 + 6xy^2, \quad \frac{\partial P}{\partial y} = 12xy$$
$$Q(x,y) = 6x^2y - 5y^2, \quad \frac{\partial Q}{\partial x} = 12xy$$
$$\Rightarrow \frac{\partial P}{\partial y} = \frac{\partial Q}{\partial x} \;;$$

die Differentialgleichung ist also exakt.

Bestimmung der Stammfunktion $F(x,y)$:

$$F(x,y) = \int (3x^2 + 6xy^2)dx + \varphi(y) = x^3 + 3x^2y^2 + \varphi(y)$$
$$F(x,y) = \int (6x^2y - 5y^2)dy + \psi(x) = 3x^2y^2 - \frac{5}{3}y^3 + \psi(x).$$

Der Vergleich beider Integrationen ergibt

$$x^3 + \varphi(y) = -\frac{5}{3}y^3 + \psi(x) \Rightarrow \psi(x) - \varphi(y) = x^3 + \frac{5}{3}y^3,$$

d.h. die Variablen x und y sind additiv getrennt! Deshalb folgt eindeutig bis auf
den Wert von K

$$\varphi(y) = -\frac{5}{3}y^3 + K, \quad \psi(x) = x^3 + K$$

Damit lautet die allgemeine Lösung F (x,y) = C hier

$$F(x,y) = x^3 + 3x^2y^2 - \frac{5}{3}y^3 + K = C$$

$$\Rightarrow x^3 + 3x^2y^2 - \frac{5}{3}y^3 = C^* \text{ mit } C^* := C - K\,[1]$$

2. Die Differentialgleichung

$$\sin x \cos y \, dx + \cos x \sin y \, dy = 0$$

ist wegen

$$\frac{\partial}{\partial y}(\sin x \cos y) = -\sin x \sin y = \frac{\partial}{\partial x}(\cos x \sin y)$$

exakt. Als Stammfunktion $F(x,y)$ ergibt sich

$$F(x,y) = \int \sin x \cos y \, dx + \varphi(y) = -\cos x \cos y + \varphi(y)$$

$$F(x,y) = \int \cos x \sin y \, dy + \Psi(x) = -\cos x \cos y + \Psi(x)$$

Die allgemeine Lösung ist deshalb

$$-\cos x \cos y = C.$$

Aufgaben zu 3.2.3

1. Welche der folgenden Differentialausdrücke stellen ein totales Differential einer Funktion $(x,y) \mapsto F(x,y)$ dar?

a) $4x^3 dx + 3y^4 dy$

b) $(12xy - x^2)dx - (y^2 - 6xy)dy$

c) $(5x^4 y - 3xy^2)dx - (3x^2 y - x^5 + 7y^4)dy$

d) $(\tan \sqrt{x} + y^2)dx + 2y(x - \sqrt{y})dy$

e) $[x(x^4 + y^2) - a^2 x]dx + [a^2 y + y(x^2 + y^3)]dy$

f) $x \ln(xy)dx + y \ln(xy)dy$

2. Bestimmen Sie von den folgenden exakten Differentialgleichungen die allgemeine Lösung (implizite Form!):

a) $(10x^4 + y^3)dx + 3y(xy - 2)dy = 0$

b) $[\cos(x + y^2) + 3y]dx + [2y \cos(x + y^2) + 3x]dy = 0$

c) $y' = \dfrac{20x^3 - 21x^2 y + 2y}{7x^3 - 2x - 3}$

---

[1] Deswegen kann man o.E.d.A. K = 0 setzen (vgl. S.236)

d) $\left(x \cos y + \cos x + \dfrac{1}{y}\right) y' + \left(\sin y - y \sin x - \dfrac{1}{x}\right) = 0$

e) $y' = \dfrac{2x - 3y + 5}{3x - 4y + 7}$

3. Nicht-exakte Differentialgleichungen erster Ordnung

$$P(x,y)dx + Q(x,y)dy = 0 \quad \text{mit} \quad \frac{\partial P}{\partial y} \neq \frac{\partial Q}{\partial x}$$

können (unter bestimmten Bedingungen) durch Multiplikation mit einem (geeignet zu wählenden) Faktor $M(x,y)$ in exakte Differentialgleichungen überführt werden. Welche "Bestimmungsgleichung" ergibt sich für $M(x,y)$, wenn

$$M(x,y)P(x,y)dx + M(x,y)Q(x,y)dy = 0 \qquad (*)$$

exakt sein soll? $M(x,y)$ heißt "integrierender Faktor".

<u>Anleitung:</u> Integrabilitätsbedingung auf (*) anwenden!

4. Zeigen Sie unter Verwendung des Ergebnisses von Aufgabe 3:

a) Ist der integrierende Faktor eine Funktion nur von x, $M = M(x)$, so läßt er sich mit

$$M(x) = e^{\displaystyle \int \frac{1}{Q}\left(\frac{\partial P}{\partial y} - \frac{\partial Q}{\partial x}\right) dx}$$

bestimmen.

b) Ist der integrierende Faktor eine Funktion nur von y, $M = M(y)$, so läßt er sich mit

$$M(y) = e^{\displaystyle -\int \frac{1}{P}\left(\frac{\partial P}{\partial y} - \frac{\partial Q}{\partial x}\right) dy}$$

bestimmen.

c) Welches hinreichende Kriterium gilt nach a) für die Existenz eines $M = M(x)$ bzw. nach b) für die Existenz eines $M = M(y)$?

d) Wenden Sie a) und b) auf die Differentialgleichungen

1. $(x^2 y + y + 1)dx + (x + x^3)dy = 0$

2. $y^2(x - y)dx + (1 - xy^2)dy = 0$

an. Prüfen Sie die Integrabilitätsbedingung und die Bedingungen nach c), ermitteln Sie dann einen integrierenden Faktor und bestimmen Sie von den exakt gemachten Differentialgleichungen die allgemeine Lösung. Probe!

5. Zeigen Sie: die Differentialgleichung

$$P(x,y)dx + Q(x,y)dy = 0$$

hat einen integrierenden Faktor $M(x,y) = M(x^2 + y^2)$, wenn der Term

$$\frac{P_y - Q_x}{2xQ - 2yP}$$

sich als Ausdruck in $z := x^2 + y^2$ darstellen läßt.

Bestimmung von $M = M(z)$? Anwendung auf die Differentialgleichung

$$(x^2 + 2x + y^2)dx + 2ydy = 0$$

Allgemeine Lösung?

6. Zeigen Sie, daß jede trennbare Differentialgleichung

$$y' = f_1(x) \cdot f_2(y)$$

einen integrierenden Faktor $M = M(y)$ besitzt, mit dem sie in eine exakte Differentialgleichung umgewandelt werden kann.

3.2.4 Lineare Differentialgleichungen erster Ordnung

Definition

> Die lineare Differentialgleichung erster Ordnung hat die Gestalt
>
> $$\boxed{y' + f(x)y = g(x)}$$
>
> und heißt
>
> a) homogen[1], wenn die "Störfunktion" $g(x) \equiv 0$ ist,
> b) inhomogen, wenn $g(x) \not\equiv 0$ ist.

Diese Differentialgleichungen lassen sich stets lösen. Wir erläutern hierfür die Methode von Lagrange. Sie besteht aus den folgenden drei Schritten.

1. Schritt: Bestimmung der allgemeinen Lösung y_H der homogenen Gleichung durch Trennung der Veränderlichen

$$y' + f(x)y = 0; \quad y \neq 0$$
$$\Rightarrow \frac{dy}{y} = -f(x)dx$$
$$\Rightarrow y_H = Ce^{-\int f(x)dx} \qquad (C \neq 0).$$

2. Schritt: Bestimmung einer partikulären Lösung y_P der inhomogenen Gleichung durch Variation der Konstanten:

---

[1] Homogen heißt hier, daß jedes Glied y oder y' als Faktor enthält.

Die "Variation der Konstanten" bedeutet: Es wird die Konstante C ersetzt durch eine ableitbare Funktion $C(x)$ und diese so bestimmt, daß

$$y_P = C(x)e^{-\int f(x)dx} \tag{*}$$

eine partikuläre Lösung der inhomogenen Gleichung wird. Geht man nämlich mit dem Ansatz (*) in die inhomogene Gleichung ein, so wird mit

$$y_P' = C'(x)e^{-\int f(x)dx} + C(x)e^{-\int f(x)dx}(-f(x))$$

bei Einsetzen in die gegebene Differentialgleichung

$$C'(x)e^{-\int f(x)dx} - C(x)f(x)e^{-\int f(x)dx} + f(x)C(x)e^{-\int f(x)dx} = g(x)$$

$$\Rightarrow C'(x)e^{-\int f(x)dx} = g(x)$$

$$C'(x) = g(x)e^{\int f(x)dx}$$

$$C(x) = \int g(x)e^{\int f(x)dx}dx.\ [1]$$

Damit ist $C(x)$ bestimmt. Eingesetzt in (*) erhält man

$$y_P = \int g(x)e^{\int f(x)dx}dx \cdot e^{-\int f(x)dx},$$

und das ist eine partikuläre Lösung der inhomogenen Gleichung.[2]

3. <u>Schritt:</u> Bestimmung der allgemeinen Lösung y_A der inhomogenen Gleichung durch Überlagerung (Addition) von y_H und y_P:

$$y_A = y_H + y_P$$

$$y_A = Ce^{-\int f(x)dx} + e^{-\int f(x)dx}\int g(x)e^{\int f(x)dx}dx$$

$$\boxed{y_A = e^{-\int f(x)dx}\left(C + \int g(x)e^{\int f(x)dx}dx\right)}$$

Der Studierende lerne nicht etwa diese Formel auswendig, sondern präge sich die Methode ein! Im Einzelfall gestaltet sich die Rechnung meistens einfacher und übersichtlicher.

---

[1] Hier wird keine Integrationskonstante hinzugefügt, da nur eine partikuläre Lösung y_P gesucht wird. Die (einzige) Integrationskonstante ist bereits in y_H enthalten.

[2] Der Leser mache zur Übung die Probe!

Beispiele

1. Wie lautet die allgemeine Lösung der Differentialgleichung

$$y' = 4y - e^x \ ?$$

Lösung: Die Gleichung ist vom Typ der linearen Differentialgleichung:

$$y' - 4y = - e^x$$

1. Schritt: $y' - 4y = 0 \Rightarrow \dfrac{dy}{y} = 4dx, \quad y_H = C\,e^{4x}.$

2. Schritt: Ansatz $y_P = C(x)e^{4x}$; setzt man in die inhomogene Gleichung ein, so ergibt sich

$$C'(x)e^{4x} + 4C(x)e^{4x} - 4C(x)e^{4x} = - e^x$$

$$C'(x)e^{4x} = - e^x$$

$$C'(x) = - e^{-3x}$$

$$\Rightarrow C(x) = \frac{1}{3}\,e^{-3x}$$

$$\Rightarrow y_P = \frac{1}{3}\,e^{-3x}e^{4x} = \frac{1}{3}\,e^x.$$

3. Schritt: $y_A = y_H + y_P = Ce^{4x} + \dfrac{1}{3}\,e^x.$

2. $y' + y \tan x = \sin x.$

1. Schritt: $y' + y \tan x = 0$

$$\frac{dy}{y} = - \tan x \, dx$$

$$y_H = Ce^{- \int \tan x \, dx} = Ce^{+ \ln \cos x} = C \cos x.$$

2. Schritt: Ansatz $y_P = C(x)\cos x$;

$$\Rightarrow C'(x)\cos x - C(x)\sin x + C(x) \cos x \cdot \tan x = \sin x$$

$$C'(x)\cos x = \sin x$$

$$C'(x) = \tan x$$

$$C(x) = - \ln|\cos x|$$

$$\Rightarrow y_P = - \cos x \ln|\cos x|.$$

3. Schritt: $y_A = y_H + y_P = C \cos x - \cos x \ln|\cos x|$

$$y_A = \cos x(C - \ln|\cos x|).$$

3. Man bestimme die durch den Punkt $P(0;1)$ gehende Integralkurve der Differentialgleichung

$$(x^2 + 3)y' + 2xy = 24x^2 - 12x + 7.$$

Lösung: Die Differentialgleichung ist linear:

$$y' + \frac{2x}{x^2 + 3}\, y = \frac{24x^2 - 12x + 7}{x^2 + 3}\,.$$

1. Schritt: $y' + \dfrac{2x}{x^2 + 3}\, y = 0$

$$\frac{dy}{y} = -\frac{2x}{x^2 + 3}\, dx$$

$$\Rightarrow y_H = \frac{C}{x^2 + 3}\,.$$

2. Schritt: Ansatz $y_P = \dfrac{C(x)}{x^2 + 3}$

$$\Rightarrow \frac{C'(x^2 + 3) - 2C\,x}{(x^2 + 3)^2} + \frac{2x}{x^2 + 3}\,\frac{C(x)}{x^2 + 3} = \frac{24x^2 - 12x + 7}{x^2 + 3}$$

$$\Rightarrow C(x) = \int (24x^2 - 12x + 7)\,dx$$

$$C(x) = 8x^3 - 6x^2 + 7x$$

$$\Rightarrow \quad y_P = \frac{8x^3 - 6x^2 + 7x}{x^2 + 3}\,.$$

3. Schritt: $y_A = y_H + y_P;\ \ y_A = \dfrac{1}{x^2 + 3}\ (C + 8x^3 - 6x^2 + 7x).$

Mit der Anfangsbedingung

$$y(0) = 1$$

ergibt sich als Wert der Integrationskonstanten für diese spezielle Integralkurve

$$C = 3$$

und damit als gesuchte partikuläre Lösung

$$y = \frac{1}{x^2 + 3}\ (8x^3 - 6x^2 + 7x + 3).$$

<u>Aufgaben zu 3.2.4</u>

1. Bestimmen Sie die allgemeine Lösung folgender linearer Differentialgleichungen mit der Variation der Konstanten:

a) $y' - y \cdot \cos x = \cos x$

b) $xy' + y = 3x^2$

c) $xy' - y = 2x \ln x$

d) $xy' - y = x^2 e^{-x}$

e) $y' - \dfrac{2}{x} y = x^2 \sinh x$

f) $(x^2 + 1)y' + 2xy = 3x^2$

g) $y' \cdot \sin x + y \cdot \cos x = \cosh x$

h) $\dfrac{1}{2} y' \cdot \sin 2x - y + \sin^3 x = 0$

2. Ermitteln Sie die Schar aller Kurven, für die der Flächeninhalt des von den Koordinatenachsen, der Ordinate und Tangente umschlossenen Trapezes unabhängig von der Lage des Berührungspunktes konstant gleich 1 ist. Welche Kurve verläuft durch den Punkt $P\left(1; \dfrac{2}{3}\right)$?

3. Der in Abb.80 dargestellte Stromkreis werde mit einer Wechselspannung $U = U_0 \sin \omega t$ gespeist und enthalte einen ohmschen Widerstand R sowie eine Induktivität L. Auf Grund der eingezeichneten Stromrichtung entsteht am Widerstand R der Spannungsabfall Ri, an der Induktivität L der Spannungsabfall $L\, di/dt$, so daß für die angelegte Spannung $U = U_0 \sin \omega t$ gilt

$$L \frac{di}{dt} + Ri = U_0 \sin \omega t$$

Anfangsbedingung sei $i(0) = 0$. Gesucht ist der zeitabhängige Verlauf der Stromstärke

$$i = i(t)$$

und das Verhalten von $i(t)$ nach "hinreichend langer Zeit" (d.h. für $t \to \infty$; es verbleibt dann der "stationäre Anteil" von $i(t)$!)

4. Für den in Abb.81 gezeigten Stromkreis mit der Erzeugerspannung E, den ohmschen Widerständen R_1, R_2 und dem Kondensator C berechne man den Verlauf der Spannung $u = u(t)$ an C und des Stromes $i_1 = i_1(t)$ am Schalter S durch Integration der zugehörigen Differentialgleichung. Es sei $u(0) = 0$.

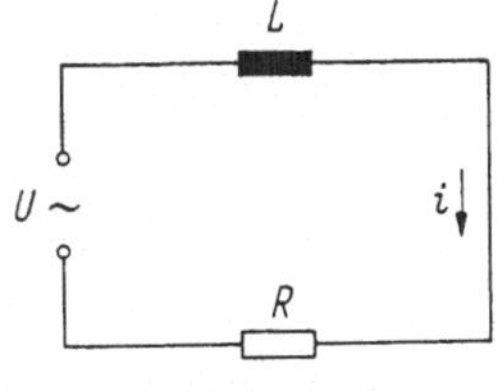

Abb.80

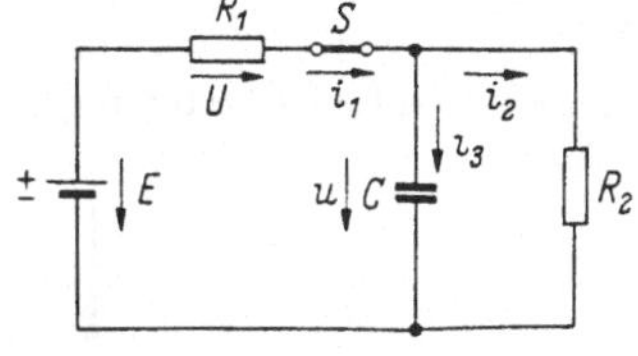

Abb.81

<u>Anleitung:</u> $\quad i_1 = \dfrac{U}{R_1}, \quad i_2 = \dfrac{E - U}{R_2}, \quad i_3 = C\,\dfrac{d(E - U)}{dt}$

Man führe $u := E - U$ ein, ferner im Verlauf der Rechnung vorübergehend

$$\frac{R_1 R_2}{R_1 + R_2} =: R_0, \qquad \frac{E}{CR_1} =: b, \qquad \frac{1}{CR_0} =: a$$

Die Differentialgleichung (für $u = u(t)$) ergibt sich nach dem Knotenpunktsatz unmittelbar aus $i_1 = i_2 + i_3$.

5. Nach Bernoulli kann man eine beliebige lineare Differentialgleichung 1. Ordnung

$$y' + f(x)y = g(x)$$

durch den "Produktansatz"

$$y(x) = u(x) \cdot v(x) \qquad (*)$$

lösen. Führen Sie dies durch, wobei Sie die noch freie Bedingung für $u(x)$ bzw. $v(x)$ so verwenden, daß nach Einsetzen von $(*)$ in die Gleichung der Koeffizient von $u(x)$ verschwindet.

6. Die (nicht-lineare) Differentialgleichung

$$(2x + 1)y' - 4e^{-y} + 2 = 0$$

läßt sich mit der Substitution

$$e^{y} = u$$

in eine lineare überführen. Man bestimme auf diesem Wege die allgemeine Lösung und löse das Anfangswertproblem $y(1) = 0$.

7. Für die (nicht-lineare) Differentialgleichung

$$2xyy' - y^2 + ax = 0$$

finde man selbst eine geeignete (und hier naheliegende) Substitution, welche auf eine lineare Differentialgleichung führt.
Allgemeine Lösung?

3.2.5 Die Bernoullische Differentialgleichung

Definition

Differentialgleichungen der Gestalt

$$\boxed{y' + f(x)y = g(x)y^{n}}$$

werden Bernoullische Differentialgleichungen genannt $(n \in \mathbb{R} \setminus \{0; 1\})$.

Für n = 0 ergibt sich eine inhomogene lineare Differentialgleichung

$$y' + f(x)y = g(x),$$

für n = 1 speziell eine homogene lineare Differentialgleichung

$$y' + [f(x) - g(x)]y = 0.$$

Diese Falle brauchen also nicht behandelt zu werden, da sie bereits bekannt sind.

Satz

Für jedes $n \neq 1$ läßt sich mittels der Substitution

$$\boxed{y^{1-n} = z}$$

die Bernoullische Differentialgleichung auf eine l i n e a r e zurückführen.

<u>Beweis</u>: Wir gehen aus von unserem Ansatz

$$y^{1-n} = z,$$

differenzieren denselben beiderseits nach x,

$$(1 - n)y^{-n}y' = z',$$

und setzen in die gegebene Differentialgleichung, nachdem wir sie beiderseits durch y^n dividiert haben, ein:

$$y^{-n}y' + f(x)y^{1-n} = g(x)$$
$$\frac{1}{1 - n} z' + f(x)z = g(x)$$
$$z' + (1 - n)f(x)z = (1 - n)g(x).$$

Damit haben wir eine lineare (inhomogene) Differentialgleichung für die Funktion $z = z(x)$ erhalten. Ihre Lösung bestimmt man nach III, 3.2.4, zum Schluß muß man noch resubstituieren gemäß

$$y = z^{\frac{1}{1 - n}}.$$

Beispiel

Die Bernoullische Differentialgleichung

$$y' - \frac{y}{x} = y^3$$

wird mit der Substitution

$$z = y^{-2} \Rightarrow z' = -2y^{-3} y'$$

auf die lineare Differentialgleichung

$$z' + \frac{2}{x} z = -2$$

zurückgeführt. Für diese erhält man mit den Bezeichnungen des vorigen Abschnittes

$$\left. \begin{array}{l} z_H = \dfrac{C}{x^2} \\[2ex] C(x) = -\dfrac{2}{3} x^3 \\[2ex] z_P = -\dfrac{2}{3} x \end{array} \right\} \Rightarrow z_A = \dfrac{C}{x^2} - \dfrac{2}{3} x$$

und damit als allgemeine Lösung der gegebenen Gleichung

$$y = \sqrt{\frac{1}{z_A}} = \sqrt{\frac{3x^2}{3C - 2x^3}} \; .$$

<u>Aufgaben zu 3.2.5</u>

1. Lösen Sie die Anfangswertprobleme

   a) $y' - 8xy^2 + 2y = 0, \quad y(0) = 1$

   b) $y' + y \cot x + y^2 = 0, \quad y\left(\dfrac{\pi}{2}\right) = 2$

2. Die Jacobische Differentialgleichung

   $$y' = \frac{(x + y)y - 2x + y}{(x + y)x + x - y}$$

   läßt sich auf folgendem Wege in eine Bernoullische überführen

   a) Division durch x in Zähler und Nenner

   b) Substitution $y/x = z \quad (z = z(x))$

   c) Umschreibung von

   $$\frac{dz}{dx} = f(x, z)$$

als Differentialgleichung für $x = x(z)$

$$\frac{dx}{dz} = g(z,x) \qquad (*)$$

Führen Sie diese Schritte aus und diagnostizieren Sie $(*)$ als Bernoullische Differentialgleichung.

3.2.6 Geometrische Lösungsmethode

Die in den vorangehenden Abschnitten behandelten Typen von Differentialgleichungen erster Ordnung dürfen nicht den Eindruck erwecken, als wäre jede Differentialgleichung erster Ordnung auf Quadraturen zurückführbar. Im Gegenteil, bei den meisten Differentialgleichungen kommt man nur mit Näherungsmethoden zum Ziel.

Eine sehr einfache - wenn auch nicht sonderlich genaue - zeichnerische Lösungsmethode für Differentialgleichungen erster Ordnung in der expliziten Form beruht auf der K o n s t r u k t i o n   d e s   R i c h t u n g s f e l d e s : Jedem Punkt $P(x,y)$ des Definitionsbereichs von $f(x,y)$ wird durch die Differentialgleichung

$$y' = f(x,y)$$

eindeutig eine Steigung

$$\tan \alpha = y'$$

und damit eine Richtung zugeordnet (Abb.82). Die Menge aller dieser Richtungen, die man durch ein Tangentenstück ("Richtungselement") in jedem Punkt aufzeichnet, bildet dann das Richtungsfeld der Differentialgleichung.

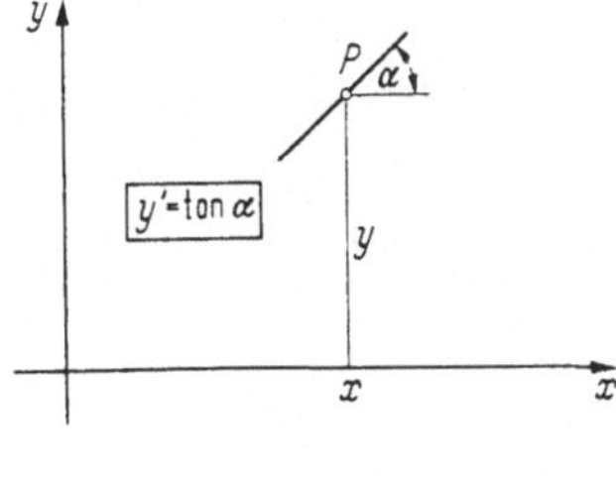

Abb.82

Die Differentialgleichung lösen heißt jetzt, Integralkurven nach Augenmaß so zeichnen, daß sie in jedem Punkt die durch das Richtungsfeld vorgeschriebene Richtung haben.

Zur Aufzeichnung des Richtungsfeldes bedarf es zunächst der Berechnung der einzelnen Steigungen bzw. Richtungen. Diese Arbeit kann man sich aber weitgehend ersparen, wenn man alle Richtungselemente mit der gleichen Steigung zusammenfaßt. Die Menge aller Punkte, welchen die gleiche Richtung zugeordnet wird, bilden eine I s o k l i n e . Setzt man

$$y' = k = f(x,y),$$

so ist

$$f(x,y) = k \quad \text{bzw.} \quad y = y(x,k)$$

die Gleichung der Isoklinenschar mit k als Scharparameter. Man gibt sich also eine Anzahl geeigneter Werte von k vor, zeichnet die zugehörigen Isoklinen und kann auf jeder einzelnen Isokline die Richtungselemente mit der Steigung

$$\tan \alpha = k$$

parallel eintragen. So ist etwa die Isoklinenschar der Homogenen Differentialgleichung (III, 3.2.2)

$$y' = f\left(\frac{y}{x}\right)$$

ein Geradenbüschel mit dem Ursprung als Träger, denn mit $y' = k$ folgt aus

$$k = f\left(\frac{y}{x}\right)$$
$$\frac{y}{x} =: g(k) =: K$$
$$y = K x.$$

Beispiel

Man konstruiere die durch den Punkt $P(0,5; 1)$ verlaufende Integralkurve der Differentialgleichung

$$2yy' - 1 = 0.$$

<u>Lösung:</u> Man setzt in

$$y' = \frac{1}{2y} \ , \quad y' = k;$$

dann ist

$$\frac{1}{2y} = k, \quad y = \frac{1}{2k} \qquad\qquad (k \neq 0)$$

die Isoklinenschar (zur x-Achse parallele Geraden). Wir setzen:

$$k = 1 \Rightarrow y = \frac{1}{2} \; (\text{Isokline}); \quad k = \tan \alpha = 1, \quad \alpha = 45^\circ$$

$$k = \frac{1}{2} \Rightarrow y = 1 \; (\text{Isokline}); \quad k = \tan \alpha = \frac{1}{2}, \quad \alpha = 26,6^\circ$$

$$k = \frac{1}{3} \Rightarrow y = \frac{3}{2} \; (\text{Isokline}); \quad k = \tan \alpha = \frac{1}{3}, \quad \alpha = 18,4^\circ$$

$$k \to \infty \Rightarrow y \to 0 \,(\text{Isokline}); \quad \frac{1}{k} = \cot \alpha = 0, \quad \alpha = 90^\circ .$$

Man erhält die in Abb. 83 dargestellte, symmetrisch zur x-Achse liegende Kurve.

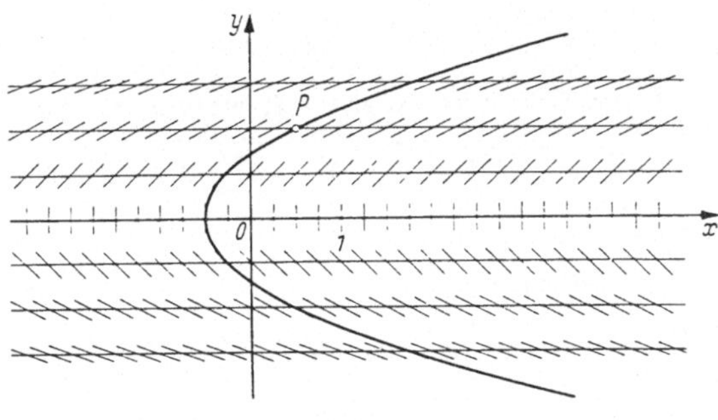

Abb. 83

Aufgabe zu 3.2.6

Die Differentialgleichung

$$y' = \sqrt{x^2 + y^2}$$

läßt sich mit keiner der bisher erläuterten formalen Methoden geschlossen lösen. Gewinnen Sie deshalb die Schar der Integralkurven, indem Sie das Richtungsfeld aufzeichnen. Welche Isoklinen entstehen für $k = 0,5; \; 1; \; 1,5; \; 2; \; 3$? Zeichnen Sie einige Lösungskurven, damit Sie einen Überblick über die gesamte Schar bekommen!

3.3 Differentialgleichungen zweiter Ordnung

3.3.1 Anfangs- und Randbedingungen

Die Differentialgleichung zweiter Ordnung hat die explizite Form

$$y'' = f(x,y,y') .$$

Ihre allgemeine Lösung muß zwei willkürlich wählbare Konstanten enthalten und stellt geometrisch demnach eine z w e i p a r a m e t r i g e   K u r v e n s c h a r   dar. Im einfachsten Fall

$$y'' = 0$$

wird nach einer Integration

$$y' = C_1$$

und nach einer nochmaligen Integration

$$y = C_1 x + C_2.$$

Dies ist eine zweiparametrige Schar von Geraden, welche die xy-Ebene lückenlos überdecken.

Fragt man nach einer speziellen Lösungskurve, so ist jetzt die Angabe beider Konstanten notwendig. Im allgemeinen definiert man jedoch eine Lösungskurve nicht durch Vorgabe des Konstantenpaares (C_1, C_2), sondern durch eine der folgenden Bedingungen:

1. Anfangsbedingungen

Es wird diejenige Integralkurve $y = y(x)$ gesucht, die durch einen bestimmten Punkt $P_0(x_0, y_0)$ läuft und dort eine bestimmte Steigung y_0' hat

$$\boxed{\begin{aligned} y(x_0) &= y_0 \\ y'(x_0) &= y_0' \end{aligned}}$$

Diese zwei Bedingungen ergeben ein System von zwei Gleichungen für C_1 und C_2. Kann man aus diesem C_1 und C_2 eindeutig bestimmen, so ist das "Anfangswertproblem" eindeutig lösbar (Abb.84).

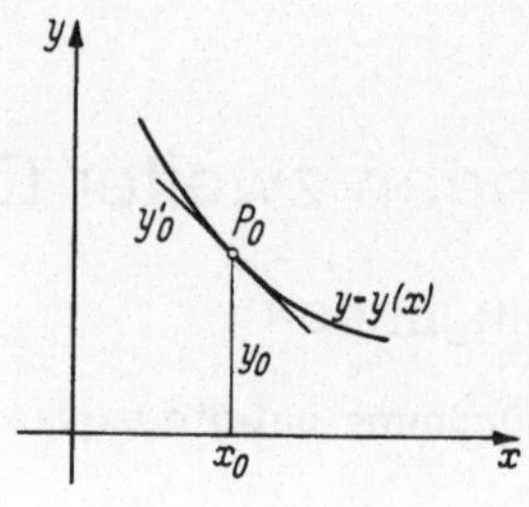

Abb.84

2. Randbedingungen

Es wird diejenige Integralkurve $y = y(x)$ gesucht, die durch zwei bestimmte Punkte $P_0(x_0,y_0)$ und $P_1(x_1,y_1)$ hindurchläuft

$$\boxed{\begin{aligned} y(x_0) &= y_0 \\ y(x_1) &= y_1 \end{aligned}}$$

Das "Randwertproblem" ist eindeutig lösbar, wenn durch diese beiden Gleichungen die Konstanten C_1 und C_2 eindeutig bestimmt sind (Abb.85).

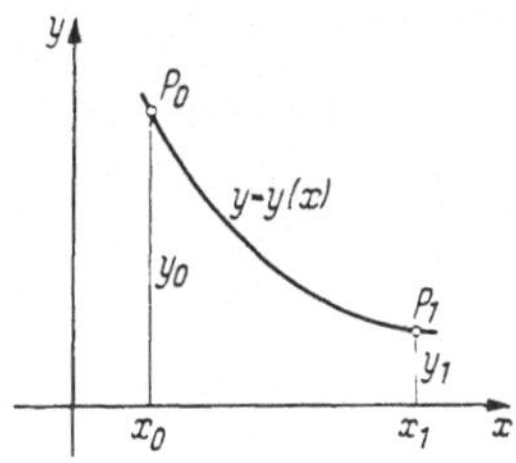

Abb.85

Aufgaben zu 3.3.1

1. Vorgelegt sei die Differentialgleichung

$$y'' = -2,$$

deren allgemeine Lösung

$$y = y(x,C_1,C_2)$$

durch zweimaliges Integrieren leicht gewonnen werden kann.

a) Ermitteln Sie diese!

b) Welche partikuläre Lösung ist durch die Randbedingungen

$$\begin{aligned} y(1) &= -2 \\ y(2) &= 1 \end{aligned}$$

bestimmt? Diagnose und Aufzeichnung der Lösungskurve!

c) Lösen Sie (unabhängig von b) das Anfangswertproblem

$$\begin{aligned} y(3) &= 2 \\ y'(3) &= 0 \end{aligned}$$

Wie sieht diese Integralkurve aus?

2. Die Differentialgleichung

$$y'' + y = 0$$

hat die allgemeine Lösung

$$y = C_1 \sin x + C_2 \cos x,$$

was Sie durch Einsetzen sofort bestätigen können.

a) Welche Anfangsbedingungen sind für $x_0 = 0$ vorzuschreiben, damit sich

$$y = \sin x$$

als partikuläre Lösung ergibt?

b) desgl. welche Randbedingungen für $x_0 = 0$ und $x_1 = \frac{\pi}{2}$?

c) Warum hat das Randwertproblem

$$y(0) = 0$$
$$y(\pi) = 0$$

keine eindeutige Lösung?

3. Die allgemeine Lösung einer Differentialgleichung 2. Ordnung habe die Form

$$y = C_1 f_1(x) + C_2 f_2(x).$$

Welche Bedingung ist notwendig und hinreichend dafür, daß das Randwertproblem

$$\left. \begin{array}{l} y(x_1) = y_1 \\ y(x_2) = y_2 \end{array} \right\}$$

mit $(y_1, y_2) \neq (0,0)$ eindeutig lösbar ist? Wie lauten die Lösungen (im Fall der Existenz)?

3.3.2 Integrable Typen

1. Typus: $y'' = f(x)$: Beiderseitiges Integrieren führt zunächst auf

$$y' = \int f(x)\,dx + C_1,$$

nochmaliges Integrieren gibt

$$y = \int \left[\int f(x)\,dx + C_1 \right] dx + C_2$$
$$y = \int \left[\int f(x)\,dx \right] dx + C_1 x + C_2$$

als allgemeine Lösung.

2. Typus: $y'' = f(y)$: Wir substituieren

$$y' = p \Rightarrow y'' = \frac{dp}{dx} = \frac{dp}{dy}\frac{dy}{dx} = \frac{dp}{dy}\,p$$

und erhalten in

$$\frac{dp}{dy}\,p = f(y)$$

eine durch Veränderlichen-Trennung lösbare Differentialgleichung:

$$p\,dp = f(y)dy$$
$$\tfrac{1}{2}p^2 = \int f(y)dy + c_1$$
$$p = \sqrt{2\int f(y)dy + C_1}\qquad (C_1 := 2c_1).$$

Die Resubstitution auf x erfolgt gemäß

$$p = \frac{dy}{dx} = \sqrt{2\int f(y)dy + C_1}$$
$$dx = \frac{dy}{\sqrt{2\int f(y)dy + C_1}}$$
$$x = \int \frac{dy}{\sqrt{2\int f(y)dy + C_1}} + C_2.$$

3. Typus: $y'' = f(y')$: Die Substitution

$$y' = p \Rightarrow y'' = \frac{dp}{dx}$$

führt auf die Gleichung

$$\frac{dp}{dx} = f(p)$$
$$dx = \frac{dp}{f(p)}$$
$$\Rightarrow x = \int \frac{dp}{f(p)} + C_1 \qquad (f(p) \neq 0).$$

Andererseits ergibt die Ableitung der Substitutionsgleichung

$$y'' = \frac{dp}{dx} = p\,\frac{dp}{dy}$$

bei Einsetzen in die gegebene Differentialgleichung

$$p \frac{dp}{dy} = f(p)$$

$$\frac{p}{f(p)} \, dp = dy$$

$$\Rightarrow y = \int \frac{p}{f(p)} \, dp + C_2 .$$

Die beiden Gleichungen

$$\left. \begin{array}{l} x(p) = \int \frac{dp}{f(p)} + C_1 \\[2mm] y(p) = \int \frac{p}{f(p)} \, dp + C_2 \end{array} \right\}$$

sind eine P a r a m e t e r d a r s t e l l u n g der allgemeinen Lösung. Sofern sich p eliminieren läßt, kann daraus die explizite oder implizite Form gewonnen werden.

Läßt sich insbesondere

$$x(p) = \int \frac{dp}{f(p)} + C_1$$

nach ausgeführter Integration nach p auflösen, etwa

$$p = g(x, C_1),$$

so folgt daraus sofort

$$p = \frac{dy}{dx} = g(x, C_1) \Rightarrow y = \int g(x, C_1) dx + C_2$$

als allgemeine Lösung von $y'' = f(y')$.

4. Typus: $y'' = f(x, y')$:   Die Substitution

$$\boxed{\; y' = p, \quad y'' = \frac{dp}{dx} \;}$$

führt auf die Differentialgleichung erster Ordnung

$$\frac{dp}{dx} = f(x, p).$$

Falls diese eine geschlossene Lösung

$$p = \omega(x, C_1)$$

hat – was nicht notwendig der Fall zu sein braucht! – kann man nun durch Variablentrennung

$$p = \frac{dy}{dx} = \varphi(x, C_1), \quad dy = \varphi(x, C_1)\,dx$$

$$y = \int \varphi(x, C_1)\,dx + C_2$$

als allgemeine Lösung gewinnen.

5. Typus: $y'' = f(y, y')$: Die Substitution

$$\boxed{\;y' = p \Rightarrow y'' = \frac{dp}{dx} = \frac{dp}{dy}\, p\;}$$

führt auf die Differentialgleichung erster Ordnung

$$p\,\frac{dp}{dy} = f(y, p).$$

Falls sich daraus p als Funktion von y explizit gemäß

$$p = \varphi(y, C_1)$$

gewinnen läßt – was nicht notwendig der Fall zu sein braucht! – so folgt daraus

$$p = \frac{dy}{dx} = \varphi(y, C_1)$$

$$dx = \frac{dy}{\varphi(y, C_1)}$$

$$x = \int \frac{dy}{\varphi(y, C_1)} + C_2$$

als allgemeine Lösung.

Beispiel

Bei welcher durch die Anfangsbedingung

$$y(0) = 1$$

$$y'(0) = 0$$

bestimmten Kurve ist der Krümmungsradius gleich dem Normalenabschnitt?

<u>Lösung:</u> Nach II, 3.6.1 und II, 3.7.11 haben wir

$$\rho = \frac{(1 + y'^2)^{3/2}}{y''} = y\sqrt{1 + y'^2}$$

anzusetzen. Auflösung nach y'' ergibt

$$y'' = \frac{1 + y'^2}{y} \, ,$$

also eine Differentialgleichung 2. Ordnung vom 5. Typus. Wir setzen $y' = p$ und bekommen

$$p\,\frac{dp}{dy} = \frac{1 + p^2}{y}$$

$$\int \frac{p}{1 + p^2}\,dp = \int \frac{dy}{y} \Rightarrow y = C_1\sqrt{1 + p^2}\,.$$

Auflösung nach p ist möglich:

$$p = \frac{dy}{dx} = \sqrt{\left(\frac{y}{C_1}\right)^2 - 1}, \quad (C_1 \neq 0)$$

$$\Rightarrow \int \frac{dy}{\sqrt{\left(\dfrac{y}{C_1}\right)^2 - 1}} = x + C_2$$

$$C_1 \operatorname{ar\,cosh}\left(\frac{y}{C_1}\right) = x + C_2$$

$$\Rightarrow y = C_1 \cosh\frac{x + C_2}{C_1}\,.$$

Berücksichtigt man die Anfangsbedingung, so wird

$$\left.\begin{array}{r} C_1 \cosh\dfrac{C_2}{C_1} = 1 \\[3mm] \sinh\dfrac{C_2}{C_1} = 0 \end{array}\right\}$$

das Bestimmungssystem für die Konstanten. Wegen $C_1 \neq 0$ ergibt sich

$$C_1 = 1, \quad C_2 = 0$$

und damit die einfache **Kettenlinie**

$$y = \cosh x$$

zur gesuchten Kurve (Abb.86).

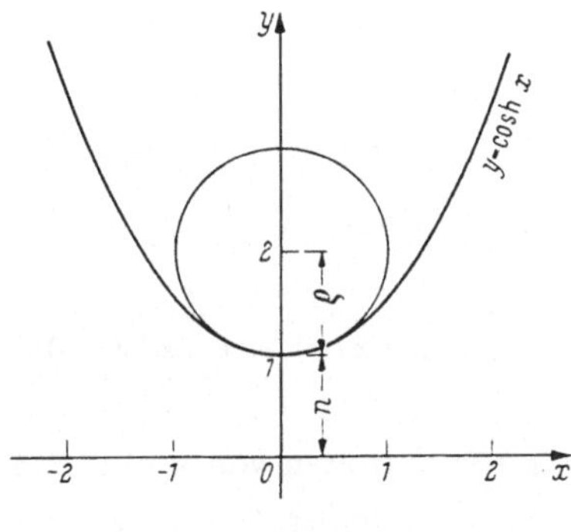

Abb.86

<u>Aufgaben zu 3.3.2</u>

1. Lösen Sie das Randwertproblem

$$(x^2 - x - 6)y'' + x = 8$$
$$\left.\begin{array}{l} y(4) \quad = -20,5011 \ (= \quad 1 - 12 \ln 6) \\ y(-1) = - \quad 9,5452 \ (= -4 - \quad 8 \ln 2) \end{array}\right\}$$

2. Welche Lösung hat das Anfangswertproblem

$$y^2 y'' + 1 = 0$$
$$\left.\begin{array}{l} y(0) = 2 \\ y'(0) = 1 \end{array}\right\}$$

<u>Hinweis:</u> Bestimmen Sie die erste Integrationskonstante bereits nach Ausführung der ersten Integration!

3. Welche Integralkurve der Differentialgleichung

$$2y'' - y'^3 = 0$$

verläuft unter einem Winkel $\alpha_0 = 45°$ durch den Punkt P_0 $(1;\ 3)$?

4. Gesucht ist die Lösung der Randwertaufgabe

$$xy'' - 2y' = x^3 \cos x$$
$$\left.\begin{array}{l} y(0) = 2 \\ y\left(\dfrac{\pi}{2}\right) = \pi \end{array}\right\} \ .$$

5. Wie heißt die Lösung des Anfangswertproblems

$$(1 + y^2)y'' - y(y')^2 = 0$$

$$\left.\begin{array}{l} y(0) = 1 \\ y'(0) = 4 \end{array}\right\} .$$

3.3.3 Homogene lineare Differentialgleichungen

Die homogene lineare Differentialgleichung zweiter Ordnung hat die Gestalt

$$y'' + \varphi_1(x)y' + \varphi_0(x)y = 0,$$

wobei $\varphi_1(x)$ und $\varphi_0(x)$ stetige Funktionen von x sin. Die Funktion $y \equiv 0$ ist hier stets Lösung (sog. triviale Lösung); sie interessiert uns nicht. - Für diese Gleichungen gelten folgende wichtige Sätze

Satz

> Sind $y_1(x)$ und $y_2(x)$ zwei Lösungsfunktionen, so ist auch ihre Linearkombination
>
> $$\boxed{y(x) = C_1 y_1(x) + C_2 y_2(x)}$$
>
> eine Lösung der Gleichung $(C_1, C_2 \in \mathbb{R})$.

Beweis: Man benötigt nur die Sätze "Eine Summe wird gliedweise differenziert" und "Ein konstanter Faktor bleibt beim Differenzieren unverändert":

$$y^{(n)}(x) = [C_1 y_1(x) + C_2 y_2(x)]^{(n)} = C_1 y_1^{(n)}(x) + C_2 y_2^{(n)}(x)$$
$$(n = 1, 2, 3, \dots).$$

Daraus folgt, wenn wir die Differentialgleichung in der Form

$$L(y) := y'' + \varphi_1 y' + \varphi_0 y = 0$$

schreiben, $y = C_1 y_1 + C_2 y_2$ einsetzen und wie folgt ordnen

$$(C_1 y_1'' + C_1 \varphi_1 y_1' + C_1 \varphi_0 y_1) + (C_2 y_2'' + C_2 \varphi_1 y_2' + C_2 \varphi_0 y_2) = 0$$

die Linearitätsbeziehung

$$L(C_1 y_1 + C_2 y_2) = C_1 L(y_1) + C_2 L(y_2),$$

aus der sich sofort

$$L(y_1) \equiv 0 \quad \text{und} \quad L(y_2) \equiv 0 \Rightarrow L(C_1 y_1 + C_2 y_2) \equiv 0$$

ergibt (vgl. auch II, 3.4.4).

Beispiel

Die lineare Differentialgleichung

$$y'' + y = 0$$

hat, wie man unmittelbar sieht, die Lösungen

$$y_1 = \sin x, \quad y_2 = \cos x.$$

Nach obigem Satz ist damit auch die Linearkombination

$$y = C_1 y_1 + C_2 y_2 = C_1 \sin x + C_2 \cos x$$

eine Lösung. Der Leser prüfe dies zur Übung nach (Einsetzen!).

Definition

Zwei Lösungsfunktionen $y_1(x)$ und $y_2(x)$ der homogenen linearen Differentialgleichung zweiter Ordnung heißen linear unabhängig voneinander, wenn die "Wronskische[1] Determinante"

$$\begin{vmatrix} y_1 & y_2 \\ y_1' & y_2' \end{vmatrix} \neq 0$$

ist.

---

[1] J.M. Hoene - Wronski (1775...1853)

Umgekehrt nennt man y_1 und y_2 linear abhängig, falls die Wronskische Determinante identisch verschwindet:

$$\begin{vmatrix} y_1 & y_2 \\ y_1' & y_2' \end{vmatrix} \equiv 0.$$

Dies ist aber genau dann der Fall, wenn

$$y_1 = ky_2$$
$$\Rightarrow y_1' = ky_2' \qquad\qquad (k \neq 0)$$

gilt, d.h. wenn der Quotient $y_1 : y_2$ eine Konstante ist.

Schreibt man für

$$k = -\frac{C_2}{C_1},$$

so folgt im Fall der linearen Abhängigkeit

$$C_1 y_1 + C_2 y_2 \equiv 0$$

mit $C_1 \neq 0$ und $C_2 \neq 0$.

<u>Zusammengefaßt</u>[1]: Zwei Funktionen y_1 und y_2 sind linear abhängig genau dann, wenn sich die Identität

$$C_1 y_1 + C_2 y_2 \equiv 0$$

mit $C_1 \neq 0$ und $C_2 \neq 0$ erfüllen läßt. Umgekehrt sind y_1 und y_2 linear unabhängig voneinander genau dann, wenn es zwei solche Konstanten $C_1 \neq 0$, $C_2 \neq 0$ nicht gibt, d.h. wenn die Identität nur durch $C_1 = C_2 = 0$ erfüllt werden kann:

$$\boxed{\begin{array}{c} y_1, y_2 \ \text{linear unabhängig} \\ C_1 y_1 + C_2 y_2 \equiv 0 \Rightarrow C_1 = C_2 = 0 \end{array}}$$

---

[1] Eine ausführliche Darstellung der linearen Abhängigkeit findet der Leser in I, 2.5.1.

Sind y_1 und y_2 linear unabhängig und besteht die Identität

$$C_1 y_1 + C_2 y_2 \equiv K_1 y_1 + K_2 y_2,$$

so folgt daraus mit

$$(C_1 - K_1) y_1 + (C_2 - K_2) y_2 \equiv 0$$
$$C_1 - K_1 = 0 \Rightarrow C_1 = K_1$$
$$C_2 - K_2 = 0 \Rightarrow C_2 = K_2,$$

d.h. man kann sofort die Koeffizienten gleicher Funktionen rechts und links gleichsetzen (Methode des Koeffizientenvergleichs).

Satz

> Sind $y_1(x)$ und $y_2(x)$ zwei linear unabhängige Lösungsfunktionen der Differentialgleichung
>
> $$y'' + \omega_1(x) y' + \omega_0(x) y = 0,$$
>
> so stellt
>
> $$\boxed{y = C_1 y_1(x) + C_2 y_2(x)}$$
>
> ihre allgemeine Lösung dar.

Beweis: Die allgemeine Lösung umfaßt bekanntlich genau sämtliche spezielle Lösungen der Gleichung, d.h. jede spezielle Lösung $y(x)$ muß sich durch geeignete Wahl der Konstanten C_1 und C_2 in der Form

$$y(x) = C_1 y_1(x) + C_2 y_2(x) \tag{*}$$

darstellen lassen. Legen wir die Lösungsfunktion $y(x)$ etwa durch die Anfangsbedingungen

$$y(x_0) = y_0, \qquad y'(x_0) = y_0'$$

eindeutig fest, so erhalten wir bei Einsetzen in (*) sowie die differenzierte Gleichung (*)

$$y(x_0) = y_0 = C_1 y_1(x_0) + C_2 y_2(x_0)$$
$$y'(x_0) = y_0' = C_1 y_1'(x_0) + C_2 y_2'(x_0).$$

Aus diesem inhomogenen linearen System können wir aber C_1 und C_2 eindeutig bestimmen, da seine Determinante

$$\begin{vmatrix} y_1(x_0) & y_2(x_0) \\ y_1'(x_0) & y_2'(x_0) \end{vmatrix} \neq 0$$

ist (Wronskische Determinante!) und $y(x)$ mit den nunmehr bestimmten C_1 und C_2 gemäß

$$y(x) = C_1 y_1(x) + C_2 y_2(x)$$

anschreiben.

Die lineare Unabhängigkeit der Lösungsfunktionen y_1 und y_2 ist gleichbedeutend damit, daß sich die zwei Konstanten nicht auf eine einzige zurückführen lassen. Kann man also C_1 und C_2 zu <u>einer</u> Konstanten zusammenfassen, so hat man noch nicht die allgemeine Lösung gefunden.

Beispiele

1. Die Differentialgleichung

$$y'' + y = 0$$

hat die Lösungen

$$y_1 = \sin x, \quad y_2 = \cos x,$$

wie man durch Einsetzen sofort bestätigt. Ihre Wronskische Determinante ist

$$\begin{vmatrix} y_1 & y_2 \\ y_1' & y_2' \end{vmatrix} = \begin{vmatrix} \sin x & \cos x \\ \cos x & -\sin x \end{vmatrix} = -\sin^2 x - \cos^2 x = -1 \neq 0,$$

also sind sie linear unabhängig und ist

$$y = C_1 \sin x + C_2 \cos x$$

die allgemeine Lösung der Gleichung.

2. Die Differentialgleichung

$$y'' - 3y' + 2y = 0$$

hat die Losungen

$$y_1 = e^{2x}, \quad y_2 = e^{2x-5},$$

was der Leser durch Einsetzen bestätigen wolle. Es ist aber

$$y = C_1 e^{2x} + C_2 e^{2x-5}$$

nicht die allgemeine Lösung, da der Quotient

$$\frac{y_1}{y_2} = \frac{e^{2x}}{e^{2x-5}} = e^5$$

eine Konstante ist (bzw. die Wronskische Determinante identisch verschwindet), die Lösungen also linear abhangig sind. Die zwei Konstanten C_1 und C_2 lassen sich auf <u>eine</u> zuruckführen:

$$y = C_1 e^{2x} + C_2 e^{2x-5} = (C_1 + C_2 e^{-5})e^{2x} = C_1^* e^{2x}$$

$$\text{mit} \quad C_1^* = C_1 + C_2 e^{-5}.$$

Eine zweite, von y_1 linear unabhängige Lösung ist e^x; also ist

$$y = C_1 e^{2x} + C_2 e^x$$

die allgemeine Lösung dieser Differentialgleichung (nachprüfen!).

Satz

> Ist die komplexwertige Funktion
>
> $$y = u(x) + jv(x)$$
>
> Lösung von $L(y) = 0$, so sind dies auch die reellen Funktionen $u(x)$ und $v(x)$
>
> $$\boxed{L(u + jv) \equiv 0 \Leftrightarrow L(u) \equiv 0 \text{ und } L(v) \equiv 0}$$

<u>Beweis:</u> Die Linearität von L bedingt

$$L(u + jv) = L(u) + jL(v).$$

Der komplexwertige Term $L(u) + jL(v)$ verschwindet aber dann und nur dann, wenn Realteil und Imaginärteil für sich gleich Null sind:

$$L(u) + jL(v) \equiv 0 \;\Rightarrow\; L(u) \equiv 0, \quad L(v) \equiv 0,$$

womit der Satz bereits bewiesen ist.

Satz

> Kennt man eine Lösung $y_1(x)$ der homogenen linearen Differentialgleichung zweiter Ordnung, so kann die Gleichung auf eine lineare e r s t e r   O r d n u n g reduziert werden[1].

Beweis: Die vorgelegte Differentialgleichung[2]

$$y'' + \varphi_1 y' + \varphi_0 y = 0$$

wird von y_1 identisch erfüllt:

$$y_1'' + \varphi_1 y_1' + \varphi_0 y_1 \equiv 0.$$

Wir machen den Ansatz

$$y = y_1 u$$
$$\Rightarrow y' = y_1' u + y_1 u'$$
$$\Rightarrow y'' = y_1'' u + 2 y_1' u' + y_1 u''$$

und erhalten nach Einsetzen in die gegebene Gleichung

$$y_1'' u + 2 y_1' u' + y_1 u'' + \varphi_1 y_1' u + \varphi_1 y_1 u' + \varphi_0 y_1 u = 0$$
$$y_1 u'' + (2 y_1' + \varphi_1 y_1) u' + (y_1'' + \varphi_1 y_1' + \varphi_0 y_1) u = 0$$
$$y_1 u'' + (2 y_1' + \varphi_1 y_1) u' \qquad\qquad = 0.$$

Setzt man noch

$$u' = v,$$

---

[1] Dieser Satz, der überdies für lineare Differentialgleichungen beliebiger Ordnung gilt (Erniedrigung der Ordnung um 1, falls eine partikuläre Lösung der homogenen Gleichung bekannt ist), ist ein Gegenstück zu dem aus der Algebra bekannten Satz, nach dem man den Grad einer algebraischen Gleichung um 1 erniedrigen kann, falls man eine Lösung kennt (vgl. II, 1.3.3).

[2] Das Argument wurde der Einfachheit halber weggelassen.

so hat man schließlich in

$$y_1 v' + (2y_1' + \varphi_1 y_1)v = 0$$

eine Differentialgleichung erster Ordnung gewonnen, die homogen linear in v ist und
durch Variablentrennung sofort integriert werden kann:

$$\frac{dv}{v} = -\frac{2y_1' + \varphi_1 y_1}{y_1}$$

$$v = C_1 e^{-\int \frac{2y_1' + \varphi_1 y_1}{y_1}\, dx}$$

$$u' = v \Rightarrow u = \int v(x)\,dx + C_2$$

$$y = y_1 u \Rightarrow y = y_1 \left[\int v(x)\,dx + C_2\right],$$

womit die allgemeine Lösung der Gleichung gewonnen ist.

Aufgaben zu 3.3.3

1. Untersuchen Sie die folgenden Paare von Lösungsfunktionen linearer Differentialgleichungen auf lineare Abhängigkeit (l.A.) bzw. lineare Unabhängigkeit (l.U.)

   a) $y_1(x) = \sinh x, \quad y_2(x) = \cosh x$

   b) $y_1(x) = \dfrac{1 + \cos 2x}{\sin 2x}, \quad y_2(x) = \dfrac{\sin 2x}{1 - \cos 2x}$

   c) $y_1(x) = x, \quad y_2(x) = x^2$

   d) $y_1(x) = \ln(x + \sqrt{x^2 - 1}), \quad y_2(x) = \ln(x - \sqrt{x^2 - 1})$

   e) $y_1(x) = e^x, \quad y_2(x) = e^{-x}$

   f) $y_1(x) = \ln x, \quad y_2(x) = \lg x$

   g) $y_1(x) = \ln\sqrt{\dfrac{1 + x}{1 - x}}, \quad y_2(x) = \ln\sqrt[3]{\dfrac{1 - x}{1 + x}}$

2. Eine lineare Differentialgleichung habe die komplexwertige Lösung

$$y(x) = e^{(1+2j)x}$$

   Wie lautet die (reelle!) allgemeine Lösung?
   <u>Anleitung:</u> Wenden Sie die Formel von Euler (I, 3.5) an!

3. Zeigen Sie: ist $y(x) = e^{(a+bj)x}$ $(a, b \in \mathbb{R})$ komplexwertige Lösung, so ist auch
   die konjugiert-komplexwertige Funktion $\bar{y}(x)$ Lösung. Aber: die Realteile von
   $y(x)$ und $\bar{y}(x)$ sowie die Imaginärteile sind jeweils linear abhängig!

4. Die lineare Differentialgleichung

$$y'' + 8y' + 16y = 0$$

hat $y_1(x) = e^{-4x}$ als Lösung (nachprüfen!).
Wie lautet ihre allgemeine Lösung?

5. Von der Differentialgleichung

$$(2x + 1)y'' + (4x - 2)y' - 8y = 0$$

ist bekannt, daß eine Lösung $y_1(x)$ die Form

$$y_1(x) = e^{mx} \quad (m \in \mathbb{R})$$

hat. Bestimmen Sie m, ermitteln Sie dann eine zweite partikuläre Lösung $y_2(x)$,
untersuchen Sie $y_1(x)$, $y_2(x)$ auf lineare Unabhängigkeit und schreiben Sie schließlich die allgemeine Lösung der Differentialgleichung an!

3.3.4 Homogene lineare Differentialgleichungen mit konstanten Koeffizienten

<u>Grundregel:</u> Bei jeder homogenen linearen Differentialgleichung
mit konstanten Koeffizienten führt der Ansatz der Exponentialfunktion mit zunächst noch unbestimmtem $\alpha \in \mathbb{C}$

$$\boxed{y = e^{\alpha x}}$$

zu einer Lösungsfunktion.

Vorgelegt sei die Differentialgleichung zweiter Ordnung

$$y'' + a_1 y' + a_0 y = 0$$

mit konstanten a_0, $a_1 \in \mathbb{R}$. Einsetzen von

$$y = e^{\alpha x}$$
$$y' = \alpha e^{\alpha x}$$
$$y'' = \alpha^2 e^{\alpha x}$$

in die gegebene Gleichung liefert

$$e^{\alpha x}\left(\alpha^2 + a_1 \alpha + a_0\right) = 0. \tag{*}$$

Soll $y = e^{\alpha x}$ eine Lösungsfunktion sein, so muß sie die Differentialgleichung identisch erfüllen, d.h. (*) muß identisch Null werden. Dies kann aber durch passende Wahl von α erreicht werden: bestimmen wir α so, daß

$$\alpha^2 + a_1 \alpha + a_0 \equiv 0$$

wird ($e^{\alpha x}$ verschwindet bekanntlich nirgends), so genügen wir genau dieser Forderung.

Definition

> Man nennt
>
> $$\boxed{\alpha^2 + a_1 \alpha + a_0 = 0}$$
>
> die charakteristische Gleichung der Differentialgleichung
>
> $$y'' + a_1 y' + a_0 y = 0$$
>
> Grundmenge ist die Menge $\mathbb{C}$ der komplexen Zahlen.

Das Integrieren der gegebenen Differentialgleichung ist damit auf das Lösen einer algebraischen Gleichung zurückgeführt:

$$\alpha^2 + a_1 \alpha + a_0 = 0$$

$$\Rightarrow \alpha_{1,2} = -\frac{a_1}{2} \pm \sqrt{\frac{a_1^2}{4} - a_0} \ .$$

Hierbei haben wir folgende, vom Vorzeichen der Diskriminante regierte Fallunterscheidung vorzunehmen.

1. Fall: $\alpha_1, \alpha_2 \in \mathbb{R}$ und $\alpha_1 \neq \alpha_2$. Die allgemeine Lösung lautet hier

$$\boxed{y = C_1 e^{\alpha_1 x} + C_2 e^{\alpha_2 x}}$$

Gemäß dem Ansatz sind nämlich

$$y_1 = e^{\alpha_1 x}, \qquad y_2 = e^{\alpha_2 x}$$

Lösungen der Gleichung; ihre lineare Unabhängigkeit folgt nach III, 3.3.3 aus der Wronski-Determinante

$$\begin{vmatrix} y_1 & y_2 \\ y_1' & y_2' \end{vmatrix} = \begin{vmatrix} e^{\alpha_1 x} & e^{\alpha_2 x} \\ \alpha_1 e^{\alpha_1 x} & \alpha_2 e^{\alpha_2 x} \end{vmatrix} = e^{\alpha_1 x} e^{\alpha_2 x} \begin{vmatrix} 1 & 1 \\ \alpha_1 & \alpha_2 \end{vmatrix} = e^{(\alpha_1 + \alpha_2)x} (\alpha_2 - \alpha_1) \neq 0,$$

da nach Voraussetzung $\alpha_1 \neq \alpha_2$ ist und die Exponentialfunktion keine Nullstelle hat (oder einfacher durch den Nachweis, daß ihr Quotient

$$\frac{e^{\alpha_1 x}}{e^{\alpha_2 x}} = e^{(\alpha_1 - \alpha_2)x}$$

für $\alpha_1 \neq \alpha_2$ keine Konstante ist). Damit ist ihre Linearkombination mit beliebigen C_1 und C_2 die allgemeine Lösung der Gleichung.

2. Fall: $\alpha_1, \alpha_2 \in \mathbb{R}$ und $\alpha_1 = \alpha_2$. Zunächst ist

$$y_1 = e^{\alpha x} \qquad (\alpha := \alpha_1 = \alpha_2)$$

eine Lösungsfunktion. Nach III, 3.3.3 können wir die andere Lösung aus einer linearen Differentialgleichung erster Ordnung gewinnen, wenn wir den Ansatz

$$y = y_1 u = e^{\alpha x} u$$

vornehmen. Setzen wir diesen samt seinen Ableitungen

$$y' = \alpha e^{\alpha x} u + e^{\alpha x} u'$$
$$y'' = \alpha^2 e^{\alpha x} u + 2\alpha e^{\alpha x} u' + e^{\alpha x} u''$$

in die gegebene Differentialgleichung ein, so ergibt sich

$$e^{\alpha x} [u'' + (2\alpha + a_1)u' + (\alpha^2 + a_1 \alpha + a_0)u] = 0$$
$$\Rightarrow u'' = 0$$
$$\Rightarrow u = C_1 x + C_2,$$

denn es ist

$$2\alpha + a_1 \equiv 0$$
$$\alpha^2 + a_1 \alpha + a_0 \equiv 0,$$

ersteres, da im Falle der Doppelwurzel

$$\alpha = - \frac{a_1}{2}$$

ist, letzteres, da α als Lösung eben dieser Gleichung, der charakteristischen Gleichung, bestimmt wurde. Damit hat sich

$$\boxed{y = (C_1 x + C_2)e^{\alpha x}}$$

als allgemeine Lösung ergeben, denn die Wronski-Determinante ergibt sich auch hier zu

$$\begin{vmatrix} y_1 & y_2 \\ y_1' & y_2' \end{vmatrix} = \begin{vmatrix} e^{\alpha x} & x e^{\alpha x} \\ \alpha e^{\alpha x} & (\alpha x + 1)e^{\alpha x} \end{vmatrix} = e^{\alpha x} e^{\alpha x} \begin{vmatrix} 1 & x \\ \alpha & \alpha x + 1 \end{vmatrix} = e^{2\alpha x} \neq 0.$$

3. Fall: α_1, α_2 sind $\notin \mathbb{R}$ und konjugiert komplex. Für α_1 und α_2 schreiben wir wegen $4a_0 > a_1^2$

$$\alpha_{1,2} = - \frac{a_1}{2} \pm j \sqrt{a_0 - \frac{a_1^2}{4}} =: a \pm jb$$

und erhalten mit der Formel von Euler (vgl. I, 3.5)

$$y_1 = e^{(a+bj)x} = e^{ax} e^{(bx)j} = e^{ax}(\cos bx + j \sin bx)$$
$$y_2 = e^{(a-bj)x} = e^{ax} e^{-(bx)j} = e^{ax}(\cos bx - j \sin bx)$$
$$\Rightarrow y = c_1 y_1 + c_2 y_2 = e^{ax}[(c_1 + c_2)\cos bx + j(c_1 - c_2)\sin bx].$$

Nun sind nach III, 3.3.3 Real- und Imaginärteil für sich Lösungen

$$\operatorname{Re} y = e^{ax}(c_1 + c_2)\cos bx = C_1 e^{ax}\cos bx, \quad C_1 := c_1 + c_2$$
$$\operatorname{Im} y = e^{ax}(c_1 - c_2)\sin bx = C_2 e^{ax}\sin bx, \quad C_2 := c_1 - c_2,$$

die zudem linear unabhängig sind, da ihre Wronskische Determinante ungleich Null bzw. - was gleichwertig ist - ihr Quotient keine Konstante ist:

$$\frac{\operatorname{Re} y}{\operatorname{Im} y} = \frac{C_1 \cos bx}{C_2 \sin bx} = \frac{C_1}{C_2} \cot bx.$$

Damit ist ihre Summe

$$\boxed{y = e^{ax}(C_1 \cos bx + C_2 \sin bx)}$$

die allgemeine Lösung für diesen Fall.

Beispiele

1. Vorgelegt: $y'' + 4y' - 5y = 0$

   Charakteristische Gleichung: $\alpha^2 + 4\alpha - 5 = 0$

   $$\Rightarrow \alpha_1 = 1, \quad \alpha_2 = -5$$

   Allgemeine Lösung: $y = C_1 e^x + C_2 e^{-5x}$.

2. Vorgelegt: $y'' - 6y' + 9y = 0$

   Charakteristische Gleichung: $\alpha^2 - 6\alpha + 9 = 0$

   $$\Rightarrow \alpha_1 = \alpha_2 = 3$$

   Allgemeine Lösung: $y = (C_1 x + C_2) e^{3x}$.

3. Vorgelegt: $y'' + 4y' + 13y = 0$

   Charakteristische Gleichung: $\alpha^2 + 4\alpha + 13 = 0$

   $$\Rightarrow \alpha_1 = -2 + 3j, \quad \alpha_2 = -2 - 3j$$

   Allgemeine Lösung: $y = e^{-2x}(C_1 \cos 3x + C_2 \sin 3x)$.

4. Vorgelegt: $y'' - y = 0$; $y(0) = 1$, $y'(0) = 0$

   Chrarakteristische Gleichung: $\alpha^2 - 1 = 0 \Rightarrow \alpha_1 = 1$, $\alpha_2 = -1$

   Allgemeine Lösung: $y = C_1 e^x + C_2 e^{-x}$.

   Anfangsbedingungen:

   $$\left. \begin{array}{l} y = C_1 e^x + C_2 e^{-x} \Rightarrow C_1 + C_2 = 1 \\[2mm] y' = C_1 e^x - C_2 e^{-x} \Rightarrow C_1 - C_2 = 0 \end{array} \right\} \Rightarrow C_1 = C_2 = \frac{1}{2}$$

   Spezielle Lösung: $y = \frac{1}{2} e^x + \frac{1}{2} e^{-x} = \cosh x$.

5. Vorgelegt: $y'' - 4y' + 4y = 0$; $y(0) = 6$, $y(2) = 0$

   Charakteristische Gleichung: $\alpha^2 - 4\alpha + 4 = 0$

   $$\Rightarrow \alpha_1 = \alpha_2 = 2$$

   Allgemeine Lösung: $y = (C_1 x + C_2) e^{2x}$.

Randbedingungen:

$$y(0) = 6 \Rightarrow C_2 = 6$$
$$y(2) = 0 \Rightarrow (2C_1 + C_2)e^4 = 0 \Rightarrow C_1 = -3$$

Gesuchte Lösung: $y = (-3x + 6)e^{2x}$.

6. Vorgelegt: $y'' + 2y' + 3y = 0$; $y(0) = 2$, $y'(0) = 0$

Charakteristische Gleichung: $\alpha^2 + 2\alpha + 3 = 0$

$$\Rightarrow \alpha_1 = -1 + j\sqrt{2}, \qquad \alpha_2 = -1 - j\sqrt{2}$$

Allgemeine Lösung: $y = e^{-x}(C_1\cos\sqrt{2}x + C_2\sin\sqrt{2}x)$.

Anfangsbedingungen:

$$y = e^{-x}(C_1\cos\sqrt{2}x + C_2\sin\sqrt{2}x), \quad y(0) = 2 \Rightarrow C_1 = 2$$
$$y' = e^{-x}[(-C_1 + \sqrt{2}C_2)\cos\sqrt{2}x + (-\sqrt{2}C_1 - C_2)\sin\sqrt{2}x],$$
$$y'(0) = 0 \Rightarrow -C_1 + \sqrt{2}C_2 = 0 \Rightarrow C_2 = \sqrt{2}$$

Gesuchte Lösung: $y = e^{-x}(2\cos\sqrt{2}x + \sqrt{2}\sin\sqrt{2}x)$.

Die freie gedämpfte Schwingung.

Wir betrachten die eindimensionale Bewegung eines aus seiner Gleichgewichtslage
ausgelenkten Massenpunktes unter dem Einfluß der **Rückstellkraft** $\Re$ und einer
Dämpfungskraft $\mathfrak{D}$.

Nach Newton gilt: Die Resultierende $\mathfrak{F}$ aller äußeren Kräfte am Massenpunkt ist nach
Betrag und Richtung gleich dem **Produkt** aus der Masse m und der Beschleunigung $\mathfrak{b}$
des Punktes

$$\mathfrak{F} = m\,\mathfrak{b} = m\,\ddot{\mathfrak{r}}. \tag{$*$}$$

In unserem Falle ist

$$\mathfrak{F} = \Re + \mathfrak{D}.$$

Nun ist bei einer der Auslenkung proportionalen Rückstellkraft und geschwindigkeits-
proportionaler Dämpfung

$$\Re = -c\,\mathfrak{r} \quad (c > 0)$$
$$\mathfrak{D} = -\rho\,\dot{\mathfrak{r}} \quad (\rho > 0),$$

wobei r und $\dot{r}$ den Orts- bzw. Geschwindigkeitsvektor des Massenpunktes bedeuten.
Die Minuszeichen erklären sich dadurch, daß Rückstellkraft und Dämpfungskraft entgegen dem Orts- bzw. Geschwindigkeitsvektor gerichtet sind.

Beim Einsetzen in das dynamische Grundgesetz ($*$) ergibt sich die Vektordifferen-
tialgleichung

$$m\,\ddot{r} + \rho\,\dot{r} + c\,r = o.$$

Da wir nur eine eindimensionale Bewegung betrachten, können wir einfacher schreiben

$$\boxed{m\ddot{x} + \rho\dot{x} + cx = 0}$$

und diese (skalare) Differentialgleichung behandeln. Sie ist homogen linear von der
zweiten Ordnung und wird die S c h w i n g u n g s g l e i c h u n g des betreffenden Problems genannt.

Wir dividieren durch m

$$\ddot{x} + \frac{\rho}{m}\dot{x} + \frac{c}{m}\,x = 0$$

und führen

$$\frac{\rho}{m} =: 2\delta \quad (\delta : \text{Abklingungskonstante})$$

$$\frac{c}{m} =: \omega_0^2 \quad (\omega_0: \text{Kreisfrequenz})$$

als neue Konstanten ein:

$$\ddot{x} + 2\,\delta\dot{x} + \omega_0^2 x = 0.$$

Der bei konstanten Koeffizienten vorzunehmende Ansatz

$$x = e^{\alpha t}$$

führt auf die charakteristische Gleichung

$$\alpha^2 + 2\,\delta\,\alpha + \omega_0^2 = 0$$

mit den Lösungen

$$\alpha_{1,2} = -\,\delta \pm \sqrt{\delta^2 - \omega_0^2}\,.$$

<u>Fallunterscheidung</u>:

1. $\delta < \omega_0$: schwache Dämpfung
   ($\Rightarrow$ periodisch abklingende Schwingung)

2. $\delta > \omega_0$: starke Dämpfung
   ($\Rightarrow$ aperiodische Bewegung)

3. $\delta = \omega_0$: aperiodischer Grenzfall.

<u>1. Fall</u>: $\delta < \omega_0$ (schwache Dämpfung). Die Lösungen der charakteristischen Gleichung sind konjugiert komplex

$$\alpha_{1,2} = -\delta \pm j\sqrt{\omega_0^2 - \delta^2} =: -\delta \pm j\bar{\omega}_0,$$

und es ergibt sich als allgemeine Lösung

$$x(t) = e^{-\delta t}(C_1 \cos \bar{\omega}_0 t + C_2 \sin \bar{\omega}_0 t).$$

Schreiben wir der Schwingung als Anfangsbedingungen

$$x(0) = 0$$

$$\dot{x}(0) = v_0 \neq 0$$

vor, so liefert die erste Bedingung

$$C_1 = 0$$

$$\Rightarrow x(t) = C_2 e^{-\delta t} \sin \bar{\omega}_0 t$$

$$\Rightarrow \dot{x}(t) = C_2 \left(-\delta e^{-\delta t} \sin \bar{\omega}_0 t + \bar{\omega}_0 e^{-\delta t} \cos \bar{\omega}_0 t \right)$$

und damit die zweite Bedingung

$$v_0 = C_2 \bar{\omega}_0, \qquad C_2 = \frac{v_0}{\bar{\omega}_0}.$$

Damit lautet die Bewegungsgleichung des Systems in x-Richtung

$$x(t) = e^{-\delta t}\left(\frac{v_0}{\bar{\omega}_0} \sin \bar{\omega}_0 t \right)$$

(Abb.87). Man erhält eine periodisch abklingende Schwingung. Ihre Nulldurchgänge sind durch

$$\sin \bar{\omega}_0 t = 0$$

gegeben und liegen bei

$$\bar{\omega}_0 t = 0;\ \pi;\ 2\pi;\ \ldots$$

also in gleichen Abständen. Der doppelte Abstand zweier Durchgänge ist zugleich die Schwingungsdauer T, nämlich

$$T = \frac{2\pi}{\bar{\omega}_0} = \frac{2\pi}{\sqrt{\omega_0^2 - \delta^2}}\ .$$

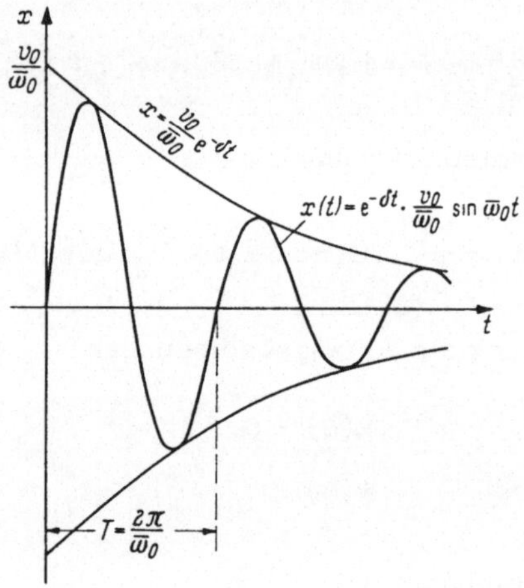

Abb. 87

Sie ist übrigens größer als diejenige der ungedämpften Schwingung ($\delta = 0$). Für den Quotienten zweier aufeinanderfolgender maximaler Amplituden ergibt sich mit

$$x(t_m) = e^{-\delta t_m}\left(\frac{v_0}{\bar{\omega}_0} \sin \bar{\omega}_0\, t_m\right)$$

$$x(t_m + T) = e^{-\delta(t_m+T)}\left[\frac{v_0}{\bar{\omega}_0} \sin \bar{\omega}_0\left(t_m + \frac{2\pi}{\bar{\omega}_0}\right)\right]$$

$$\Rightarrow \frac{x(t_m)}{x(t_m + T)} = \frac{e^{-\delta t_m}}{e^{-\delta(t_m+T)}} = e^{\delta T},$$

d.h. eine positive Konstante K[1]. Man nennt ihren Logarithmus $\ln K =: \Delta = \delta T$

---

[1] Die gleiche Konstante K ergibt sich für den Quotienten $x(t)\,/\,x(t + T)$ für jede Zeit t.

das logarithmische Dämpfungsdekrement. Es kann zur experimentellen Bestimmung der Dämpfungskonstanten ρ gemäß

$$\rho = 2m\, \delta$$

dienen. Je größer ρ bzw. δ ist, desto schneller gehen die nach einer geometrischen Folge abnehmenden maximalen Amplituden gegen Null.

2. Fall: $\delta > \omega_0$ (starke Dämpfung). Die Lösungen der charakteristischen Gleichung sind reell und voneinander verschieden. Setzen wir für sie

$$\alpha_{1,2} = -\delta \pm \sqrt{\delta^2 - \omega_0^2} =: \beta_{1,2} < 0,$$

so lautet die allgemeine Lösung jetzt

$$x(t) = C_1 e^{\beta_1 t} + C_2 e^{\beta_2 t},$$

wobei wegen $\delta > 0$ stets

$$|\beta_2| > |\beta_1|$$

ist. Es entsteht eine nichtperiodische (aperiodische) Bewegung als Überlagerung zweier e-Funktionen, nämlich $x_1(t) = C_1 e^{\beta_1 t}$ und $x_2(t) = C_2 e^{\beta_2 t}$. Wählt man die Anfangsbedingungen so, daß

$$C_1 > 0 \quad \text{und} \quad C_2 > 0$$

ausfallen, so ergibt sich die in Abb.88 dargestellte Bewegung, bei der kein Maximum und kein Nulldurchgang vorhanden ist: Kriechbewegung in die Ruhelage zurück.

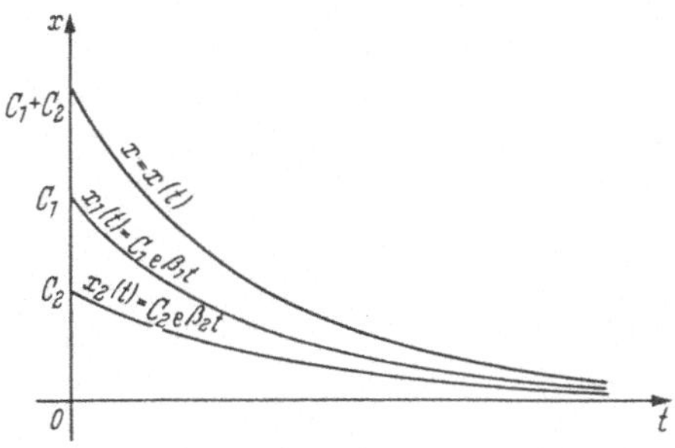

Abb.88

Wählt man hingegen

$$C_1 > 0 \quad \text{und} \quad C_2 < 0 \quad \text{mit} \quad |C_2| > |C_1| \, ,$$

so schwingt der Körper nach einem Anstoß durch die Nulllage bis zum Maximum und kriecht dann erst in die Gleichgewichtslage zurück (Abb. 89).

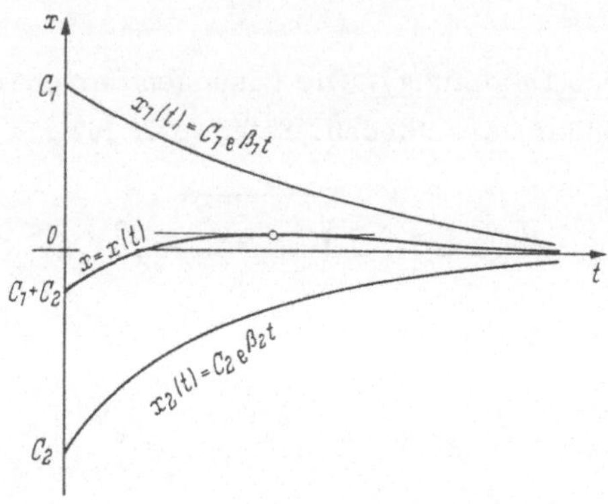

Abb. 89

3. Fall: $\delta = \omega_0$ (**Aperiodischer Grenzfall**). Die charakteristische Gleichung hat eine (reelle) Doppelwurzel

$$\alpha_1 = \alpha_2 = -\delta .$$

Die allgemeine Lösung lautet hier

$$x(t) = (C_1 t + C_2) e^{-\delta t} .$$

Bei Vorgabe der Anfangsbedingungen $x(0) = 0$ und $\dot{x}(0) = v_0$ ergeben sich die Konstanten zu $C_1 = v_0$, $C_2 = 0$, d.h.

$$x(t) = v_0 t e^{-\delta t} .$$

Für kleine Werte von t ist die Bewegung angenähert linear, da $e^{-\delta t}$ dann nahe bei 1 liegt. Ein Maximum liegt bei $\dot{x} = 0$:

$$\dot{x} = -\delta v_0 t e^{-\delta t} + v_0 e^{-\delta t} = 0 \Rightarrow x_m = \frac{v_0}{\delta} , \ t_m = \frac{1}{\delta}$$

Für große t geht x(t) wegen des Exponentialfaktors gegen null:

$$\lim_{t \to \infty} x(t) = 0 .$$

Die Linearisierung für kleine t lautet $x \approx v_0 t$ (Abb.90). Auch hier findet keine periodische Schwingung, sondern nur eine Kriechbewegung statt.

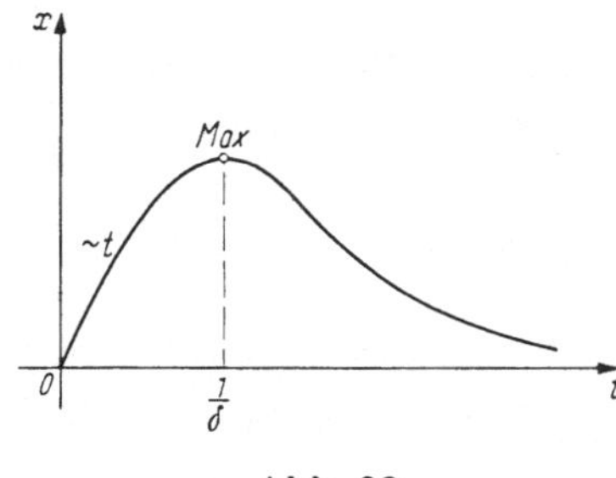

Abb.90

Aufgaben zu 3.3.4

Bestimmen Sie die allgemeine Losung folgender Differentialgleichungen

1. $y'' - 6y' + 8y = 0$

2. $y'' + 10y' + 25y = 0$

3. $y'' + 4y' + 14y = 0$

4. $y'' + y = 0$

5. $y'' + 2y' + 17y = 0$

6. $y'' + y' = 0$

Wie heißen die partikulären Lösungen folgender Differentialgleichungen unter den gegebenen Bedingungen:

7. $y'' - y' + y = 0$; $y(0) = 2$, $y'(0) = -1$

8. $y'' - 4y' + 4y = 0$; $y(1) = e^2$, $y(-1) = 0$

9. $y'' - 4y' + 3y = 0$; $y(0) = 0$, $y(1) = 1$

10. $y'' - y = 0$; $y(1) = 1$, $y'(1) = -1$.

3.3.5 Inhomogene lineare Differentialgleichungen

Für die lineare Differentialgleichung zweiter Ordnung

$$y'' + \varphi_1(x)y' + \varphi_0(x)y = g(x)$$

mit der "Störfunktion" $g(x) \not\equiv 0$ gibt es keine allgemeingültigen Lösungsmethoden. Grundsätzlich sind aber die folgenden zwei Sätze von Bedeutung.

Satz

Kennt man die allgemeine Lösung der homogenen Gleichung, so läßt sich eine partikuläre Lösung der inhomogenen Gleichung mit der Methode der Variation der Konstanten ermitteln.

<u>Beweis:</u> Es sei

$$y_H = C_1 y_1 + C_2 y_2$$

die allgemeine Lösung der homogenen Gleichung. Dann machen wir für die inhomogene Gleichung nach Lagrange den Lösungsansatz

$$y_P = C_1(x)y_1 + C_2(x)y_2, \qquad\qquad (*)$$

ersetzen also die Konstanten durch Funktionen von x und versuchen diese so zu bestimmen, daß y_P zu einer partikulären Lösung der inhomogenen Gleichung wird.

Aus $(*)$ allein lassen sich $C_1(x)$ und $C_2(x)$ nicht eindeutig bestimmen. Wir differenzieren $(*)$

$$y_P' = C_1'(x)y_1 + C_2'(x)y_2 + C_1(x)y_1' + C_2(x)y_2'$$

und wählen

$$C_1'(x)y_1 + C_2'(x)y_2 = 0 \qquad\qquad (**)$$

als zweite Bedingungsgleichung. Damit ist

$$y_P' = C_1(x)y_1' + C_2(x)y_2'$$
$$y_P'' = C_1'(x)y_1' + C_1(x)y_1'' + C_2'(x)y_2' + C_2(x)y_2''.$$

Bei Einsetzen in die gegebene Gleichung wird

$$C_1(x)(y_1'' + \varphi_1 y_1' + \varphi_0 y_1) + C_2(x)(y_2'' + \varphi_1 y_2' + \varphi_0 y_2) + C_1'(x)y_1' + C_2'(x)y_2' = g(x)$$

bzw., da y_1 und y_2 Lösungen der homogenen Gleichung sind,

$$C_1'(x)y_1' + C_2'(x)y_2' = g(x).$$

Wählen wir diese Gleichung anstelle von $(*)$, so haben wir jetzt das folgende inhomogene lineare (algebraische) System zur Bestimmung von $C_1'(x)$ und $C_2'(x)$:

$$\left. \begin{array}{l} C_1'(x)y_1 + C_2'(x)y_2 = 0 \\ C_1'(x)y_1' + C_2'(x)y_2' = g(x) \end{array} \right\} .$$

Seine Koeffizientendeterminante ist als Wronskische Determinante

$$W(x) = \begin{vmatrix} y_1 & y_2 \\ y_1' & y_2' \end{vmatrix} \neq 0,$$

so daß $C_1'(x)$ und $C_2'(x)$ aus diesem System stets eindeutig bestimmt werden können (vgl. I, 2.2.1); nämlich

$$C_1'(x) = - \frac{g(x)y_2(x)}{W(x)} \Rightarrow C_1(x) = - \int \frac{g(x)y_2(x)}{W(x)}\, dx$$

$$C_2'(x) = \frac{g(x)y_1(x)}{W(x)} \Rightarrow C_2(x) = \int \frac{g(x)y_1(x)}{W(x)}\, dx \;.$$

Damit hat man eine partikuläre Lösung der inhomogenen Differentialgleichung gefunden:

$$\boxed{\; y_P = - y_1(x) \int \frac{g(x)y_2(x)}{W(x)}\, dx + y_2(x) \int \frac{g(x)y_1(x)}{W(x)}\, dx \;}$$

Die Methode der "Variation der Konstanten" erscheint etwas beschwerlich, sie hat aber den Vorzug, unter den gemachten Voraussetzungen (also bei Kenntnis von y_H) stets zum Ziele zu fuhren. Um sich die Arbeit zu erleichtern, wird man y_P gleich nach der oben eingerahmten Formel berechnen.

Satz

> Die allgemeine Lösung y_A der inhomogenen Gleichung ergibt sich durch Überlagerung (Addition) der allgemeinen Lösung y_H der homogenen Gleichung und einer partikulären Lösung y_P der inhomogenen Gleichung
>
> $$\boxed{\; y_A = y_H + y_P \;}$$

Beweis: Auf Grund der Linearität von

$$L(y) := y'' + \varphi_1 y' + \varphi_0 y = g(x)$$

gilt $\qquad L(y_A) = L(y_H + y_P) = L(y_H) + L(y_P) \equiv 0 + g(x) \Rightarrow L(y_A) \equiv g(x),$

d.h. y_A erfüllt die inhomogene Differentialgleichung identisch, ist also eine Lösung derselben und, da sie von y_H her zwei frei wählbare Konstanten besitzt, ist sie auch die allgemeine Lösung derselben. Zu dieser Darstellung von y_A gelangt man auch direkt mit der Variation der Konstanten, wenn man bei $C_1(x)$ und $C_2(x)$ jeweils eine Integrationskonstante K_1 bzw. K_2 hinzufügt und damit in den Ansatz $y = y_A = C_1(x)y_1 + C_2(x)y_2$ eingeht (nachrechnen!).

Beispiele

1. $y'' + y = \dfrac{1}{\cos x}$

Lösung der homogenen Gleichung: $y'' + y = 0$

$$\Rightarrow y_H = C_1 \cos x + C_2 \sin x.$$

Ansatz für die <u>inhomogene Gleichung</u>:

$$y_P = C_1(x)\cos x + C_2(x)\sin x$$

$$W(x) = \begin{vmatrix} y_1 & y_2 \\ y_1' & y_2' \end{vmatrix} = \begin{vmatrix} \cos x & \sin x \\ -\sin x & \cos x \end{vmatrix} = \cos^2 x + \sin^2 x = 1$$

$$C_1(x) = -\int \frac{g(x)y_2(x)}{W(x)}\, dx = -\int \frac{\sin x}{\cos x}\, dx = \ln|\cos x|$$

$$C_2(x) = \int \frac{g(x)y_1(x)}{W(x)}\, dx = \int \frac{\cos x}{\cos x}\, dx = x$$

$$\Rightarrow y_P = (\ln|\cos x|)\cos x + x \sin x$$

Allgemeine Lösung der inhomogenen Gleichung:

$$y_A = (C_1 + \ln|\cos x|)\cos x + (C_2 + x)\sin x.$$

2. $x^2 y'' - 2xy' + 2y = x^3 \sin x$

Herstellung der "normierten Form" (Division durch $x^2 \neq 0$)

$$y'' - \frac{2}{x} y' + \frac{2}{x^2} y = x \sin x$$

Lösung der homogenen Gleichung[1]:

Ansatz: $y = x^\alpha \Rightarrow y' = \alpha x^{\alpha-1}, \quad y'' = \alpha(\alpha - 1)x^{\alpha-2}$

$$x^{\alpha-2}(\alpha^2 - 3\alpha + 2) = 0 \Rightarrow \alpha^2 - 3\alpha + 2 = 0 \Rightarrow \alpha_1 = 1, \quad \alpha_2 = 2$$

$$\Rightarrow y_H = C_1 x + C_2 x^2$$

---

[1] Lineare Differentialgleichungen der Gestalt

$$a_2 x^2 y'' + a_1 xy' + a_0 y = 0, \quad (a_i \in \mathbb{R})$$

heißen (homogene) **E u l e r s c h e** Differentialgleichungen. Der Lösungsansatz $y = x^\alpha$ führt stets zum Ziel.

Ansatz für die inhomogene Gleichung:

$$y_P = C_1(x)x + C_2(x)x^2$$

$$W(x) = \begin{vmatrix} y_1 & y_2 \\ y_1' & y_2' \end{vmatrix} = \begin{vmatrix} x & x^2 \\ 1 & 2x \end{vmatrix} = x^2$$

$$C_1(x) = -\int \frac{g(x)y_2(x)}{W(x)}\, dx = -\int x \sin x \, dx = x \cos x - \sin x$$

$$C_2(x) = \int \frac{g(x)y_1(x)}{W(x)}\, dx = \int \sin x \, dx = -\cos x$$

$$\Rightarrow y_P = x^2 \cos x - x \sin x - x^2 \cos x = -x \sin x$$

Allgemeine Lösung der <u>inhomogenen Gleichung</u>:

$$y_A = y_H + y_P = C_1 x + C_2 x^2 - x \sin x.$$

3. $\quad y'' - \dfrac{2}{x^2 - 2x}\, y' + \dfrac{2}{x^3 - 2x^2}\, y = \dfrac{1}{x}$

a) <u>Homogene Gleichung</u>:

$$y'' - \frac{2}{x^2 - 2x}\, y' + \frac{2}{x^3 - 2x^2}\, y = 0.$$

Es ist

$$y_1 = x$$

eine Lösung, was man durch Einsetzen bestätigt:

$$-\frac{2}{x^2 - 2x} \cdot 1 + \frac{2}{x^3 - 2x^2} \cdot x \equiv 0.$$

Für die zweite Lösung können wir nach III, 3.3.3 den Ansatz

$$y_2 = y_1 u = xu$$

machen. Er führt auf die Differentialgleichung

$$xu'' + \left(2 - \frac{2}{x-2}\right)u' = 0.$$

Mit der Substitution $u' = p$ folgt

$$x \frac{dp}{dx} + 2p \frac{x - 3}{x - 2} = 0$$

$$\frac{1}{2} \int \frac{dp}{p} = - \int \frac{x - 3}{x(x - 2)} \, dx = \frac{1}{2} \int \frac{dx}{x - 2} - \frac{3}{2} \int \frac{dx}{x}$$

$$\Rightarrow p = \frac{x - 2}{x^3} = \frac{1}{x^2} - \frac{2}{x^3}$$

Damit folgt für $u(x)$ gemäß $u' = p$

$$u = \int p \, dx = - \frac{1}{x} + \frac{1}{x^2}$$

und für die zweite Lösung y_2 gemäß $y_2 = y_1 u = xu$

$$y_2 = - 1 + \frac{1}{x} = \frac{1 - x}{x} \ .$$

Die Linearkombination

$$C_1 y_1 + C_2 y_2 = C_1 x + C_2 \frac{1 - x}{x} = y_H$$

ist also die allgemeine Lösung der homogenen Gleichung.

b) <u>Inhomogene Gleichung</u>. Variation der Konstanten:

$$y_P = C_1(x)x + C_2(x) \frac{1 - x}{x}$$

$$\Rightarrow C_1(x) = - \int \frac{1 - x}{x(x - 2)} \, dx = \frac{1}{2} \int \left(\frac{1}{x} + \frac{1}{x - 2} \right) dx = \frac{1}{2} \ln|x(x - 2)|$$

$$\Rightarrow C_2(x) = \int \frac{x}{x - 2} \, dx = \int \left(1 + \frac{2}{x - 2} \right) dx = x + \ln(x - 2)^2$$

$$\Rightarrow y_P = \frac{x}{2} \ln|x^2 - 2x| + \frac{1 - x}{x} [x + \ln(x - 2)^2].$$

<u>Allgemeine Lösung</u> der inhomogenen Gleichung:

$$y_A = C_1 x + C_2 \frac{1 - x}{x} + \frac{x}{2} \ln|x^2 - 2x| + \frac{1 - x}{x} [x + 2\ln(x - 2)].$$

<u>Aufgaben zu 3.3.5</u>

1. Bestimmen Sie die allgemeine Lösung der Differentialgleichung

$$(2x + 1)y'' + (4x - 2)y' - 8y = (2x + 1)^3 e^x$$

unter Beachtung der in Aufgabe 5 (III, 3.3.3) ermittelten allgemeinen Lösung der zugehörigen homogenen Differentialgleichung.

2. Wie lautet die allgemeine Lösung von

$$\frac{1 - x}{1 + x}\, y'' + \frac{x}{1 + x}\, y' - \frac{1}{1 + x}\, y = x^2 - 2x + 1?$$

Eine partikuläre Lösung y_1 der zugehörigen homogenen Differentialgleichung läßt sich leicht erraten, damit kann man eine zweite partikuläre Lösung y_2 mit dem aus III, 3.3.3 bekannten Ansatz berechnen und hat so auch die allgemeine Lösung y_H des zugehörigen homogenen Teils der Differentialgleichung gefunden.

3. Gesucht ist die allgemeine Lösung der Differentialgleichungen

a) $x^2 y'' - 4xy' + 6y = x^{5/2}$

b) $x^2 y'' - 4xy' - 6y = 7x^4 \ln x$

3.3.6 Inhomogene lineare Differentialgleichungen mit konstanten Koeffizienten

Sind die Koeffizienten der Differentialgleichung Konstanten, so kann man sich in vielen Fällen die Variation der Konstanten ersparen, indem man einen geeigneten, der Struktur der Störfunktion angepaßten Ansatz für eine partikuläre Lösung der inhomogenen Gleichung vornimmt, mit diesem Ansatz samt seinen Ableitungen in die Differentialgleichung eingeht und die Koeffizienten durch Vergleich ermittelt. Für alle linearen Differentialgleichungen mit konstanten Koeffizienten

$$y^{(n)} + a_{n-1} y^{(n-1)} + \ldots + a_2 y'' + a_1 y' + a_0 y = g(x)$$

sind die wichtigsten Ansatze in der folgenden Übersicht zusammengestellt

Störfunktion $g(x)$	Lösungsansatz für y_P
$b_0 + b_1 x + b_2 x^2 + \ldots + b_m x^m$	$B_0 + B_1 x + B_2 x^2 + \ldots + B_m x^m$ [1]
$k \sin \alpha x$ oder $k \cos \alpha x$	$K_1 \sin \alpha x + K_2 \cos \alpha x$
$k \sinh \alpha x$ oder $k \cosh \alpha x$	$K_1 \sinh \alpha x + K_2 \cosh \alpha x$
$k e^{\alpha x}$	$K e^{\alpha x}$
$k e^{\beta x} \sin \alpha x$ oder $k e^{\beta x} \cos \alpha x$	$e^{\beta x}(K_1 \sin \alpha x + K_2 \cos \alpha x)$

---

[1] Enthält die homogene Gleichung das Glied $a_0 y$ nicht, so ist im Ansatz noch $B_{m+1} x^{m+1}$ aufzunehmen.

Besteht die Störfunktion aus einer Linearkombination[1] der angeführten Fälle, so ist für den Lösungsansatz die entsprechende Linearkombination zu wählen. Die Fälle 2 bis 5 der Tabelle kann man übrigens als Spezialisierung von $ke^{\gamma x}$ mit komplexem γ betrachten.

Ist die Störfunktion eine Lösung der homogenen Gleichung, d.h. ein Sonderfall von y_H, so spricht man von **Resonanz**. Hier führen etwas andere Lösungsansätze zum Ziel (S.287). Die Variation der Konstanten funktioniert stets, ist aber meist aufwendiger.

<u>Superpositionsprinzip:</u> Besteht die Störfunktion $g(x)$ aus einer Summe von Funktionen, $g(x) = \sum g_i(x)$, und ist y_{P_i} eine partikuläre Lösung der linearen DGL $L(y) = g_i(x)$, dann ist $y_P = \sum y_{P_i}$ eine partikuläre Lösung der linearen DGL $L(y) = g(x)$.

Beweis für die lineare DGL 2. Ordnung mit $g(x) = g_1(x) + g_2(x)$:

$$L(y) = y'' + \varphi_1 y' + \varphi_0 y = g_1(x) + g_2(x)$$

Lt. Voraussetzung ist y_{P_1} eine Lösung von $L(y) = g_1(x)$, d.h.

$$L(y_{P_1}) = y''_{P_1} + \varphi_1 y'_{P_1} + \varphi_0 y_{P_1} \equiv g_1(x),$$

desgl. y_{P_2} eine Lösung von $L(y) = g_2(x)$, d.h.

$$L(y_{P_2}) = y''_{P_2} + \varphi_1 y'_{P_2} + \varphi_0 y_{P_2} \equiv g_2(x),$$

$$\Rightarrow L(y_{P_1}) + L(y_{P_2}) = (y''_{P_1} + y''_{P_2}) + \varphi_1(y'_{P_1} + y'_{P_2}) + \varphi_0(y_{P_1} + y_{P_2}) \equiv g(x)$$
$$= (y_{P_1} + y_{P_2})'' + \varphi_1(y_{P_1} + y_{P_2})' + \varphi_0(y_{P_1} + y_{P_2}) \equiv g(x)$$

$$\Rightarrow L(y_{P_1}) + L(y_{P_2}) = L(y_{P_1} + y_{P_2}) \equiv g(x) \Rightarrow y_{P_1} + y_{P_2} \text{ ist Lösung von } L(y) = g(x).$$

Beispiele

1. $y'' + y = x^2$

<u>Lösung</u> der homogenen Gleichung $y'' + y = 0 \Rightarrow y = C_1 \cos x + C_2 \sin x$. Ansatz für die inhomogene Gleichung:

$$y_P = B_0 + B_1 x + B_2 x^2.$$

---

[1] Man beachte, daß die Linearkombination von $f_1(x)$ und $f_2(x)$ durch die <u>Summe</u> $C_1 f_1(x) + C_2 f_2(x)$ gegeben ist; $f_1(x) \cdot f_2(x)$ oder $f_1(x) : f_2(x)$ sind keine <u>Linear</u>kombinationen der Funktionen $f_1(x)$ und $f_2(x)$.

Man beachte, daß keine Potenz ausgelassen werden darf!

$$y_P' = B_1 + 2B_2 x, \quad y_P'' = 2B_2 \Rightarrow (2B_2 + B_0) + B_1 x + B_2 x^2 \equiv x^2$$

Koeffizientenvergleich:

$$B_2 = 1, \ B_1 = 0, \ 2B_2 + B_0 = 0 \Rightarrow B_0 = -2$$

Partikuläre Lösung der inhomogenen Gleichung: $y_P = -2 + x^2$

<u>Allgemeine Lösung:</u>

$$y_A = y_H + y_P = C_1 \cos x + C_2 \sin x + x^2 - 2.$$

2. $y'' + 6y' + 7y = \cos \dfrac{x}{2}$

Homogene Gleichung: $y'' + 6y' + 7y = 0 \Rightarrow y_H = C_1 e^{(-3 + \sqrt{2})x} + C_2 e^{(-3 - \sqrt{2})x}$

Ansatz für die inhomogene Gleichung: $y_P = K_1 \sin \dfrac{x}{2} + K_2 \cos \dfrac{x}{2}$

$$\Rightarrow y_P' = \frac{1}{2} K_1 \cos \frac{x}{2} - \frac{1}{2} K_2 \sin \frac{x}{2} \Rightarrow y_P'' = -\frac{1}{4} K_1 \sin \frac{x}{2} - \frac{1}{4} K_2 \cos \frac{x}{2}$$

$$\Rightarrow \left(\frac{27}{4} K_1 - 3K_2 \right) \sin \frac{x}{2} + \left(3K_1 + \frac{27}{4} K_2 \right) \cos \frac{x}{2} \equiv \cos \frac{x}{2}$$

Koeffizientenvergleich:

$$27K_1 - 12K_2 = 0, \ 12K_1 + 27K_2 = 4 \Rightarrow K_1 = \frac{16}{291}, \quad K_2 = \frac{12}{97}$$

$$\Rightarrow y_P = \frac{16}{291} \sin \frac{x}{2} + \frac{12}{97} \cos \frac{x}{2}$$

<u>Allgemeine Lösung</u> der inhomogenen Gleichung:

$$y_A = e^{-3x} \left(C_1 e^{\sqrt{2}x} + C_2 e^{-\sqrt{2}x} \right) + \frac{16}{291} \sin \frac{x}{2} + \frac{12}{97} \cos \frac{x}{2}.$$

3. $y'' + y' = x + x^3$

<u>Allgemeine Lösung</u> der homogenen Gleichung: $y_H = C_1 + C_2 e^{-x}$

Ansatz: $y_P = B_0 + B_1 x + B_2 x^2 + B_3 x^3 + B_4 x^4$

(die linke Seite der Differentialgleichung enthält das Glied $a_0 y$ nicht!)

$$\Rightarrow \begin{cases} y_P' = B_1 + 2B_2 x + 3B_3 x^2 + 4B_4 x^3 \\ y_P'' = 2B_2 + 6B_3 x + 12B_4 x^2 \end{cases}$$

$$\Rightarrow (B_1 + 2B_2) + (2B_2 + 6B_3)x + (3B_3 + 12B_4)x^2 + 4B_4 x^3 \equiv x + x^3$$

Koeffizientenvergleich:

$$4B_4 = 1 \Rightarrow B_4 = \frac{1}{4}$$

$$3B_3 + 12B_4 = 0 \Rightarrow B_3 = -1$$

$$2B_2 + 6B_3 \quad = 1 \Rightarrow B_2 = \frac{7}{2}$$

$$B_1 + 2B_2 \quad\quad = 0 \Rightarrow B_1 = -7$$

$$\Rightarrow y_P = B_0 - 7x + \frac{7}{2}x^2 - x^3 + \frac{1}{4}x^4$$

B_0 ist beliebig wählbar und wird mit C_1 von y_H zu einer einzigen Integrationskonstanten zusammengefaßt[1]:

$$y_A = y_H + y_P = C_1^* + C_2 e^{-x} - 7x + \frac{7}{2}x^2 - x^3 + \frac{1}{4}x^4$$

$$\text{mit} \quad C_1^* = B_0 + C_1.$$

4. $y'' + 4y' + y = \sinh 2x$

Homogene Gleichung ergibt: $y_H = e^{-2x}\left(C_1 e^{\sqrt{3}x} + C_2 e^{-\sqrt{3}x}\right)$

Lösungsansatz für die inhomogene Gleichung:

$$y_P = K_1 \sinh 2x + K_2 \cosh 2x$$

$$\Rightarrow \begin{cases} y_P' = 2K_1 \cosh 2x + 2K_2 \sinh 2x \\ y_P'' = 4K_1 \sinh 2x + 4K_2 \cosh 2x. \end{cases}$$

Eingesetzt in die Differentialgleichung ergibt dies

$$(5K_1 + 8K_2)\sinh 2x + (8K_1 + 5K_2)\cosh 2x \equiv \sinh 2x$$

Koeffizientenvergleich:

$$5K_1 + 8K_2 = 1$$

$$8K_1 + 5K_2 = 0$$

$$\Rightarrow K_1 = -\frac{5}{39}, \quad K_2 = \frac{8}{39}$$

$$y_P = -\frac{5}{39}\sinh 2x + \frac{8}{39}\cosh 2x$$

---

[1] Beachte: In einer Differentialgleichung n-ter Ordnung treten genau n frei wählbare Konstanten auf, die sich nicht auf weniger als n Konstanten zurück führen lassen. Im vorliegenden Beispiel lassen sich die drei Konstanten C_1, C_2 und B_0 auf zwei, nämlich C_1^* und C_2, zurückführen.

Allgemeine Lösung der inhomogenen Gleichung:

$$y_A = y_H + y_P = e^{-2x}\left(C_1 e^{\sqrt{3}x} + C_2 e^{-\sqrt{3}x}\right) - \frac{5}{39}\sinh 2x + \frac{8}{39}\cosh 2x.$$

Resonanzfalle bei $y'' + a_1 y' + a_0 y = g(x)$, $a_0 \neq 0$

Charakteristische Gleichung: $\alpha^2 + a_1\alpha + a_0 = 0$
Resonanz liegt vor, wenn die Störfunktion $g(x)$ eine Lösung der homogenen DGL ist;
wir schreiben dann $g(x) =: g_{RES}(x)$:

$$g''_{RES}(x) + a_1 g'_{RES}(x) + a_0 g_{RES}(x) \equiv 0$$

1. Fall $\alpha_1 \neq \alpha_2$ (reell) : $\qquad\qquad a_1 = -(\alpha_1 + \alpha_2)$, $a_0 = \alpha_1\alpha_2$ (Vieta!)

$$y_H = C_1 e^{\alpha_1 x} + C_2 e^{\alpha_2 x}$$

$g_{RES}(x)$	Ansatz für $y_P(x)$
$ke^{\alpha_1 x}$	$Kxe^{\alpha_1 x}$
$ke^{\alpha_2 x}$	$Kxe^{\alpha_2 x}$

2. Fall $\alpha_1 = \alpha_2 =: \alpha$: $\qquad\qquad a_1 = -2\alpha$, $a_0 = \alpha^2$

$$y_H = C_1 e^{\alpha x} + C_2 xe^{\alpha x}$$

$g_{RES}(x)$	Ansatz für $y_P(x)$
$ke^{\alpha x}$	$Kx^2 e^{\alpha x}$
$kxe^{\alpha x}$	$Kx^3 e^{\alpha x}$

3. Fall $\alpha_{1,2} = a \pm jb$: $\qquad\qquad a_1 = -2a$, $a_0 = a^2 + b^2$

$$y_H = e^{ax}(C_1 \cos bx + C_2 \sin bx)$$

$g_{RES}(x)$	Ansatz für $y_P(x)$
$ke^{ax}\cos bx$	$xe^{ax}(K_1\cos bx + K_2\sin bx)$
$ke^{ax}\sin bx$	

$\underline{\text{Beispiel}}$ $y'' - 5y' + 4y = 3e^{4x}$.

$$\alpha^2 - 5\alpha + 4 = 0 \Rightarrow \alpha_1 = 4,\ \alpha_2 = 1 \Rightarrow y_H = C_1 e^{4x} + C_2 e^x.$$

Für $C_1 = 3$, $C_2 = 0$ folgt $y_H = 3e^{4x} = g_{RES}(x)$: Resonanzfall 1!

$$\text{Ansatz: } y_P = Kxe^{4x}. \qquad y_P' = 4Kxe^{4x} + Ke^{4x}$$

$$y_P'' = 16Kxe^{4x} + 8Ke^{4x}$$

$$\Rightarrow 3Ke^{4x} = 3e^{4x} \Rightarrow K = 1 \Rightarrow y_P(x) = xe^{4x}$$

Allgemeine Lösung: $y_A = y_H + y_P = (C_1 + x)e^{4x} + Ce^x$

Zum gleichen Ergebnis führt die Variation der Konstanten (nachrechnen!)

$\underline{\text{Aufgaben zu } 3.3.6}$

Lösen Sie die folgenden Differentialgleichungen

1. $y'' + 2y' + 2y = 5 \sin x;$ $y(0) = -4,$ $y'(0) = +4$

2. $y'' - 5y' + 6y = 2e^x;$ $y(0) = 3,$ $y'(0) = 6$

3. $y'' + 6y' + 13y = -5 - 39x + e^{-x};$ $y(1) = \frac{1}{8} e^{-1},$ $y(-1) = \frac{1}{8} e$

4. $y'' + y' = 2;$ welche Lösungskurve berührt im Ursprung die Gerade $y = x$?

5. $y'' + y = \cos x + x^2$

6. $y'' - 3y' = 9x^2 + 6x + 17$

7. $y'' + y = x^3;$ $y\left(\frac{\pi}{4}\right) = \sqrt{2},$ $y\left(-\frac{\pi}{4}\right) \doteq 0$

8. $y'' - 5y' + 6y = x + e^{3x}$

9. $y'' - y = 2 \sinh x + 3 \cosh x$

10. $y'' + y = \cosh x + \sinh 2x + e^{3x}$

11. $y'' + \omega^2 y = a \cos \omega x;$ $y(0) = 0,$ $y'(0) = 0$

3.4 Die Methode der Laplace-Transformation

$\underline{\text{Der Grundgedanke}}$

Gegenstand unserer Betrachtungen ist noch einmal die inhomogene lineare Differentialgleichung mit konstanten Koeffizienten für eine gesuchte Funktion $y = y(t)$ unter gegebenen Anfangsbedingungen

$$y^{(n)} + a_{n-1}y^{(n-1)} + \ldots + a_2\ddot{y} + a_1\dot{y} + a_0 y = g(t)$$

$$y(0) = y_0, \quad \dot{y}(0) = \dot{y}_0, \quad \ddot{y}(0) = \ddot{y}_0, \ldots, y^{(n-1)}(0) = y_0^{(n-1)}$$

Unser bisheriger Lösungsweg bestand aus vier Schritten:

1. Bestimmung der allgemeinen Lösung y_H
   der zugehörigen homogenen Gleichung

2. Bestimmung einer partikularen Lösung y_P
   der inhomogenen Gleichung

3. Aufstellung der allgemeinen Lösung y_A

4. Realisierung der Anfangsbedingungen durch
   Berechnung der Integrationskonstanten

Die Methode der Laplace[1]-Transformation hat den großen Vorzug, alle vier Schritte
in einem einzigen Arbeitsgang zusammenzufassen, der nicht mehr den Umweg über
die allgemeine Losung geht, sondern von Beginn an die Anfangsbedingungen in die
Rechnung mit einbezieht und gleich die gesuchte partikulare Losung liefert. Moglich
wird dieses Vorgehen durch eine Transformation, welche die Differentialgleichung
samt ihren Anfangsbedingungen auf eine - algebraische oder transzendente - Gleichung abbildet, die nach einer geeigneten Umformung durch Rücktransformation
unmittelbar in die Lösung des Anfangswertproblems übergefuhrt wird. Abb.91 zeigt
schematisch den Ablauf des Losungsganges.

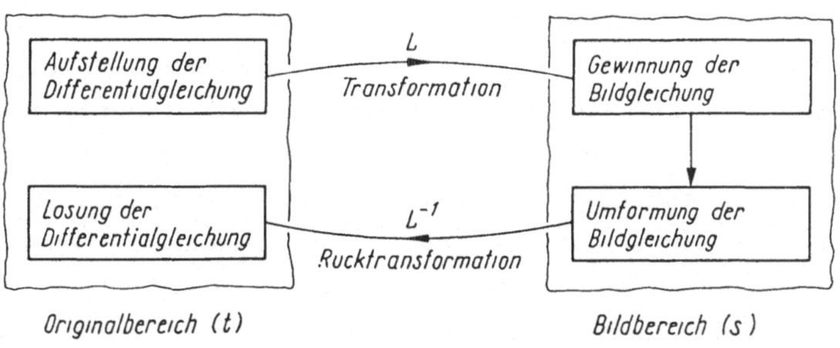

Abb.91

---

[1] Pierre-Simon de Laplace (1749-1827), französischer Physiker und Mathematiker:
Begründer der modernen Wahrscheinlichkeitsrechnung und der Potentialtheorie,
grundlegende Arbeiten zur Himmelsmechanik und Kosmogonie, Innenminister unter Napoleon.

Das Laplace-Integral

Definition

> Sei $f(t)$ eine Funktion der reellen Veränderlichen t, $F(s)$ eine Funktion der komplexen Veränderlichen s und bestehe zwischen beiden Funktionen die Beziehung
>
> $$F(s) = \int_0^\infty f(t)e^{-st}dt$$
>
> Dann heißt $F(s)$ die Laplace-Transformierte von $f(t)$; $f(t)$ Originalfunktion (Oberfunktion), $F(s)$ Bildfunktion (Unterfunktion) und das Integral Laplace-Integral[1].
>
> Üblich sind folgende Schreibweisen
>
> $$F(s) = L\{f(t)\}$$
>
> mit L als Laplace-Operator und
>
> $$F(s) \;\bullet\!\!-\!\!-\!\!o\; f(t)$$
>
> mit " $\bullet\!\!-\!\!-\!\!o$ " als Zuordnungs-Symbol, wobei "o" stets auf der Seite der Originalfunktion steht.

Zur Existenz des Laplace-Integrals: Vom streng mathematischen Standpunkt aus gesehen sind in jedem Einzelfall notwendige bzw. hinreichende Bedingungen zu überprüfen. Der Leser beachte, daß das Laplace-Integral auf Grund seiner oberen Grenze ein uneigentliches Integral ist und deshalb eine Grenzwert-Untersuchung erforderlich macht. Für die anwendungs-orientierte Verwendung der Laplace-Transformation, etwa als Methode zur Lösung von Anfangswertproblemen, stehen Tafeln zur Verfügung, die die meisten transformierbaren Funktionstypen samt ihren Bildfunktionen enthalten und damit den Benutzer von komplizierten Konvergenzuntersuchungen befreien. Wir wollen uns deshalb darauf beschränken, auf die für die Existenz des Laplace-Integrals

---

[1] In Abschnitt 2.7.2 haben wir das Laplace-Integral aus dem Fourier-Integral hergeleitet (hier mit s anstelle von σ). Die Ausführungen dieses Kapitels sind jedoch auch ohne Kenntnis von 2.7.2 verständlich, da hier die Anwendung des Laplace-Integrals im Vordergrund steht.

$$\int_0^\infty f(t)e^{-st}dt$$

notwendige (aber nicht hinreichende!) Bedingung

$$\lim_{t \to \infty} f(t)e^{-st} = 0$$

hinzuweisen. Sie liefert z.B. im Fall der Funktion

$$f(t) = e^{t^2}$$

die Aussage

$$\lim_{t \to \infty} e^{t^2}e^{-st} = \lim_{t \to \infty} e^{t(t-s)} = \infty .$$

D.h. die notwendige Bedingung ist nicht erfüllt, das Laplace-Integral existiert also für diese Funktion nicht.

Im folgenden wollen wir uns, sofern nichts anderes vermerkt ist, auf positive reelle s beschränken, da dies für unsere Anwendungen genügt. Wir beginnen mit der Bereitstellung einiger Sätze (auch "Regeln" genannt), ohne die auch der Praktiker bei der Benutzung der Laplace-Transformation nicht auskommt.

Satz (Additionssatz)

Der Laplace-Operator L ist linear, d.h. mit

$$L\{f_1(t)\} = F_1(s), \quad L\{f_2(t)\} = F_2(s)$$

und den reellen Konstanten c_1, c_2 gilt

$$\boxed{L\{c_1 f_1(t) + c_2 f_2(t)\} = c_1 F_1(s) + c_2 F_2(s)}$$

In Worten: Die Laplace-Transformierte der Linearkombination zweier Funktionen ist gleich der Linearkombination der zugehörigen Laplace-Transformierten.

<u>Beweis</u>: Wir benötigen nur die Linearitäts-Eigenschaft des Integral-Operators

$$L\{c_1 f_1(t) + c_2 f_2(t)\} = \int_0^\infty [c_1 f_1(t) + c_2 f_2(t)] e^{-st} dt$$

$$= c_1 \int_0^\infty f_1(t) e^{-st} dt + c_2 \int_0^\infty f_2(t) e^{-st} dt$$

$$= c_1 F_1(s) + c_2 F_2(s)$$

Satz (Ähnlichkeitssatz)

Ist $F(s) = L\{f(t)\}$ und a eine positive Konstante, so gilt

$$\boxed{L\left\{f\left(\frac{t}{a}\right)\right\} = a \cdot F(as)}$$

Interpretation für $a > 1$: Eine Stauchung des Arguments im Originalbereich hat eine Streckung von Argument und Funktionswert im Bildbereich zur Folge[1].

<u>Beweis</u>: Unter Verwendung des Additionssatzes gilt

$$L\left\{\frac{1}{a} f\left(\frac{t}{a}\right)\right\} = \frac{1}{a} L\left\{f\left(\frac{t}{a}\right)\right\} = \frac{1}{a} \int_0^\infty f\left(\frac{t}{a}\right) e^{-st} dt$$

Führt man vorübergehend $\tau = t/a$ als neue Integrationsvariable ein, so ändern sich die Integralgrenzen nicht und es folgt mit $dt = ad\tau$

$$\frac{1}{a} L\{f(\tau)\} = \frac{1}{a} \int_0^\infty f(\tau) e^{-(as)\tau} a \cdot d\tau = F(as)$$

$$\Rightarrow L\{f(\tau)\} = aF(as) = L\left\{f\left(\frac{t}{a}\right)\right\}.$$

---

[1] Streckungen und Stauchungen heißen auch Ähnlichkeits-Abbildungen.

Satz (Dämpfungssatz)

Mit $L\{f(t)\} = F(s)$ und a als reeller Konstanten gilt für jedes $s > a$

$$L\{e^{at}f(t)\} = F(s - a)$$

und bei formaler Ersetzung von a durch $-a$

$$L\{e^{-at}f(t)\} = F(s + a)$$

Interpretation: Der exponentielle Dampfungsfaktor $(-a < 0)$ im Originalbereich bewirkt eine entsprechende "Verschiebung" im Bildbereich.

<u>Beweis:</u> Man sieht sofort

$$L\{e^{at}f(t)\} = \int_0^\infty f(t)e^{at}e^{-st}dt = \int_0^\infty f(t)e^{-(s-a)t}dt = F(s - a)$$

für jedes $s - a > 0$ bzw. $s > a$.

Satz (Verschiebungssatz)

Eine Verschiebung von t auf $t-a$ $(a \geq 0)$ bei der Originalfunktion hat eine exponentielle Dämpfung der Bildfunktion zur Folge

$$\boxed{L\{f(t - a)\} = e^{-as}F(s),}$$

falls wieder $L\{f(t)\} = F(s)$ und $f(t-a) = 0$ für $t < a$ gesetzt wird.

<u>Beweis:</u> Setzt man vorübergehend $t - a = \tau$, so ergibt sich mit $dt = d\tau$ für das Laplace-Integral der linken Seite

$$L\{f(t - a)\} = \int_a^\infty f(t - a)e^{-st}dt = \int_0^\infty f(\tau)e^{-s(\tau + a)}d\tau$$

$$= e^{-as}\int_0^\infty f(\tau)e^{-s\tau}d\tau = e^{-as}F(s)$$

Satz (Differentiationssatz)

> Wir schreiben im Hinblick auf die Laplace-Transformation einer Differentialgleichung $L\{y(t)\}=Y(s)$ und setzen neben der n-maligen Differenzierbarkeit von $y(t)$ die Existenz der folgenden rechtsseitigen Grenzwerte voraus (Annäherung von t an 0 vom Positiven her)
>
> $$\lim_{t \to 0+} y(t)e^{-st} =: y(0)^1 =: y_0$$
>
> $$\lim_{t \to 0+} \dot{y}(t)e^{-st} =: \dot{y}(0) =: \dot{y}_0$$
>
> $$\cdots\cdots\cdots\cdots\cdots\cdots\cdots\cdots$$
>
> $$\lim_{t \to 0+} y^{(n)}(t)e^{-st} =: y^{(n)}(0) =: y_0^{(n)}$$
>
> Schließlich setzen wir voraus
>
> $$\lim_{t \to \infty} y(t)e^{-st} = 0$$
>
> $$\lim_{t \to \infty} \dot{y}(t)e^{-st} = 0$$
>
> $$\cdots\cdots\cdots\cdots\cdots\cdots\cdots$$
>
> $$\lim_{t \to \infty} y^{(n)}(t)e^{-st} = 0.$$
>
> Dann gelten die Transformations-Formeln für die Ableitungen
>
> $$L\{\dot{y}(t)\} = Y(s)s - y_0$$
>
> $$L\{\ddot{y}(t)\} = Y(s)s^2 - y_0 s - \dot{y}_0$$
>
> $$L\{\dddot{y}(t)\} = Y(s)s^3 - y_0 s^2 - \dot{y}_0 s - \ddot{y}_0$$
>
> $$\cdots\cdots\cdots\cdots\cdots\cdots\cdots\cdots$$
>
> $$L\{y^{(n)}(t)\} = Y(s)s^n - y_0 s^{n-1} - \dot{y}_0 s^{n-2} - \ldots - y_0^{(n-2)}s - y_0^{(n-1)}$$

---

[1] Dafür ist auch die Schreibweise $y(+0)$, $\dot{y}(+0)$, $\ddot{y}(+0)$,...,$y^{(n)}(+0)$ üblich.

Beweis: Unter den oben gemachten Voraussetzungen ergibt sich bei der Anwendung der Methode der Produkt-Integration (vgl. 1.2.2) nacheinander

$$L\{\dot{y}(t)\} = \int_0^\infty \dot{y}(t)e^{-st}dt = \int_0^\infty e^{-st}dy(t) = [y(t)e^{-st}]_0^\infty + s\int_0^\infty y(t)e^{-st}dt$$

$$= \lim_{t\to\infty} y(t)e^{-st} - \lim_{t\to 0+} y(t)e^{-st} + s\,Y(s)$$

$$= Y(s)s - y_0$$

$$L\{\ddot{y}(t)\} = \int_0^\infty \ddot{y}(t)e^{-st}dt = \int_0^\infty e^{-st}d\dot{y}(t) = [\dot{y}(t)e^{-st}]_0^\infty + s\int_0^\infty \dot{y}(t)e^{-st}dt$$

$$= \lim_{t\to\infty} \dot{y}(t)e^{-st} - \lim_{t\to 0+} \dot{y}(t)e^{-st} + sL\{\dot{y}(t)\}$$

$$= -\dot{y}_0 + s(Y(s)s - y_0) = Y(s)s^2 - y_0 s - \dot{y}_0$$

und entsprechend zeigt man die übrigen Formeln.

Transformation der Differentialgleichung

Unterwirft man eine lineare Differentialgleichung

$$y^{(n)} + a_{n-1}y^{(n-1)} + \ldots + a_2\ddot{y} + a_1\dot{y} + a_0 y = g(t)$$

mit den Anfangsbedingungen

$$y(0) = y_0,\ \dot{y}(0) = \dot{y}_0,\ \ldots\ ,y^{(n-1)}(0) = y_0^{(n-1)}$$

einer Laplace-Transformation, so ist die Laplace-Transformierte der linken Seite gleich der Laplace-Transformierten der rechten Seite und es gilt nach dem Additionssatz:

$$L\{y^{(n)}\} + a_{n-1}L\{y^{(n-1)}\} + \ldots + a_2L\{\ddot{y}\} + a_1L\{\dot{y}\} + a_0L\{y\} = L\{g(t)\}.$$

Schreiben wir wieder für

$$L\{y(t)\} = Y(s),\ L\{g(t)\} =: G(s)$$

so erhalten wir mit den Formeln des Differentiationssatzes

$$Y(s)s^n - y_0 s^{n-1} - \dot{y}_0 s^{n-2} - \ldots - y_0^{(n-2)} s - y_0^{(n-1)}$$

$$+ a_{n-1}(Y(s)s^{n-1} - y_0 s^{n-2} - \dot{y}_0 s^{n-3} - \ldots - y_0^{(n-3)} s - y_0^{(n-2)})$$

$$+ a_{n-2}(Y(s)s^{n-2} - y_0 s^{n-3} - \dot{y}_0 s^{n-4} - \ldots - y_0^{(n-4)} s - y_0^{(n-3)})$$

$$\cdots\cdots\cdots\cdots\cdots\cdots\cdots\cdots\cdots\cdots\cdots\cdots\cdots\cdots\cdots\cdots\cdots\cdots\cdots$$

$$+ a_3(Y(s)s^3 - y_0 s^2 - \dot{y}_0 s - \ddot{y}_0)$$

$$+ a_2(Y(s)s^2 - y_0 s - \dot{y}_0)$$

$$+ a_1(Y(s)s - y_0)$$

$$+ a_0 Y(s) \qquad\qquad\qquad\qquad\qquad\qquad\qquad = G(s).$$

Die Ausdrücke der linken Seite wollen wir so ordnen, daß wir die Glieder mit $Y(s)$ zusammenfassen; hierbei erhält $Y(s)$ als Faktor ein Polynom n-ten Grades in s, das wir als charakteristisches Polynom bereits kennengelernt haben:

$$Y(s)(s^n + a_{n-1}s^{n-1} + a_{n-2}s^{n-2} + \ldots + a_2 s^2 + a_1 s + a_0)$$

$$+ k_{n-1}s^{n-1} + k_{n-2}s^{n+2} + \ldots + k_2 s^2 + k_1 s + k_0 = G(s),$$

wobei die neu eingeführten Koeffizienten k_i für folgende Ausdrücke stehen

$$k_{n-1} : = -y_0$$

$$k_{n-2} : = -\dot{y}_0 - a_{n-1}y_0$$

$$\cdots\cdots\cdots\cdots\cdots\cdots\cdots\cdots\cdots\cdots\cdots\cdots\cdots\cdots\cdots\cdots\cdots\cdots\cdots$$

$$k_2 : = -y_0^{(n-3)} - a_{n-1}y_0^{(n-4)} - a_{n-2}y_0^{(n-5)} - \ldots - a_3 y_0$$

$$k_1 : = -y_0^{(n-2)} - a_{n-1}y_0^{(n-3)} - a_{n-2}y_0^{(n-4)} - \ldots - a_3 \dot{y}_0 - a_2 y_0$$

$$k_0 : = -y_0^{(n-1)} - a_{n-1}y_0^{(n-2)} - a_{n-2}y_0^{(n-3)} - \ldots - a_3 \ddot{y}_0 - a_2 \dot{y}_0 - a_1 y_0.$$

Wir erkennen, daß alle k_i durch die Koeffizienten der Differentialgleichung und die Anfangsbedingungen eindeutig bestimmt sind, im konkreten Fall also wohlbestimmte reelle Zahlen darstellen.

Schreiben wir fur das Polynom n-ten Grades in s, das $Y(s)$ als Faktor hat

$$P(s) := s^n + \sum_{i=0}^{n-1} a_i s^i$$

und für das Polynom $(n-1)$ten Grades in s mit den k_i als Koeffizienten

$$Q(s) := \sum_{i=0}^{n-1} k_i s^i,$$

so liefert die Transformierte der Differentialgleichung die "s-Gleichung" (Bildglei-chung)

$$P(s) \cdot Y(s) + Q(s) = G(s),$$

deren Auflosung nach der Bildfunktion $Y(s)$ ergibt

$$\boxed{Y(s) = \frac{G(s) - Q(s)}{P(s)}}$$

Die Transformierte $G(s)$ der Storfunktion $g(t)$ wird man im allgemeinen einer Ta-fel für Laplace-Transformationen entnehmen. Eine Zusammenstellung der häufigsten Laplace-Transformationen findet der Leser am Schluß dieses Abschnitts. Bezüglich umfangreicherer Tafelwerke sei auf das dort angegebene Literaturverzeichnis hinge-wiesen.

In vielen Fällen liegen Störfunktionen mit rationalen Bildfunktionen $G(s)$ vor. Da nun $Q(s)$ und $P(s)$ in jedem Falle ganzrationale Funktionen (Polynome) sind, be-kommt man bei rationalen $G(s)$ insgesamt wieder eine rationale Funktion $Y(s)$. Ihre Rücktransformation in die Lösung $y(t)$ der Differentialgleichung ist problem-los. Zunächst aber wollen wir uns die Gewinnung von $Y(s)$ exemplarisch ansehen.

Beispiel

Vorgelegt sei die lineare Differentialgleichung

$$\dddot{y} + 2\ddot{y} - 5\dot{y} - 6y = e^{3t} \cosh 2t$$

mit den Anfangsbedingungen

$$y(0) = y_0 = 1, \quad \dot{y}(0) = \dot{y}_0 = 0, \quad \ddot{y}(0) = \ddot{y}_0 = -1.$$

Zur Aufstellung der Laplace-Transformierten bedienen wir uns der oben aufgestellten Formeln. Danach lautet das charakteristische Polynom

$$P(s) = s^3 + 2s^2 - 5s - 6$$

(ohne Rechnung anschreibbar!), während wir bei Einbau der Anfangsbedingungen für $Q(s)$ das quadratische Polynom

$$Q(s) = k_2 s^2 + k_1 s + k_0 = - s^2 - 2s + 6$$

bekommen. Aus der Tafel der Laplace-Transformationen entnehmen wir mit $a = 2$ und $b = 3$ (Formel Nr. 17)

$$L\{e^{3t} \cosh 2t\} = \frac{s - 3}{(s - 3)^2 - 4} = \frac{s - 3}{s^2 - 6s + 5}.$$

Damit ergibt sich für die Transformierte $Y(s)$ der gesuchten Lösungsfunktion

$$Y(s) = \frac{\dfrac{s - 3}{s^2 - 6s + 5} - (- s^2 - 2s + 6)}{s^3 + 2s^2 - 5s - 6} = \frac{s^4 - 4s^3 - 13s^2 + 47s - 33}{(s^3 + 2s^2 - 5s - 6)\,(s^2 - 6s + 5)}$$

Den Nenner lassen wir so stehen, da wir später ohnehin eine Zerlegung in Faktoren benötigen. Für $Y(s)$ hat sich eine rationale Funktion (Polynombruch) ergeben.

Die Rücktransformation in den Originalbereich

Transformation L und Rücktransformation L^{-1} stehen in der gleichen Beziehung zueinander wie Funktion und Umkehrfunktion: was die eine erzeugt, macht die andere wieder rückgängig (und umgekehrt), ihre Verkettung liefert die Identität (vgl. Bd. I, 1.3.3; Bd. II, 1.2.5). Für die Rücktransformation L^{-1} in den Zeitbereich schreiben wir demgemäß nach beiderseitiger Anwendung von L^{-1} auf die Bildgleichung

$$Y(s) = \frac{G(s) - Q(s)}{P(s)}$$

$$L^{-1}\{Y(s)\} = L^{-1}\{L\{y(t)\}\} = y(t) = L^{-1}\left\{\frac{G(s) - Q(s)}{P(s)}\right\}$$

Die Ausführung der Rücktransformation erfolgt in der Praxis mit den Tafeln der Laplace-Transformation, wobei man hier zu einer gegebenen Bildfunktion die Zeitfunktion sucht. Liegen r a t i o n a l e   B i l d f u n k t i o n e n   vor, so führt die Methode der Partialbruchzerlegung im allgemeinen am einfachsten zum Ziel. Die sich dabei ergebenden Teilbrüche können einzeln rücktransformiert werden und ergeben in der Summe die gesuchte Lösungsfunktion $y(t)$.

<u>Beispiel (s.o.)</u>

Die Laplace-Transformierte des Anfangswertproblems

$$\dddot{y} + 2\ddot{y} - 5\dot{y} - 6y = e^{3t} \cosh 2t$$

$$y(0) = 1, \ \dot{y}(0) = 0, \ \ddot{y}(0) = -1$$

führte auf die rationale Bildfunktion

$$Y(s) = \frac{s^4 - 4s^3 - 13s^2 + 47s - 33}{(s^3 + 2s^2 - 5s - 6)(s^2 - 6s + 5)} .$$

Der Ansatz für die Partialbruchzerlegung richtet sich nach dem Zahlencharakter (reell/komplex) und der Multiplizität (einfach/mehrfach) der Nullstellen des Nennerpolynoms. In unserem Beispiel finden wir die Zerlegungen

$$s^3 + 2s^2 - 5s - 6 = (s + 1)(s + 3)(s - 2)$$

$$s^2 - 6s + 5 = (s - 1)(s - 5),$$

d.h. es liegt der Fall vor, daß alle Nullstellen reell und einfach sind. Für diesen Fall (vgl. Bd. II, 1.4.2) setzen wir an

$$\frac{s^4 - 4s^3 - 13s^2 + 47s - 33}{(s + 1)(s + 3)(s - 2)(s - 1)(s - 5)} = \frac{A_1}{s + 1} + \frac{A_2}{s + 3} + \frac{A_3}{s - 2} + \frac{A_4}{s - 1} + \frac{A_5}{s - 5} \quad (*)$$

und bekommen nach Multiplikation mit dem Hauptnenner

$$\begin{aligned}
s^4 - 4s^3 - 13s^2 + 47s - 33 = \ &A_1(s + 3)(s - 2)(s - 1)(s - 5) \\
&+ A_2(s + 1)(s - 2)(s - 1)(s - 5) \\
&+ A_3(s + 1)(s + 3)(s - 1)(s - 5) \\
&+ A_4(s + 1)(s + 3)(s - 2)(s - 5) \\
&+ A_5(s + 1)(s + 3)(s - 2)(s - 1).
\end{aligned}$$

Setzt man nacheinander für s die Nullstellen ein, so bekommt man

$$A_1 = \frac{11}{9}, \quad A_2 = \frac{51}{160}, \quad A_3 = \frac{7}{45}, \quad A_4 = -\frac{1}{16}, \quad A_5 = \frac{1}{288}.$$

Nun gilt der Additionssatz für L^{-1} in der gleichen Form wie für L (vgl. Aufgabe 1). Wendet man deshalb den inversen Laplace-Operator L^{-1} auf (*) an, so kann man diesen vor die einzelnen Teilbrüche setzen und die soeben berechneten Koeffizienten vor den Operator ziehen, dabei entsteht

$$L^{-1}\{Y(s)\} = y(t) = \frac{11}{9} L^{-1}\left\{\frac{1}{s+1}\right\} + \frac{51}{160} L^{-1}\left\{\frac{1}{s+3}\right\} + \frac{7}{45} L^{-1}\left\{\frac{1}{s-2}\right\}$$

$$- \frac{1}{16} L^{-1}\left\{\frac{1}{s-1}\right\} + \frac{1}{288} L^{-1}\left\{\frac{1}{s-5}\right\}$$

Aus der Tafel entnimmt man dafür sofort (mit Formel Nr. 3)

$$y(t) = \frac{11}{9} e^{-t} + \frac{51}{160} e^{-3t} + \frac{7}{45} e^{2t} - \frac{1}{16} e^{t} + \frac{1}{288} e^{5t}$$

als gesuchte Lösungsfunktion der Differentialgleichung.

Jedes Anfangswertproblem mit r a t i o n a l e r Bildfunktion $G(s) = L\{g(t)\}$ führt auf eine rationale Laplace-Transformierte $Y(s)$ und läßt sich mit der Methode der P a r t i a l b r u c h z e r l e g u n g in den Originalbereich zurücktransformieren. Wir stellen die dabei möglichen vier Fälle noch einmal zusammen und verweisen zugleich auf die Stellen dieses (mehrbändigen) Buches, an denen der betreffende Fall ausführlich behandelt wird. Dabei gehen wir davon aus, daß der Grad des Zählerpolynoms kleiner als der Grad des Nennerpolynoms ist (andernfalls wird zunächst der "unechte" Polynombruch mit euklidischer Division in die Summe aus einem Polynom und einem "echten" Polynombruch zerlegt).

<u>1. Fall:</u> Alle Nullstellen des Nennerpolynoms von $Y(s)$ sind reell und paarweise
       verschieden (d.h. treten nur einfach auf):
       Behandelt in Band II, Abschnitt 1.4.2,
       sowie in Band III, Abschnitt 1.2.4.

<u>2. Fall:</u> Alle Nullstellen des Nennerpolynoms von $Y(s)$ sind reell und nicht alle
       voneinander verschieden (d.h. treten auch mehrfach auf):
       Behandelt in Band II, Abschnitt 1.4.2,
       sowie in Band III, Abschnitt 1.2.4.

<u>3. Fall:</u> Das Nennerpolynom von $Y(s)$ besitzt lauter einfache komplexe Nullstellen!
       Behandelt in Band III, Abschnitt 1.2.4.

<u>4. Fall:</u> Das Nennerpolynom von $Y(s)$ besitzt mehrfache komplexe Nullstellen:
Behandelt in Band III, Abschnitt 1.2.4.

Falls mehrere Falle zugleich auftreten, sind alle entsprechenden Ansatze in der dort beschriebenen Weise vorzunehmen.

Abschließend wollen wir noch eine andere Methode der Rucktransformation erläutern, die auf Doetsch zurückgeht und "Faltung" genannt wird.

Definition

Als Faltung zweier Originalfunktionen $f_1(t)$ und $f_2(t)$ versteht man eine Verknupfung "*" gemäß

$$f_1(t) * f_2(t) = \int_0^t f_1(\alpha)f_2(t - \alpha)d\alpha$$

Die Faltungs-Operation hat die folgende E i g e n s c h a f t e n , die wir hier ohne Beweis angeben:

1. Die Faltung ist k o m m u t a t i v , d.h. unabhangig von der Reihenfolge der Operanden:

$$f_1(t) * f_2(t) = f_2(t) * f_1(t)$$

2. Die Faltung ist a s s o z i a t i v , d.h. unabhängig von der Klammerung der Operanden:

$$f_1(t) * [f_2(t) * f_3(t)] = [f_1(t) * f_2(t)] * f_3(t)$$

3. Die Faltung ist d i s t r i b u t i v über der Addition[1]

$$f_1(t) * [f_2(t) + f_3(t)] = f_1(t) * f_2(t) + f_1(t) * f_3(t)$$

---

[1] Wir vereinbaren dazu, daß die Ausfuhrung der Faltung "*" Vorrang hat vor der Ausfuhrung der Addition "+".

4. Die Laplace-Transformierte der Faltung zweier Originalfunktionen ist gleich dem Produkt ihrer Bildfunktionen

$$L\{f_1(t) * f_2(t)\} = L\{f_1(t)\} \cdot L\{f_2(t)\} = F_1(s) \cdot F_2(s)$$

wenn wieder $L\{f_i(t)\} = F_i(s)$ gesetzt wird.

5. Die inverse Laplace-Transformierte des Produktes zweier Bildfunktionen ist gleich der Faltung der zugehörigen Originalfunktionen (d.i. eine unmittelbare Folgerung aus 3.):

$$L^{-1}\{F_1(s) \cdot F_2(s)\} = f_1(t) * f_2(t)$$

Für $F_1(s) = \frac{1}{s}$, $F_2(s) = F(s)$ folgt der nützliche Satz

$$L^{-1}\{\frac{1}{s} F(s)\} = 1*f(t) = f(t)*1 = \int_0^t f(\alpha)\,d\alpha$$

6. Es gilt $\displaystyle\int_0^t f_1(\alpha)f_2(t - \alpha)\,d\alpha = \int_0^t f_1(t - \alpha)f_2(\alpha)\,d\alpha$

Beispiele

1. Welche Zeitfunktion $f(t)$ hat die Bildfunktion

$$F(s) = \frac{1}{s(s^2 - 4)}$$

als Laplace-Transformierte?

<u>Lösung 1</u>: Wir berechnen $f(t)$ mit der Faltungsoperation. Dazu spalten wir $F(s)$ in zwei Faktoren auf und wenden die Eigenschaften (5) und (1) der Faltung an:

$$L^{-1}\left\{\frac{1}{s(s^2 - 4)}\right\} = L^{-1}\left\{\frac{1}{s}\right\} * L^{-1}\left\{\frac{1}{s^2 - 4}\right\}$$

$$= 1 * \frac{1}{2} \sinh 2t = \frac{1}{2} \sinh 2t * 1 = \frac{1}{2}\int_0^t \sinh 2\alpha\,d\alpha$$

$$= \frac{1}{4} \cosh 2\alpha \Big|_0^t = \frac{1}{4}(\cosh 2t - 1)$$

<u>Lösung 2</u>: Wir benutzen Formel 24 der Tabelle der Laplace-Transformationen mit $a = 2$, $B = -2$. Das liefert

$$f(t) = -\frac{1}{4}\left(1 - \frac{2e^{-2t} + 2e^{2t}}{4}\right)$$

$$= -\frac{1}{4}\left(1 - \frac{e^{2t} + e^{-2t}}{2}\right)$$

$$= \frac{1}{4}\left(-1 + \cosh 2t\right)$$

2. Ein Körper der Masse m sei auf die Temperatur ϑ_1 erwarmt worden. Die Umgebungstemperatur betrage ϑ_0, wobei $\vartheta_0 < \vartheta_1$ sei. Der Abkuhlungsvorgang wird durch die Differentialgleichung

$$mc\,\frac{d\vartheta}{dt} = -k(\vartheta - \vartheta_0)$$

beschrieben. Darin bedeutet t die Zeit, c die spezifische Wärme und k > 0 eine Konstante, die von der Größe und Form des Körpers abhängt. Gesucht ist das Abkuhlungsgesetz

$$\vartheta = \vartheta(t),$$

wobei wir als Anfangsbedingung

$$\vartheta(0) = \vartheta_1$$

vorschreiben.

Lösung: Wir gewinnen das Gesetz, indem wir die Differentialgleichung lösen. Da es sich um eine (inhomogene) lineare Differentialgleichung handelt, können wir die Methode der Laplace-Transformation anwenden. Bezeichnen wir die Laplace-Transformierte von ϑ mit

$$L\{\vartheta(t)\} = \theta(s),$$

so liefern die Tabellen und der Differentiationssatz sofort

$$mc(s\theta(s) - \vartheta(0)) = -k\theta(s) + \frac{k\vartheta_0}{s}$$

$$\theta(s)(mcs + k) = \frac{k\vartheta_0}{s} + mc\,\vartheta_1$$

$$\theta(s) = \frac{k\vartheta_0}{s(mcs + k)} + \frac{mc\vartheta_1}{mc\left(s + \dfrac{k}{mc}\right)}$$

$$= \frac{k\vartheta_0}{mc} \cdot \frac{1}{s\left(s + \dfrac{k}{mc}\right)} + \frac{\vartheta_1}{s + \dfrac{k}{mc}}$$

Die Rücktransformation nach den Formeln 3 und 6 der Tabelle (mit $a = -k/mc$) ergibt dann sofort

$$L^{-1}\{\theta(s)\} = \vartheta(t) = \vartheta_0 + (\vartheta_1 - \vartheta_0)e^{-\frac{k}{mc}t}.$$

als gesuchte Lösungsfunktion (Abkühlungsgesetz, Abb.92).

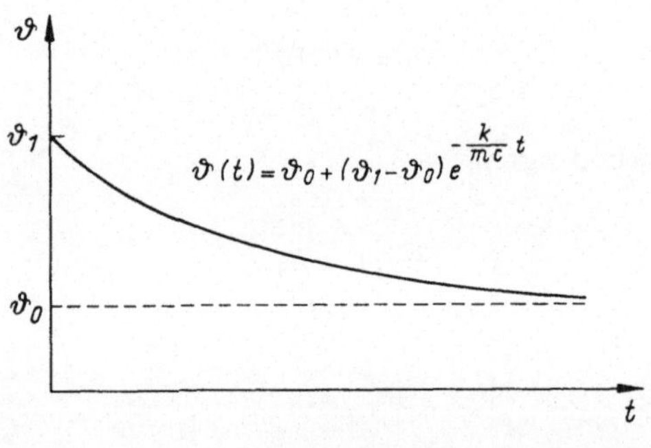

Abb.92

Tafel häufiger Laplace-Transformationen

	Bildfunktion $F(s) = L\{f(t)\}$	Originalfunktion $f(t) = L^{-1}\{F(s)\}$
1	$\dfrac{1}{s}$	1
2	$\dfrac{1}{s^{n+1}}$	$\dfrac{1}{n!}\, t^n\ (n \in \mathbb{N}_0)$
3	$\dfrac{1}{s-a}$	e^{at}
4	$\dfrac{1}{(s-a)^{n+1}}$	$\dfrac{t^n}{n!}\, e^{at}$
5	$\dfrac{1}{as+1}$	$\dfrac{1}{a}\, e^{-\frac{t}{a}}$
6	$\dfrac{1}{s(s-a)}$	$\dfrac{1}{a}\,(e^{at} - 1)$
7	$\dfrac{1}{s^2(s-a)}$	$\dfrac{1}{a^2}\,(e^{at} - at - 1)$
8	$\dfrac{1}{s(s-a)^2}$	$\dfrac{1}{a^2}\,[1 + (at-1)e^{at}]$
9	$\dfrac{1}{s(as+1)}$	$1 - e^{-\frac{t}{a}}$
10	$\dfrac{1}{s^2+a^2}$	$\dfrac{1}{a}\,\sin at$
11	$\dfrac{s}{s^2+a^2}$	$\cos at$

Tafel häufiger Laplace-Transformationen

Bildfunktion $F(s) = L\{f(t)\}$	Originalfunktion $f(t) = L^{-1}\{F(s)\}$
12 $\dfrac{1}{s^2 - a^2}$	$\dfrac{1}{a}\sinh at$
13 $\dfrac{s}{s^2 - a^2}$	$\cosh at$
14 $\dfrac{1}{(s-b)^2 + a^2}$	$\dfrac{1}{a}e^{bt}\sin at$
15 $\dfrac{s-b}{(s-b)^2 + a^2}$	$e^{bt}\cos at$
16 $\dfrac{1}{(s-b)^2 - a^2}$	$\dfrac{1}{a}e^{bt}\sinh at$
17 $\dfrac{s-b}{(s-b)^2 - a^2}$	$e^{bt}\cosh at$
18 $\dfrac{s}{(s^2 + a^2)^2}$	$\dfrac{1}{2a}t\sin at$
19 $\dfrac{s^2 - a^2}{(s^2 + a^2)^2}$	$t\cos at$
20 $\dfrac{s}{(s^2 - a^2)^2}$	$\dfrac{1}{2a}t\sinh at$
21 $\dfrac{s^2 + a^2}{(s^2 - a^2)^2}$	$t\cosh at$
22 $\dfrac{1}{(s-a)(s-b)}$	$\dfrac{1}{a-b}(e^{at} - e^{bt})$

Tafel häufiger Laplace-Transformationen

	Bildfunktion $F(s) = L\{f(t)\}$	Originalfunktion $f(t) = L^{-1}\{F(s)\}$
23	$\dfrac{1}{(as + 1)(bs + 1)}$	$\dfrac{1}{a - b}\left(e^{-\frac{t}{a}} - e^{-\frac{t}{b}}\right)$
24	$\dfrac{1}{s(s - a)(s - b)}$	$\dfrac{1}{ab}\left(1 - \dfrac{ae^{bt} - be^{at}}{a - b}\right)$
25	$\dfrac{1}{s(as + 1)(bs + 1)}$	$1 - \dfrac{1}{a - b}\left(ae^{-\frac{t}{a}} - be^{-\frac{t}{b}}\right)$
26	$\dfrac{s}{(s - a)(s - b)}$	$\dfrac{1}{a - b}(ae^{at} - be^{bt})$
27	$\dfrac{as + b}{s^2 + c^2}$	$a\cos ct + \dfrac{b}{c}\sin ct$
28	$\dfrac{s}{(s - a)^2}$	$(1 + at)e^{at}$
29	$\dfrac{s}{(s - a)^3}$	$\left(t + \dfrac{1}{2}at^2\right)e^{at}$
30	$\dfrac{s^2}{(s - a)^3}$	$\left(1 + 2at + \dfrac{1}{2}a^2t^2\right)e^{at}$
31	$\dfrac{1}{\sqrt{s}}$	$\dfrac{1}{\sqrt{\pi t}}$
32	$\dfrac{1}{s\sqrt{s}}$	$2\sqrt{\dfrac{t}{\pi}}$
33	$\dfrac{1}{\sqrt{s - a}}$	$\dfrac{1}{\sqrt{\pi t}}e^{at}$

Tafel häufiger Laplace-Transformationen

	Bildfunktion $F(s) = L\{f(t)\}$	Originalfunktion $f(t) = L^{-1}\{F(s)\}$
34	$\dfrac{1}{s^n \sqrt{s}}$	$\dfrac{n!}{(2n)!} \cdot \dfrac{4^n}{\sqrt{\pi}}\, t^{n-\frac{1}{2}}$
35	$\arctan \dfrac{a}{s}$	$\dfrac{1}{t} \sin at$
36	$\dfrac{1}{\sqrt{s}}\, e^{-\frac{a}{s}}$	$\dfrac{1}{\sqrt{\pi t}} \cos (2\sqrt{at})$
37	$\dfrac{1}{s\sqrt{s}}\, e^{-\frac{a}{s}}$	$\dfrac{1}{\sqrt{\pi a}} \sin (2\sqrt{at})$
38	$\dfrac{1}{\sqrt{s}}\, e^{\frac{a}{s}}$	$\dfrac{1}{\sqrt{\pi t}} \cosh (2\sqrt{at})$
39	$\ln\left(\dfrac{s-b}{s-a}\right)$	$\dfrac{1}{t}\,(e^{at} - e^{bt})$
40	$\ln \dfrac{s^2 + a^2}{s^2}$	$\dfrac{2}{t}\,(1 - \cos at)$

Literaturhinweis

Umfangreiche Tafeln von Laplace-Transformationen findet der Leser in folgenden Werken:

G. Doetsch: Anleitung zum praktischen Gebrauch der Laplace-Transformation und Z-Transformation. Oldenbourg-Verlag, München-Wien, 3. Auflage 1967.

H. Dobesch; H. Sulanke: Zeitfunktionen. VEB-Verlag Technik, Berlin, 3. Auflage 1970.

F. E. Nixon: Beispiele und Tafeln zur Laplace-Transformation. Franckh'sche Verlagshandlung Stuttgart, 1964.

K. Johannsen (Hrsg.): AEG-Hilfsbuch, Band I (Grundlagen der Elektrotechnik). Elitera-Verlag und A. Hüthig-Verlag 1976.

Aufgaben zu 3.4

1. Es ist die Differentialgleichung

$$\ddot{y} - 6\dot{y} + 9y = 1 + e^{3t}$$

mit den Anfangsbedingungen

$$y(0) = y_0 = 1,\ \dot{y}(0) = \dot{y}_0 = -1$$

mit der Methode der Laplace-Transformationen zu losen.

2. Man löse das Anfangswertproblem

$$\ddot{y} - y = \sin t + \cos 2t$$

$$y(0) = y_0 = 1,\ \dot{y}(0) = \dot{y}_0 = 0$$

durch Anwendung der Laplace-Transformation.

3. Zu zeigen ist die Kommutativität und Distributivitat der Faltungs-Operation.

4 Anhang: Lösungen der Aufgaben

<u>1.1</u>

1. a) $\int (9x^2 - 30x + 25)\,dx = 3x^3 - 15x^2 + 25x + C$

   b) $\dfrac{3}{4} \int \dfrac{dx}{x} - \dfrac{5}{4} \int \dfrac{dx}{x^2} + \dfrac{5}{2} \int \dfrac{dx}{x^3} = \dfrac{3}{4} \ln|x| + \dfrac{5}{4} \cdot \dfrac{1}{x} - \dfrac{5}{4} \cdot \dfrac{1}{x^2} + C$

   c) $\int \dfrac{(2x - 3)(5x + 4)}{2x - 3}\,dx = \int (5x + 4)\,dx = 2,5x^2 + 4x + C \quad (\text{für } x \neq 1,5)$

   d) $\cos a \int \sin x\,dx - \sin a \int \cos x\,dx$

   $\quad = -\cos a \cdot \cos x - \sin a \cdot \sin x + C = -\cos(x - a) + C$

   e) $\int \dfrac{dx}{2\cos^2 x} = \dfrac{1}{2} \int \dfrac{dx}{\cos^2 x} = \dfrac{1}{2} \tan x + C$

   f) $\int \dfrac{1 + \sinh^2 x}{\sinh^2 x}\,dx = \int \dfrac{dx}{\sinh^2 x} + \int dx = -\coth x + x + C$

2. $y = \dfrac{2}{\sqrt{3}} \sqrt{x} - 4$

3. $\int \dfrac{dx}{x^2 - 1} = -\int \dfrac{dx}{1 - x^2} = -\dfrac{1}{2} \ln \dfrac{1 + x}{1 - x} + C; \quad C = 1$

   $y = -\dfrac{1}{2} \ln \dfrac{1 + x}{1 - x} + 1$

4. Ein Widerspruch entsteht nur dann, wenn man C fälschlich als feste Größe statt als Platzhalter für jedes Element aus $\mathbb{R}$ versteht. Wegen

$$\sin^2 x + \cos^2 x = 1 \Rightarrow -\dfrac{1}{2} \cos^2 x = \dfrac{1}{2} \sin^2 x - \dfrac{1}{2}$$

unterscheiden sich linke und rechte Seite von

$$\dfrac{1}{2} \sin^2 x + C_1 = -\dfrac{1}{2} \cos^2 x + C_2$$

tatsächlich nur um eine Konstante: es ist $C_1 = C_2 - \dfrac{1}{2}$, was man durch unterschiedliche Bezeichnung der Integrationskonstanten zum Ausdruck bringt. Die Menge der Integralfunktionen ist also in beiden Fällen die gleiche.

1.2.1

1. Typus (mit Substitution)

1. $1 - x = t$, $dx = - dt$; $\dfrac{1}{3(1-x)^3} + C$

2. $20 - 15y = t$, $dy = -\dfrac{1}{15} dt$; $-\dfrac{1}{15} (e^{4-3y})^5 + C$

3. $\dfrac{2}{3} q - \dfrac{1}{3} = t$, $dq = \dfrac{3}{2} dt$; $\dfrac{3 \cdot \sqrt[3]{p^{2q-1}}}{2 \ln p} + C$

4. $\dfrac{3\sqrt[3]{p^{2q+2}}}{2q + 2} + C$ (keine Substitution erforderlich!)

5. $\dfrac{1}{2} \int \sin \dfrac{\alpha - 1}{2} \, d\alpha$; $\dfrac{\alpha - 1}{2} = t$, $d\alpha = 2dt$; $- \cos \dfrac{\alpha - 1}{2} + C$

1. Typus (mit Differentialtransformation)

1. $-\dfrac{3}{4} \int e^{-x-3} d(- x - 3) = -\dfrac{3}{4} e^{-x-3} + C$

2. $\dfrac{1}{2} \int \sin \alpha \, d\alpha - \dfrac{1}{4} \int \cos 2\alpha \, d(2\alpha)$

   $= -\dfrac{1}{2} \cos \alpha - \dfrac{1}{4} \sin 2\alpha + C$

3. $\int \left(5x^2 + 9x + 15 + \dfrac{4}{x - 3}\right) dx$

   $= \dfrac{5}{3} x^3 + \dfrac{9}{2} x^2 + 15x + 4 \int \dfrac{d(x - 3)}{x - 3}$

   $= \dfrac{5}{3} x^3 + \dfrac{9}{2} x^2 + 15x + 4 \ln|x - 3| + C$

4. $-2 \int 2^{2-\frac{x}{2}} \cdot d\left(2 - \dfrac{x}{2}\right) = -2^{3-\frac{x}{2}} / \ln 2 + C$

5. $-\int \dfrac{d(a^2 - p)}{(a^2 - p)^{1/2}} = -2\sqrt{a^2 - p} + C$

2. Typus (mit Substitution)

1. $4x^3 - 24x + 5 = t$, $12(x^2 - 2)dx = dt$; $\dfrac{1}{96} (4x^3 - 24x + 5)^8 + C$

2. $5 + x^2 = t$, $2x \, dx = dt$; $\dfrac{1}{3}(5 + x^2) \sqrt{5 + x^2} + C$

3. $\int (\coth^2 x - 1) \dfrac{dx}{\sinh^2 x}$; $\coth x = t$, $-\dfrac{1}{\sinh^2 x} dx = dt$; $\coth x - \dfrac{1}{3} \coth^3 x + C$

4. $\tan x = t$, $\dfrac{1}{\cos^2 x}\, dx = dt$; $\quad 2\sqrt{\tan x} + C$

5. $\ln x = t$, $\dfrac{dx}{x} = dt$; $\quad \ln|\ln|x|| + C$

2. Typus (mit Differentialtransformation)

1. $\displaystyle\int (\text{Arc sin } x)^2\, d\,\text{Arc sin } x = \dfrac{1}{3}(\text{Arc sin } x)^3 + C$

2. $\displaystyle\int e^{\sin^2 x}\, d\sin^2 x = e^{\sin^2 x} + C$

3. $\dfrac{1}{2}\displaystyle\int [\cos(x^2) - \sin(x^2)]\, dx^2 = \dfrac{1}{2}[\sin(x^2) + \cos(x^2)] + C$

4. $\dfrac{1}{3}\displaystyle\int (x^3 + 1)^{\frac{1}{2}}\, d(x^3 + 1) = \dfrac{2}{9}(x^3 + 1)\sqrt{x^3 + 1} + C$

5. $\displaystyle\int (\ln \sin x)^{-\frac{2}{3}}\, d\ln \sin x = 3\sqrt[3]{\ln \sin x} + C$

3. Typus

1. $-\ln|\sin x + \cos x| + C$

2. $\displaystyle\int \dfrac{\sinh x}{\cosh x}\, dx = \ln \cosh x + C$

3. $-\dfrac{4}{3}\ln(5 - 3\sin^2 x) + C$

4. $\dfrac{1}{2}\displaystyle\int \dfrac{dx}{\sin\frac{x}{2}\cos\frac{x}{2}} = \displaystyle\int \dfrac{\frac{1}{\cos^2\frac{x}{2}}}{\tan\frac{x}{2}}\, d\dfrac{x}{2} = \ln\left|\tan\dfrac{x}{2}\right| + C$

5. $-2\displaystyle\int \dfrac{-2x}{1 - x^2}\, dx - 7\displaystyle\int \dfrac{dx}{1 - x^2} = -2\ln(1 - x^2) - 7\,\text{ar tanh } x + C \quad (|x| < 1)$

4. Typus

1. $3\displaystyle\int \sin^2\dfrac{x}{3}\, d\dfrac{x}{3} = \dfrac{3}{2}\left(\dfrac{x}{3} - \sin\dfrac{x}{3}\cos\dfrac{x}{3}\right) + C$

2. $\dfrac{1}{a}\displaystyle\int \cosh^2(ap + b)\, d(ap + b) = \dfrac{1}{2a}[ap + b + \sinh(ap + b)\cosh(ap + b)] + C$

3. $\displaystyle\int \sin z(1 - \cos^2 z)\, dz = \displaystyle\int \sin z\, dz + \displaystyle\int \cos^2 z\, d\cos z$

$\quad = -\cos z + \dfrac{1}{3}\cos^3 z + C$

$$4. \quad \int \cos^2 t(1 - \sin^2 t)\,dt = \int \cos^2 t\,dt - \frac{1}{4} \int (2 \sin t \cos t)^2\,dt$$

$$= \int \cos^2 t\,dt - \frac{1}{8} \int \sin^2(2t)\,d(2t) = \frac{1}{2}(t + \sin t \cos t)$$

$$- \frac{1}{16}(2t - \sin 2t \cos 2t) + C$$

$$5. \quad \int \frac{\sin \varphi \sin^2 \varphi}{\cos^3 \varphi}\,d\varphi = -\int \frac{(1 - \cos^2 \varphi)\,d\cos \varphi}{\cos^3 \varphi}$$

$$= -\int \frac{d \cos \varphi}{\cos^3 \varphi} + \int \frac{d \cos \varphi}{\cos \varphi} = \frac{1}{2}\frac{1}{\cos^2 \varphi} + \ln|\cos \varphi| + C$$

5. Typus

$$1. \quad \int \frac{a + x}{\sqrt{a^2 - x^2}}\,dx = a \int \frac{dx}{\sqrt{a^2 - x^2}} - \int d\sqrt{a^2 - x^2}$$

$$= a \operatorname{Arc} \sin \frac{x}{a} - \sqrt{a^2 - x^2} + C$$

$$2. \quad -x^2 + 10x - 13 \equiv 12 - (x - 5)^2; \quad x - 5 = t, \quad dx = dt$$

$$\int \frac{t + 5}{\sqrt{12 - t^2}}\,dt = -\int d\sqrt{12 - t^2} + 5 \int \frac{d(t/\sqrt{12})}{\sqrt{1 - (t/\sqrt{12})^2}}$$

$$= -\sqrt{-x^2 + 10x - 13} + 5 \operatorname{Arc} \sin\left(\frac{x - 5}{\sqrt{12}}\right) + C$$

$$3. \quad x = 3 \sin t, \quad dx = 3 \cos t\,dt$$

$$\frac{1}{9} \int \frac{dt}{\cos^2 t} = \frac{1}{9} \tan\left(\operatorname{Arc} \sin \frac{x}{3}\right) + C = \frac{1}{9} \frac{x}{\sqrt{9 - x^2}} + C$$

6. Typus

$$1. \quad 2x - 3 = t \ (\Rightarrow 6x - 7 = 3t + 2), \quad dx = \frac{1}{2}\,dt$$

$$\frac{1}{2} \int \frac{3t + 2}{\sqrt{t^2 - 4}}\,dt = \frac{3}{2} \int d\sqrt{t^2 - 4} + \int \frac{dt}{\sqrt{t^2 - 4}}$$

$$= \frac{3}{2}\sqrt{4x^2 - 12x + 5} + \operatorname{arcosh}\left(\frac{2x - 3}{2}\right) + C$$

$$2. \quad x - 5 = t, \quad dx = dt, \quad \int t\sqrt{(t^2 - 4)^5}\,dt, \quad t = 2 \cosh y$$

$$dt = 2 \sinh y\,dy; \quad 128 \int \cosh y \sinh^6 y\,dy$$

$$= 128 \int \sinh^6 y \, d \sinh y = \frac{128}{7} \sinh^7 y + C = \frac{1}{7} \left(\sqrt{t^2 - 4} \right)^7 + C$$

$$= \frac{1}{7} \left(\sqrt{x^2 - 10x + 21} \right)^7 + C$$

3. $x + 3 = t$, $dx = dt$, $\displaystyle\int \frac{dt}{\left(\sqrt{t^2 - 13} \right)^3}$, $t = \sqrt{13} \cosh z$,

$$dt = \sqrt{13} \sinh z \, dz; \quad \frac{1}{13} \int \frac{dz}{\sinh^2 z} = - \frac{1}{13} \coth z + C$$

$$= - \frac{t}{13\sqrt{t^2 - 13}} + C = - \frac{x + 3}{13 \sqrt{x^2 + 6x - 4}} + C.$$

7. Typus

1. $7x - 4 = t$, $dx = \frac{1}{7} dt$; $\frac{1}{7} \displaystyle\int \sqrt{t^2 + 11} \, dt$, $t = \sqrt{11} \sinh y$

$$\frac{11}{7} \int \cosh^2 y \, dy = \frac{11}{14} \left(\operatorname{arsinh} \frac{7x - 4}{\sqrt{11}} + \frac{7x - 4}{11} \sqrt{49x^2 - 56x + 27} \right) + C$$

2. $x - 2 = t$, $dx = dt$, $\displaystyle\int \frac{t^2 + 4t + 4}{\sqrt{t^2 + 9}} \, dt = \int \frac{t^2}{\sqrt{t^2 + 9}} \, dt + 4 \int d \sqrt{t^2 + 9}$

$$+ 4 \int \frac{dt}{\sqrt{t^2 + 9}} = \frac{1}{2} t \sqrt{t^2 + 9} - \frac{9}{2} \operatorname{arsinh} \frac{t}{3} + 4 \sqrt{t^2 + 9}$$

$$+ 4 \operatorname{arsinh} \frac{t}{3} + C = \left(\frac{x}{2} + 3 \right) \sqrt{x^2 - 4x + 13} - \frac{1}{2} \operatorname{arsinh} \frac{x - 2}{3} + C$$

1.2.2

1. $u = \ln x$, $dv = \sqrt{x} \, dx$; $\frac{2}{3} x \sqrt{x} \left(\ln x - \frac{2}{3} \right) + C$

2. $u = x^3$, $dv = e^x dx$; $e^x (x^3 - 3x^2 + 6x - 6) + C$

3. $u = \sin(\ln x)$, $dv = dx \Rightarrow x \sin(\ln x) - \displaystyle\int \cos(\ln x) dx$;

   $u = \cos(\ln x)$, $dv = dx$; $\frac{x}{2} [\sin(\ln x) - \cos(\ln x)] + C$

4. $u = \cos mx$, $dv = \cos nx \, dx$; $\Rightarrow \frac{1}{n} \cos mx \sin nx + \frac{m}{n} \displaystyle\int \sin mx \sin nx \, dx$

   $u = \sin mx$, $dv = \sin nx \, dx$; $\Rightarrow \dfrac{1}{n^2 - m^2} (n \cos mx \sin nx - m \sin mx \cos nx)$

   $+ C \; (m \ne n); \; \frac{x}{2} + \frac{1}{2m} (\cos mx \sin mx) + C \; (m = n)$

5. $u = (x - 1)e^x$, $dv = \dfrac{dx}{x^2}$; $\dfrac{e^x}{x} + C$

6. $u = \text{Arc cot } x$, $dv = dx$; $x \text{ Arc cot } x + \frac{1}{2} \ln(1 + x^2) + C$

7. $u = x$, $\text{Arc sin } x\, dx = dv$; $\left(\dfrac{x^2}{2} - \dfrac{1}{4}\right) \text{Arc sin } x + \dfrac{x}{4}\sqrt{1 - x^2} + C$

1.2.3

1. $u = x^n$, $dv = \sin x\, dx$; $I_n = - x^n \cos x + n \displaystyle\int x^{n-1} \cos x\, dx$;

$u = x^{n-1}$, $dv = \cos x\, dx$; $I_n = - x^n \cos x + nx^{n-1} \sin x - n(n - 1)I_{n-2}$

$\left(I_{n-2} = \displaystyle\int x^{n-2} \sin x\, dx\right)$

$I_4 = (- x^4 + 12x^2 - 24)\cos x + (4x^3 - 24x)\sin x + C$

2. $u = x^n$, $dv = e^x dx$; $I_n = x^n e^x - nI_{n-1}$

$I_5 = (x^5 - 5x^4 + 20x^3 - 60x^2 + 120x - 120)e^x + C$

3. $\displaystyle\int \sin^{n-1}x \sin x\, dx$; $u = \sin^{n-1}x$, $dv = \sin x\, dx$;

$I_n = - \dfrac{1}{n} \sin^{n-1}x \cos x + \dfrac{n - 1}{n} I_{n-2}$ $(n \in \mathbb{N})$

1.2.4

1. a) $\dfrac{- 3x + 23}{x^2 + x - 12} = \dfrac{2}{x - 3} - \dfrac{5}{x + 4}$; $2\ln|x - 3| - 5\ln|x + 4| + C$

b) $\dfrac{1}{(3x - 4)(3x + 2)} = \dfrac{1}{6} \cdot \dfrac{1}{3x - 4} - \dfrac{1}{6} \cdot \dfrac{1}{3x + 2}$;

$\dfrac{1}{18} \ln|3x - 4| - \dfrac{1}{18} \ln|3x + 2| + C$

c) $- \dfrac{1}{2}\displaystyle\int \dfrac{6x - 2}{3x^2 - 2x - 8}\, dx = - \dfrac{1}{2} \ln|3x^2 - 2x - 8| + C$

(III, 1.2.1, 3. Typus; Partialbruchzerlegung ist hier überflüssig)

d) $\dfrac{x^2 + 4}{x(x + 1)(x - 1)} = - \dfrac{4}{x} + \dfrac{5}{2} \cdot \dfrac{1}{x + 1} + \dfrac{5}{2} \cdot \dfrac{1}{x - 1}$;

$- 4 \ln|x| + 2,5\ln|x^2 - 1| + C$

e) $x^3 - 2x^2 + 3x - 1 + \dfrac{15}{13} \cdot \dfrac{1}{x + 7} + \dfrac{11}{13} \cdot \dfrac{1}{x - 6}$;

$\dfrac{1}{4} x^4 - \dfrac{2}{3} x^3 + \dfrac{3}{2} x^2 - x + \dfrac{15}{13} \ln|x + 7| + \dfrac{11}{13} \ln|x - 6| + C$.

2. a) $\dfrac{x^2 - 6x + 3}{(x - 5)^3} = \dfrac{-2}{(x - 5)^3} + \dfrac{4}{(x - 5)^2} + \dfrac{1}{x - 5}$ (II, 1.4.2);

$\dfrac{1}{(x - 5)^2} - \dfrac{4}{x - 5} + \ln|x - 5| + C$

b) $\dfrac{16x^3 - 52x^2 + 34x + 13}{(2x - 3)^4} = \dfrac{1}{(2x - 3)^4} - \dfrac{7}{(2x - 3)^3} + \dfrac{5}{(2x - 3)^2} + \dfrac{2}{2x - 3}$;

$-\dfrac{1}{6} \dfrac{1}{(2x - 3)^3} + \dfrac{7}{4} \dfrac{1}{(2x - 3)^2} - \dfrac{5}{2} \dfrac{1}{2x - 3} + \ln|2x - 3| + C$

c) $\dfrac{x^2 + x + 6}{(x + 1)^2 (x - 1)} = - \dfrac{3}{(x + 1)^2} - \dfrac{1}{x + 1} + \dfrac{2}{x - 1}$;

$\dfrac{3}{x + 1} - \ln|x + 1| + 2 \ln|x - 1| + C$

d) $\dfrac{-x^2 - 14x - 9}{(x + 1)^2 (x - 1)^2} = \dfrac{1}{(x + 1)^2} - \dfrac{2}{x + 1} - \dfrac{6}{(x - 1)^2} + \dfrac{2}{x - 1}$;

$-\dfrac{1}{x + 1} + \dfrac{6}{x - 1} - 2 \ln|x + 1| + 2 \ln|x - 1| + C$

3. a) $\dfrac{1}{16} \displaystyle\int \dfrac{dx}{\left(\dfrac{x - 5}{4}\right)^2 + 1} = \dfrac{1}{4} \ \text{Arc tan} \ \dfrac{x - 5}{4} + C$

b) $\displaystyle\int \dfrac{dx}{\left(x + \dfrac{7}{2}\right)^2 + \dfrac{11}{4}} = \dfrac{4}{11} \int \dfrac{dx}{\left(\dfrac{2x + 7}{\sqrt{11}}\right)^2 + 1}$

$= \dfrac{2}{\sqrt{11}} \ \text{Arc tan}\left(\dfrac{2x + 7}{\sqrt{11}}\right) + C$

c) $9 \displaystyle\int \dfrac{2x + 14}{x^2 + 14x + 58} \ dx - 139 \int \dfrac{dx}{(x + 7)^2 + 3^2}$

$= 9 \ln(x^2 + 14x + 58) - \dfrac{139}{3} \ \text{Arc tan} \ \dfrac{x + 7}{3} + C$

d) $\dfrac{-x^2 + x - 19}{(x - 3)(x^2 + 4)} = \dfrac{A}{x - 3} + \dfrac{B_1 x + B_2}{x^2 + 4} \Rightarrow A = - \dfrac{25}{13} , \ B_1 = \dfrac{12}{13} ,$

$B_2 = \dfrac{49}{13} ; \ - \dfrac{25}{13} \displaystyle\int \dfrac{dx}{x - 3} + \dfrac{1}{13} \int \dfrac{12x + 49}{x^2 + 4} \ dx$

$$= -\frac{25}{13} \int \frac{d(x-3)}{x-3} + \frac{6}{13} \int \frac{2x}{x^2+4}\, dx + \frac{49}{26} \int \frac{d\left(\frac{x}{2}\right)}{\left(\frac{x}{2}\right)^2 + 1}$$

$$= -\frac{25}{13} \ln|x-3| + \frac{6}{13} \ln(x^2+4) + \frac{49}{26} \operatorname{Arc\,tan}\left(\frac{x}{2}\right) + C.$$

e) $\dfrac{11x^3 - 91x^2 + 429x - 5}{(x^2 - 12x + 52)(x^2 + 2x + 5)} \equiv \dfrac{A_1 x + B_1}{x^2 - 12x + 52} + \dfrac{A_2 x + B_2}{x^2 + 2x + 5}$

$\Rightarrow A_1 = 3,\ B_1 = -1,\ A_2 = 8,\ B_2 = 0$

$$\int \frac{3x-1}{x^2 - 12x + 52}\, dx + \int \frac{8x}{x^2 + 2x + 5}\, dx = \frac{3}{2} \ln(x^2 - 12x + 52) + \frac{17}{4} \operatorname{Arc\,tan} \frac{x-6}{4}$$

$$+ 4 \ln(x^2 + 2x + 5) - 4 \operatorname{Arc\,tan} \frac{x+1}{2} + C$$

4. $\dfrac{19x + 56}{9(x^2 + 4x + 13)} - \dfrac{134}{27} \operatorname{Arc\,tan} \dfrac{x+2}{3} + 3 \ln(x^2 + 4x + 13) + C$

<u>1.3.1</u>

1. a) 1. Weg: $\displaystyle\int_0^{\pi/2} \frac{d\sin x}{1 + \sin^2 x} = \left[\operatorname{Arc\,tan}(\sin x)\right]_0^{\pi/2} = \operatorname{Arc\,tan} 1$

$- \operatorname{Arc\,tan} 0 = \dfrac{\pi}{4} = 0,785.$

2. Weg: $\sin x = z \Rightarrow \displaystyle\int_0^1 \frac{dz}{1 + z^2} = \left[\operatorname{Arc\,tan} z\right]_0^1 = 0,785.$

In entsprechender Weise sind die Aufgaben b) bis g) zu behandeln.

b) $\ln 2 = 0,693$

c) $\dfrac{1}{6} \operatorname{Arc\,tan} 2 = 0,1845$

d) $-\dfrac{1}{12} \ln 5 = -0,134$

e) $0,5$

f) $2 \operatorname{Arc\,sin} 1 = \pi = 3,1416$

g) $2 \ln 2 - \dfrac{3}{4} = 0,636$

2. a) $\ln x = \displaystyle\int_1^x \frac{dt}{t}$

b) $\operatorname{Arc\,tan} x = \int\limits_{0}^{x} \dfrac{dt}{1 + t^2}$

c) $\operatorname{arsinh} x = \int\limits_{0}^{x} \dfrac{dt}{\sqrt{1 + t^2}}$

3. $\displaystyle\int\limits_{0}^{\pi/2} \cos^n x \, dx = \left[\frac{1}{n} \sin x \cos^{n-1} x \right]_{0}^{\pi/2} + \frac{n-1}{n} \int\limits_{0}^{\pi/2} \cos^{n-2} x \, dx,$

wobei $\dfrac{1}{n} \left[\sin x \cos^{n-1} x \right]_{0}^{\pi/2} = 0$ ist.

1.3.2

1. Nullstellen in $[-1;\ 5]$ sind $x_1 = 0$ und $x_2 = 4$. Deshalb ergibt sich die Gesamtfläche A aus drei Teilflächen

$$A_1 = \int\limits_{-1}^{0} y(x)\,dx = 0,97, \quad A_2 = \left| \int\limits_{0}^{4} y(x)\,dx \right| = 8, \quad A_3 = \int\limits_{4}^{5} y(x)\,dx = 2,53$$

$$A = A_1 + A_2 + A_3 = 11,50.$$

2. Fläche $STPQ = \text{Rechteck } STRQ - \int\limits_{2}^{4} \ln x \, dx + \text{Rechteck } P24R$

$= 4 \ln 2 - (6 \ln 2 - 2) + 2 \ln 2 = 2.$ Raffiniertere Lösung: $\displaystyle\int\limits_{y_P}^{y_Q} x\,dy = \int\limits_{\ln 2}^{\ln 4} e^y\,dy$

$= e^{\ln 4} - e^{\ln 2} = 4 - 2 = 2.$

3. Parabelgleichungen: $y = -x^2 + 8x - 7$, $y = \sqrt{x} + 5$, $y = -\sqrt{x} + 5$.

Polynomgleichung: $x^4 - 16x^3 + 88x^2 - 193x + 144 = 0.$

Lösungen: $x_1 = 2,4384; \ x_2 = 5,3028; \ x_3 = 1,6972; \ x_4 = 6,5616$

$A = A_1 - A_2 - A_3 - A_4 - A_5$ mit

$$A_1 = \int\limits_{1}^{7} (-x^2 + 8x - 7)\,dx = 36,0000$$

$$A_2 = \int\limits_{x_1}^{x_2} [(-x^2 + 8x - 7) - (\sqrt{x} + 5)]\,dx = 3,8488$$

$$A_3 = \int_1^{x_3} (-x^2 + 8x - 7)\,dx = 1,3454$$

$$A_4 = \int_{x_4}^{7} (-x^2 + 8x - 7)\,dx = 0,5486$$

$$A_5 = \int_{x_3}^{x_4} (-\sqrt{x} + 5)\,dx = 14,5905$$

$$\Rightarrow A = 15,6667$$

4. $\dfrac{1}{4} A = \left| \int_0^{\pi/2} y\dot{x}\,dt \right| = 3ab\left(\int_0^{\pi/2} \sin^4 t\,dt - \int_0^{\pi/2} \sin^6 t\,dt \right) \Rightarrow$

$A = \dfrac{3ab\pi}{8}$ (Rekursionsformel aus III, 1.2.3, Aufgabe 3 heranziehen; gleichseitige

Astroide (a = b) siehe Abb. 27 auf Seite 80).

5. $x = 0 \Rightarrow t_1 = 0,\ t_2 = 1,8955\ (\sin t = 0,5t)$

$$\frac{1}{2} A = \int_{t_1}^{t_2} (1 - 2\cos t)^2\,dt = \Big[3t - 4\sin t + \sin 2t \Big]_{t_1}^{t_2}$$

$= 1,2908 \Rightarrow A = 2,58\ (\text{Abb.L1})$

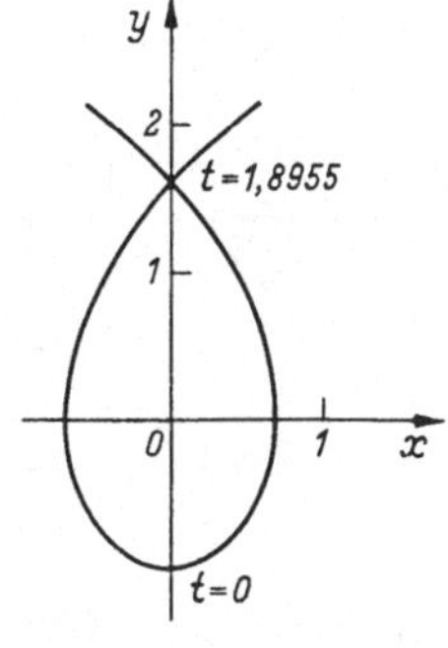

Abb.L1

1.3.3

1. 2,   2. $\frac{1}{a}$,   3. divergent,   4. 0,   5. divergent,   6. $\ln \dfrac{b + \sqrt{b^2 - a^2}}{a}$,

7. $\frac{4}{3}$,   8. $\dfrac{p}{1 + p^2}$ $\left(\text{beachte dazu:} \displaystyle\int_0^b e^{-x}\sin px\, dx = \dfrac{e^{-b}}{1 + p^2}\, (- \sin pb - p \cos pb)\right.$

$+ \dfrac{p}{1 + p^2}$ und $|e^{-b}\sin pb| \leqslant e^{-b}$, $|e^{-p}\cos pb| \leqslant e^{-b}$, also

$\displaystyle\lim_{b \to \infty} [e^{-b}(- \sin pb - p \cos pb)] = 0. \Big)$

1.3.4

$$S_O = \frac{1}{6} h^3 n(n + 1)(2n + 1) = \frac{1}{6} b^3 \left(1 + \frac{1}{n}\right)\left(2 + \frac{1}{n}\right)$$

$$\lim_{n \to \infty} S_O = \frac{1}{6} b^3 \cdot 1 \cdot 2 = \frac{1}{3} b^3$$

$$S_E = \frac{1}{6} h^3 (n - 1)n(2n - 1) = \frac{1}{6} b^3 \left(1 - \frac{1}{n}\right)\left(2 - \frac{1}{n}\right)$$

$$\lim_{n \to \infty} S_E = \frac{1}{6} b^3 \cdot 1 \cdot 2 = \frac{1}{3} b^3$$

1.3.5

1. $s = \displaystyle\int_0^2 \sqrt{1 + 9x}\, dx = \dfrac{2}{27}\left[(1 + 9x)^{1,5}\right]_0^2 = 6{,}06$

2. $s = \displaystyle\int_{1/e}^{e} \dfrac{\sqrt{1 + x^2}}{x}\, dx = \left[\ln\left|\dfrac{x}{1 + \sqrt{1 + x^2}}\right| + \sqrt{1 + x^2}\right]_{1/e}^{e}$

   (Subst. $x = \sinh t$!); $s = \ln \dfrac{e + \sqrt{1 + e^2}}{1 + \sqrt{1 + e^2}} + \sqrt{1 + e^2}\left(1 - \dfrac{1}{e}\right) + 1 = 3{,}196$

3. $s = \displaystyle\int_0^{2\pi} \sqrt{2(1 - \cos t)}\, dt$; $1 - \cos t = 2 \sin^2 \dfrac{t}{2}$ beachten! $\Rightarrow s = 8$.

4. $s = 2 \displaystyle\int_0^{4\pi} \sqrt{1 + \varphi^2}\, d\varphi = \left[\varphi \sqrt{1 + \varphi^2} + \operatorname{arsinh} \varphi\right]_0^{4\pi} = 161{,}64$

5. $s = \int\limits_{1}^{5} \dfrac{x}{\sqrt{x^2 - 1}}\, dx = \left[\sqrt{x^2 - 1}\; \right]_{1}^{5} = \sqrt{24} = 4,90$

6. $s = \int\limits_{1}^{5} \dfrac{\sinh^2 x + 2}{\sinh^2 x}\, dx = \left[x - 2\coth x \right]_{1}^{5} = 4,63$

1.3.6

1. $V = 2\pi \int\limits_{0}^{r} y^2 dx - a^2\pi \cdot 2r = 2\pi \left[(a^2 + r^2)x - \dfrac{x^3}{3} \right.$

$\left. + ar^2 \left(\text{Arc sin}\, \dfrac{x}{r} + \dfrac{x}{r}\sqrt{1 - \dfrac{x^2}{r^2}}\; \right) \right]_{0}^{r} - 2a^2\pi r = \dfrac{4r^2\pi}{3}\left(r + \dfrac{3}{4}\, a\pi \right)$

2. $V = 2\pi \int\limits_{0}^{\pi} \left(\dfrac{3}{2} + 2\cos x + \dfrac{1}{2}\cos 2x \right) dx = 3\pi^2 = 29,61$

3. $V = 2\pi \int\limits_{0}^{\pi/2} \sin^2(2t)\cos t\, dt = 8\pi \int\limits_{0}^{\pi/2} \sin^2 t(1 - \sin^2 t)\, d\sin t$

$= 8\pi \left[\dfrac{1}{3}\sin^3 t - \dfrac{1}{5}\sin^5 t \right]_{0}^{\pi/2} = \dfrac{16}{15}\pi = 3,351$

$M = 2\pi \int\limits_{0}^{\pi/2} \sin 2t(2 + \cos 2t)\, dt = 4\pi = 12,567.$

4. $M = 12a^2\pi \int\limits_{0}^{\pi/2} \sin^4 t\cos t\, dt = 12a^2\pi \int\limits_{0}^{\pi/2} \sin^4 t\, d\sin t$

$= \dfrac{12}{5}\, a^2\pi = 7,54a^2.$

$\dfrac{1}{2}\, V = 3a^3\pi \int\limits_{0}^{\pi/2} \sin^7 t\cos^2 t\, dt = 3a^3\pi \int\limits_{0}^{\pi/2} (1 - \cos^2 t)^3 \cos^2 t\, d\cos t$

$\Rightarrow V = \dfrac{32a^3\pi}{105} = 0,957a^3.$

$$5. \quad V = 16\pi \int_0^\infty e^{-\frac{2x}{3}}\, dx = -24\pi \left[e^{-\frac{2x}{3}} \right]_0^\infty = 24\pi.$$

$$M = 8\pi \int_0^\infty e^{-\frac{x}{3}} \sqrt{1 + \frac{16}{9} e^{-\frac{2x}{3}}}\, dx; \quad \text{Subst.:} \quad \frac{4}{3} e^{-\frac{x}{3}} = z$$

$$\Rightarrow M = -18\pi \int_{4/3}^{0} \sqrt{1 + z^2}\, dz = 9\pi \left[z\sqrt{1 + z^2} + \ln\left(z + \sqrt{1 + z^2} \right) \right]_0^{4/3}$$

$$= 93,89$$

1.3.7

$$1. \quad x_s = 0,538; \quad y_s = 1,197$$

$$2. \quad x_s = \frac{2}{e^2 - 1} = 0,313; \quad y_s = \frac{e^2 + 1}{4e} = 0,772$$

$$3. \quad x_s = 0, \quad \text{denn } y = \frac{1}{1 + x^2} \quad \text{ist eine gerade Funktion.}$$

$$2\pi y_s \cdot A = V; \quad A = \int_{-\infty}^{\infty} \frac{1}{1 + x^2}\, dx = \pi \quad \text{(vgl. III, 1.3.3, 1. Fall, Beispiel 4);}$$

$$V = \pi \int_{-\infty}^{\infty} \frac{dx}{(1 + x^2)^2} \quad ; \quad \text{Zerlegung:} \quad \frac{1}{(1 + x^2)^2} \equiv \frac{1}{1 + x^2} - \frac{x^2}{(1 + x^2)^2}$$

$$\int \frac{dx}{(1 + x^2)^2} = \text{Arc tan } x + \frac{1}{2} \int x\, d\left(\frac{1}{1 + x^2} \right) = \frac{1}{2} \text{Arc tan } x + \frac{1}{2} \frac{x}{1 + x^2}$$

$$\int_{-\infty}^{\infty} \frac{dx}{(1 + x^2)^2} = 2\pi \left[\frac{1}{2} \text{Arc tan } x + \frac{1}{2} \frac{x}{1 + x^2} \right]_0^\infty = 2\pi \cdot \frac{\pi}{4} = \frac{\pi^2}{2}$$

$$y_s = \frac{1}{2\pi} \cdot \frac{V}{A} = \frac{1}{4}.$$

1.4

1. a) 0,51;   b) 0,78

2. Bei Verwendung eines elektronischen Taschenrechners mit zehnstelligem Anzeigefeld (z.B. Texas Instruments SR-50) erhält man

$$\text{bei } \Delta x = 0,01 \text{ (8 Streifen)} : S = 0,08185198478$$
$$\text{bei } \Delta x = 0,02 \text{ (4 Streifen)} : S^* = 0,08185198476$$
$$\text{bei } \Delta x = 0,04 \text{ (2 Streifen)} : K = 0,08185198443$$

Vergleich S, S^*, K: Offensichtlich bleibt die 10. Dezimale stabil, so daß der Integralwert mit $J = S = 0,0818519848$ sicher richtig angeschrieben ist. Die 11. Dezimale von S wird man nicht mit angeben, da sie sich bei genauerer Rechnung
ggf. noch ändern kann. Hinweis: Bei Verwendung von 80 Streifen und Einsatz eines Datenverarbeitungssystems DEC 1050 mit Double Precision erhält man den
Integralwert auf 11 Dezimalen genau zu $0,08185198478$.

3. $f^{(4)}(x) = \dfrac{12(5x^8 - 14x^4 + 1)}{(\sqrt{1 + x^4})^7}$

$f^{(4)}(0,8) = 14,05766554;$ $b - a = 0,8;$ $n = 4$

$\dfrac{(b - a)^5 \cdot f^{(4)}(0,8)}{2880 \cdot n^4} = 0,0000062478$

Integralwert ist $0,831127 \pm 6 \cdot 10^{-6}$, d.h. die 6. Dezimale kann um höchstens
6 Einheiten falsch sein. Rundungsfehler treten bei diesem Stellenwert nicht auf.
Hinweis: Richtiges Ergebnis auf 6 Dezimalen ist (lt. DEC 1050, Double Precision,
80 Streifen) $0,831126$.

4. $R_1 = 3,011842736$
   $R_2 = 3,109467358$
   $T_1 = 3,060655047$
   $T_2 = 3,05604990$
   $K\ \ = 3,060663455$
   $S\ \ = 3,059119998$

$$f^{(4)}(x) = \frac{e^x}{x^5}(x^4 - 4x^3 + 12x^2 - 24x + 24)$$

$$\underset{1 \leqslant x \leqslant 2}{\text{Max}} \ |f^{(4)}(x)| = |f^{(4)}(1)| = 9e = 24{,}46453646$$

$$\frac{(b-a)^5 |f^{(4)}(1)|}{2880 \cdot n^4} = 0{,}00001359$$

Danach gilt für $S = 3{,}05912 \pm 1{,}4 \cdot 10^{-5}$; d.h., auf 4 Dezimalen ist S sicher richtig: $S = 3{,}0591$. Die absoluten Abweichungen der übrigen Formeln bezüglich dieses Wertes sind

$$|\Delta R_1| = 0{,}0473$$
$$|\Delta R_2| = 0{,}0504$$
$$|\Delta T_1| = 0{,}0016$$
$$|\Delta T_2| = 0{,}0031$$
$$|\Delta K| = 0{,}0016$$

5. a) Exakte Lösung: $I = 5 \ln 5 - 4$; I auf 6 Dezimalen: 4,047190

   b) $S = 4{,}047172836$, $S^* = 4{,}046953476$,

$$f^{(4)}(x) = -\frac{6}{x^4}\,, \qquad \underset{x \in [1;5]}{\text{Max}} \ |f^{(4)}(x)| = 6; \quad a = 1,\ b = 5,\ n = 10$$

$$\frac{(b-a)^5 |f^{(4)}(1)|}{2880 \cdot n^4} = 0{,}0002133 \approx 2{,}1 \cdot 10^{-4};$$

$$(S - S^*)/15 = 0{,}0000146 \approx 1{,}5 \cdot 10^{-5};$$

tatsächlicher absoluter Fehler $|4{,}047190 - S| = 1{,}7 \cdot 10^{-5}$. Rundungsfehler kommen bei diesem Stellenwert nicht zum Tragen, wenn mit 10 richtigen Dezimalen elektronisch gerechnet wird. S liefert demnach den Integralwert bis auf rund 2 Einheiten in der 5. Dezimalen genau.

<u>1.5</u>

1. bis 3. Siehe Abb.L2

4. $- 6{,}25$ $(= -2{,}75 - 3{,}50)$

5. $f(x) = -\sin\left(x - \frac{\pi}{2}\right) - 1 = \cos x - 1$

$$\int_0^{2\pi} (\cos x - 1)\,dx = \Big[\sin x - x \Big]_0^{2\pi} = -2\pi = -6{,}28$$

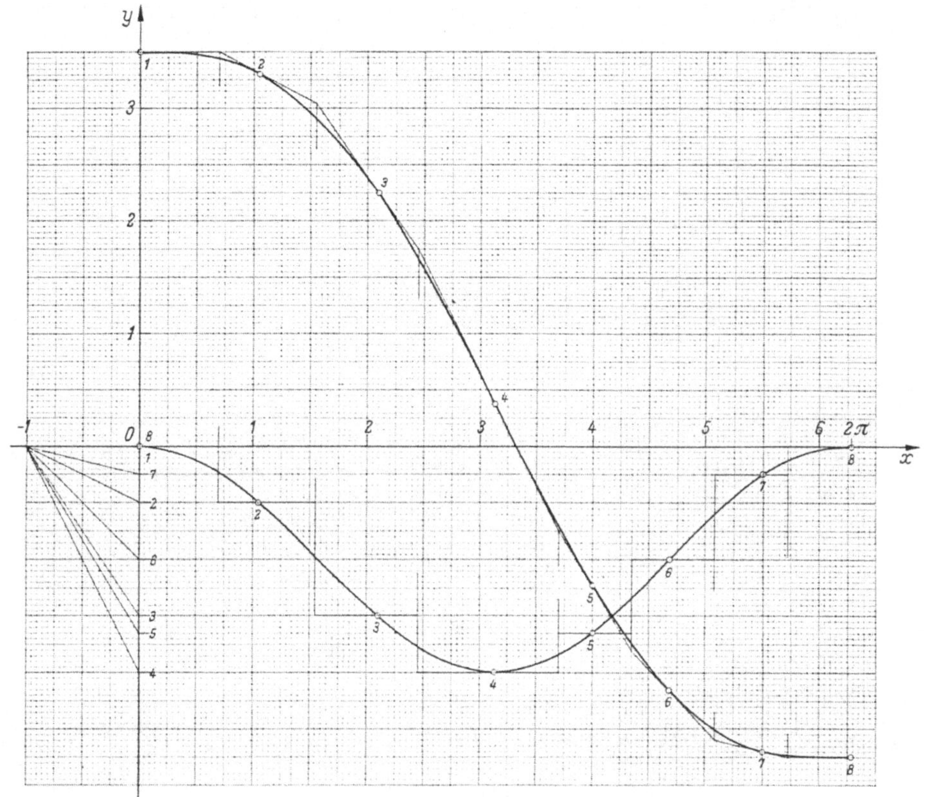

Abb.L2

<u>2.1</u>

1. $a_n = \dfrac{1}{n(n+1)} = \dfrac{1}{n} - \dfrac{1}{n+1}$, $s_n = 1 - \dfrac{1}{n+1}$, $\displaystyle\lim_{n \to \infty} s_n = 1$

Konvergenz! $\displaystyle\sum_{n=1}^{\infty} a_n = 1.$

2. $a_n = \dfrac{1}{(n+2)(n+3)} = \dfrac{1}{n+2} - \dfrac{1}{n+3}$, $s_n = \dfrac{1}{3} - \dfrac{1}{n+3}$, $\displaystyle\lim_{n \to \infty} s_n = \dfrac{1}{3}$

Konvergenz! $\displaystyle\sum_{n=1}^{\infty} a_n = \dfrac{1}{3}.$

3. $a_n = \dfrac{1}{(3n+1)(3n+4)} = \dfrac{1}{3}\left(\dfrac{1}{3n+1} - \dfrac{1}{3n+4}\right)$, $s_n = \dfrac{1}{3}\left(\dfrac{1}{4} - \dfrac{1}{3n+4}\right)$,

$\displaystyle\lim_{n \to \infty} s_n = \dfrac{1}{12} \Rightarrow \text{Konvergenz,} \quad \sum^{\infty} a_n = \dfrac{1}{12}.$

4. $a_n = \dfrac{4}{(n+1)(n+5)} = \dfrac{1}{n+1} - \dfrac{1}{n+5}$, $\quad s_n = \dfrac{1}{2} + \dfrac{1}{3} + \dfrac{1}{4} + \dfrac{1}{5} - \dfrac{1}{n+2} - \dfrac{1}{n+3} - \dfrac{1}{n+4}$

$$- \dfrac{1}{n+5}, \quad \lim_{n \to \infty} s_n = \dfrac{77}{60} \Rightarrow \text{Konvergenz}, \quad \sum_{n=1}^{\infty} a_n = \dfrac{77}{60}.$$

5. $a_n = \dfrac{1}{2}\left(\dfrac{1}{n-1} - \dfrac{1}{n+1}\right)$, $\quad s_n = \dfrac{1}{2}\left[1 + \dfrac{1}{2} - \dfrac{1}{n} - \dfrac{1}{n+1}\right]$,

$$\lim_{n \to \infty} s_n = \dfrac{1}{2}\left[1 + \dfrac{1}{2}\right] = \dfrac{3}{4} \Rightarrow \text{Konvergenz}, \quad \sum_{n=2}^{\infty} \dfrac{1}{1-n^2} = \dfrac{3}{4}.$$

<u>2.2</u>

1. a) $\dfrac{a^n - b^n}{a - b}$, $\quad$ b) na^{n-1}, $\quad$ c) 1023, $\quad$ d) $\dfrac{a^n - (-b)^n}{a + b}$

$$\left(= \dfrac{a^n + b^n}{a + b} \text{ für } n \text{ ungerade}; \quad = \dfrac{a^n - b^n}{a + b} \text{ für } n \text{ gerade}\right)$$

2. Anfangsglied: x, Summandenanzahl: $k + 2$, also Endglied: $y = xq^{k+1}$

und Quotient $q = \sqrt[k+1]{\dfrac{y}{x}} \Rightarrow x + x\left(\sqrt[k+1]{\dfrac{y}{x}}\right) + x\left(\sqrt[k+1]{\dfrac{y}{x}}\right)^2 + \ldots + x\left(\sqrt[k+1]{\dfrac{y}{x}}\right)^k + y$

3. $n \geqslant {}^5\log(4 \cdot 10^6 + 1) - 1 \approx \dfrac{1}{\lg 5}(\lg 4 + 6) - 1 \ \wedge \ n \in \mathbb{N} \ \Rightarrow \ n \geqslant 9$

   (nach 9 Stunden kennen alle Einwohner die Information)

4. a) $\dfrac{7}{90}$, $\quad$ b) $\dfrac{259}{99}$, $\quad$ c) $\dfrac{109}{111}$, $\quad$ d) $\dfrac{2797}{225}$

5. a) $\dfrac{1}{1000}\left(1 - \dfrac{17}{1000} + \left(\dfrac{17}{1000}\right)^2 - \left(\dfrac{17}{1000}\right)^3 + - \ldots\right)$

$$S_1 = 1 \cdot 10^{-3}, \quad S_2 = 0{,}983 \cdot 10^{-3}, \quad S_3 = 0{,}983289 \cdot 10^{-3}$$

$$S_4 = 0{,}983284087 \cdot 10^{-3}$$

b) $\left|\dfrac{S_n - S}{S}\right| = \left|\left[a\dfrac{1-q^n}{1-q} - a\dfrac{1}{1-q}\right] : \dfrac{a}{1-q}\right| = |q^n|$

c) $|q^n| < 10^{-5} \Rightarrow n > \dfrac{5}{\lg|q|} = 2{,}83$; d.h. S_3 hat bereits die geforderte Genauig-

   keit.

6. $c \sin \varphi + c \cos \varphi \sin \varphi + c \cos^2\varphi \sin \varphi + c \cos^3\varphi \sin \varphi + \ldots$

$= c \sin \varphi (1 + \cos \varphi + \cos^2\varphi + \cos^3\varphi + \ldots)$; wegen $0 < \varphi < \frac{\pi}{2}$

ist $0 < \cos \varphi < 1$ und somit die geometrische Reihe konvergent;
ihre Summe S ist:

$$S = c \sin \varphi \; \frac{1}{1 - \cos \varphi} = c \cot \frac{\varphi}{2} \; .$$

<u>2.3.1</u>

1. a) $\lim\limits_{n \to \infty} a_n = \lim\limits_{n \to \infty} \frac{1}{3n} = 0$: keine Aussage!

   b) $\lim\limits_{n \to \infty} a_n = \lim\limits_{n \to \infty} \frac{2n}{2n+1} = \lim\limits_{n \to \infty} \frac{1}{1 + \frac{1}{2n}} = 1 \Rightarrow$ Divergenz!

   c) $\lim\limits_{n \to \infty} a_n = \lim\limits_{n \to \infty} (0,1 + 10^{-n}) = 0,1 \Rightarrow$ Divergenz!

   d) $\lim\limits_{n \to \infty} a_n = \lim\limits_{n \to \infty} \frac{\ln n}{n} \overset{(*)}{=} \lim\limits_{n \to \infty} \frac{1/n}{1} = \lim\limits_{n \to \infty} \frac{1}{n} = 0$

   $\Rightarrow$ keine Aussage! $(*)$: Anwendung der Regel von Bernoulli und de l'Hospital,
   vgl. II, 3.6.4.

   e) $\lim\limits_{n \to \infty} a_n = \lim\limits_{n \to \infty} \frac{n}{2^n} = \lim\limits_{n \to \infty} \frac{1}{2^n \cdot \ln 2} = 0 \Rightarrow$ keine Aussage!

2. a) $\lim\limits_{n \to \infty} \frac{a_{n+1}}{a_n} = \lim\limits_{n \to \infty} \left[\frac{n+1}{2^{n+1}} \cdot \frac{2^n}{n} \right] = \lim\limits_{n \to \infty} \left(\frac{1}{2} + \frac{1}{2n} \right) = \frac{1}{2}$

   $\Rightarrow$ Konvergenz!

   b) $\lim\limits_{n \to \infty} \frac{a_{n+1}}{a_n} = \lim\limits_{n \to \infty} \left[\frac{5(n+1) - 2}{5(n+1) + 2} \cdot \frac{5n+2}{5n-2} \right] = \lim\limits_{n \to \infty} \frac{25n^2 + 25n + 6}{25n^2 + 25n - 14}$

   $= \lim\limits_{n \to \infty} \frac{25 + 25/n + 6/n^2}{25 + 25/n - 14/n^2} = 1 \Rightarrow$ keine Aussage!

   c) $\lim\limits_{n \to \infty} \frac{a_{n+1}}{a_n} = \lim\limits_{n \to \infty} \left[\frac{(n+1)!}{(n+1)^{n+1}} \cdot \frac{n^n}{n!} \right] = \lim\limits_{n \to \infty} \frac{1}{\left(1 + \frac{1}{n} \right)^n} = \frac{1}{e} \; (< 1!)$

   $\Rightarrow$ Konvergenz!

d) $\displaystyle\lim_{n \to \infty} \frac{a_{n+1}}{a_n} = \lim_{n \to \infty} \sqrt{\frac{n(n+1)}{(n+1)(n+2)}} = \lim_{n \to \infty} \sqrt{\frac{1}{1 + 2/n}}$

$\displaystyle = \sqrt{\frac{1}{1 + \lim_{n \to \infty} 2/n}} = \sqrt{1} = 1 \Rightarrow$ keine Aussage!

e) $\displaystyle\lim_{n \to \infty} \frac{a_{n+1}}{a_n} = \lim_{n \to \infty} \frac{2^{n+1}(n+1)}{2^n(n+2)} = 2 \cdot \lim_{n \to \infty} \frac{1 + 1/n}{1 + 2/n} = 2$

$\Rightarrow$ Divergenz!

3. a) $\displaystyle\lim_{n \to \infty} \sqrt[n]{a_n} = \lim_{n \to \infty} \sqrt[n]{\left(\frac{4 + 2n}{3 + 3n}\right)^n} = \lim_{n \to \infty} \frac{4/n + 2}{3/n + 3} = \frac{2}{3} < 1$

$\Rightarrow$ Konvergenz!

b) $\displaystyle\lim_{n \to \infty} \sqrt[n]{a_n} = \lim_{n \to \infty} \sqrt[n]{\left(\frac{3n - 2}{3n}\right)^n} = \lim_{n \to \infty} \left(1 - \frac{2}{3n}\right) = 1$

$\Rightarrow$ keine Aussage!

c) $\displaystyle\lim_{n \to \infty} \sqrt[n]{a_n} = \lim_{n \to \infty} \sqrt[n]{\frac{4n - 3}{\sqrt{n \cdot 3^n}}} = \frac{\displaystyle\lim_{n \to \infty} \sqrt[n]{4n - 3}}{\displaystyle\sqrt{\lim_{n \to \infty} \sqrt[n]{n} \cdot \lim_{n \to \infty} \sqrt[n]{3^n}}}$

Mit der Regel von Bernoulli - de l'Hospital (II, 3.6.4) findet man allgemein

$$\lim_{n \to \infty} \sqrt[n]{4n - 3} = 1, \quad \lim_{n \to \infty} \sqrt[n]{n} = 1,$$

während $\displaystyle\lim_{n \to \infty} \sqrt[n]{3^n} = 3$ ist. Ergebnis: $\dfrac{1}{\sqrt{3}} < 1 \Rightarrow$ Konvergenz!

d) $\displaystyle\lim_{n \to \infty} \sqrt[n]{a_n} = \lim_{n \to \infty} \sqrt[n]{\left(\frac{n}{n + 3}\right)^{n^2}} = \lim_{n \to \infty} \left(\frac{n}{n + 3}\right)^n$

$\displaystyle = \lim_{n \to \infty} \frac{1}{(1 + 3/n)^n} = \left[\lim_{n \to \infty} \frac{1}{\left(1 + \frac{1}{n/3}\right)^{n/3}}\right]^3 \overset{(*)}{=}$

$\displaystyle \left[\frac{1}{\lim_{m \to \infty} (1 + 1/m)^m}\right]^3 = \frac{1}{e^3} < 1 \Rightarrow$ Konvergenz!

$((*):$ $m = n/3$ gesetzt: $n \to \infty \Rightarrow m \to \infty)$, Definition von e vgl. II, 3.1.1

e) $\lim\limits_{n \to \infty} \sqrt[n]{a_n} = \lim\limits_{n \to \infty} \sqrt[n]{\left(\dfrac{2n-1}{n}\right)^n} = \lim\limits_{n \to \infty} \left(2 - \dfrac{1}{n}\right) = 2 > 1$

$\Rightarrow$ Divergenz!

4. a) $\lg n < n$ für alle $n \geqslant 2$ $\Rightarrow \sum\limits_{n=2}^{\infty} \dfrac{1}{n}$ ist (als harmonische Reihe) divergente Mino-

rante für die vorgelegte Reihe $\Rightarrow \sum\limits_{n=2}^{\infty} \dfrac{1}{\lg n}$ divergiert.

b) $n^n \geqslant 2^n$ für alle $n \geqslant 2 \Rightarrow \dfrac{1}{n^n} \leqslant \dfrac{1}{2^n}$, $\sum\limits_{n=1}^{\infty} \dfrac{1}{2^n}$ ist (als konvergente geometrische

Reihe mit Quotient $|q| < 1$) konvergente Majorante für die vorgelegte Reihe

$\Rightarrow \sum\limits_{n=1}^{\infty} \dfrac{1}{n^n}$ konvergiert.

c) $n^2 > n^2 - n = n(n-1) \Rightarrow \dfrac{1}{n^2} < \dfrac{1}{n(n-1)}$ für alle $n > 1$. Die in 2.1, Aufgabe 1a)

als konvergent nachgewiesene Reihe $\sum\limits_{n=2}^{\infty} \dfrac{1}{n(n-1)} = \sum\limits_{n=1}^{\infty} \dfrac{1}{n(n+1)}$ ist deshalb

Majorante für die vorgelegte Reihe $\Rightarrow \sum\limits_{n=1}^{\infty} \dfrac{1}{n^2}$ konvergiert.

d) 1. Sei $0 \leqslant \alpha \leqslant 1$. Dann gilt $n^\alpha \leqslant n \Rightarrow \dfrac{1}{n^\alpha} \geqslant \dfrac{1}{n}$, d.h. die harmonische Reihe

$\sum \dfrac{1}{n}$ ist divergente Minorante $\Rightarrow$ alle Reihen $\sum \dfrac{1}{n^\alpha}$ divergieren für jedes

feste $\alpha \in [0;1]$.

2. Sei $\alpha \geqslant 2$. Dann ist $n^\alpha \geqslant n^2 \Rightarrow \dfrac{1}{n^\alpha} \leqslant \dfrac{1}{n^2}$, d.h. die Reihe $\sum \dfrac{1}{n^2}$ ist konvergente

Majorante $\Rightarrow \sum \dfrac{1}{n^\alpha}$ konvergiert.

Hinweis: $\sum \dfrac{1}{n^\alpha}$ konvergiert bereits für $\alpha > 1$ (vgl. Aufgabe 5b)

e) $n^2 + 2n + 1 = (n+1)^2 > n^2 + n \Rightarrow \dfrac{1}{n+1} < \dfrac{1}{\sqrt{n^2+n}}$, d.h. $\sum \dfrac{1}{n+1}$ ist diver-

gente Minorante für die somit ebenfalls divergente Reihe $\sum \dfrac{1}{\sqrt{n^2+n}}$.

5. a) $\displaystyle\int_1^\infty \frac{dx}{x} = \lim_{b\to\infty} \int_1^b \frac{dx}{x} = \lim_{b\to\infty} [\ln x]_1^b = \infty$

$\displaystyle\Rightarrow \sum_{n=1}^\infty \frac{1}{n}$ divergiert.

b) $\displaystyle\int_1^\infty \frac{dx}{\sqrt{x}} = \lim_{b\to\infty} \int_1^b x^{-\frac{1}{2}}\, dx = \lim_{b\to\infty} [2\sqrt{x}]_1^b = \infty$

$\displaystyle\Rightarrow \sum_{n=1}^\infty \frac{1}{\sqrt{n}}$ divergiert; ferner für $\alpha > 1$ $(\alpha \in \mathbb{R})$:

$$\int_1^\infty \frac{dx}{x^\alpha} = \lim_{b\to\infty} \int_1^b x^{-\alpha} dx = \frac{1}{1-\alpha}\ \lim_{b\to\infty} \left[\frac{1}{x^{\alpha-1}}\right]_1^b$$

$(\alpha - 1 > 0$ beachten!$)\ \Rightarrow \dfrac{1}{1-\alpha}\ (0-1) = \dfrac{1}{\alpha-1} \in \mathbb{R} \Rightarrow$

$\displaystyle\sum_{n=1}^\infty \frac{1}{n^\alpha}$ konvergiert für $\alpha > 1$.

c) $\displaystyle\int_2^\infty \frac{dx}{x \ln x} = \lim_{b\to\infty} \int_2^b \frac{d\ln x}{\ln x} = \lim_{b\to\infty} [\ln \ln x]_2^b = \infty$

$\displaystyle\Rightarrow \sum_{n=2}^\infty \frac{1}{n \ln n}$ divergiert!

d) $\displaystyle\int_1^\infty \frac{dx}{1+x^2} = \lim_{b\to\infty} \int_1^b \frac{dx}{1+x^2} = \lim_{b\to\infty} [\text{Arc tan } x]_1^b = \frac{\pi}{2} - \frac{\pi}{4} = \frac{\pi}{4}$

$\displaystyle\Rightarrow \sum_{n=1}^\infty \frac{1}{1+n^2}$ konvergiert!

e) $\displaystyle\int_1^\infty \frac{dx}{2x-1} = \lim_{b\to\infty} \frac{1}{2} \int_1^b \frac{d(2x-1)}{2x-1} = \frac{1}{2} \lim_{b\to\infty} [\ln(2x-1)]_1^b = \infty$

$\displaystyle\Rightarrow \sum_{n=1}^\infty \frac{1}{2n-1}$ divergiert!

<u>2.3.2</u>

1. a) Monotone Nullfolge $\Rightarrow$ Konvergenz.

$$\sum_{n=1}^{\infty} \frac{1}{2n-1} \text{ divergiert (vgl. Aufgabe 5e in 2.3.1)} \Rightarrow \sum_{n=1}^{\infty} (-1)^{n+1} \frac{1}{2n-1} \text{ ist}$$

nicht absolut (nur bedingt) konvergent.

b) Monotone Nullfolge $\Rightarrow$ Konvergenz. $\displaystyle\sum_{n=1}^{\infty} \frac{1}{3^{n+1}}$ ist konvergent (geometrische

Reihe mit $q = 1/3$) $\Rightarrow \displaystyle\sum_{n=1}^{\infty} (-1)^{n+1} \cdot \frac{1}{3^{n+1}}$ ist absolut konvergent.

c) $\displaystyle\lim_{n \to \infty} a_n = \lim_{n \to \infty} \frac{3n-1}{4n} = \lim_{n \to \infty} \left(\frac{3}{4} - \frac{1}{4n} \right) = \frac{3}{4} \neq 0 \Rightarrow$ Divergenz!

d) Monotone Nullfolge $\Rightarrow$ Konvergenz. $\displaystyle\sum_{n=1}^{\infty} \frac{1}{n^{0,6}}$ ist divergent (vgl. Aufgabe 4d

in III, 2.3.1) $\Rightarrow$ vorgelegte Reihe ist nur bedingt (nicht-absolut) konvergent.

e) Monotone Nullfolge $\Rightarrow$ Konvergenz. $\displaystyle\sum \frac{1}{n \ln n}$ ist divergent (vgl. Aufgabe 5c

in III, 2.3.1) $\Rightarrow$ vorgelegte Reihe ist nur bedingt (nicht-absolut) konvergent.

f) Monotone Nullfolge $\Rightarrow$ Konvergenz. $\displaystyle\sum_{n=1}^{\infty} \frac{1}{n!}$ ist konvergent (Quotientenkri-

terium!) $\Rightarrow$ vorgelegte Reihe ist absolut konvergent!

g) Nullfolge ohne Monotonie: Leibniz-Kriterium ist nicht anwendbar! Reihe der
positiven Glieder $\sum \frac{1}{n^2}$ konvergiert (vgl. Aufgabe 4d in III, 2.3.1) und Reihe
der negativen Glieder $\sum \frac{1}{2^n}$ konvergiert als geometrische Reihe ($q = 1/2$).
Vorgelegte Reihe konvergiert also absolut!

h) Leibnizkriterium nicht anwendbar, da keine Monotonie. Teilreihe der positiven
Glieder divergiert (harmonische Reihe!), Teilreihe der negativen Glieder konvergiert (vgl. Aufgabe 4d in III, 2.3.1). Damit divergiert die vorgelegte alternierende Reihe.

2. Aus Abb.L3 liest man ab:

$$|s_1 - s| < a_2, \quad |s_2 - s| < a_3, \quad |s_3 - s| < a_4, \ldots,$$

denn s liegt jedesmal zwischen s_n und s_{n+1}.

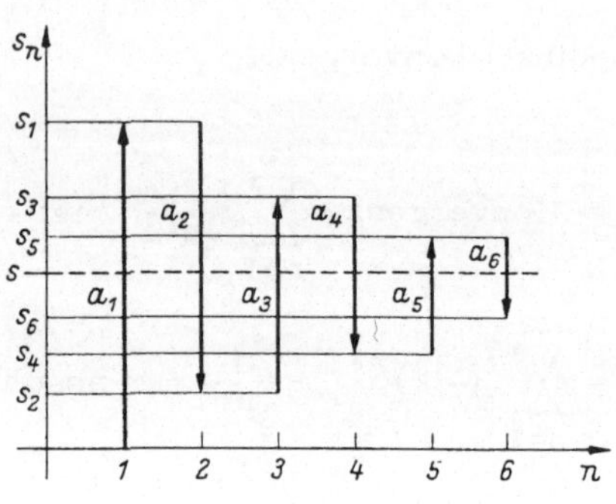

Abb.L3

3. a) Bedingungsgleichung: $|s - s_n| < \dfrac{1}{\sqrt{n+1}} < \dfrac{1}{2} \cdot 10^{-4} \Rightarrow n + 1 > 4 \cdot 10^8$, d.h.

man muß 400 Millionen Glieder addieren, um die Genauigkeit von 4 Stellen nach dem Dezimalkomma zu erreichen!

b) Bedingungsgleichung: $\dfrac{1}{1001} < \dfrac{1}{2} \cdot 10^{-n} \Rightarrow n < \lg 500 = 2,7\ldots$, d.h. bei 1000 Gliedern approximiert die Teilsumme s_n den Summenwert der Reihe auf 2 Dezimalen genau!

Konsequenz: Reihen mit so "langsamer" Konvergenz sind zur numerischen Berechnung ungeeignet.

2.4.1

1. $1 + \displaystyle\sum_{n=1}^{\infty} a_n x^n$ mit $a_n = \dfrac{n}{n+1}$; $r = \lim\limits_{n \to \infty} \dfrac{a_n}{a_{n+1}} = \lim\limits_{n \to \infty} \dfrac{n^2 + 2n}{n^2 + 2n + 1}$

$= \lim\limits_{n \to \infty} \dfrac{1 + 2/n}{1 + 2/n + 1/n^2} = 1.$ Randuntersuchung: $|x| = 1$

$\Rightarrow$ Notwendiges Konvergenzkriterium liefert $\lim\limits_{n \to \infty} |a_n \cdot 1^n|$

$= \lim\limits_{n \to \infty} \dfrac{n}{n+1} = 1 \neq 0 \Rightarrow$ Divergenz $\Rightarrow \mathfrak{B} = \{x \mid -1 < x < 1\}.$

2. $a_n = \dfrac{1 \cdot 2 \cdot 3 \cdot \ldots \cdot n}{1 \cdot 3 \cdot 5 \cdot \ldots \cdot (2n - 1)}$ $(n \geqslant 1)$, $r = \lim\limits_{n \to \infty} \dfrac{a_n}{a_{n+1}}$

$= \lim\limits_{n \to \infty} \dfrac{2n + 1}{n + 1} = 2$. Für $x = \pm\, 2$ ergibt sich eine Reihe, deren allgemeines Glied a_n'

dem Betrage nach lautet $|a_n'| := \dfrac{2 \cdot 4 \cdot 6 \cdot \ldots \cdot 2n}{1 \cdot 3 \cdot 5 \cdot \ldots \cdot (2n - 1)}$; jeder Faktor im Zäh-

ler ist größer als der darunterstehende Faktor im Nenner $\Rightarrow |a_n'| > 1$ für alle

$n \in \mathbb{N}$, $\lim\limits_{n \to \infty} |a_n'| \neq 0 \Rightarrow$ Divergenz für $|x| = 2 \Rightarrow \mathfrak{B} = \{x \,|\, {-}\, 2 < x < 2\}$.

3. $a_n = \dfrac{2^n}{n + 1}$, $r = \lim\limits_{n \to \infty} \dfrac{a_n}{a_{n+1}} = \lim\limits_{n \to \infty} \dfrac{n + 2}{2n + 2} = \dfrac{1}{2}$;

$x = \dfrac{1}{2} : \; 1 + \dfrac{1}{2} + \dfrac{1}{3} + \dfrac{1}{4} + \ldots$ divergiert (harmonische Reihe!)

$x = -\dfrac{1}{2} : \; 1 - \dfrac{1}{2} + \dfrac{1}{3} - \dfrac{1}{4} + - \ldots$ konvergiert (Leibniz-Kriterium!).

Konvergenzbereich also $\mathfrak{B} = \left\{x \,\middle|\, -\dfrac{1}{2} \leqslant x < \dfrac{1}{2}\right\}$.

4. $a_n = n^n$, $r = \lim\limits_{n \to \infty} \dfrac{a_n}{a_{n+1}} = \lim\limits_{n \to \infty} \left(\dfrac{n}{1 + n}\right)^n \dfrac{1}{n + 1}$

$= \dfrac{1}{\lim\limits_{n \to \infty} \left(1 + \dfrac{1}{n}\right)^n} \cdot \lim\limits_{n \to \infty} \dfrac{1}{n + 1} = \dfrac{1}{e} \cdot 0 = 0 \Rightarrow \mathfrak{B} = \{0\}$.

5. $r = \lim\limits_{n \to \infty} \dfrac{(n!)^2}{(2n)!} \dfrac{(2n + 2)!}{[(n + 1)!]^2} = 2 \cdot \lim\limits_{n \to \infty} \dfrac{2n + 1}{n + 1} = 4$.

6. $r = \lim\limits_{n \to \infty} \dfrac{10^n}{n!} \cdot \dfrac{(n + 1)!}{10^{n+1}} = \lim\limits_{n \to \infty} \dfrac{n + 1}{10} = \infty \Rightarrow \mathfrak{B} = \mathbb{R}$

(beständige Konvergenz)

7. $a_n = \displaystyle\sum_{i=0}^{n-1} a^i = \dfrac{1 - a^n}{1 - a}$, $r = \lim\limits_{n \to \infty} \dfrac{1 - a^n}{1 - a^{n+1}}$

1. $0 < a < 1:\; \lim\limits_{n \to \infty} a^n = \lim\limits_{n \to \infty} a^{n+1} = 0 \Rightarrow r = 1$

$\mathfrak{B} = \{x \,|\, {-}\, 1 < x < 1\}$

2. $a > 1: r = \lim\limits_{n \to \infty} \dfrac{1/a^n - 1}{1/a^n - a} = \dfrac{1}{a} \Rightarrow \mathfrak{B} = \left\{ x \,\middle|\, -\dfrac{1}{a} < x < \dfrac{1}{a} \right\}$

8. $r = \lim\limits_{n \to \infty} \left(\dfrac{1 + a^n}{1 + a^{n+1}} \cdot \dfrac{1 + b^{n+1}}{1 + b^n} \right)$

1. $a > 1 \wedge b > 1: r = \lim\limits_{n \to \infty} \left(\dfrac{1/a^n + 1}{1/a^n + a} \cdot \dfrac{1/b^n + b}{1/b^n + 1} \right) = \dfrac{1}{a} \cdot \dfrac{b}{1} = \dfrac{b}{a} \Rightarrow$

$\mathfrak{B} = \{ x \,|\, - b/a < x < b/a \}.$

2. $a > 1 \wedge 0 < b < 1: r = \lim\limits_{n \to \infty} \left(\dfrac{1/a^n + 1}{1/a^n + a} \cdot \dfrac{1 + b^{n+1}}{1 + b^n} \right) = \dfrac{1}{a} \cdot 1 = \dfrac{1}{a} \Rightarrow$

$\mathfrak{B} = \{ x \,|\, - 1/a < x < 1/a \}.$

3. $0 < a < 1 \wedge b > 1: r = \lim\limits_{n \to \infty} \left(\dfrac{1 + a^n}{1 + a^{n+1}} \cdot \dfrac{1/b^n + b}{1/b^n + 1} \right) = b \Rightarrow$

$\mathfrak{B} = \{ x \,|\, - b < x < b \}.$

4. $0 < a < 1 \wedge 0 < b < 1: r = \lim\limits_{n \to \infty} \left(\dfrac{1 + a^n}{1 + a^{n+1}} \cdot \dfrac{1 + b^{n+1}}{1 + b^n} \right) = 1 \Rightarrow$

$\mathfrak{B} = \{ x \,|\, - 1 < x < + 1 \}.$

9. Geometrische Reihe! Anfangsglied $a = 1$, Quotient $q = e^{-x}$. Konvergenz nach III, 2.2 ist für $|q| = |e^{-x}| < 1 \Rightarrow x > 0$ vorhanden: $\mathfrak{B} = \mathbb{R}^+$, Summe der Reihe ist $s = \dfrac{e^x}{e^x - 1}$.

(Hinweis: diese Reihe ist keine Potenzreihe!).

10. $a_n = \dfrac{3 \cdot 5 \cdot 7 \cdot \ldots \cdot (2n + 1)}{n!} \quad (n \geqslant 1), \quad r = \lim\limits_{n \to \infty} \dfrac{n + 1}{2n + 3} = \dfrac{1}{2}$

$x = \pm \dfrac{1}{2} \Rightarrow |a_n'| := \left| a_n \cdot \dfrac{1}{2^n} \right| = \dfrac{3 \cdot 5 \cdot 7 \cdot \ldots \cdot (2n + 1)}{2 \cdot 4 \cdot 6 \cdot \ldots \cdot 2n} > 1$

für alle $n \in \mathbb{N} \Rightarrow \lim\limits_{n \to \infty} |a_n'| \neq 0 \Rightarrow$ Divergenz für $x = \pm \dfrac{1}{2} \Rightarrow$

$\mathfrak{B} = \{ x \,|\, - 0,5 < x < 0,5 \}.$

2.4.2

1. $f(x) = \dfrac{-1}{2x-5} \left(= \dfrac{1}{5} \cdot \dfrac{1}{1 - \frac{2}{5}x} = \dfrac{1}{5}\left(1 + \dfrac{2}{5}x + \dfrac{4}{25}x^2 + \ldots\right)\right)$

Konvergenzbereich (= Definitionsbereich für f) ist $\mathfrak{B} = \{x \mid -2,5 < x < 2,5\}$.

2. $f(x) = \dfrac{x}{1 + x^2}$. Ableitungsreihe für $|x| < 1$ ist

$$1 - 3x^2 + 5x^4 - 7x^6 + 9x^8 - + \ldots = \dfrac{1 - x^2}{(1 + x^2)^2}$$

Integralreihe für $|x| < 1$ lautet

$$\dfrac{x^2}{2} - \dfrac{x^4}{4} + \dfrac{x^6}{6} - \dfrac{x^8}{8} + - \ldots = \dfrac{1}{2}\ln(1 + x^2); \quad C = 1.$$

$x = 0,1 \in \mathfrak{B}$ ergibt $\ln 1,01 = 0,009950$; dieser Wert ist auf die angeschriebene De-
zimalenanzahl richtig.

3. $\displaystyle\int f(x)\,dx = 1 - e^{-x} + e^{-2x} - e^{-3x} + e^{-4x} - + \ldots$

$(C = 1)$. Geometrische Reihe mit $a = 1$, $q = -e^{-x}$, also $\displaystyle\int f(x)\,dx$

$$= \dfrac{1}{1 + e^{-x}} \Rightarrow f'(x) = \dfrac{e^{-x}}{(1 + e^{-x})^2} \Rightarrow \text{für } |e^{-x}| < 1 \Rightarrow x \in \mathbb{R}^+ \text{ gilt}$$

$$e^{-x} - 2e^{-2x} + 3e^{-3x} - 4e^{-4x} + - \ldots = \dfrac{e^{-x}}{(1 + e^{-x})^2}$$

2.4.3

1. a) $e^{-x}\cos x = 1 - x + \dfrac{x^3}{3} - \dfrac{x^4}{6} + - \ldots$

   b) $e^{x+x^2} = 1 + x + \dfrac{3}{2}x^2 + \dfrac{7}{6}x^3 + \dfrac{25}{24}x^4 + \ldots$

   c) $\sqrt{1 + \sin x} = 1 + \dfrac{1}{2}x - \dfrac{1}{8}x^2 - \dfrac{1}{48}x^3 + \dfrac{1}{384}x^4 - + \ldots$

   d) $e^{\cos x} = e\left(1 - \dfrac{x^2}{2} + \dfrac{x^4}{6} - + \ldots\right)$

   e) $\dfrac{x + 1}{-2x^2 + x + 1} = 1 + 2x^2 - 2x^3 + 6x^4 + - \ldots$

2. $e^{jx} = \left(1 - \dfrac{x^2}{2!} + \dfrac{x^4}{4!} - + \ldots\right) + j\left(x - \dfrac{x^3}{3!} + \dfrac{x^5}{5!} - + \ldots\right)$

$= \cos x + j \sin x$ (Formel von Euler; vgl. I, 3.5).

3. $f'(x) = e^x(\sin x + \cos x)$, $f''(x) = 2e^x\cos x$,

$f'''(x) = 2e^x(\cos x - \sin x)$, $f^{(4)}(x) = -4f(x)$, $f^{(5)}(x) = -4f'(x)$,

$f^{(6)}(x) = -4f''(x)$, $f^{(7)}(x) = -4f'''(x)$, $f^{(8)}(x) = (-4)^2 f(x)$ etc.

Allgemein: $f^{(4n)}(x) = (-4)^n f(x)$, $f^{(4n+1)}(x) = (-4)^n f'(x)$,

$f^{(4n+2)}(x) = (-4)^n f''(x)$, $f^{(4n+3)}(x) = (-4)^n f'''(x) \Rightarrow$

$$e^x \cdot \sin x = \sum_{n=0}^{\infty} (-4)^n \left[\frac{x^{4n+1}}{(4n+1)!} + \frac{2x^{4n+2}}{(4n+2)!} + \frac{2x^{4n+3}}{(4n+3)!} \right] .$$

$$= x + x^2 + \frac{x^3}{3} - \frac{x^5}{30} - \frac{x^6}{90} - \frac{x^7}{630} + - \cdots$$

4. $\operatorname{Arc} \tan x \approx x - \frac{1}{3} x^3$ für kleine $|x|$-Werte. Absoluter Fehler bei $x = \pm 1$ beträgt

$\frac{\pi}{4} - \frac{2}{3} = 0{,}119$. Abb.L4.

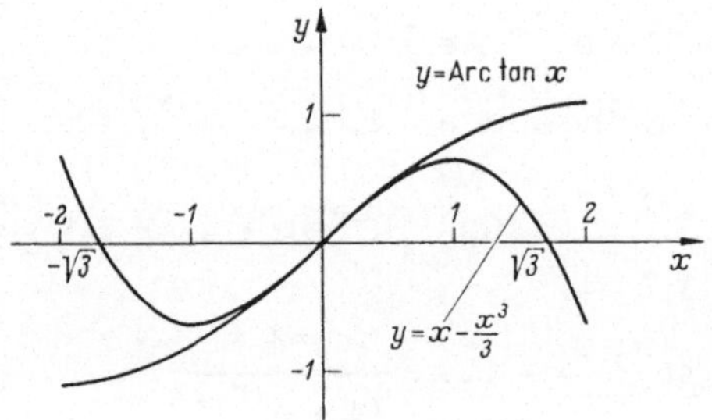

Abb.L4

5. a) $1/\sqrt{1-4x} = 1 + 2x + 6x^2 + 20x^3 + 70x^4 + \dots$; $x = 0{,}02$;

Näherungswert mit Reihe: $1{,}0425712$; Rechnerwert (auf 7 Dezimalen richtig):
$1{,}0425721$; absoluter Fehler etwa $1 \cdot 10^{-6}$.

b) $1/\sqrt[4]{1+x} = 1 - \frac{1}{4} x + \frac{5}{32} x^2 - \frac{15}{128} x^3 + \frac{195}{2048} x^4 - + \dots$; $x = 0{,}3$;

Polynomwert: $0{,}9366697$; Rechnerwert (auf 7 Dezimalen richtig): $0{,}9365138$;
absoluter Fehler etwa $1{,}5 \cdot 10^{-4}$.

6. $\sqrt{568} = 24\sqrt{1 - \frac{1}{72}} = 24\left(1 - \frac{1}{2} \cdot \frac{1}{72} - \frac{1}{8} \cdot \frac{1}{72^2} - \frac{1 \cdot 3}{2 \cdot 4 \cdot 6} \cdot \frac{1}{72^3} - \dots \right)$

Näherungswert bei Berücksichtigung der ersten drei Glieder: $23{,}8327506$.
Restabschätzung:

$$|R_3| = \frac{1 \cdot 3}{2 \cdot 4 \cdot 6} \cdot \frac{1}{72^3} + \frac{1 \cdot 3 \cdot 5}{2 \cdot 4 \cdot 6 \cdot 8} \cdot \frac{1}{72^4} + \frac{1 \cdot 3 \cdot 5 \cdot 7}{2 \cdot 4 \cdot 6 \cdot 8 \cdot 10} \cdot \frac{1}{72^5} + \cdots$$

Die in den Koeffizienten gegenüber dem ersten Glied hinzukommenden Faktoren
$5/8$, $(5 \cdot 7):(8 \cdot 10)$ usw. sind jeweils kleiner als 1; ersetzt man sie durch 1,
so erhalt man mit

$$\frac{1 \cdot 3}{2 \cdot 4 \cdot 6} \cdot \frac{1}{72^3} \left(1 + \frac{1}{72} + \frac{1}{72^2} + \dots \right)$$

eine geometrische Reihe als Majorante. Ihre Summe ist nach III, 2.2

$$\frac{1 \cdot 3}{2 \cdot 4 \cdot 6} \cdot \frac{1}{72^3} \cdot \frac{1}{1 - 1/72} = 0,000004075, \quad \text{d.h. es ist } |R_3| < \frac{1}{2} \cdot 10^{-5}, \text{ und da-}$$

mit sind funf Dezimalen des Polynomwertes sicher richtig: $\sqrt{568} = 23,83275$.

7. $R_{n+1}(x) = \dfrac{f^{(n+1)}(\vartheta x)}{(n + 1)!} \; x^{n+1} = \dfrac{e^{\vartheta x}}{(n + 1)!} \; x^{n+1} \Rightarrow$

$|R_{n+1}(x)| = \dfrac{e^{\vartheta x}}{(n + 1)!} \; |x|^{n+1} < \dfrac{e^{|x|}}{(n + 1)!} \; |x|^{n+1} \quad$ (Abb.L5)

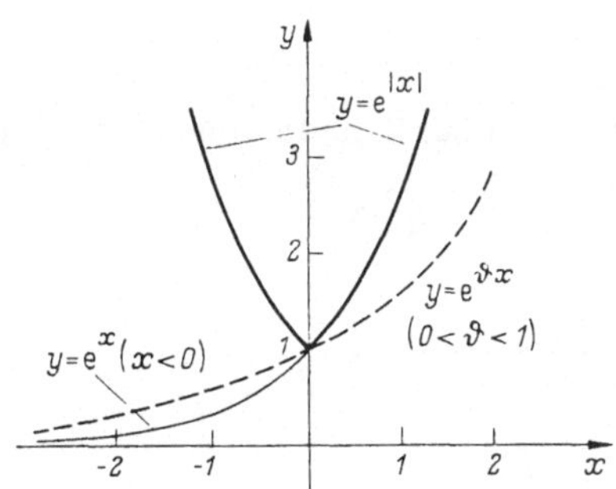

Abb.L5

Bekannt ist $\displaystyle\lim_{n \to \infty} \frac{|x|^{n+1}}{(n + 1)!} = 0$ für jedes feste $x \in \mathbb{R}$. Damit wird auch

$$\lim_{n \to \infty} e^{\vartheta x} \frac{|x|^{n+1}}{(n + 1)!} = e^{\vartheta x} \lim_{n \to \infty} \frac{|x|^{n+1}}{(n + 1)!} = 0,$$

also auch

$$e^{\vartheta x} \lim_{n \to \infty} \frac{x^{n+1}}{(n + 1)!} = 0.$$

Beachte: Hier hängt $f^{(n+1)}(\vartheta x)$ speziell nicht von n ab!

8. $f^{(n)}(x) = \sin\left(x + n \cdot \dfrac{\pi}{2}\right)$, $f^{(n)}(0) = \sin\left(n \cdot \dfrac{\pi}{2}\right)$

$$= \begin{cases} 0 & \text{für } n \text{ gerade } (= 2k) \\[2mm] (-1)^k & \text{für } n \text{ ungerade } (= 2k+1) \end{cases}$$

$$f^{(2k+1)}(\vartheta x) = \sin\left(\vartheta x + (2k+1)\dfrac{\pi}{2}\right)$$

$$\left|\sin\left(\vartheta x + (2k+1)\dfrac{\pi}{2}\right)\right| \leqslant 1 \Rightarrow$$

$$\left|\dfrac{\sin\left(\vartheta x + (2k+1)\dfrac{\pi}{2}\right)}{(2k+1)!}\; x^{2k+1}\right| < \dfrac{|x|^{2k+1}}{(2k+1)!}$$

$$\lim_{k \to \infty} \dfrac{|x|^{2k+1}}{(2k+1)!} = 0 \Rightarrow \lim_{k \to \infty} R_{2k+1}(x) = 0.$$

2.4.4

1. $\displaystyle\sum_{i=0}^{3} c_i x^i = \left(1 - x + \dfrac{x^2}{2} - \dfrac{x^3}{6} + - \ldots\right)\left(1 - \dfrac{1}{2}x + \dfrac{3}{8}x^2 - \dfrac{5}{16}x^3 + - \ldots\right),$

wobei beim Ausmultiplizieren nur Glieder bis zur 3. Potenz zu berücksichtigen

sind $\Rightarrow P_3(x) = 1 - \dfrac{3}{2}x + \dfrac{11}{8}x^2 - \dfrac{53}{48}x^3$.

2. a) $\dfrac{1}{f(x)} = 1 - x + \dfrac{1}{3}x^2 - \dfrac{1}{15}x^3 + - \ldots$

   b) $\sqrt{f(x)} = 1 + \dfrac{1}{2}x + \dfrac{5}{24}x^2 + \dfrac{23}{240}x^3 + \ldots$

3. $P_4(x) = 1 + ax + \dfrac{1}{2}(a^2 - b^2)x^2 + \dfrac{a}{2}\left(\dfrac{a^2}{3} - b^2\right)x^3 + \dfrac{1}{4}\left(\dfrac{a^4}{6} + \dfrac{b^4}{6} - a^2 b^2\right)x^4.$

4. φ ist gerade Funktion, also treten nur gerade Potenzen in der Reihenentwicklung auf:

$$\varphi(x) = c_0 + c_2 x^2 + c_4 x^4 + c_6 x^6 + \ldots$$

$$= \left(1 - \dfrac{x^2}{2!} + \dfrac{x^4}{4!} - \dfrac{x^6}{6!} + - \ldots\right) : \left(1 - \dfrac{x^2}{3!} + \dfrac{x^4}{5!} - \dfrac{x^6}{7!} + - \ldots\right)$$

$$\left(c_0 + c_2 x^2 + c_4 x^4 + \ldots\right)\left(1 - \dfrac{x^2}{3!} + \dfrac{x^4}{5!} - \dfrac{x^6}{7!} + - \ldots\right) = 1 - \dfrac{x^2}{2!} + \dfrac{x^4}{4!} - \dfrac{x^6}{6!} + - \ldots$$

$$\Rightarrow c_0 = 1, \quad c_2 = -\dfrac{1}{3}, \quad c_4 = -\dfrac{1}{45}, \quad c_6 = -\dfrac{2}{945}.$$

5. a) $f(x) = 1 - 2x - 4x^3 - 4x^4 - 12x^5 - \ldots$

   b) $f(x) = \dfrac{1}{6} \cdot \dfrac{1}{x - \frac{1}{2}} + \dfrac{4}{3} \cdot \dfrac{1}{x + 1} = \dfrac{4}{3(x + 1)} - \dfrac{1}{3(1 - 2x)}$

$$= \frac{4}{3}(1 - x + x^2 - x^3 + x^4 - + \ldots) - \frac{1}{3}(1 + 2x + 4x^2 + 8x^3 + 16x^4 + \ldots)$$

$$= 1 - 2x - 4x^3 - 4x^4 - 12x^5 - \ldots$$

   c) $\mathfrak{B} = \{x \mid -1 < x < 1\} \cap \left\{ x \mid -\frac{1}{2} < x < \frac{1}{2} \right\} = \left\{ x \mid -\frac{1}{2} < x < \frac{1}{2} \right\}$

     (Durchschnitt beider Mengen; vgl. I, 1.1.3).

6. $x^2 = y^2 - \frac{1}{3} y^4 + - \ldots, \quad x^3 = y^3 - \frac{1}{2} y^5 + - \ldots \Rightarrow x^5 = y^5 + - \ldots$

$$y \equiv a_1\left(y - \frac{y^3}{6} + \frac{y^5}{120} - + \ldots \right) + a_3\left(y^3 - \frac{1}{2} y^5 - + \ldots \right) + a_5(y^5 + \ldots)$$

$$\Rightarrow a_1 = 1, \quad a_3 = \frac{1}{6}, \quad a_5 = \frac{3}{40}.$$

7. $f(x) = a_0 + a_1 x + a_2 x^2 + a_3 x^3 + a_4 x^4 + \ldots$

$f(2x) = a_0 + 2a_1 x + 4a_2 x^2 + 8a_3 x^3 + 16a_4 x^4 + \ldots$

$$\Rightarrow f(x) \cdot f(2x) = a_0^2 + 3a_0 a_1 x + \left(5a_0 a_2 + 2a_1^2 \right)x^2 + (9a_0 a_3 + 6a_1 a_2)x^3$$

$$+ \left(17a_0 a_4 + 10a_1 a_3 + 4a_2^2 \right)x^4 + \ldots$$

$$\equiv f(3x) = a_0 + 3a_1 x + 9a_2 x^2 + 27a_3 x^3 + 81a_4 x^4 + \ldots \Rightarrow$$

$$a_0^2 = a_0 \wedge a_0 \neq 0 \Rightarrow a_0 = 1; \quad 3a_0 a_1 = 3a_1 \Rightarrow 3a_1 = 3a_1$$

$$(\Rightarrow a_1 \in \mathbb{R} \text{ bleibt beliebig wählbar!}); \quad 4a_2 = 2a_1^2 \Rightarrow a_2 = \frac{1}{2} a_1^2 ;$$

$$18a_3 = 3a_1^3 \Rightarrow a_3 = \frac{1}{6} a_1^3 ; \quad 64a_4 = \frac{8}{3} a_1^4 \Rightarrow a_4 = \frac{1}{24} a_1^4 ;$$

allgemein: $a_n = \dfrac{1}{n!} a_1^n \quad (n = 0, 1, 2, \ldots)$

$$\Rightarrow f(x) = 1 + (a_1 x) + \frac{(a_1 x)^2}{2!} + \frac{(a_1 x)^3}{3!} + \frac{(a_1 x)^4}{4!} + \ldots$$

$$\Rightarrow f(x) = e^{a_1 x}.$$

8. $[f(x)]^2 = a_0^2 + 2a_0a_2x^2 + \left(a_2^2 + 2a_0a_4\right)x^4 + 2(a_0a_6 + a_2a_4)x^6 + \dots$

$f(2x) = a_0 + 4a_2x^2 + 16a_4x^4 + 64a_6x^6 + \dots$

$\Rightarrow 1 + a_0 + 4a_2x^2 + 16a_4x^4 + 64a_6x^6 + \dots \equiv 2a_0^2 + 4a_0a_2x^2$

$+ 2\left(a_2^2 + 2a_0a_4\right)x^4 + 4(a_0a_6 + a_2a_4)x^6 + \dots$

<u>1. Lösung</u>: $a_0 = 1$, $a_2 \in \mathbb{R}$ (beliebig), $a_4 = \frac{1}{6}a_2^2$, $a_6 = \frac{1}{90}a_2^3$

$\Rightarrow f(x) = 1 + a_2x^2 + \frac{1}{6}a_2^2x^4 + \frac{1}{90}a_2^3x^6 + \dots = 1 + 2a_2\frac{x^2}{2!}$

$+ 4a_2^2\frac{x^4}{4!} + 8a_2^3\frac{x^6}{6!} + \dots = \cos(\sqrt{-2a_2}\cdot x)$, falls $-a_2 \in \mathbb{R}^+$,

bzw. $f(x) = \cosh(\sqrt{2a_2}\cdot x)$, falls $a_2 \in \mathbb{R}^+$ (vgl. Band I, Seite 354).

<u>2. Lösung</u>: $a_0 = -\frac{1}{2}$, $a_2 = a_4 = a_6 = \dots = 0 \Rightarrow f(x) = -\frac{1}{2}$.

9. $\left(2a_2x + 6a_3x^2 + 12a_4x^3 + \dots\right) + \left(a_1 + 2a_2x + 3a_3x^2 + 4a_4x^3 + \dots\right)$

$+ \left(1 + a_1x + a_2x^2 + a_3x^3 + \dots\right) \equiv 0 \Rightarrow a_1 = -1$, $a_2 = \frac{1}{4}$,

$a_3 = -\frac{1}{4\cdot 9}$, $a_4 = \frac{1}{4\cdot 9\cdot 16}$, $\dots$, $a_n = (-1)^n \frac{1}{(n!)^2}$

$\Rightarrow f(x) = \sum_{n=0}^{\infty} (-1)^n \frac{1}{(n!)^2}\cdot x^n$

Konvergenzbereich: $r = \lim_{n\to\infty}\left|\frac{a_n}{a_{n+1}}\right| = \lim_{n\to\infty}\frac{(n+1)!^2}{n!^2} = \lim_{n\to\infty}(n+1)^2 = \infty$

$\Rightarrow$ die Reihe ist beständig konvergent (alle $x \in \mathbb{R}$).

10. Ansatz: $y = 2 + x + a_2x^2 + a_3x^3 + a_4x^4 + a_5x^5 + \dots \Rightarrow$

$y' = 1 + 2a_2x + 3a_3x^2 + 4a_4x^3 + 5a_5x^4 + \dots \Rightarrow$

$y'' = 2a_2 + 6a_3x + 12a_4x^2 + 20a_5x^3 + \dots$

$\Rightarrow a_2 = 2$, $a_3 = \frac{2}{3}$, $a_4 = \frac{5}{12}$, $a_5 = \frac{1}{6}$.

<u>2.4.5</u>

1. $\dfrac{1}{\sqrt{1-x^2}} = 1 + \frac{1}{2}x^2 + \frac{3}{8}x^4 + \frac{5}{16}x^6 + \dots \wedge |x| < 1$ (*)

$\left(\text{binomische Reihe mit Exponenten } -\frac{1}{2}\right)$

$$\int \frac{dx}{\sqrt{1-x^2}} = x + \frac{x^3}{6} + \frac{3x^5}{40} + \frac{5x^7}{112} + \ldots \quad (C = 0)$$

Die Darstellung gilt wegen (*) nur für $|x| < 1$.

2. a) $\dfrac{1}{1-x^2} = 1 + x^2 + x^4 + x^6 + \ldots \wedge |x| < 1$

(geometrische Reihe mit Anfangsglied 1 und Quotienten x^2);
Integration liefert

$$\int \frac{dx}{1-x^2} = \operatorname{artanh} x = x + \frac{x^3}{3} + \frac{x^5}{5} + \frac{x^7}{7} + \ldots \quad (C = 0)$$

wieder für $|x| < 1$.

b) $\dfrac{1}{1-x^2}$ muß so umgeformt werden, daß sich als Quotient $\dfrac{1}{x^2}$ ergibt, denn dann

konvergiert die betreffende geometrische Reihe für

$$\left| \frac{1}{x^2} \right| < 1 \Leftrightarrow \frac{1}{|x|} < 1 \Leftrightarrow |x| > 1$$

$$\frac{1}{1-x^2} = - \frac{1}{x^2} \cdot \frac{1}{1 - \frac{1}{x^2}} = - \frac{1}{x^2} \left(1 + \frac{1}{x^2} + \frac{1}{x^4} + \ldots \right)$$

$$\int \frac{dx}{1-x^2} = \operatorname{arcoth} x = \frac{1}{x} + \frac{1}{3}\left(\frac{1}{x}\right)^3 + \frac{1}{5}\left(\frac{1}{x}\right)^5 + \ldots \wedge |x| > 1$$

($C = 0$ folgt, wenn man beiderseits $x \to \infty$ gehen läßt).

3. $y' = \tan x = a_1 x + a_3 x^3 + a_5 x^5 + \ldots$ (ungerade Funktion!)

$$x = \operatorname{Arc} \tan y' = y' - \frac{(y')^3}{3} + \frac{(y')^5}{5} - + \ldots \quad \text{(bekannt)}$$

$$x^2 = (y')^2 - \frac{2}{3}(y')^4 + - \ldots, \quad x^3 = (y')^3 - (y')^5 + - \ldots$$

$$x^5 = (y')^5 + - \ldots \quad \text{eingesetzt in die } \tan x \text{ - Reihe ergibt}$$

$a_1 = 1$, $a_3 = \dfrac{1}{3}$, $a_5 = \dfrac{2}{15}$ als Koeffizienten. Integration:

$$\int \tan x \, dx = - \ln \cos x = \int \left[x + \frac{1}{3} x^3 + \frac{2}{15} x^5 + \ldots \right] dx$$

$$= \frac{1}{2} x^2 + \frac{1}{12} x^4 + \frac{1}{45} x^6 + \ldots \quad (C = 0 \text{ folgt für } x = 1)$$

Konvergenzbereich $\mathfrak{B} = \{x \mid |x| < \pi/2\}$.

2.4.6

1. a) $\sin x = \frac{1}{2}\sqrt{3} + \frac{1}{2}\left(x - \frac{\pi}{3}\right) - \frac{1}{4}\sqrt{3}\left(x - \frac{\pi}{3}\right)^2 - \frac{1}{12}\left(x - \frac{\pi}{3}\right)^3$

$$+ \frac{\sqrt{3}}{48}\left(x - \frac{\pi}{3}\right)^4 + \frac{1}{240}\left(x - \frac{\pi}{3}\right)^5 -- ++ \dots$$

   b) $\cosh x = \cosh 2 - \sinh 2 \cdot (x + 2) + \frac{\cosh 2}{2!}(x + 2)^2 - \frac{\sinh 2}{3!}(x + 2)^3$

$$+ \frac{\cosh 2}{4!}(x + 2)^4 - + \dots = 3{,}7622 - 3{,}6269(x + 2) + 1{,}8811(x + 2)^2$$

$$- 0{,}6045(x + 2)^3 + 0{,}1568(x + 2)^4 - + \dots$$

   c) $5x^4 - x^3 + 2x - 6 = 5(x - 3)^4 + 59(x - 3)^3 + 261(x - 3)^2 + 515(x - 3) + 378$

   (ohne Differentialrechnung, mit Vollständigem Horner-Schema)

   d) $\dfrac{1}{x - 4} = -\dfrac{1}{5} - \dfrac{x + 1}{25} - \dfrac{(x + 1)^2}{125} - \dfrac{(x + 1)^3}{625} - \dfrac{(x + 1)^4}{3125} - \dots$

$$= -\sum_{n=0}^{\infty} \frac{(x + 1)^n}{5^{n+1}} \ ; \ \text{Umformung:} \ \frac{1}{x - 4} \equiv -\frac{1}{5} \cdot \frac{1}{1 - \dfrac{x + 1}{5}}$$

   $\Rightarrow$ diese Reihendarstellung gilt für $\left|\dfrac{x + 1}{5}\right| < 1 \Leftrightarrow |x + 1| < 5 \Leftrightarrow -6 < x < 4$.

2. $\tan\left(\dfrac{\pi}{4} + h\right) = 1 + 2h + 2h^2 + \dfrac{8}{3}h^3 + \dfrac{10}{3}h^4 + \dots$

   $\tan 47^{\circ} = 1{,}07237$ (auf sechs Dezimalen heißt der Polynomwert $1{,}072368$, der Rechnerwert hingegen $1{,}072369$, d.h. fünf Dezimalen werden richtig).

3. 1. Form: $\ln(1 + h) = h - \dfrac{1}{2}h^2 + \dfrac{1}{3}h^3 - \dfrac{1}{4}h^4 + - \dots + (-1)^{n-1} \cdot \dfrac{1}{n} \cdot h^n$

$$+ (-1)^n \cdot \frac{h^{n+1}}{(1 + \vartheta h)^{n+1}(n + 1)} \ .$$

   2. Form: $\ln x = (x - 1) - \dfrac{1}{2}(x - 1)^2 + \dfrac{1}{3}(x - 1)^3 - \dfrac{1}{4}(x - 1)^4 + \dots$

$$+ (-1)^{n-1} \cdot \frac{(x - 1)^n}{n} + (-1)^n \cdot \frac{(x - 1)^{n+1}}{[1 + \vartheta(x - 1)]^{n+1}(n + 1)}$$

   (es ist $h = x - 1$). Abschätzung: Für $1 \leqslant x \leqslant 2 \wedge 0 < \vartheta < 1$ ist (für das Restglied in der 2. Form)

$$\frac{|x - 1|}{|1 + \vartheta(x - 1)|} < 1 \Rightarrow \left|\frac{x - 1}{1 + \vartheta(x - 1)}\right|^{n+1} < 1$$

$$|R_{n+1}(x)| = \left| \frac{x-1}{1+\vartheta(x-1)} \right|^{n+1} \cdot \frac{1}{n+1} < \frac{1}{n+1} \to 0 \quad \text{für } n \to \infty \Rightarrow$$

$$\lim_{n \to \infty} |R_{n+1}(x)| = 0 \Rightarrow \lim_{n \to \infty} R_{n+1}(x) = 0.$$

<u>2.5</u>

1. $I = \dfrac{1}{2} \displaystyle\int_0^1 \frac{dx}{\sqrt[3]{1-(x/2)^2}}$; $\left[1 - \left(\dfrac{x}{2}\right)^2 \right]^{-\frac{1}{3}} = 1 + \dfrac{x^2}{12} + \dfrac{x^4}{72} + \dfrac{7x^6}{2592} + \cdots$

$$I = \frac{1}{2} \left[x + \frac{x^3}{36} + \frac{x^5}{360} + \frac{7x^7}{18144} + \cdots \right]_0^1 = 0,5155.$$

2. $\dfrac{1}{\sqrt[4]{1-x^3}} = (1-x^3)^{-\frac{1}{4}} = 1 + \dfrac{1}{4}x^3 + \dfrac{5}{32}x^6 + \dfrac{15}{128}x^9 + - \cdots$

$$I = \left[x + \frac{1}{16}x^4 + \frac{5}{224}x^7 + \frac{15}{1280}x^{10} + \cdots \right]_0^{0,5}$$

$$= 0,5 + 0,003906 + 0,000174 + 0,000011$$

man erkennt, monotone Abnahme der Glieder vorausgesetzt, daß das nächste
Glied die 4. Dezimale sicher nicht mehr beeinflußt: deshalb reicht die angeschriebene Entwicklung aus. Ergebnis: $I = 0,5041$.

3. $\dfrac{\sin x}{\sqrt{1-x^2}} = \left(x - \dfrac{x^3}{6} + \dfrac{x^5}{120} - + \cdots \right)\left(1 + \dfrac{1}{2}x^2 + \dfrac{3}{8}x^4 + \cdots \right)$

$$= x + \frac{1}{3}x^3 + \frac{3}{10}x^5 + \cdots; \quad I = \left[\frac{x^2}{2} + \frac{x^4}{12} + \frac{x^6}{20} + \cdots \right]_0^{0,2} = 0,020137$$

(6 Dezimalen sind richtig!)

4. a) $\Phi(x) = \dfrac{2}{\sqrt{\pi}} \displaystyle\int_0^x \left[1 - t^2 + \dfrac{1}{2!}t^4 - \dfrac{1}{3!}t^6 + \dfrac{1}{4!}t^8 - + \cdots \right] dt$

$$= \frac{2}{\sqrt{\pi}} \left(x - \frac{x^3}{3 \cdot 1!} + \frac{x^5}{5 \cdot 2!} - \frac{x^7}{7 \cdot 3!} + \frac{x^9}{9 \cdot 4!} - + \cdots \right)$$

$$= \frac{2}{\sqrt{\pi}} \sum_{n=0}^{\infty} (-1)^n \frac{x^{2n+1}}{(2n+1)n!} \quad \wedge \quad x \in \mathbb{R}.$$

b) $\Phi(0,5) = 0,5205$

5. $\dfrac{e^t}{t} = \dfrac{1}{t} + 1 + \dfrac{t}{2!} + \dfrac{t^2}{3!} + \ldots,\quad F(x) = \ln x + x + \dfrac{x^2}{2 \cdot 2!} + \dfrac{x^3}{3 \cdot 3!} + \ldots$

$$- 1 - \dfrac{1}{2 \cdot 2!} - \dfrac{1}{3 \cdot 3!} - \ldots = \ln x + \sum_{n=1}^{\infty} \dfrac{x^n}{n \cdot n!} - \sum_{n=1}^{\infty} \dfrac{1}{n \cdot n!}$$

$F(2) = 3,05912;\quad$ mind. bis zu $\dfrac{x^{11}}{11 \cdot 11!}$

6. $\displaystyle\int_0^1 \cos(x^2)\,dx = \left[\, x - \dfrac{x^5}{5 \cdot 2!} + \dfrac{x^9}{9 \cdot 4!} - \dfrac{x^{13}}{13 \cdot 6!} + - \ldots \,\right]_0^1 = 0,90452$

<u>2.6</u>

1. $\displaystyle s = \int_0^{\varphi} \sqrt{\dot x^2 + \dot y^2}\;d\psi = \int_0^{\varphi} \sqrt{a^2\cos^2\psi + b^2\sin^2\psi}\;d\psi$

$$= a \int_0^{\varphi} \sqrt{1 - \varepsilon^2\sin^2\psi}\;d\psi,\quad s = \dfrac{1}{4}U \ \text{für}\ \varphi = \dfrac{\pi}{2}.$$

Reihenentwicklung, entsprechend wie bei Beispiel 1, ergibt:

$$\dfrac{1}{4}U = a\left\{ [\varphi]_0^{\pi/2} - \dfrac{1}{2}\varepsilon^2 \int_0^{\pi/2} \sin^2\varphi\,d\varphi - \dfrac{1}{8}\varepsilon^4 \int_0^{\pi/2} \sin^4\varphi\,d\varphi \right.$$

$$\left. - \dfrac{1}{16}\varepsilon^6 \int_0^{\pi/2} \sin^6\varphi\,d\varphi - \ldots \right\} \Rightarrow U \approx 2\pi a\left(1 - \dfrac{\varepsilon^2}{4} - \dfrac{3\varepsilon^4}{64} - \dfrac{5\varepsilon^6}{256}\right) = P_6(\varepsilon)$$

2. $k\cos x\,dx = \cos y\,dy \Rightarrow \displaystyle\int \dfrac{\cos y\,dy}{k\cos x\,\sqrt{1 - \sin^2 y}} = \dfrac{1}{k}\int \dfrac{dy}{\cos x}$

$$= \dfrac{1}{k}\int \dfrac{dy}{\sqrt{1 - \dfrac{1}{k^2}\sin^2 y}} \quad \wedge \quad \dfrac{1}{k^2} < 1.$$

3. $k\cos x\,dx = (1 + \tan^2 y)\,dy \Rightarrow dx = \dfrac{1 + \tan^2 y}{\sqrt{k^2 - \tan^2 y}}\,dy$

$$\int \dfrac{\sqrt{1 + \tan^2 y}}{\sqrt{k^2 - \tan^2 y}}\,dy = \int \dfrac{dy}{\sqrt{k^2\cos^2 y - \sin^2 y}} = \dfrac{1}{k}\int \dfrac{dy}{\sqrt{1 - \dfrac{1 + k^2}{k^2}\sin^2 y}}$$

Da $\dfrac{1 + k^2}{k^2} > 1$ ist, muß gemäß Aufgabe 2 noch $\dfrac{1}{k}\sqrt{1 + k^2}\,\sin y = \sin z$ substituiert werden, um ein elliptisches Integral 1. Gattung in z zu erhalten.

4. $s = \displaystyle\int \frac{a^2\,dr}{\sqrt{a^4 - r^4}} = a^2 \int \frac{dr}{\sqrt{a^4 - r^4}} \overset{(*)}{=} a \int \frac{dt}{\sqrt{1 - t^4}}$; $(*): \dfrac{r}{a} = t$

$t = \tan\varphi,\ dt = (1 + \tan^2\varphi)\,d\varphi,\ a \displaystyle\int \frac{1 + \tan^2\varphi}{\sqrt{(1 + \tan^2\varphi)(1 - \tan^2\varphi)}}\,d\varphi$

$= a \displaystyle\int \sqrt{\frac{1 + \tan^2\varphi}{1 - \tan^2\varphi}}\,d\varphi = a \int \frac{d\varphi}{\sqrt{\cos^2\varphi - \sin^2\varphi}} = a \int \frac{d\varphi}{\sqrt{1 - 2\sin^2\varphi}}$

Mit der in Aufgabe 2 dieses Abschnitts behandelten Substitution läßt sich dieses Integral in ein elliptisches Integral 1. Gattung umwandeln.

2.7.1

1. $f(x)$ ist ungerade, also sind alle $a_n = 0$.

$b_n = \dfrac{1}{\pi} \displaystyle\int_{-\pi}^{0} f(x)\sin nx\,dx + \dfrac{1}{\pi} \int_{0}^{\pi} f(x)\sin nx\,dx$

$= \dfrac{2}{\pi} \displaystyle\int_{0}^{\pi} f(x)\sin nx\,dx = \dfrac{2}{\pi} \int_{\pi/4}^{3\pi/4} A\sin nx\,dx = -\dfrac{2A}{n\pi}\Big[\cos nx\Big]_{\pi/4}^{3\pi/4}$

$= \dfrac{2A}{n\pi}\left(\cos n\dfrac{\pi}{4} - \cos n\dfrac{3\pi}{4}\right) = \dfrac{4A}{n\pi}\sin n\dfrac{\pi}{2}\sin n\dfrac{\pi}{4}$ [1]

$\Rightarrow b_1 = \dfrac{4A}{\pi}\cdot\dfrac{1}{\sqrt{2}}$, $b_2 = 0$, $b_3 = -\dfrac{4A}{3\pi}\cdot\dfrac{1}{\sqrt{2}}$, $b_4 = 0$,

$b_5 = -\dfrac{4A}{5\pi}\cdot\dfrac{1}{\sqrt{2}}$, $b_6 = 0$, $b_7 = \dfrac{4A}{7\pi}\cdot\dfrac{1}{\sqrt{2}}$, $b_8 = 0$, $b_9 = \dfrac{4A}{9\pi}\cdot\dfrac{1}{\sqrt{2}}$ etc.

$f(x) = \dfrac{4A}{\pi\sqrt{2}}\left(\sin x - \dfrac{1}{3}\sin 3x - \dfrac{1}{5}\sin 5x + \dfrac{1}{7}\sin 7x + \dfrac{1}{9}\sin 9x - {-}{+}{+}\ldots\right)$

2. $f(x)$ ist ungerade $\Rightarrow$ alle $a_n = 0$.

$b_n = \dfrac{2}{\pi} \displaystyle\int_{0}^{\pi} f(x)\sin nx\,dx = \dfrac{2}{\pi} \int_{0}^{\pi/2} \dfrac{2A}{\pi}x\sin nx\,dx + \dfrac{2}{\pi} \int_{\pi/2}^{\pi} A\sin nx\,dx$

---

[1] $\cos\alpha - \cos\beta = -2\sin\dfrac{\alpha + \beta}{2}\sin\dfrac{\alpha - \beta}{2}$

$$= \frac{4A}{\pi^2} \int_0^{\pi/2} x \sin nx \, dx + \frac{2A}{\pi} \int_{\pi/2}^{\pi} \sin nx \, dx$$

$$= \frac{4A}{\pi^2} \left(- \frac{\pi \cos\left(n \cdot \frac{\pi}{2}\right)}{2n} + \frac{\sin\left(n \cdot \frac{\pi}{2}\right)}{n^2} \right) + \frac{2A}{\pi} \left(\frac{\cos\left(n \cdot \frac{\pi}{2}\right)}{n} - \frac{\cos n\pi}{n} \right)$$

$$= \frac{2A}{\pi} \left(\frac{2}{\pi} \frac{\sin\left(n \cdot \frac{\pi}{2}\right)}{n^2} - \frac{\cos n\pi}{n} \right)$$

$$\Rightarrow f(x) = \frac{2A}{\pi} \sum_{n=1}^{\infty} \left(\frac{2}{\pi} \frac{\sin\left(n \cdot \frac{\pi}{2}\right)}{n^2} - \frac{\cos n\pi}{n} \right)$$

$$= A(1,0419 \sin x - 0,3183 \sin 2x + 0,1672 \sin 3x$$
$$- 0,1592 \sin 4x + 0,1435 \sin 5x - 0,1061 \sin 6x$$
$$+ 0,0827 \sin 7x - + \ldots)$$

3. Gerade Funktion! Alle $b_n = 0$. $a_0 = \frac{A}{4}$ (auch direkt aus Abb.63)

$$a_n = \frac{1}{\pi} \int_{-\pi}^{0} f(x) \cos nx \, dx + \frac{1}{\pi} \int_0^{\pi} f(x) \cos nx \, dx = \frac{2}{\pi} \int_0^{\pi} f(x) \cos nx \, dx$$

$$f(x) = - \frac{2A}{\pi} x + A \quad \text{für} \quad x \in \left[0; \frac{\pi}{2} \right], \quad f(x) \equiv 0 \quad \text{für} \quad x \in \left[\frac{\pi}{2} ; \pi \right]$$

$$a_n = - \frac{4A}{\pi^2} \int_0^{\pi/2} x \cos nx \, dx + \frac{2A}{\pi} \int_0^{\pi/2} \cos nx \, dx$$

$$= - \frac{4A}{\pi^2} \left(\frac{\pi \sin\left(n \cdot \frac{\pi}{2}\right)}{2n} + \frac{1}{n^2} \cos\left(n \cdot \frac{\pi}{2}\right) - \frac{1}{n^2} \right) + \frac{2A}{\pi} \cdot \frac{\sin\left(n \cdot \frac{\pi}{2}\right)}{n}$$

$$= \frac{4A}{\pi^2 n^2} \left(1 - \cos n \frac{\pi}{2} \right) \quad \text{für} \quad n = 1,2,3,\ldots$$

$$\Rightarrow f(x) = \frac{A}{4} + \frac{4A}{\pi^2} \cos x + \frac{2A}{\pi^2} \cos 2x + \frac{4A}{9\pi^2} \cos 3x + \frac{4A}{25\pi^2} \cos 5x + \ldots$$

$$= A(0,2500 + 0,4053 \cos x + 0,2026 \cos 2x + 0,0450 \cos 3x$$
$$+ 0,0162 \cos 5x + \ldots)$$

4. Gerade Funktion! Alle $b_n = 0$. $a_0 = \frac{3A}{4}$ (auch direkt aus Abb.64)

$$f(x) = \frac{2A}{\pi} x \quad \text{für} \quad x \in \left[0; \frac{\pi}{2} \right] \quad \text{und} \quad f(x) = A \quad \text{für} \quad x \in \left[\frac{\pi}{2} ; \pi \right]$$

(Hinweis beachten!) $\quad a_n = \dfrac{4A}{\pi^2} \displaystyle\int_0^{\pi/2} x \cos nx \, dx + \dfrac{2A}{\pi} \displaystyle\int_{\pi/2}^{\pi} \cos nx \, dx$

$$= \frac{4A}{\pi^2}\left[\frac{x \sin nx}{n} + \frac{\cos nx}{n^2}\right]_0^{\pi/2} + \frac{2A}{\pi}\left[\frac{\sin nx}{n}\right]_{\pi/2}^{\pi} = -\frac{4A}{\pi^2}\,\frac{1 - \cos\left(n\cdot\frac{\pi}{2}\right)}{n^2}$$

$$\Rightarrow a_1 = -\frac{4A}{\pi^2}, \quad a_2 = -\frac{4A}{\pi^2}\cdot\frac{2}{2^2}, \quad a_3 = -\frac{4A}{\pi^2}\cdot\frac{1}{3^2}, \quad a_4 = 0,$$

$$a_5 = -\frac{4A}{\pi^2}\cdot\frac{1}{5^2}, \quad a_6 = -\frac{4A}{\pi^2}\cdot\frac{2}{6^2}, \quad a_7 = -\frac{4A}{\pi^2}\cdot\frac{1}{7^2}, \quad a_8 = 0, \quad a_9 = -\frac{4A}{\pi^2}\cdot\frac{1}{9^2}, \ldots$$

$$f(x) = \frac{3A}{4} - \frac{4A}{\pi^2}\left(\cos x + \frac{2}{2^2}\cos 2x + \frac{1}{3^2}\cos 3x + \frac{1}{5^2}\cos 5x \right.$$

$$\left. + \frac{2}{6^2}\cos 6x + \frac{1}{7^2}\cos 7x + \frac{1}{9^2}\cos 9x + \ldots\right)$$

$$f(x) = \frac{3A}{4} - \frac{2A}{\pi^2}\left(\cos x + \frac{1}{3^2}\cos 3x + \frac{1}{5^2}\cos 5x + \ldots\right) - \frac{A}{\pi}\left(\sin x + \frac{1}{2}\sin 2x + \frac{1}{3}\sin 3x + \ldots\right)$$

5. $f(x) = \dfrac{A}{\pi} x$ für $x \in [0;\pi]$, $f(x) = A$ fur $x \in [\pi; 2\pi]$.

$$a_0 = \frac{1}{2\pi}\left(\frac{A}{\pi}\int_0^{\pi} x\, dx + A \int_{\pi}^{2\pi} dx\right) = \frac{3A}{4} \quad \text{(auch direkt aus Abb.64 ablesbar!)}$$

$$a_n = \frac{1}{\pi}\left(\frac{A}{\pi}\int_0^{\pi} x \cos nx\, dx + A \int_{\pi}^{2\pi} \cos nx\, dx\right) = \frac{A}{\pi^2}\,\frac{\cos n\pi - 1}{n^2}$$

$$b_n = \frac{1}{\pi}\left(\frac{A}{\pi}\int_0^{\pi} x \sin nx\, dx + A \int_{\pi}^{2\pi} \sin nx\, dx\right) = -\frac{A}{n\pi}$$

$$f(x) = \frac{3A}{4} - \frac{2A}{\pi^2}\left(\cos x + \frac{1}{3^2}\cos 3x + \frac{1}{5^2}\cos 5x + \ldots\right) - \frac{A}{\pi}\left(\sin x + \frac{1}{2}\sin 2x + \frac{1}{3}\sin 3x + \ldots\right)$$

6. a) Abb.L6 (Lage von A auf der y-Achse beliebig)

   b) Ungerade Funktion! Alle $a_n = 0$, auch a_0.

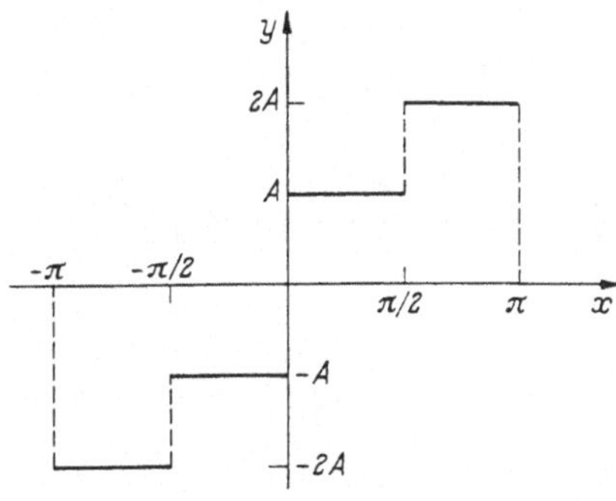

Abb.L6

$$b_n = \frac{1}{\pi} \int\limits_{-\pi}^{\pi} f(x)\sin nx\, dx = \frac{2}{\pi} \int\limits_{0}^{\pi} f(x)\sin nx\, dx$$

$$= \frac{2A}{\pi} \left(\int\limits_{0}^{\pi/2} \sin nx\, dx + 2 \int\limits_{\pi/2}^{\pi} \sin nx\, dx \right)$$

$$= \frac{2A}{\pi} \left\{ \left[-\frac{\cos nx}{n} \right]_{0}^{\pi/2} - 2 \left[\frac{\cos nx}{n} \right]_{\pi/2}^{\pi} \right\}$$

$$= \frac{2A}{n\pi} \left(1 + \cos n\frac{\pi}{2} - 2\cos n\pi \right) \quad \text{für } n = 1,2,3,\ldots$$

$$b_1 = \frac{2A}{\pi}\cdot 3,\quad b_2 = -\frac{2A}{\pi},\quad b_3 = \frac{2A}{\pi}\cdot\frac{3}{3},\quad b_4 = 0,$$

$$b_5 = \frac{2A}{\pi}\cdot\frac{3}{5},\quad b_6 = -\frac{2A}{\pi}\cdot\frac{1}{3},\quad b_7 = \frac{2A}{\pi}\cdot\frac{3}{7},\quad b_8 = 0,\quad b_9 = \frac{2A}{\pi}\cdot\frac{3}{9},\ldots$$

c) $f(x) = \dfrac{6A}{\pi} \left(\sin x - \dfrac{\sin 2x}{3} + \dfrac{\sin 3x}{3} + \dfrac{\sin 5x}{5} - \dfrac{\sin 6x}{9} + \dfrac{\sin 7x}{7} + \dfrac{\sin 9x}{9} - + \ldots \right)$

d) $f\left(\dfrac{\pi}{2}\right) = \dfrac{6A}{\pi} \left(1 - \dfrac{1}{3} + \dfrac{1}{5} - \dfrac{1}{7} + \dfrac{1}{9} - + \ldots \right) = \dfrac{6A}{\pi}\cdot\dfrac{\pi}{4} = \dfrac{3A}{2}$

(vgl. III, 2.4.5). Beachte: $f\left(\dfrac{\pi}{2}\right) = \dfrac{1}{2}\left(\lim\limits_{x\to\frac{\pi}{2}-} f(x) + \lim\limits_{x\to\frac{\pi}{2}+} f(x) \right) = \dfrac{3A}{2}.$

7. a) Abb.L7.

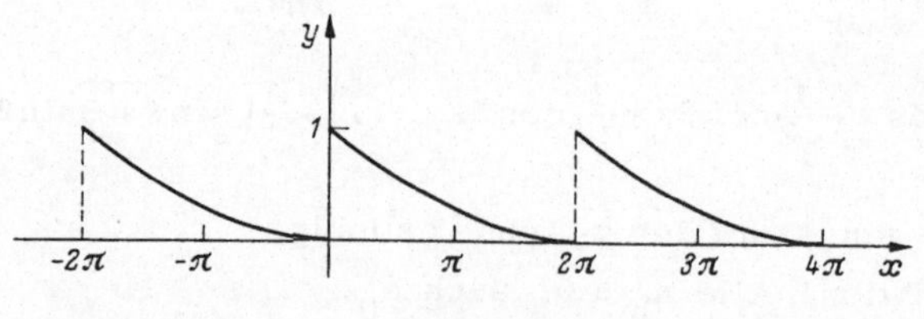

Abb.L7

b) $a_0 = \dfrac{1}{2\pi} \int\limits_{0}^{2\pi} \left(1 - \sin\dfrac{x}{4} \right) dx = \dfrac{1}{2\pi} \left[x + 4\cos\dfrac{x}{4} \right]_{0}^{2\pi} = 1 - \dfrac{2}{\pi} = 0{,}363$

$a_n = \dfrac{1}{\pi} \int\limits_{0}^{2\pi} \left(1 - \sin\dfrac{x}{4} \right)\cos nx\, dx = -\dfrac{1}{\pi} \int\limits_{0}^{2\pi} \sin\dfrac{x}{4}\cos nx\, dx$

$\sin\alpha\cos\beta = \dfrac{1}{2}\left[\sin(\alpha+\beta) + \sin(\alpha-\beta) \right]$ verwenden:

$$\int_0^{2\pi} \sin \frac{x}{4} \cos nx \, dx = \frac{1}{2} \int_0^{2\pi} \sin\left(n + \frac{1}{4}\right) x \, dx - \frac{1}{2} \int_0^{2\pi} \sin\left(n - \frac{1}{4}\right) x \, dx$$

$$= \frac{1}{2}\left[-\frac{\cos\left(n + \frac{1}{4}\right) x}{n + \frac{1}{4}} + \frac{\cos\left(n - \frac{1}{4}\right) x}{n - \frac{1}{4}} \right]_0^{2\pi} = \frac{1}{n + \frac{1}{4}} - \frac{1}{n - \frac{1}{4}}$$

$$a_n = \frac{4}{\pi} \frac{1}{(4n - 1)(4n + 1)} \quad \text{für } n = 1, 2, 3, \ldots$$

$$b_n = \frac{1}{\pi} \int_0^{2\pi} \left(1 - \sin \frac{x}{4}\right) \sin nx \, dx = -\frac{1}{\pi} \int_0^{2\pi} \sin \frac{x}{4} \sin nx \, dx$$

$$\sin \alpha \sin \beta = \frac{1}{2} \left[\cos(\alpha - \beta) - \cos(\alpha + \beta) \right] \text{ verwenden:}$$

$$\int_0^{2\pi} \sin \frac{x}{4} \sin nx \, dx = \frac{1}{2} \int_0^{2\pi} \cos\left(\frac{1}{4} - n\right) x \, dx - \frac{1}{2} \int_0^{2\pi} \cos\left(\frac{1}{4} + n\right) x \, dx$$

$$= -\frac{16n}{(4n - 1)(4n + 1)} \Rightarrow b_n = \frac{16}{\pi} \cdot \frac{n}{(4n - 1)(4n + 1)} \quad \text{für } n = 1, 2, 3, \ldots$$

$$f(x) = 0{,}363 + \frac{4}{\pi} \left(\frac{\cos x}{3 \cdot 5} - \frac{\cos 2x}{7 \cdot 9} + \frac{\cos 3x}{11 \cdot 13} + \ldots \right)$$

$$+ \frac{16}{\pi} \left(\frac{\sin x}{3 \cdot 5} + \frac{2 \sin 2x}{7 \cdot 9} + \frac{3 \sin 3x}{11 \cdot 13} + \ldots \right)$$

2.7.2

1. Ungerade Funktion, also $a(u) = 0$, $c(u) = b(u)$.

a) $$c(u) = \frac{A}{\pi \alpha} \int_{-\alpha}^{\alpha} s \cdot \sin us \, ds = \frac{2A}{\pi \alpha} \int_0^{\alpha} s \cdot \sin us \, ds$$

$$= \frac{2A}{\pi \alpha} \cdot \frac{\sin u\alpha - u\alpha \cdot \cos u\alpha}{u^2}$$

b) $$f(t) = \frac{2A}{\pi \alpha} \int_0^{\infty} \frac{\sin u\alpha - u\alpha \cos u\alpha}{u^2} \cdot \sin ut \, du$$

2. Gerade Funktion, also $b(u) = 0$, $c(u) = a(u)$.

$$c(u) = \frac{2}{\pi} \int_0^{\alpha} A \cos us\, ds = \frac{2A}{\pi} \cdot \frac{\sin u\alpha}{u}$$

$$f(t) = \frac{2A}{\pi} \int_0^{\infty} \frac{\sin u\alpha \cdot \cos ut}{u}\, du$$

Graph des Amplituden-Spektrums siehe Abb. L8

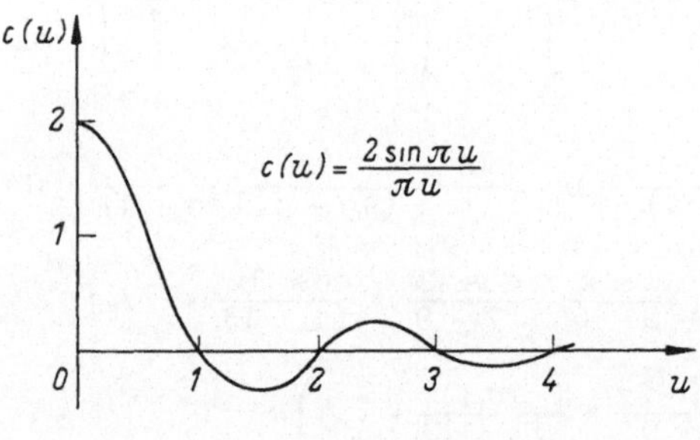

Abb. L8

<u>2.7.2</u>

3. $f(t) = \dfrac{1}{\pi} \displaystyle\int_{u=0}^{\infty} \left(\int_{s=-\infty}^{\infty} f(s) \cos u(s - t)\, ds \right) du$

$ = \dfrac{1}{\pi} \displaystyle\int_{s=-\infty}^{\infty} \left(\int_{u=0}^{\infty} f(s) \cos u(t - s)\, du \right) ds$

$ = \dfrac{1}{2\pi} \displaystyle\int_{s=-\infty}^{\infty} \left(\int_{u=-\infty}^{\infty} f(s) \cos u(t - s)\, du \right) ds$

$$= \frac{1}{2\pi} \int_{s=-\infty}^{\infty} \left(\int_{u=-\infty}^{\infty} f(s)[\cos u(t-s) + j \sin u(t-s)]du \right)ds$$

$$= \frac{1}{2\pi} \int_{s=-\infty}^{\infty} \left(\int_{u=-\infty}^{\infty} f(s)e^{ju(t-s)}du \right)ds$$

$$= \frac{1}{2\pi} \int_{u=-\infty}^{\infty} \left(\int_{s=-\infty}^{\infty} f(s)e^{jut} \cdot e^{-jus}ds \right)du$$

$$= \frac{1}{2\pi} \int_{u=-\infty}^{\infty} e^{jut} \left[\int_{s=-\infty}^{\infty} f(s)e^{-jus}ds \right]du$$

$$= \frac{1}{2\pi} \int_{u=-\infty}^{\infty} e^{jut}F(u)du$$

3.1

1. a) $C_1 = \dfrac{y^3}{y^2 - x^2} \Rightarrow 0 \equiv \dfrac{1}{(y^2 - x^2)^2} \left[(y^2 - x^2)3y^2y' - y^3(2yy' - 2x) \right]$

$\Rightarrow (3x^2 - y^2)y' - 2xy \equiv 0.$

b) $e^x(x^2 + y^2) + e^x(2x + 2yy') = 0$, $y' = \dfrac{dy}{dx}$ setzen; dann durch e^x und durch $x^2 + y^2$ dividieren.

c), d) lediglich differenzieren und einsetzen.

2. a) $(x - C)^2 + y^2 = r^2 \Rightarrow 2(x - C) + 2yy' = 0 \Rightarrow (yy')^2 + y^2 = r^2.$

b) $(x - C_1)^2 + (y - C_2)^2 = r^2 = 1.$ 1. Ableitung: $(x - C_1) + (y - C_2)y' = 0$

2. Ableitung: $1 + y'^2 + (y - C_2)y'' = 0 \Rightarrow y - C_2 = -(1 + y'^2)/y''$

$x - C_1 = y'(1 + y'^2)/y'' \Rightarrow y''^2 - (1 + y'^2)^3 = 0.$

3. $y = {}^{C}\!\log x \Leftrightarrow C^{y} = x$. Ableitung: $C^{y} \cdot \ln C \cdot y' = 1 \Rightarrow$

$$C = e^{\frac{1}{x \cdot y'}} \Rightarrow \left(e^{\frac{1}{x \cdot y'}} \right)^{y} = x \Rightarrow x \ln x \cdot y' - y = 0.$$

4. $y' = AB \sinh(Bx + C)$, $y'' = AB^{2} \cosh(Bx + C) = B^{2}y$, $y''' = B^{2}y'$,

$$\frac{y''}{y'''} = \frac{B^{2}y}{B^{2}y'} \Rightarrow yy''' - y''y' = 0.$$

5. a) $y' = \frac{a}{2}\,\frac{1}{\cos^{2}\frac{x}{2}}$, $\frac{y'}{y} = \frac{1}{2\cos^{2}\frac{x}{2}} \cdot \frac{\cos\frac{x}{2}}{\sin\frac{x}{2}} = \frac{1}{2\cos\frac{x}{2}\sin\frac{x}{2}} = \frac{1}{\sin x}$

       $\Rightarrow y' \sin x - y = 0$ (*)

   b) y' in (*) ersetzen durch $-\frac{1}{y'}$ ergibt $\sin x + yy' = 0$ als Differentialgleichung der Orthogonalschar.

6. $y' = C_{1} + 2C_{2}x + \ldots + nC_{n}x^{n-1}$, $y'' = 2C_{2} + \ldots + n(n-1)C_{n}x^{n-2}, \ldots, y^{(n)} = n!C_{n}$,

$y^{(n+1)} = 0$. Für $n = 1$ ist demnach $y'' = 0$ die Differentialgleichung aller (nicht y-achsenparallelen) Geraden der Ebene, für $n = 2$ ist $y''' = 0$ die Differentialgleichung aller Parabeln mit y-achsenparalleler Symmetrieachse.

<u>3.2.1</u>

1. $y = e^{Cx}$ (Schargleichung). $y' = Ce^{Cx} \Rightarrow xy' - y \ln y = 0$ (Differentialgleichung). Trennung der Veränderlichen:

$$\frac{dy}{y \ln y} = \frac{dx}{x} \Rightarrow \int \frac{d \ln y}{\ln y} = \int \frac{dx}{x} \Rightarrow \ln|\ln|y|| = \ln|x| + \ln|C| \Rightarrow y = e^{Kx}$$

(Allgemeine Lösung).

2. $y' = \frac{x}{1 - x^{2}} \cdot (2 - y) \Rightarrow \int \frac{dy}{2 - y} = \int \frac{x\,dx}{1 - x^{2}} \Rightarrow -\ln|2 - y|$

$= -\frac{1}{2} \ln|1 - x^{2}| + K \Rightarrow |1 - x^{2}| = C(2 - y)^{2}$: Ellipsen- u. Hyperbelschar!

$x = 0$, $y = 1$: $C = 1 \Rightarrow x^{2} + (y - 2)^{2} = 1$ (Kreis mit Radius 1 um $M(0; 2)$).

3. a) $\frac{x^{2}}{a^{2}} + \frac{y^{2}}{b^{2}} = 1 \wedge b = \frac{a}{2} \Rightarrow x^{2} + 4y^{2} = a^{2}$ (a ist Scharparameter). $4yy' + x = 0$.

   b) y' durch $-\frac{1}{y'}$ ersetzen: $xy' - 4y = 0$.

c) Trennung der Veränderlichen: $\dfrac{dy}{y} = \dfrac{4dx}{x}$

$\Rightarrow y = Cx^4 \ (C \in \mathbb{R})$.

d) Abb.L9

4. $\dfrac{dy}{y} = -\,dx \Rightarrow y = Ce^{-x}$; DGL der Orthogonalschar: $yy' = 1 \Rightarrow y^2 = 2(x + C)$, d.s.

Parabeln mit der x-Achse als Symmetrieachse, nach rechts geöffnet. Abb.L10

5. Aus Abb.79: $\cos \alpha = \dfrac{y}{1} = \dfrac{1}{\sqrt{1 + \tan^2\alpha}} \Rightarrow \tan \alpha = y' = \dfrac{\sqrt{1^2 - y^2}}{y}$

oder $y' = -\dfrac{\sqrt{1^2 - y^2}}{y}$ mit $|y| < 1$. $\dfrac{y}{\sqrt{1^2 - y^2}}\, dy = \pm\, dx$

$\Rightarrow \sqrt{1^2 - y^2} = \pm (x + C) \Rightarrow (x + C)^2 + y^2 = 1^2$ (Kreisschar, Mittelpunkte auf x-Achse, sämtliche Kreise haben die Länge 1 als Radius (= Normalenabschnitt!). Singuläre Lösungen sind $y = 1$ und $y = -1$, d.s. die einhüllenden Geraden (gemeinsamen Tangenten) aller Kreise der Schar. Vgl. Abb.74 zu Aufgabe 2 von III.3.1).

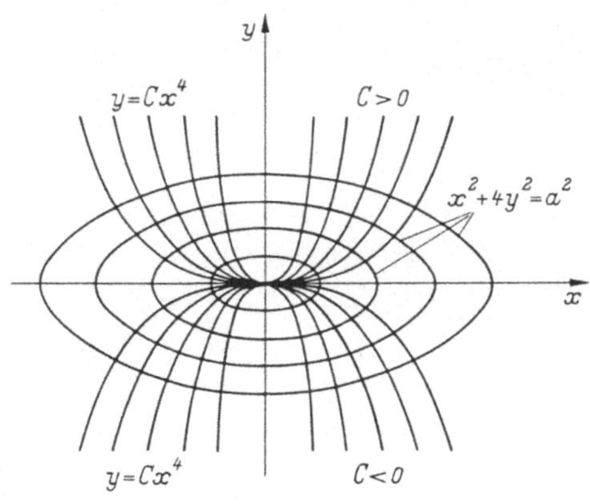

Abb.L9

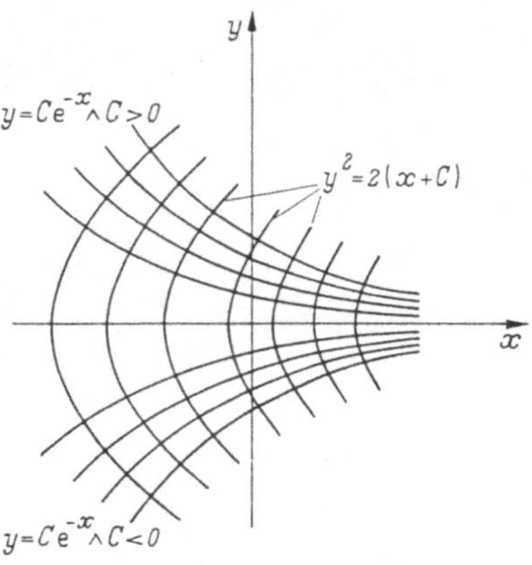

Abb.L10

6. a) $\displaystyle\int \dfrac{1 - y}{y^2}\, dy = \int \dfrac{dx}{x^2} \Rightarrow \dfrac{1}{x} - \dfrac{1}{y} = \ln|y| + C$,

$C = 2: \dfrac{1}{x} - \dfrac{1}{y} = \ln|y| + 2$.

b) $\displaystyle\int \dfrac{dx}{\sqrt{2x - 7}} = \int \sqrt{5y + 1}\, dy \Rightarrow \sqrt{2x - 7} + C = \dfrac{2}{15} \left(\sqrt{5y + 1}\right)^3$

$C = \dfrac{113}{15}: \sqrt{2x - 7} + 7,53 = 0,13 \left(\sqrt{5y + 1}\right)^3$

c) $\int \dfrac{dy}{y-3} = \int (x-1)^2 dx \Rightarrow y = 3 + Ce^{\frac{1}{3}(x-1)^3}$

$$C = 1: \quad y = 3 + e^{\frac{1}{3}(x-1)^3}$$

7. $t = \displaystyle\int \dfrac{dv}{a^2 - b^2 v^2} = \dfrac{1}{2ab} \ln \dfrac{a+bv}{a-bv} + C. \quad v(0) = 0 \Rightarrow C = 0.$

$$e^{-2abt} = \dfrac{a-bv}{a+bv} \to 0 \text{ für } t \to \infty, \text{ d.h. } \lim_{t \to \infty} v(t) = \dfrac{a}{b}.$$

$$v(t) = \dfrac{a}{b} \cdot \dfrac{e^{2abt} - 1}{e^{2abt} + 1} = \dfrac{a}{b} \tanh(abt).$$

3.2.2

1. a) $y' = \dfrac{y}{x} + 3\left(\dfrac{y}{x}\right)^2$, $y = xz \Rightarrow xz' = 3z^2 \Rightarrow -\dfrac{1}{z} = 3 \ln|Cx|$, $x = Ke^{-\frac{x}{3y}}$.

b) $y' = \dfrac{y}{x} : \left(1 + \sqrt{\dfrac{y}{x}}\right)$, $y = xz \Rightarrow \dfrac{1 + \sqrt{z}}{z\sqrt{z}} \, dz = -\dfrac{1}{x} dx$

$$\Rightarrow \int z^{-3/2} dz + \int \dfrac{dz}{z} = -\int \dfrac{dx}{x} , \quad \sqrt{y} \ln|Cy| - 2\sqrt{x} = 0.$$

c) $y' = \dfrac{y}{x} + \sqrt{1 + \left(\dfrac{y}{x}\right)^2}$, $y = xz \Rightarrow \dfrac{dz}{\sqrt{1+z^2}} = \dfrac{dx}{x} \Rightarrow$

$$\ln\left(z + \sqrt{1+z^2}\right) = \ln|Cx| \Rightarrow \dfrac{y}{x} + \sqrt{\dfrac{x^2+y^2}{x^2}} = Cx \Rightarrow$$

$$x^2 + y^2 = (Cx^2 - y)^2 \Rightarrow y = \dfrac{C}{2} x^2 - \dfrac{1}{2C}$$

(Parabeln mit senkrechter Symmetrieachse) .

2. a) $z = y^{-n}(x) \Rightarrow z' = -\dfrac{ny'}{y^{n+1}}$. Einsetzen in die DGL:

$$-\dfrac{1}{n} y^{n+1} z' = y^{n+1} f\left(\dfrac{x}{z}\right) \Rightarrow -\dfrac{1}{n}\dfrac{dz}{dx} = f\left(\dfrac{x}{z}\right) =: g\left(\dfrac{z}{x}\right) \Rightarrow \dfrac{dz}{dx} = -n \cdot g\left(\dfrac{z}{x}\right) .$$

b) $y' = y^3(1 + xy^2)$, d.h. $f(xy^n) := 1 + xy^2$ mit $n = 2$.

$$y^{-2} =: z(x) \Rightarrow z' = -2 - 2\dfrac{x}{z} = -2 - 2 : \dfrac{z}{x} .$$

$$\dfrac{z}{x} =: u(x) \Rightarrow z' = u'x + u \Rightarrow -u'x = \dfrac{u^2 + 2u + 2}{u} ,$$

$$\int \frac{u}{u^2 + 2u + 2}\, du = - \int \frac{dx}{x} \ .$$ Links stehendes Integral nach III, 1.2.4, 3. Fall,

behandeln! Ergebnis:

$$\frac{1}{2} \ln(u^2 + 2u + 2) - \text{Arc}\tan(u + 1) + C = - \ln x$$

Resubstitution: $u = \frac{z}{x}$ und $z = \frac{1}{y^2}$, also $u = \frac{1}{xy^2}$ setzen:

$$\ln \frac{\sqrt{2x^2 y^4 + 2xy^2 + 1}}{y^2} - \text{Arc}\tan\left(1 + \frac{1}{xy^2}\right) + C = 0 \ .$$

3. a) $$\frac{dy}{dx} = \frac{dv}{du} = f\left(\frac{au + bv + (ax_0 + by_0 + c)}{Au + Bv + (Ax_0 + By_0 + C)}\right) = f\left(\frac{au + bv}{Au + Bv}\right) \ ,$$

wenn x_0 und y_0 so ermittelt werden, daß

$$\left.\begin{array}{l} ax_0 + by_0 + c \equiv 0 \\[4pt] Ax_0 + By_0 + C \equiv 0 \end{array}\right\} \quad (*)$$

wird. Dann sind aber x_0, y_0 Losungen von $(*)$, die eindeutig bei nicht-verschwindender Koeffizientendeterminante existieren (I, 2.2.1, Seite 168) und bestimmt sind durch

$$x_0 = \begin{vmatrix} -c & b \\ -C & B \end{vmatrix} : \begin{vmatrix} a & b \\ A & B \end{vmatrix} \ , \qquad y_0 = \begin{vmatrix} a & -c \\ A & -C \end{vmatrix} : \begin{vmatrix} a & b \\ A & B \end{vmatrix}$$

Die DGL in u, v lautet damit

$$\frac{dv}{du} = f\left(\frac{au + bv}{Au + Bv}\right) = f\left(\frac{a + b\frac{v}{u}}{A + B\frac{v}{u}}\right) =: \Phi\left(\frac{v}{u}\right)$$

und ist somit homogen!

b) $x_0 = 1$, $y_0 = -1 \Rightarrow u = x - 1$, $v = y + 1 \Rightarrow \dfrac{dv}{du} = \dfrac{u - 2v}{2u + 3v} = \dfrac{1 - 2\frac{v}{u}}{2 + 3\frac{v}{u}}$

$\dfrac{v}{u} =: z \Rightarrow v = z(u) \cdot u$, $\dfrac{dv}{du} = \dfrac{dz}{du} \cdot u + z = \dfrac{1 - 2z}{2 + 3z}$

$$\int \frac{3z + 2}{3z^2 + 4z - 1}\, dz = - \int \frac{du}{u} \ ; \quad \frac{1}{2} \ln(3z^2 + 4z - 1) = - \ln|Cu|$$

Resubstitution: $z = \dfrac{v}{u}$ führt auf $3v^2 - u^2 + 4uv = 1/C^2 =: K$

Resubstitution: $u = x - 1$, $v = y + 1$ ergibt als allgemeine Lösung

$$- x^2 + 3y^2 + 4xy + 6x + 2y + k = 0$$

Probe ist schnell durchfuhrbar: implizit ableiten und nach y' auflösen!

<u>3.2.3</u>

1. Integrabilitätsbedingung nachprüfen! Totale Differentiale sind a), c), d), e).

2. a) $2x^5 + xy^3 - 3y^2 = C$

   b) $\sin(x + y^2) + 3xy = C$

   c) $5x^4 - 7x^3 y + 2xy + 3y = C$

   d) $x \sin y + y \cos x + \ln \frac{y}{x} + C = 0$

   e) $x^2 - 3xy + 2y^2 + 5x - 7y = C$

3. $M\left(\dfrac{\partial P}{\partial y} - \dfrac{\partial Q}{\partial x} \right) + P \dfrac{\partial M}{\partial y} - Q \dfrac{\partial M}{\partial x} = 0$

   $(M = M(x,y), \; P = P(x,y), \; Q = Q(x,y))$

   Das ist eine partielle Differentialgleichung erster Ordnung für $M(x,y)$, da hier
   die partiellen Ableitungen erster Ordnung der gesuchten Funktion $M = M(x,y)$ auftreten! Ihre allgemeine Lösung steht hier nicht an. In Sonderfällen kann man M
   jedoch auf sehr einfache Weise aus ihr bestimmen! Vgl. Aufgaben 4 und 5.

4. a) $\dfrac{\partial M}{\partial y} \equiv 0 \Rightarrow \dfrac{\partial M}{\partial x} = \dfrac{dM}{dx}$. Die partielle DGL für M (Aufgabe 3) geht damit in eine

   gewöhnliche DGL für M über, die sich durch Trennen der Veränderlichen lösen
   läßt:

   $$\frac{dM}{M} = \frac{1}{Q} \left(\frac{\partial P}{\partial y} - \frac{\partial Q}{\partial x} \right) \Rightarrow M = e^{\int \frac{1}{Q} \left(\frac{\partial P}{\partial y} - \frac{\partial Q}{\partial x} \right) dx}$$

   (es interessiert nur eine partikuläre Lösung; $C = 1$).

   b) $\dfrac{\partial M}{\partial x} \equiv 0 \Rightarrow \dfrac{\partial M}{\partial y} = \dfrac{dM}{dy}$. Entsprechend wie bei a) ist

   $$\frac{dM}{M} = -\frac{1}{P} \left(\frac{\partial P}{\partial y} - \frac{\partial Q}{\partial x} \right) \Rightarrow M = e^{-\int \frac{1}{P} \left(\frac{\partial P}{\partial y} - \frac{\partial Q}{\partial x} \right) dy} .$$

   c) $\dfrac{1}{Q} \left(\dfrac{\partial P}{\partial y} - \dfrac{\partial Q}{\partial x} \right)$ ist ein Term nur in $x \Rightarrow M = M(x)$

   $\dfrac{1}{P} \left(\dfrac{\partial P}{\partial y} - \dfrac{\partial Q}{\partial x} \right)$ ist ein Term nur in $y \Rightarrow M = M(y)$

   d) 1. $M(x) = \dfrac{1}{1 + x^2} \Rightarrow \left(y + \dfrac{1}{1 + x^2} \right) dx + x \, dy = 0$

   ist exakt! Allgemeine Lösung: $xy + \text{Arc tan } x = C$.

$$2. \quad M(y) = \frac{1}{y^2} \;\Rightarrow\; (x - y)\,dx + \left(\frac{1}{y^2} - x\right) dy = 0$$

ist exakt! Allgemeine Lösung: $\dfrac{x^2}{2} - xy - \dfrac{1}{y} = C$.

$$5. \quad M\left(\frac{\partial P}{\partial y} - \frac{\partial Q}{\partial x}\right) = Q\,\frac{\partial M}{\partial x} - P\,\frac{\partial M}{\partial y} \quad \text{(Aufgabe 3)}$$

$$M(x,y) = M(x^2 + y^2) =: M(z) \quad \text{mit} \quad z := x^2 + y^2$$

$$\frac{\partial M}{\partial x} = \frac{dM}{dz} \cdot \frac{\partial z}{\partial x} = \frac{dM}{dz} \cdot 2x; \qquad \frac{\partial M}{\partial y} = \frac{dM}{dz} \cdot \frac{\partial z}{\partial y} = \frac{dM}{dz} \cdot 2y$$

$M(P_y - Q_x) = \dfrac{dM}{dz}\,(2Qx - 2Py)$, d.i. eine gewöhnliche Differentialgleichung vom trennbaren Typ für $M = M(z)$:

$$\frac{dM}{M} = \frac{P_y - Q_x}{2Qx - 2Py}\,dz \;\Rightarrow\; M = e^{\displaystyle\int \frac{P_y - Q_x}{2Qx - 2Py}\,dz}$$

Für $(x^2 + 2x + y^2)\,dx + 2y\,dy = 0$ ist $M = 1/(x^2 + y^2)$ ein integrierender Faktor. Er liefert die exakte DGL

$$\left(1 + \frac{2x}{x^2 + y^2}\right) dx + \frac{2y}{x^2 + y^2}\,dy = 0$$

Allgemeine Lösung: $x + \ln(x^2 + y^2) = C \;\Leftrightarrow\; e^x(x^2 + y^2) = K$

$$6. \quad M(y) = 1/f_2(y) \;\Rightarrow\; f_1(x)f_2(y)\,dx + (-1)\,dy = 0$$

$$\Rightarrow\; f_1(x)\,dx + \frac{-1}{f_2(y)}\,dy = 0 \quad \text{ist exakt!} \quad f_2(y) \neq 0.$$

<u>3.2.4</u>

1. a) $y_H = C\,e^{\sin x}, \quad y_A = C\,e^{\sin x} - 1$

   b) $y_H = \dfrac{C}{x}, \quad y_A = x^2 + \dfrac{C}{x}$

   c) $y_H = Cx, \quad y_A = x\left[(\ln x)^2 + C\right]$

   d) $y_H = Cx, \quad y_A = x(C - e^{-x})$

   e) $y_H = Cx^2, \quad y_A = x^2(C + \cosh x)$

f) $y_H = \dfrac{C}{1 + x^2}$, $y_A = \dfrac{x^3 + C}{x^2 + 1}$

g) $y_H = \dfrac{C}{\sin x}$, $y_A = \dfrac{\sinh x}{\sin x} + \dfrac{C}{\sin x}$

h) $y_H = C \tan x$, $y_A = C \tan x + \sin x$

2. Aus Abb. L11: $\overline{OT} = y_0 - x_0 y_0'$ (d.i. der y-Achsenabschnitt der Tangente

$y - y_0 = y_0'(x - x_0)$). Bedingung: $\frac{1}{2} x_0 \left[y_0 + (y_0 - x_0 y_0') \right] = 1$ für alle x_0.
Wir setzen $x_0 = x$, $y_0 = y$ und bekommen die lineare Differentialgleichung

$$x^2 y' - 2xy + 2 = 0 \Rightarrow y' - \frac{2}{x} y = - \frac{2}{x^2} \quad (x \neq 0)$$

$y_H = Cx^2$, $y_A = Cx^2 + \frac{2}{3} \cdot \frac{1}{x}$. Für die Kurve durch $P\left(1; \frac{2}{3} \right)$ ist $C = 0 \Rightarrow y = \frac{2}{3x}$
ist spezielle Lösung.

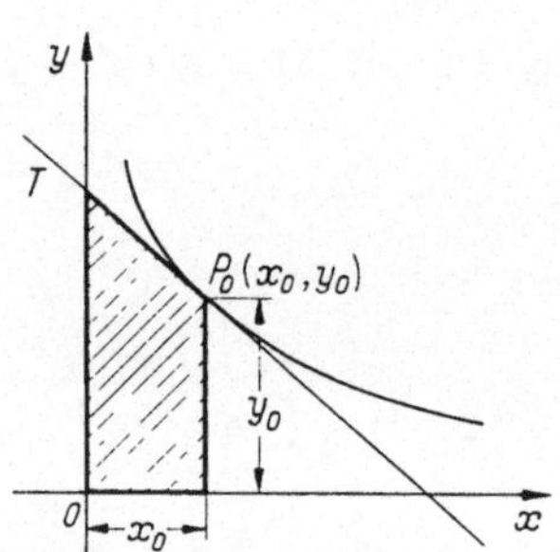

Abb. L11

3. $i_H = Ke^{-\frac{R}{L}t}$; $\dot{K}(t) = \dfrac{dK}{dt} = \dfrac{U_0}{L} e^{\frac{R}{L}t} \sin \omega t \Rightarrow$

$$K(t) = \frac{U_0 e^{\frac{R}{L}t}}{R^2 + \omega^2 L^2} (R \sin \omega t - \omega L \cos \omega t)$$

$$i_A = \frac{U_0}{R^2 + \omega^2 L^2} (R \sin \omega t - \omega L \cos \omega t) + Ke^{-\frac{R}{L}t}$$

Für $t \to \infty$ strebt $e^{-\frac{R}{L}t} \to 0$ und es verbleibt die partikuläre Lösung der inhomogenen DGL

$$i = \frac{U_0}{R^2 + \omega^2 L^2} \, (R \sin \omega t - \omega L \cos \omega t)$$

als stationärer Anteil des Stromes.

4. $C \dfrac{du}{dt} + \dfrac{R_1 + R_2}{R_1 R_2} \, u = \dfrac{E}{R_1} \;\Rightarrow\; \dfrac{du}{dt} + au = b$.

Die Differentialgleichung kann als lineare oder aber auch als trennbare DGL behandelt werden. Unter Berücksichtigung der Anfangsbedingung $u(0) = 0$ und nach Wiedereinführung der gegebenen elektrotechnischen Größen erhält man (R_0 bleibt als Abkürzung):

$$t = CR_0 \ln \frac{ER_0}{ER_0 - uR_1} \;\Rightarrow\; u(t) = \frac{R_0 E}{R_1} \left(1 - e^{-\frac{t}{R_0 C}} \right)$$

$$i_1(t) = \frac{E}{R_1 + R_2} \left(1 + \frac{R_2}{R_1} \, e^{-\frac{t}{R_0 C}} \right)$$

5. $u'v + [v' + f(x) \cdot v]u = g(x)$ (*)

Wir setzen $v'(x) + f(x) \cdot v(x) = 0$, woraus $v(x) = e^{-\int f(x)\,dx}$ folgt. Aus (*) ergibt sich damit

$$u'(x) = g(x) e^{\int f(x)\,dx} \;\Rightarrow\; u(x) = \int g(x) e^{\int f(x)\,dx}\,dx + C$$

und damit die allgemeine Lösung (wie bei Lagrange!)

$$y_A(x) = u(x) \cdot v(x) = e^{-\int f(x)\,dx} \left[C + \int g(x) e^{\int f(x)\,dx}\,dx \right].$$

6. $e^y = u \Rightarrow e^y y' = u' \Rightarrow (2x + 1)u' + 2u = 4$

$$u_A = \frac{C + 4x}{2x + 1} \Rightarrow y_A = \ln \frac{C + 4x}{2x + 1} \; ; \; y(1) = 0 \Rightarrow C = -1$$

Spezielle Lösung: $y = \ln \dfrac{4x - 1}{2x + 1}$.

7. $y^2 = u \Rightarrow 2yy' = u' \Rightarrow xu' - u = -ax$ ist linear in $u(x)$.

Allgemeine Lösung: $u(x) = x(C - a \cdot \ln|x|) \Rightarrow$

$$y^2 - x(C - a \cdot \ln|x|) = 0.$$

3.2.5

1. a) Substitution: $y = z^{-1} \Rightarrow y' = -z^{-2}z'$

   $z' - 2z = -8x$ (linear in $z(x)$!) hat $z = Ce^{2x} + 4x + 2$ als allg. Lösung

   $\Rightarrow y_A = (Ce^{2x} + 4x + 2)^{-1}$. $x = 0$, $y = 1 \Rightarrow C = -1$. Damit ist

$$y = \frac{1}{-e^{2x} + 4x + 2}$$

   die Lösung des Anfangswertproblems.

   b) Substitution: $y - z^{-1} \Rightarrow y' = -z^{-2}z'$ liefert die lineare DGL $z' - z \cdot \cot x = 1$.

   $z_H = C \sin x$, $z_A = \sin x \left(\ln \tan \frac{x}{2} + C \right)$

$$\Rightarrow y_A = \frac{1}{\sin x \left(\ln \tan \frac{x}{2} + C \right)}$$

   $x = \frac{\pi}{2}$, $y = 2 \Rightarrow C = \frac{1}{2} \Rightarrow y = \left[\sin x \left(\ln \tan \frac{x}{2} + \frac{1}{2} \right) \right]^{-1}$

2. $y' = \dfrac{\left(1 + \frac{y}{x}\right) y - 2 + \frac{y}{x}}{\left(1 + \frac{y}{x}\right) x + 1 - \frac{y}{x}} \Rightarrow z'x + z = \dfrac{(1 + z)xz - 2 + z}{(1 + z)x + 1 - z}$

$$\frac{dz}{dx} = \frac{z^2 - 2}{(1 + z)x^2 + (1 - z)x} \quad , \quad \frac{dx}{dz} = \frac{1 + z}{z^2 - 2}\, x^2 + \frac{1 - z}{z^2 - 2}\, x$$

3.2.6

$y' = k \Rightarrow \sqrt{x^2 + y^2} = k = \tan \alpha \Rightarrow \alpha = \text{Arc} \tan k$.

Isoklinen sind Kreise um 0, deren Radius k gleich ist der Steigung der Linienelemente, z.B. haben alle Linienelemente auf dem Kreis mit Radius $k = 2$ den Richtungswinkel $\tan \alpha = 2 \Rightarrow \alpha = 63,4^\circ$ etc. Abb.L12.

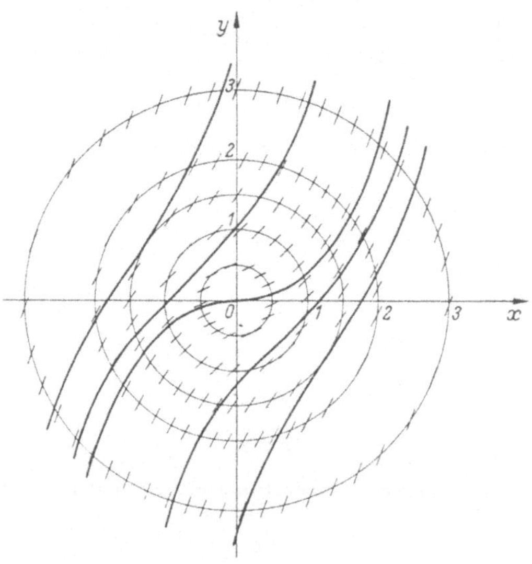

Abb.L12

<u>3.3.1</u>

1. a) $y = -x^2 + C_1 x + C_2$ (zweiparametrige Schar von Normalparabeln, die alle nach unten geoffnet sind)

b) $\left.\begin{array}{l} 2C_1 + C_2 = 5 \\ C_1 + C_2 = -1 \end{array}\right\} \Rightarrow C_1 = 6,\ C_2 = -7 \Rightarrow y = -x^2 + 6x - 7$

Scheitelform (Band II, 1.2.3, Beispiele): $y - 2 = -(x - 3)^2$

Damit kann man die Parabel gem. Abb.L13 zeichnen (Schablone!)

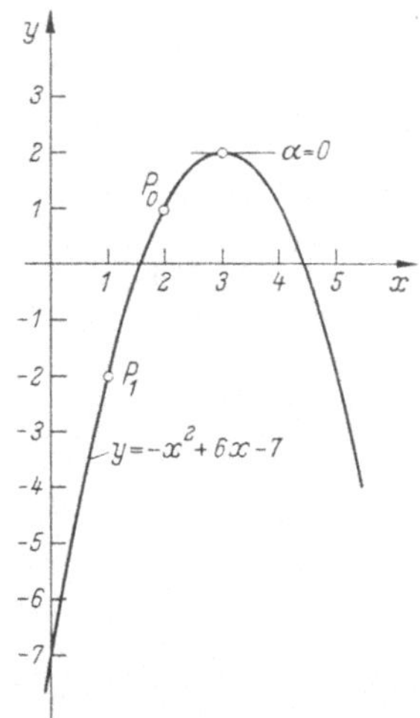

Abb.L13

c) $\left.\begin{array}{l} 3C_1 + C_2 = 11 \\[1mm] C_1 = 6 \end{array}\right\} \Rightarrow C_2 = -7$

Es ergibt sich die gleiche Parabel wie bei b).

2. a) $y(0) = 0$

   $y'(0) = 1 \quad (= \tan 45^\circ)$

b) $y(0) = 0$

   $y\!\left(\dfrac{\pi}{2}\right) = 1$

c) Das sich ergebende lineare Gleichungssystem für C_1 und C_2, nämlich

$$\left.\begin{array}{l} 0 \cdot C_1 + 1 \cdot C_2 = 0 \\[2mm] 0 \cdot C_1 - 1 \cdot C_2 = 0 \end{array}\right\}$$

wird durch $C_2 = 0$ und beliebiges $C_1 \in \mathbb{R}$ erfüllt. Geometrisch: alle Sinus-
kurven $y = C_1 \sin x$ erfüllen diese Randbedingung. (Abb.L14)

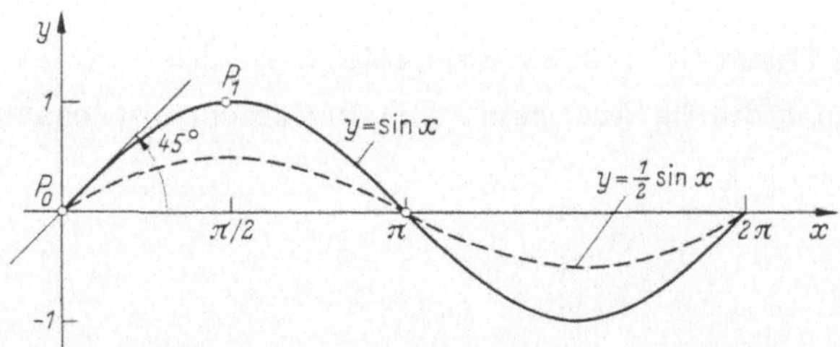

Abb.L14

3. $\left.\begin{array}{l} C_1 f_1(x_1) + C_2 f_2(x_1) = y_1 \\[2mm] C_1 f_1(x_2) + C_2 f_2(x_2) = y_2 \end{array}\right\} \wedge y_1^2 + y_2^2 \neq 0$

Das ist ein inhomogenes lineares System für die C_1, C_2 mit quadratischer Koeffi-
zientenmatrix. Nach Band I, Abschnitte 2.2.1 und 2.5.3 existiert eine eindeutige
Lösung genau dann, wenn die Koeffizientendeterminante

$$D := \begin{vmatrix} f_1(x_1) & f_2(x_1) \\ f_1(x_2) & f_2(x_2) \end{vmatrix} \neq 0$$

ist. In diesem Fall ergibt sich für die Konstanten

$$C_1 = \frac{1}{D}\left[y_1 f_2(x_2) - y_2 f_2(x_1) \right]$$

$$C_2 = \frac{1}{D}\left[y_2 f_1(x_1) - y_1 f_1(x_2) \right]$$

$$\Rightarrow y = \frac{y_1 f_2(x_2) - y_2 f_2(x_1)}{f_1(x_1)f_2(x_2) - f_1(x_2)f_2(x_1)}\, f_1(x) + \frac{y_2 f_1(x_1) - y_1 f_1(x_2)}{f_1(x_1)f_2(x_2) - f_1(x_2)f_2(x_1)}\, f_2(x)$$

3.3.2

1. $y'' = \dfrac{1}{x-3} - \dfrac{2}{x+2} \Rightarrow y' = \ln|x-3| - 2\ln|x+2| + C_1 \Rightarrow$

   $y = (x-3)\ln|x-3| - 2(x+2)\ln|x+2| + x + 7 + C_1 x + C_2$

   $= (x-3)\ln|x-3| - 2(x+2)\ln|x+2| + K_1 x + K_2 \quad (K_1 := C_1 + 1,\ K_2 := C_2 + 7)$

   $\left.\begin{array}{r} 4K_1 + K_2 = \ \ 1 \\ -K_1 + K_2 = -4 \end{array}\right\} \Rightarrow K_1 = 1,\ K_2 = -3$

   $\Rightarrow y = (x-3)[1 + \ln|x-3|] - 2(x+2)\ln|x+2|$

2. 1. Integral: $p = \sqrt{\dfrac{2}{y} + C_1}\ ;\ p(0) = 1,\ y(0) = 2 \Rightarrow C_1 = 0$

   2. Integral: $\dfrac{2}{3} y^{3/2} = \sqrt{2}\cdot x + C_2 \Rightarrow C_2 = \dfrac{4\sqrt{2}}{3}$

   $\Rightarrow y^{3/2} = \dfrac{3}{\sqrt{2}}\cdot x + 2\sqrt{2} \Rightarrow y = \sqrt[3]{(2,121x + 2,828)^2}$

3. 1. Integral: $p = \sqrt{\dfrac{-1}{x + C_1}}\ ,\ p(1) = 1 \Rightarrow C_1 = -2 \Rightarrow p = \dfrac{dy}{dx} = \dfrac{1}{\sqrt{2-x}}\ .$

   2. Integral: $y = -2\sqrt{2-x} + C_2,\ y(1) = 3 \Rightarrow C_2 = 5 \Rightarrow y = -2\sqrt{2-x} + 5.$

4. $y' = p,\ y'' = p' \Rightarrow p' - \dfrac{2}{x} p = x^2 \cos x$ (lineare DGL!)

   1. Integral: $p = C_1 x^2 + x^2 \sin x;\ p = \dfrac{dy}{dx} \Rightarrow$ 2. Integral:

$$y = \frac{C_1}{3}\, x^3 + C_2 + (2 - x^2)\cos x + 2x \sin x. \quad C_1 = C_2 = 0$$

$$\Rightarrow y = (2 - x^2)\cos x + 2x \sin x.$$

5. 1. Integral: $p = C_1 \sqrt{1 + y^2}$; 2. Integral: $y = \sinh(C_1 x + C_2)$

$y(0) = \sinh C_2 = 1 \Rightarrow C_2 = \operatorname{arsinh} 1 = \ln(1 + \sqrt{2})$, $y'(0) = C_1 \cosh C_2$

$$= C_1 \sqrt{1 + \sinh^2 C_2} = \sqrt{2}\,C_1 = 4 \Rightarrow C_1 = \frac{4}{\sqrt{2}} \;\Rightarrow$$

$$y = \sinh\left[\frac{4}{\sqrt{2}}\, x + \ln(1 + \sqrt{2})\right] = \sinh(2{,}83x + 0{,}88)$$

3.3.3

1. a) l.U., b) l.A., c) l.U., d) l.A., e) l.U., f) l.A., g) l.A.

2. $e^x \cdot e^{2xj} = e^x(\cos 2x + j \sin 2x) \Rightarrow u(x) = e^x \cos 2x$

   (Realteil von $y(x)$), $v(x) = e^x \sin 2x$ (Imaginärteil von $y(x)$);

   $Y(x) := C_1 u(x) + C_2 v(x) = e^x(C_1 \cos 2x + C_2 \sin 2x)$ ist die allgemeine Lösung

   $\cdot (C_1, C_2 \in \mathbb{R}!)$, da $e^x \cos 2x$ und $e^x \sin 2x$ linear unabhängig sind!

3. $y(x) = e^{(a+bj)x} = e^{ax}(\cos bx + j \sin bx)$ Lösung $\Rightarrow$

   $u(x) = \operatorname{Re} y(x) = e^{ax} \cos bx$ ist Lösung (also auch $C_1 u(x)$),

   $v(x) = \operatorname{Im} y(x) = e^{ax} \sin bx$ ist Lösung (also auch $C_2 v(x)$).

   Setze $C_1 = 1$, $C_2 = -1$, dann sind $e^{ax} \cos bx \equiv e^{ax} \cos(-bx)$ und

   $- e^{ax} \sin bx \equiv e^{ax} \sin(-bx)$ Lösungen, also auch

   $e^{ax} \cos(-bx) + j\, e^{ax} \sin(-bx) = e^{(a-bj)x} = \bar{y}(x)$ Lösung.

   L.A. ist klar: $\operatorname{Re} y(x) = \operatorname{Re} \bar{y}(x)$, $\operatorname{Im} y(x) = -\operatorname{Im} \bar{y}(x)$.

4. $y_2(x) = e^{-4x} u(x)$ mit zunächst noch unbekanntem $u(x)$ ansetzen,

   y_2' und y_2'' bilden und in $y'' + 8y' + 16y = 0$ einsetzen:

   $e^{-4x} u''(x) = 0 \Rightarrow u'' = 0$. Einfachste Lösung ($\neq 0$) ist $u(x) = x$.

   Also $y_2(x) = xe^{-4x}$. Ferner: e^{-4x} und xe^{-4x} sind l.u. (Wronski-Determinante

   ausrechnen!) $\Rightarrow y = (C_1 + C_2 x)e^{-4x}$ ist allgemeine Lösung.

5. $y = e^{mx}$, $y' = me^{mx}$, $y'' = m^2 e^{mx}$ in DGL einsetzen liefert

$(2x + 1)m^2 + (4x - 2)m - 8 = 0$ als Bestimmungsgleichung für ein

$m \in \mathbb{R}$ (nicht $m = m(x)$!). $m = -2 \Rightarrow y_1 = e^{-2x}$.

Ansatz für $y_2(x)$: $y_2(x) = e^{-2x} u(x)$. $\Rightarrow (2x + 1)u'' - (4x + 6)u' = 0$

$u' =: v$ setzen, damit ist $(2x + 1)v' - (4x + 6)v = 0$ eine trennbare

DGL 1. Ordnung. Spezielle Lösung genügt:

$v = (2x + 1)^2 e^{2x}$. Resubstitution nach $u(x)$:

$$u(x) = \int v(x)\,dx = \int (2x + 1)^2 e^{2x}\,dx = \left(2x^2 + \frac{1}{2} \right) e^{2x}$$

Damit ergibt sich die 2. partikuläre Lösung $y_2(x)$ der DGL zu $y_2(x) = 2x^2 + \frac{1}{2}$.

Quotient $y_2(x) : y_1(x)$ ist keine Konstante, deshalb l.u. (oder: Wronski-Determinante berechnen!).

$$y(x) = C_1 y_1(x) + C_2 y_2(x) = C_1 e^{-2x} + C_2 \left(2x^2 + \frac{1}{2} \right)$$ ist allgemeine Lösung.

3.3.4

1. $y = C_1 e^{2x} + C_2 e^{4x}$

2. $y = (C_1 x + C_2) e^{-5x}$

3. $y = e^{-2x}(C_1 \cos \sqrt{10}\, x + C_2 \sin \sqrt{10}\, x)$

4. $y = C_1 \cos x + C_2 \sin x$

5. $y = e^{-x}(C_1 \cos 4x + C_2 \sin 4x)$

6. $y = C_1 + C_2 e^{-x}$

7. $y = e^{x/2}\left(2 \cos \frac{\sqrt{3}}{2}\, x - \frac{4}{\sqrt{3}} \sin \frac{\sqrt{3}}{2}\, x \right)$

8. $y = \frac{x + 1}{2}\, e^{2x}$

9. $y = \dfrac{e^{x-1} - e^{3x-1}}{1 - e^2}$

10. $y = e^{1-x}$

__3.3.5__

1. $y_H = C_1 e^{-2x} + C_2\left(2x^2 + \frac{1}{2}\right)$; $y_P = \left(\frac{4}{3}x^2 + \frac{4}{9}x + \frac{5}{27}\right)e^x$

$\Rightarrow y_A = y_H + y_P$.

2. Zuerst normierte Form herstellen (sonst Formel für y_P in III, 3.3.5 nicht anwendbar!)

$$y'' + \frac{x}{1-x}\, y' - \frac{1}{1-x}\, y = 1 - x^2$$

$y_1(x) = x$ (erraten) und $y_2 = x\,u(x)$ ansetzen $\Rightarrow y_2(x) = e^x$

$\Rightarrow y_H = C_1 x + C_2 e^x$. $y_P = \frac{1}{2}x^3 + 2x^2 + 3x + 3 \Rightarrow$

$y_A = y_H + y_P$.

3. a) $y'' - \frac{4}{x}\, y' + \frac{6}{x^2}\, y = \sqrt{x}$. Eulersche DGL! Für y_H ist $y = x^\alpha$ anzusetzen

$\Rightarrow \alpha^2 - 5\alpha + 6 = 0 \Rightarrow \alpha_1 = 2$, $\alpha_2 = 3$, d.h. $y_1 = x^2$ und $y_2 = x^3$ sind partikuläre

l.u. Lösungen der homogenen DGL $\Rightarrow y_H = C_1 x^2 + C_2 x^3$.

$y_P = -4x^2 \sqrt{x} \Rightarrow y_A = y_H + y_P$.

b) $y'' - \frac{4}{x}\, y' - \frac{6}{x^2}\, y = 7x^2 \ln x$. Eulersche DGL! Ansatz: $y = x^\alpha$

$\Rightarrow (\alpha + 1)(\alpha - 6) = 0 \Rightarrow \alpha_1 = -1$, $\alpha_2 = 6$,

d.h. $y_1(x) = 1/x$ und $y_2(x) = x^6$ sind partikuläre l.u. Lösungen der homogenen

DGL $\Rightarrow y_H = \dfrac{C_1}{x} + C_2 x^6$.

$\displaystyle \int \frac{g(x) y_1(x)}{W(x)}\, dx = \int \frac{\ln x}{x^3}\, dx = -\frac{2\ln x + 1}{4x^2}$

$\displaystyle \int \frac{g(x) y_2(x)}{W(x)}\, dx = \int x^4 \ln x\, dx = x^5\left(\frac{1}{5}\ln x - \frac{1}{25}\right)$

$\Rightarrow y_P = -x^4\left(\frac{7}{10}\ln x + \frac{21}{100}\right)$, $y_A = \dfrac{C_1}{x} + C_2 x^6 - x^4(0{,}7\ln x + 0{,}21)$.

3.3.6

1. $y_A = \sin x - 2 \cos x + e^{-x}(C_1 \cos x + C_2 \sin x)$

   $y = (1 + e^{-x})(\sin x - 2 \cos x)$

2. $y_A = e^x + C_1 e^{2x} + C_2 e^{3x}$

   $y = e^x + e^{2x} + e^{3x}$

3. $y_A = 1 - 3x + \frac{1}{8} e^{-x} + e^{-3x}(C_1 \cos 2x + C_2 \sin 2x)$

   $C_1 = \dfrac{e^3 - 2e^{-3}}{\cos 2} = -48,026; \qquad C_2 = \dfrac{e^3 + 2e^{-3}}{\sin 2} = 22,199$

4. $y_A = C_1 + C_2 e^{-x} + 2x, \quad y(0) = 0, \quad y'(0) = 1$

   $y = e^{-x} + 2x - 1$

5. $y_A = x^2 - 2 + C_1 \cos x + \left(C_2 + \dfrac{x}{2}\right) \sin x$ (Resonanz!)

6. $y_A = C_1 + C_2 e^{3x} - x^3 - 2x^2 - 7x$

7. $y_A = C_1 \cos x + C_2 \sin x + x^3 - 6x$

   $C_1 = 1, \quad C_2 = 1 - \sqrt{2}\left(\dfrac{\pi^3}{64} - \dfrac{3\pi}{2}\right) = 6,98$

   $\Rightarrow y = \cos x + 6,98 \sin x + x^3 - 6x$

8. $y_A = C_1 e^{2x} + (C_2 + x)e^{3x} + \frac{1}{6} x + \frac{5}{36}$ (Resonanz!)

9. $y_A = (C_1 + 1,5x)\sinh x + (C_2 + x)\cosh x$ (Resonanz!)

10. $y_A = C_1 \cos x + C_2 \sin x + \frac{1}{2} \cosh x + \frac{1}{5} \sinh 2x + \frac{1}{10} e^{3x}$.

11. $y = \dfrac{a}{2\omega} x \sin \omega x$

3.4

1. Differentiationssatz und Formeln (1) und (3) der Tabelle liefern

   $$Y(s)(s^2 - 6s + 9) - s + 7 = \frac{1}{s} + \frac{1}{s - 3}$$

   $$Y(s) = \frac{1}{s(s - 3)^2} + \frac{1}{(s - 3)^3} + \frac{s}{(s - 3)^2} - \frac{7}{(s - 3)^2}$$

Indem man einzeln durchdividiert, erspart man sich hier die Partialbruchzerlegung, da jeder einzelne Bruch bereits mit der Tabelle rücktransformiert werden kann: (8), (4), (28).

$$y(t) = \frac{1}{9} [1 + (3t - 1)e^{3t}] + \frac{1}{2} t^2 e^{3t} + (1 + 3t)e^{3t} - 7te^{3t}$$

$$= \frac{1}{9} [1 + (8 - 33t + 4,5t^2)e^{3t}].$$

2. Differentiationssatz und Formeln (10) und (11) der Tabelle ergeben

$$Y(s)(s^2 - 1) - s = \frac{1}{s^2 + 1} + \frac{s}{s^2 + 4}$$

$$Y(s) = \frac{1}{(s^2 - 1)(s^2 + 1)} + \frac{s}{(s^2 - 1)(s^2 + 4)} + \frac{s}{s^2 - 1}$$

$$\frac{1}{(s^2 - 1)(s^2 + 1)} = -\frac{1}{4}\frac{1}{s + 1} + \frac{1}{4}\frac{1}{s - 1} - \frac{1}{2}\frac{1}{s^2 + 1}$$

$$\frac{s}{(s^2 - 1)(s^2 + 4)} = \frac{1}{10}\frac{1}{s + 1} + \frac{1}{10}\frac{1}{s - 1} - \frac{1}{5}\frac{s}{s^2 + 1}$$

Alle Brüche können mit der Tabelle rucktransformiert werden:

$$y(t) = \frac{17}{20} e^t + \frac{7}{20} e^{-t} - \frac{1}{2} \sin t - \frac{1}{5} \cos 2t$$

$$= \frac{1}{2} (\sinh t - \sin t) - \frac{1}{5} (\cos 2t - 6 \cosh t).$$

3. $f_1(t) * f_2(t) = \displaystyle\int_0^t f_1(\alpha) f_2(t - \alpha)d\alpha$

$f_2(t) * f_1(t) = \displaystyle\int_0^t f_2(\alpha) f_1(t - \alpha)d\alpha = \int_0^t f_1(t - \alpha) f_2(\alpha)d\alpha$

Setze $t - \alpha =: \beta$. Dann ändern sich die Grenzen des Integrals wie folgt:
$\alpha = 0 \Rightarrow \beta = t$, $\alpha = t \Rightarrow \beta = 0$. Ferner ist $d\alpha = - d\beta$.

$f_2(t) * f_1(t) = -\displaystyle\int_t^0 f_1(\beta) f_2(t - \beta)d\beta = \int_0^t f_1(\beta) f_2(t - \beta)d\beta$

$$= f_1(t) * f_2(t) \Rightarrow \text{"*" ist kommutativ}$$

$$f_1(t) * [f_2(t) + f_3(t)] = \int\limits_0^t f_1(\alpha) \cdot [f_2(t - \alpha) + f_3(t - \alpha)]d\alpha$$

$$= \int\limits_0^t f_1(\alpha)\, f_2(t - \alpha)d\alpha + \int\limits_0^t f_1(\alpha)\, f_3(t - \alpha)d\alpha$$

$$= f_1(t) * f_2(t) + f_1(t) * f_3(t)$$

$\Rightarrow$ "*" ist distributiv über "+".

Sachverzeichnis

Springer